"十二五"职业教育国家规划教材
经全国职业教育教材审定委员会审定

数字电路制作与测试

第二版

新世纪高职高专教材编审委员会 组编
主　编 李　玲
副主编 魏　欣 李立早

大连理工大学出版社

图书在版编目(CIP)数据

数字电路制作与测试 / 李玲主编. -- 2版. -- 大连：大连理工大学出版社，2021.1(2021.5重印)
新世纪高职高专电子信息类课程规划教材
ISBN 978-7-5685-2731-6

Ⅰ. ①数… Ⅱ. ①李… Ⅲ. ①数字电路－制作－高等职业教育－教材②数字电路－调试－高等职业教育－教材 Ⅳ. ①TN79

中国版本图书馆CIP数据核字(2020)第203950号

大连理工大学出版社出版
地址:大连市软件园路80号 邮政编码:116023
发行:0411-84708842 邮购:0411-84708943 传真:0411-84701466
E-mail:dutp@dutp.cn URL:http://dutp.dlut.edu.cn
大连日升彩色印刷有限公司印刷 大连理工大学出版社发行

幅面尺寸:185mm×260mm 印张:17.75 字数:406千字
2015年5月第1版 2021年1月第2版
2021年5月第2次印刷

责任编辑:马 双 责任校对:李 红
封面设计:张 莹

ISBN 978-7-5685-2731-6 定 价:48.80元

本书如有印装质量问题,请与我社发行部联系更换。

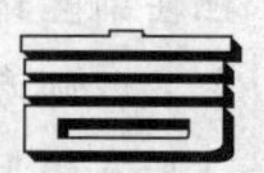

前言

《数字电路制作与测试》(第二版)是"十二五"职业教育国家规划教材,也是新世纪高职高专教材编审委员会组编的电子信息类课程规划教材之一。

"数字电路制作与测试"是一门重要的基础能力课程。本教材独具特色地将理论、实践、仿真融为一体,重点体现了"以能力为本位,以职业实践为主线"的教学思想。本课程以形成数字电路设计、电路制作、电路测试与调试等能力为基本目标,打破传统的课程设计思想,紧紧围绕工作任务来选择和组织课程内容,以工作任务为主线,以完成工作任务为目标,将相关知识点分解在各任务中,强调了工作任务和知识的联系,使学生在职业实践活动的基础上掌握知识,从而增强了课程内容与职业岗位能力要求的相关性,培养了学生的职业素质。

"数字电路制作与测试"也是高职高专电子信息类专业的主干项目课程,具有很强的实践性。通过本课程的学习,学生将具备本专业高等应用型人才所必需的逻辑代数、门电路、组合逻辑电路、触发器、时序逻辑电路、脉冲波形的产生与整形、CPLD及其应用、A/D转换与D/A转换等相关知识和常用仪器仪表使用、数字集成电路与功能电路测试、电路设计、电路制作与调试等技能。本课程是"电子产品维修""单片机应用"等课程的前修课程。

本教材包含五个项目,是按初学者循序渐进地学习项目的过程编排的,分别是:简单加法器电路的设计与测试、八人抢答器电路的制作与测试、计数器电路的设计与测试、基于CPLD的具有倒计时功能抢答器的设计与制作、简易数字电压表的设计与测试。并在书后附"数字电路器件型号命名方法""数字电路常用器件管脚图""CPLD管脚速查表"等内容,突出了项目式教学的工程性和技术性特征。在每个项目的学习过程中,先简单,后复杂;先逻辑功能测试,后集成电路应用;先单元电路,后整体电路;先子模块,后主项目。在每个项目完成过程中嵌入了知识的学习,做到"读、做、想、学"环环紧扣,师生互动,以期达到最佳的教学效果。

本教材由南京信息职业技术学院李玲担任主编，南京信息职业技术学院魏欣、李立早担任副主编。现任职于中国东方航空集团有限公司，具有丰富电子产品设计经验的裴学东工程师参与了编写，并给予了指导。

在编写本教材的过程中，编者参考、引用和改编了国内外出版物中的相关资料以及网络资源，在此表示深深的谢意！相关著作权人看到本教材后，请与出版社联系，出版社将按照相关法律的规定支付稿酬。

由于编者水平有限，书中不妥和错误之处在所难免，恳请广大读者给予批评指正。

编　者

2021年1月

所有意见和建议请发往：dutpgz@163.com

欢迎访问职教数字化服务平台：http://sve.dutpbook.com

联系电话：0411-84707492　84706104

微课列表

导学

绪论

随着电子技术的飞速发展,数字电路的应用越来越广泛。它不仅可以实现各种逻辑运算和算术运算,还可以用于各种数控装置、智能仪表等。数字电路正越来越多地用于网络、图像及语音信号的传输和处理,如电子计算机、智能化仪表、数码产品等都是以数字电路为基础的。数字电路主要包含数字信号的产生和变换、传输和控制、存储和计数等单元电路。

0-1 数字电路的基本概念

1. 数字信号和数字电路

电子电路中的信号分为两类,一类信号在时间和数值上都是连续的,称为模拟信号,如图 0-1(a)所示,如温度、速度、压力信号,220 V 交流电信号,语音信号等。传输和处理模拟信号的电路称为模拟电路,如放大器、滤波器、混频器等。在模拟电路中,晶体管一般工作在线性区,要求其不失真地传输和处理模拟信号。另一类信号在时间和数值上都是不连续的,是离散的,称为数字信号。在电路中,数字信号常常表现为突变的电压或电流,如图 0-1(b)所示,有时又把这种突变的信号称为脉冲信号。传输和处理数字信号的电路称为数字电路,如数字钟、电子计算机、数码产品等都是由数字电路组成的。数字电路中的晶体管一般工作在开关状态(饱和区和截止区)。

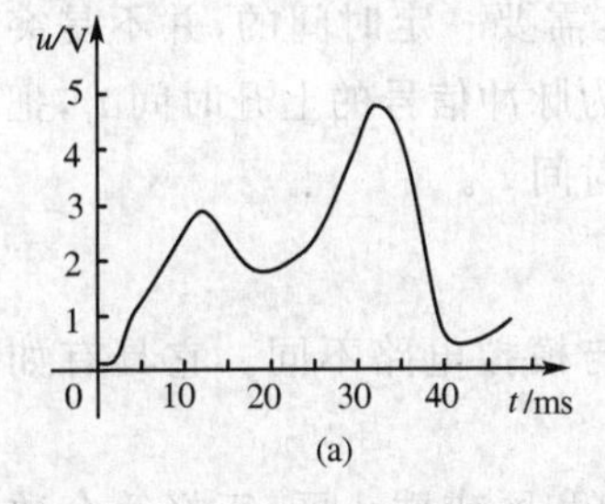

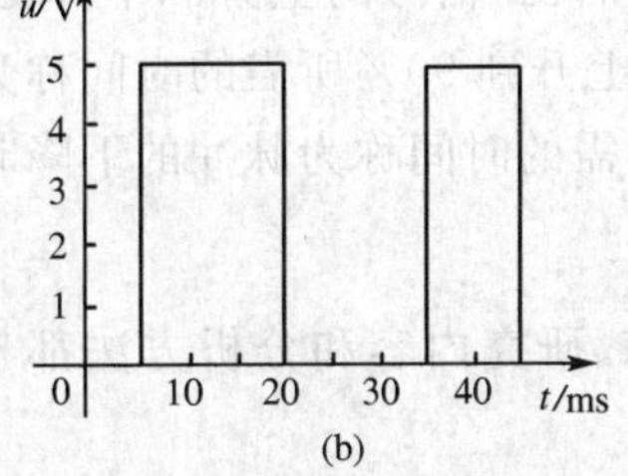

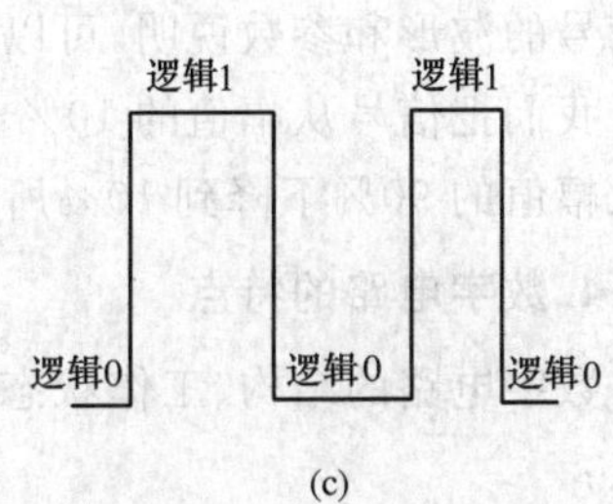

图 0-1 模拟信号和数字信号

2. 逻辑与逻辑电平

什么是逻辑？逻辑是从日常生活中抽象出来的对立状态，如开关的开与合、灯亮与灯灭、车行与车停等。在数字电路中，分别用“0”和“1”表示两种不同的逻辑状态。例如，我们可以用“1”表示灯亮，用“0”表示灯灭；用“1”表示车行，用“0”表示车停。

在数字电路中，通常用电压的高、低表示逻辑状态的“1”和“0”。例如在一个电源电压为+5 V的电路中，用+5 V表示逻辑状态“1”，用0 V表示逻辑状态“0”。+5 V称为逻辑高电平，0 V称为逻辑低电平。又如，在电源电压为+15 V的数字电路中，用+15 V表示逻辑状态“1”，用0 V表示逻辑状态“0”，这里逻辑高电平是+15 V，逻辑低电平是0 V。用逻辑高电平表示逻辑状态“1”，用逻辑低电平表示逻辑状态“0”，这种表示方法称为正逻辑体制，反之，称为负逻辑体制。本教材中若无特殊说明，皆用正逻辑体制。采用正逻辑体制时，图0-1(b)中的数字信号就可以用图0-1(c)中的逻辑波形表示。

3. 数字信号的主要参数

一个理想的周期性数字信号，可用以下几个参数来描述，如图0-2(a)所示。

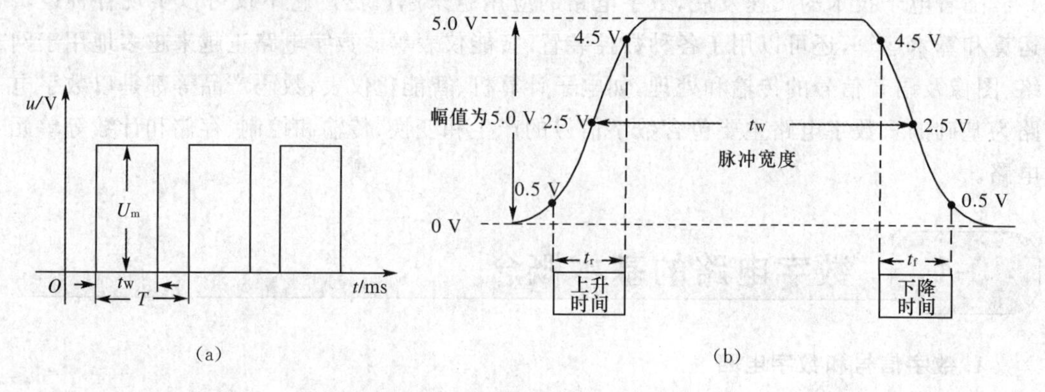

图 0-2　数字信号的主要参数

U_m——信号幅度，逻辑高电平的数值，即幅值。

T——信号周期，信号的重复时间。

t_W——脉冲宽度，逻辑高电平的持续时间。

q——占空比，逻辑高电平占信号周期的百分比。定义为

$$q(\%)=\frac{t_W}{T}\times 100\%$$

实际上，数字信号不可能是图0-2(a)所示的那样的理想波形。图0-2(b)是非理想数字信号的波形和参数说明，可以看出，信号的上升和下降是需要一定时间的，并不是突变的。我们把信号从幅值的10%上升到90%所需的时间称为脉冲信号的上升时间t_r，把信号从幅值的90%下降到10%所需的时间称为脉冲的下降时间t_f。

4. 数字电路的特点

数字电路的结构、工作状态、研究内容和分析方法都与模拟电路不同。它具有如下特点：

(1)数字电路在稳态时，电路中的半导体器件工作在饱和区或截止区，正好符合数字

信号的特点。因为饱和区和截止区对应于外部电路的表现为电流的有无、电压的高低，所以数字电路中的晶体管一般工作在开关状态。

(2)数字电路的单元电路比较简单，对元器件的精度要求不高，只要求元器件能可靠地表示出"1"和"0"两种逻辑状态。因此数字电路便于集成化、系列化生产，产品具有使用方便、可靠性高、成本低等特点。

(3)因为数字电路中只有"0""1"两种逻辑状态，所以对数据来说，便于长期存储，便于用计算机处理。

(4)数字电路抗干扰能力强。数字电路加工和处理的都是二进制信息，不易受到外界的干扰，因而抗干扰能力强。而模拟电路的各元器件，其电平是连续变化的且具有一定的温度系数，易受温度、噪声、电磁感应等的影响。

(5)数字电路精度高。模拟电路的精度由元器件决定，由于大部分元器件的精度很难达到 10^{-3} 以上，并且参数随着温度的变化而变化，所以稳定性差。而数字电路只要 14 位就可以达到 10^{-4} 的精度。在高精度的系统中有时只能采用数字电路。

(6)在数字电路中，重点研究的是输出信号和输入信号之间的逻辑关系，以确定电路的逻辑功能。因此，数字电路的研究分为两个部分：一个部分是对电路的逻辑功能进行分析，称为逻辑分析；另一个部分是根据逻辑功能设计出满足功能要求的电路，称为逻辑设计。

(7)数字电路由于它自身的特点，所以分析方法和模拟电路有所不同。在数字电路中，描述电路逻辑功能的方法有逻辑表达式、真值表、卡诺图、特征方程、状态转移图、时序图等。

0-2 本课程的学习目标

通常把数字电路分为组合逻辑电路和时序逻辑电路两大部分，学习数字电路的相关知识实际上就是掌握数字电路的分析和设计方法，也就是对组合逻辑电路和时序逻辑电路进行分析和设计。其中逻辑代数是分析和设计数字电路的重要工具。

通过本课程的学习，主要掌握如下基本知识：

(1)逻辑代数基本知识；基本逻辑运算和组合逻辑运算；逻辑函数表示方法；逻辑函数化简方法。

(2)了解 TTL 和 CMOS 门电路的特点和使用方法；了解集电极开路门(OC 门)和三态门的逻辑功能及应用。

(3)了解组合逻辑电路的特点；熟悉组合逻辑电路的分析和设计方法。

(4)了解常用中规模集成电路的逻辑功能；能够用中规模集成电路设计数字电路；理解八人抢答器的基本原理。

(5)理解组合逻辑电路和时序逻辑电路的特点；熟悉边沿 D 触发器和边沿 JK 触发器的逻辑功能和描述方法。

(6)熟悉时序逻辑电路的分析方法；掌握时序逻辑电路的描述方法。

(7)熟悉计数器、寄存器等常用时序集成电路的逻辑功能；理解异步清零和同步置数的概念；熟悉任意模数计数器的设计方法。

(8)了解波形产生和变换的方法；了解 555 时基电路中波形的产生方法及其基本电路。

(9)了解可编程逻辑器件的基础；了解复杂可编程逻辑器件 CPLD 的设计步骤和设计方法；熟悉 QuartusⅡ EDA 开发软件；熟悉用可编程逻辑器件设计带有倒计时功能的数字电路的方法，并编程后下载验证。

(10)了解数模转换和模数转换的原理；熟悉 ADC 和 DAC 集成器件的使用方法。

(11)应用可编程逻辑器件和 ADC 转换器件设计简易数字电压表。

通过本课程的学习，主要掌握如下技能：

(1)熟悉数字电路实验装置，了解各部分电路的原理。

(2)熟练利用数字电路实验装置测试门电路的逻辑功能。

(3)熟练利用数字电路实验装置测试触发器的逻辑功能。

(4)熟练利用 Multisim 9.0 仿真软件对组合逻辑电路、时序逻辑电路的功能进行仿真测试。

(5)熟悉 QuartusⅡ EDA 开发软件的使用方法，会用图形法进行数字电路顶层设计；了解复杂可编程逻辑器件 CPLD 的设计步骤和方法；会对所设计的电路进行仿真、编程及下载验证。

(6)熟练利用数字电路实验装置和 ADC 集成器件设计简易数字电压表。

(7)会根据任务的具体要求和测试步骤完成项目的测试工作；会分析并解决测试过程中出现的问题。

(8)根据测试和设计过程，按照任务要求撰写测试和设计任务书。

(9)能对所测试和设计的任务进行总结和归纳。

0-3 本课程的性质和作用

本课程是电子信息类专业的专业基础课，通过本课程的学习，使学生掌握数字电路的相关知识和技能，熟悉数字电路实验装置、仪器仪表的使用，熟悉与数字电路相关的仿真和设计软件的使用，逐步提高分析问题和解决问题的能力，掌握测试报告和设计报告的撰写方法。本课程的前修课程是“电路基础”和“模拟电路”，它的后续课程是“单片机应用技术”“通信基础”等。

0-4 学习方法与建议

本教材共 5 个项目：

“项目 1　简易加法器电路的设计与测试”通过一系列的课堂实践活动，力求使学生掌握逻辑代数的基本知识、组合逻辑电路的分析和设计方法。

“项目 2　八人抢答器电路的制作与测试”通过中规模集成电路的应用，使学生进一步掌握利用中规模集成电路设计组合逻辑电路的方法。

“项目3 计数器电路的设计与测试”通过课堂上测试、仿真、验证等一系列实践活动，使学生掌握触发器的逻辑功能、时序逻辑电路的分析和测试方法、计数器的逻辑功能等；在本项目中拓展介绍波形产生电路的工作原理。

“项目4 基于CPLD的具有倒计时功能抢答器的设计与制作”利用CPLD复杂可编程逻辑器件应用平台，使学生了解可编程逻辑器件的基本知识，了解可编程逻辑器件的设计步骤和测试方法，熟悉可编程逻辑器件的应用；进一步熟悉利用图形法设计简单数字电路的方法，了解利用VHDL设计单元电路的方法。

“项目5 简易数字电压表的设计与测试”通过课堂测试等实践活动，使学生了解ADC和DAC器件的功能和使用方法；通过数字电路实验装置制作并测试简易数字电压表，进一步了解数模转换和模数转换的逻辑功能。

在每个项目中，【知识扫描】介绍完成项目必需的理论知识；【实验认知】对数字电路实验装置的电路及使用方法进行介绍；【器件认知】对完成各个任务必须用到的元器件进行简单介绍；【工作任务】对具体的工作任务提出要求，提供参考方案；【知识拓展】帮助学生更好地理解项目，对数字电路的相关知识进一步介绍；【思维拓展】对数字电路进行拓展应用。

学习建议：

(1)课前预习【知识扫描】【实验认知】【器件认知】等相关内容，阅读【工作任务】，了解工作任务的具体要求；

(2)上课认真听讲，及时做笔记，按照具体测试和设计步骤，及时完成工作任务，正确记录测试数据；

(3)及时整理测试数据、完成任务书的撰写，认真总结，巩固数字电路的相关知识；

(4)课后阅读【知识拓展】，对课堂上没有完全理解的内容消化理解；

(5)学有余力时，参考【思维拓展】中的电路，进行课外实践，巩固学到的数字电路的相关知识。

0-5 教学方法与建议

(1)建议授课环境有计算机(装有Multisim 9.0仿真软件)和具备±12 V及+5 V电源的数字电路实验装置。

(2)本课程可以先做后讲，也可以先讲后做，还可以边讲边做，根据学生的具体接受情况而定。

(3)【知识扫描】是要求学生必须掌握的内容，穿插在项目中进行讲解。

(4)【工作任务】是项目的核心部分，【知识扫描】【实验认知】【器件认知】等为学生完成具体项目讲解预备知识，使学生通过测试验证和设计仿真验证等完成任务，从而使学生理解数字电路的相关知识，熟悉数字电路知识的使用，同时掌握数字电路的测试技能，熟悉数字电路相关仪表的使用，熟悉数字电路相关软件的使用。

(5)【知识拓展】是供学生了解的知识范畴，进一步拓展数字电路的相关知识，若课堂上没时间讲解，可供学生课后阅读。

(6)【思维拓展】是相关知识点的应用电路，旨在拓展学生的思维，提高学生举一反三的能力。

项目1 简单加法器电路的设计与测试

◆引　言

构成数字电路的单元电路是基本门电路，基本门电路包括与门、或门、非门电路。因此学习数字电路需掌握基本门电路的逻辑功能及描述方法。由基本门电路可以构成复合门电路，通常将基本门电路和复合门电路统称为门电路。由门电路可以构成数字电路中的其他电路形式，如组合逻辑电路和时序逻辑电路。本项目重点介绍组合逻辑电路的分析和设计，完成任务1-1“门电路的逻辑功能测试”和任务1-2“简单加法器电路的设计与测试”。

◆学习目标

1. 掌握基本门电路、复合门电路的逻辑功能测试方法及描述方法；

2. 掌握特殊门电路，OC门、OD门、三态门、模拟开关等的逻辑功能及应用；

3. 了解TTL门电路、CMOS门电路的特点及使用方法；

4. 掌握逻辑代数的基本规则和定律，掌握最小项概念，会对逻辑函数进行代数化简和卡诺图化简；

5. 掌握由门电路构成的组合逻辑电路的分析方法，理解组合逻辑电路的逻辑功能，并会测试及仿真验证；

6. 掌握由门电路构成的组合逻辑电路的设计方法，并会对设计电路进行仿真验证；

7. 熟悉数字电路实验装置的使用方法，熟悉Multisim 9.0仿真软件的使用方法；

8. 会撰写符合标准的设计报告及测试报告，会对数据进行归纳、分析及总结。

◆工作任务

任务1-1　门电路的逻辑功能测试

　　工作任务1-1-1　与、或、非基本门电路的逻辑功能测试

　　工作任务1-1-2　复合门电路的逻辑功能测试

　　工作任务1-1-3　OC门、三态门电路逻辑功能测试

任务1-2　简单加法器电路的设计与测试

　　工作任务1-2-1　用Multisim 9.0化简逻辑函数

　　工作任务1-2-2　由门电路构成的组合逻辑电路逻辑功能仿真测试

　　工作任务1-2-3　实验室设备状态测试电路的设计与仿真验证

　　工作任务1-2-4　三位补码电路的设计与仿真验证

　　工作任务1-2-5　两位加法器电路的设计与仿真验证

应用示例>>>

如图 1-1 所示，该电路是由门电路构成的一致电路，A、B、C 为输入信号，F 为输出信号。当输入信号一致时，即 A、B、C 全为高电平或全为低电平时，输出指示灯亮，否则输出指示灯灭。用该电路可以检测输入电平的一致性。该电路中，用＋5 V 电平表示高电平，用 0 V 电平表示低电平。图中输入电平一致，皆为低电平，所以输出指示灯亮。

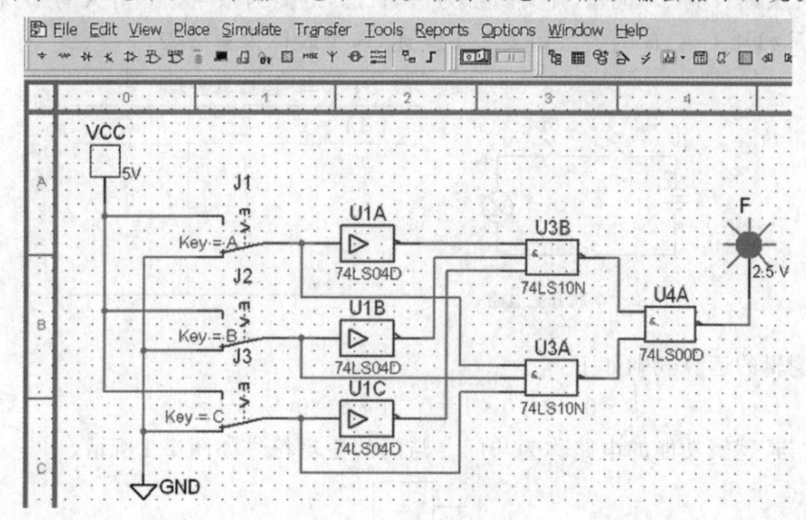

图 1-1 由门电路构成的一致电路的仿真

任务1-1 门电路的逻辑功能测试

1-1-1 与、或、非基本门电路的逻辑功能测试

知识扫描

逻辑代数的基本运算

逻辑代数又称布尔代数，它是由 19 世纪英国数学家布尔(Boole)提出来的，早期用来研究各种开关网络，所以又称为开关代数。后来人们发现可以用它来研究逻辑电路，又将其称为逻辑代数。逻辑代数是分析和设计逻辑电路的理论基础。

逻辑代数和普通代数一样，也用字母代表变量，但逻辑代数中变量的取值只有两种："0"和"1"。只是这里的"0""1"已不表示数值的大小，而是代表两种不同的状态，如"开"和"关"、"是"和"非"、"有"和"无"、"亮"和"灭"等。

逻辑电路种类繁多，功能各异。但它们之间的逻辑关系都可以用最基本的逻辑运算综合而成。三种最基本的逻辑运算就是"与"运算、"或"运算和"非"运算。

1.“与”运算(Logic Multiplication)

只有在决定某一事件发生的所有条件都具备时,这一事件才会发生,这种因果逻辑关系称为“与”逻辑。如图 1-2 中的开关 A 和 B 同时闭合时,灯 F 才会亮。因此灯 F 和开关 A、B 之间的关系称为“与”逻辑,写作:$F=A\cdot B$,此式称为逻辑表达式,读作:F 等于 A 与 B。“与”逻辑又称为逻辑乘,即遵循“有‘0’出‘0’,全‘1’出‘1’”的运算规则。

假设开关断开为“0”状态,开关闭合为“1”状态,灯亮为“1”状态,灯灭为“0”状态,我们可以将灯 F 和开关 A、B 的关系用表 1-1 描述,这个表称为真值表。

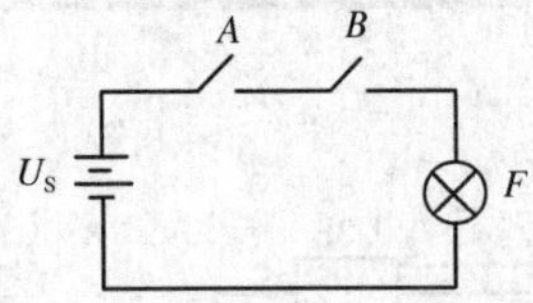

图 1-2　串联开关电路

表 1-1　“与”运算真值表

A	B	F
0	0	0
0	1	0
1	0	0
1	1	1

“与”逻辑的运算规则如下:

$$0\cdot 0=0\quad 0\cdot 1=0\quad 1\cdot 0=0\quad 1\cdot 1=1$$

实现“与”逻辑功能的电路称为与门。与门的逻辑符号如图 1-3 所示。

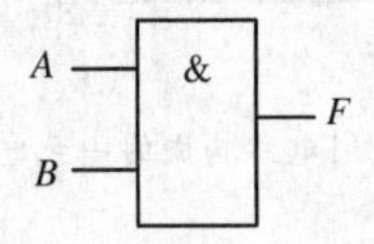

图 1-3　与门的逻辑符号

2.“或”运算(Logic Addition)

在决定某一事件发生的所有条件中,只要有一个或一个以上的条件具备,这一事件就会发生,这种因果逻辑关系称为“或”逻辑。如图 1-4 中的开关 A 和 B 只要有一个闭合或两个同时闭合,灯 F 就会亮,因此灯 F 和开关 A、B 之间的关系称为“或”逻辑。逻辑表达式为:$F=A+B$,读作:F 等于 A 或 B。“或”逻辑又称为逻辑加。即遵循“有‘1’出‘1’,全‘0’出‘0’”的运算规则。表 1-2 是“或”运算真值表。

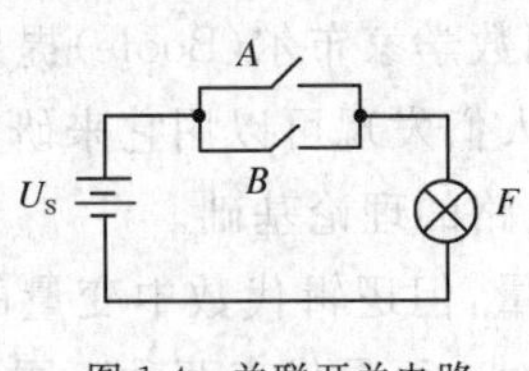

图 1-4　并联开关电路

表 1-2　“或”运算真值表

A	B	F
0	0	0
0	1	1
1	0	1
1	1	1

“或”逻辑的运算规则如下:

$$0+0=0\quad 0+1=1\quad 1+0=1\quad 1+1=1$$

实现“或”逻辑功能的电路称为或门。或门的逻辑符号如图 1-5 所示。

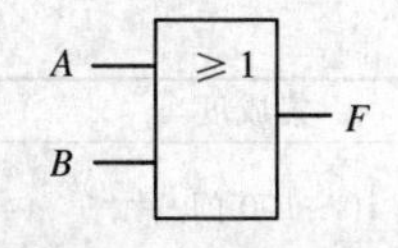

图 1-5　或门的逻辑符号

3."非"运算(Logic Negation)

"非"运算的输出状态和输入状态总是相反的。在决定某一事件的条件具备时,事件反而不会发生。这种因果逻辑关系称为"非"逻辑。当图 1-6 中的开关 A 闭合时,灯 F 反而不亮。因此灯 F 和开关 A 的关系称为"非"逻辑,逻辑表达式为:$F=\overline{A}$,读作:F 等于 A 非。表 1-3 是"非"运算真值表。

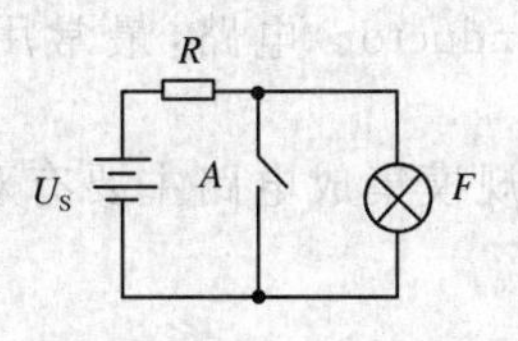

图 1-6　串联开关电路

表 1-3 "非"运算真值表

A	F
0	1
1	0

"非"逻辑的运算规则如下:

$$\overline{0}=1 \quad \overline{1}=0$$

实现"非"逻辑功能的电路称为非门,又称为反相器。非门的逻辑符号如图 1-7 所示。

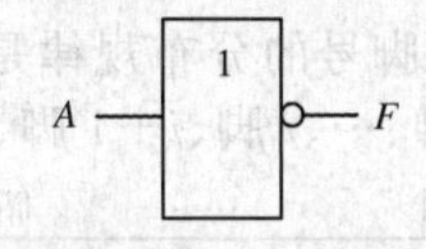

图 1-7　非门的逻辑符号

基本门电路的逻辑符号和集成电路的管脚排列

随着数字电子技术的发展,由分立元器件构成的数字电路已经很少了,取而代之的是数字集成电路。所谓数字集成电路,是指将元器件和连线集成于同一半导体芯片上而制成的数字逻辑电路。

数字集成电路的分类方式有很多种,主要有如下三种:

1.按电路逻辑功能的不同,可以分为组合逻辑电路和时序逻辑电路。

2.按集成电路的规模不同,又分为小规模集成电路(SSI)、中规模集成电路(MSI)、大规模集成电路(LSI)和超大规模集成电路(VLSI)。具体分类见表 1-4。

表 1-4　　数字集成电路分类表

数字集成电路分类	集成度	电路规模与范围
小规模集成电路 SSI	1～10 门/片 或 10～100 个元器件/片	逻辑单元电路 包括:逻辑门电路、集成触发器等

续表

数字集成电路分类	集成度	电路规模与范围
中规模集成电路 MSI	10～100门/片 或100～1000个元器件/片	逻辑部件 包括：编码器、译码器、数据选择器、计数器、寄存器、比较器等
大规模集成电路 LSI	100～1000门/片 或1000～100000个元器件/片	数字逻辑系统 包括：中央控制器、存储器、各种接口电路等
超大规模集成电路 VLSI	大于1000门/片 或大于10万个元器件/片	高集成度的数字逻辑系统 例如：CPLD、FPGA、各种型号的单片机系统等

3.按电路所用器件的不同，又分为单极性电路和双极性电路。最常用的单极性电路是CMOS(Complementary Metal Oxide Semiconductor)电路，最常用的双极性电路是TTL(Transistor-Transistor Logic)电路。

集成电路的封装形式有很多种，小规模和中规模集成电路主要有双列直插式封装和贴片式封装。封装形式如图1-8所示。

图1-8　小规模和中规模集成电路的主要封装形式

一般双列直插式集成电路，其管脚号的分布规律是一样的，即将集成块的缺口朝左，从左下角起，逆时针依次为1脚、2脚、…、i脚、$i+1$脚、…、$2i$脚，如图1-9所示。

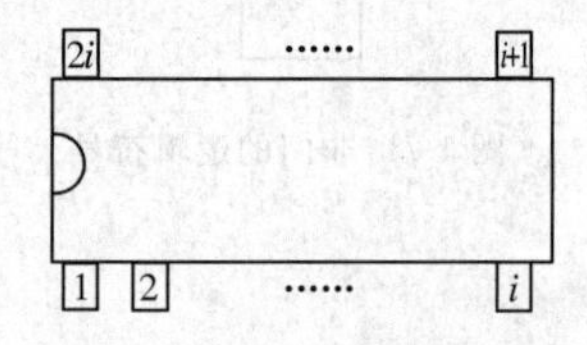

图1-9　数字集成电路管脚号的分布规律

图1-10为由基本门电路构成的小规模集成电路。集成电路74LS04为非门，管脚排列如图1-10(a)所示。74LS04共14脚，其中14脚为V_{CC}，7脚为GND，一片74LS04内部有6个非门。集成电路74LS08为二输入与门，管脚排列如图1-10(b)所示；集成电路74LS32为二输入或门，管脚排列如图1-10(c)所示。

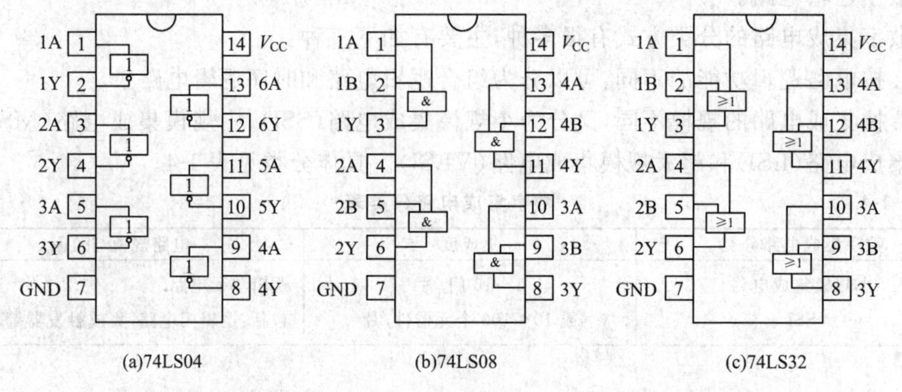

图1-10　由基本门电路构成的小规模集成电路的内部结构及管脚排列

【工作任务 1-1-1】与、或、非基本门电路的逻辑功能测试

【实验认知】 数字电路实验装置简介(一)

教材配套的数字电路实验装置包含:输入电路、输出 LED 指示电路、输出数码显示电路、集成电路测试电路、AD/DA 测试电路、CPLD 复杂可编程逻辑器件设计电路。现就本工作任务中用到的电路分别做简单介绍。

(1)输入电路:如图 1-11 所示,共有 8 路输入,S1～S8 为 8 路输入开关,当按下时 H1～H8 输出高电平;若没有按下,则 H1～H8 输出低电平。电路产生的高、低电平作为测试时数字电路的输入电平。

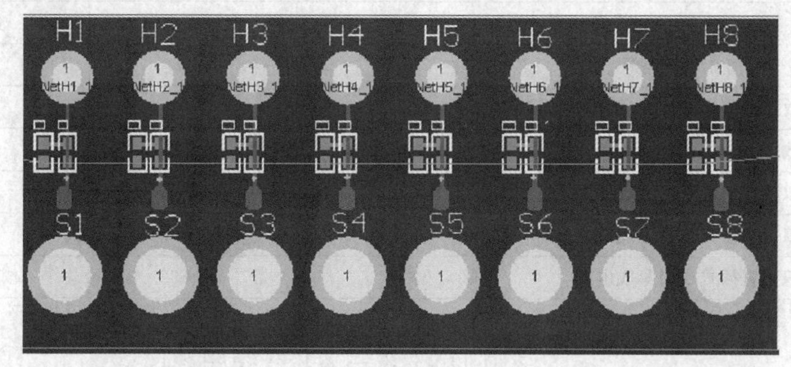

图 1-11 数字电路实验装置—输入电路

(2)输出 LED 指示电路:如图 1-12 所示,图中共有 8 路指示电路,电平从 HQ1～HQ8 分别输入,若输入高电平,则发光二极管 LEDQ1～LEDQ8 亮,反之不亮。将该电路作为数字电路的指示电路,测量数字电路中的电平(灯亮为高电平,灯灭为低电平)。

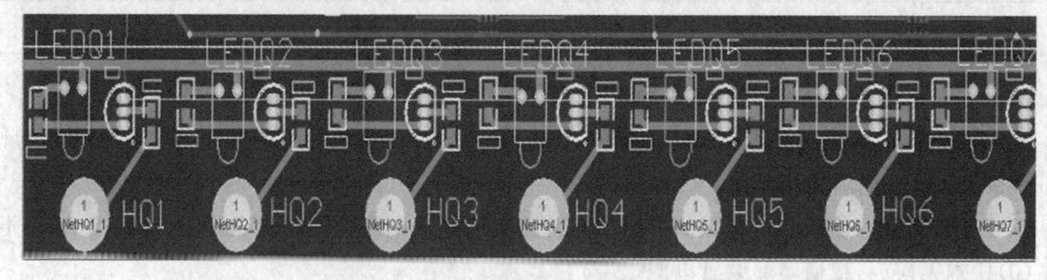

图 1-12 数字电路实验装置—输出 LED 指示电路

(3)集成电路测试电路:如图 1-13 所示,电路中共有 2 个集成电路插座,其中 D1 为 14 脚集成电路插座,D2 为 16 脚集成电路插座。

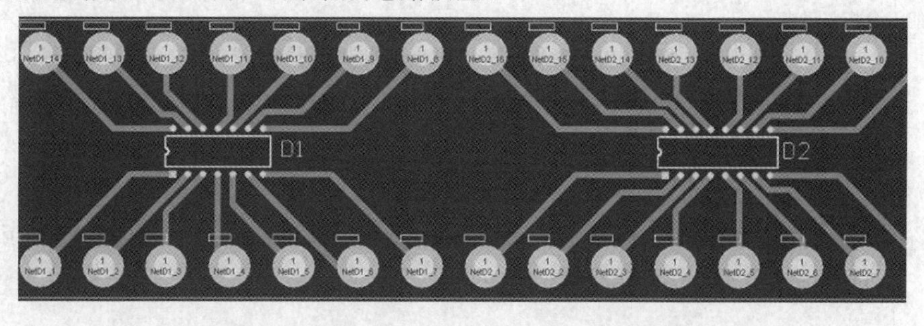

图 1-13 数字电路实验装置—集成电路测试电路

测试工作任务书

测试名称	与、或、非基本门电路的逻辑功能测试		
任务编码	SZC1-1-1	课时安排	2
任务内容	(1)测试非门集成电路 74LS04 的逻辑功能。 (2)测试与门集成电路 74LS08 的逻辑功能。 (3)测试或门集成电路 74LS32 的逻辑功能。		
任务要求	(1)集成电路正确连接测试电路。 (2)正确使用数字电路实验装置和数字万用表,按照测试步骤测试各基本门电路的逻辑功能。 (3)正确记录和分析测试数据,撰写测试报告。		
测试设备	设备及器件名称	型号或规格	数量
	+5 V直流稳压电源		1台
	数字电路实验装置(简称实验装置)		1套
	数字万用表		1只
	双列直插式非门集成电路	74LS04	1只
	双列直插式与门集成电路	74LS08	1只
	双列直插式或门集成电路	74LS32	1只
测试电路	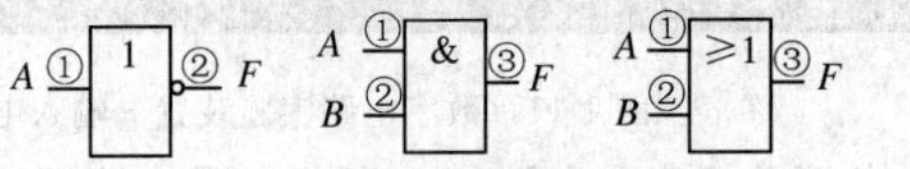 A ① [1] ② F (a)74LS04-1　A ① B ② [&] ③ F (b)74LS08-1　A ① B ② [≥1] ③ F (c)74LS32-1 图 1-14　基本门电路的逻辑功能测试参考电路		

测试步骤

1. 74LS04 逻辑功能测试	(1)取 74LS04 插于实验装置的 14 脚集成电路插座上,注意集成电路的方向(缺口朝上)。74LS04 的 14 脚接+5 V,7 脚接 GND。 (2)按图 1-14(a)连接测试电路。①脚接实验装置的输入电路,②脚接实验装置的输出 LED 指示电路。 (3)检查无误后,接通实验装置电源。 (4)输入端 A 接+5 V(高电平)时,测得输出端 F 为________V。输入端 A 接 0 V(低电平)时,测得输出端 F 为________V。 (5)测试完毕,关闭电源。 分析与思考: 在 TTL 电路(74LS04)中,一般将 2~5 V 的电平称为逻辑高电平,标称 TTL 高电平为 3.6 V;将 0~0.8 V 的电平称为逻辑低电平,标称 TTL 低电平为 0.3 V。问: (1)当输入为高电平时,输出为________(填高电平/低电平)。 (2)当输入为低电平时,输出为________(填高电平/低电平)。 (3)输入和输出的状态总是________(填相反/相同)的。 在上述电路中,用"1"表示高电平,用"0"表示低电平;用 A 表示输入状态(输入变量),用 F 表示输出状态(输出变量)。将测试结果填入表 1-5 中。

续表

表 1-5　　**74LS04 逻辑功能测试结果**

A	F	输出电平值/V
0		
1		

(4)具有这样逻辑关系的运算,称为“非”运算,可以表示为 $F=$________(填逻辑表达式)。实现“非”运算的电路称为非门。74LS04 是 TTL 集成________(填与/或/非)门电路。它的内部封装了________个________(填与/或/非)门。其中________________(填管脚号)分别是各________(填与/或/非)门的输入端,________________(填管脚号)分别是与其相对应的输出端。

2. 74LS08 逻辑功能测试

(1)取 74LS08 插于实验装置的 14 脚集成电路插座上,注意集成电路的方向(缺口朝上)。74LS08 的 14 脚接+5 V,7 脚接 GND。

(2)按图 1-14(b)连接测试电路。①、②脚接实验装置的输入电路,③脚接实验装置的输出 LED 指示电路。

(3)检查无误后,接通实验装置电源。

(4)按表 1-6 改变输入电平,并将测试结果填入表 1-6 中。

(5)测试完毕,关闭电源。

表 1-6　　**74LS08 逻辑功能测试结果**

A	B	F	输出电平值/V
0	0		
0	1		
1	0		
1	1		

分析与思考:

(1)当输入端有一个为低电平时,输出端为________(填高/低)电平。

(2)当输入端全为高电平时,输出端为________(填高/低)电平。

(3)总结以上两点得出:有“0”出“0”,全“1”出“1”。这样的运算称为“与”运算,写作“$F=A \cdot B$”。实现“与”运算功能的电路称为与门。74LS08 是 TTL 集成________(填与/或/非)门电路。它的内部封装了________个________(填与/或/非)门。其中________________(填管脚号)分别是各________(填与/或/非)门的输入端,________________(填管脚号)分别是与其相对应的输出端。

3. 74LS32 逻辑功能测试

(1)取 74LS32 插于实验装置的 14 脚集成电路插座上,注意集成电路的方向(缺口朝上)。74LS32 的 14 脚接+5 V,7 脚接 GND。

(2)按图 1-14(c)连接测试电路。①、②脚接实验装置的输入电路,③脚接实验装置的输出 LED 指示电路。

(3)检查无误后,接通实验装置电源。

(4)按表 1-7 改变输入电平,并将测试结果填入表 1-7 中。

(5)测试完毕,关闭电源。

续表

<table>
<tr><td></td><td>

表 1-7 74LS32 逻辑功能测试结果

A	B	F	输出电平值/V
0	0		
0	1		
1	0		
1	1		

分析与思考：
(1)当输入端有一个为高电平时，输出端为______(填高/低)电平。
(2)当输入端全为低电平时，输出端为______(填高/低)电平。
(3)总结以上两点得出：有“1”出“1”，全“0”出“0”。这样的运算称为“或”运算，写作“$F=A+B$”。实现“或”运算功能的电路称为或门。74LS32 是 TTL 集成______(填与/或/非)门电路。它的内部封装了______个______(填与/或/非)门 。其中____________(填管脚号)分别是各______(填与/或/非)门的输入端，____________(填管脚号)分别是与其相对应的输出端。
</td></tr>
<tr><td>结论与体会</td><td>
思考：
(1)试阐述数字电路中逻辑的概念，并举例说明。(逻辑“0”、逻辑“1”分别是什么意思，表示什么？)
(2)在 TTL 电路中逻辑高电平和逻辑低电平的电压范围是什么？
(3)总结基本门电路的逻辑功能并写出其逻辑表达式、逻辑符号、真值表。
(4)写出集成与、或、非门电路的常用型号。
</td></tr>
<tr><td>完成日期</td><td>完成人</td></tr>
</table>

知识拓展

TTL 和 CMOS 集成门电路

如前面所述，TTL 和 CMOS 集成门电路是最常用的两种类型，前者发展较早，后者虽问世较晚，但是发展迅猛，大有赶超前者并取代前者之势。由于它们的制造工艺大不相同，所以它们有各自的特点，在使用时应该合理选取、恰当应用。下面分别介绍 TTL 和 CMOS 集成门电路的特点。

1. TTL 集成门电路的结构特点

(1)电平

在 TTL 集成门电路中，其标称电源电压为 5 V。TTL 电路中的高电平并不是一个固定的电平值，而是一个范围内的电平值，通常规定高电平的范围为 2～5 V，标称高电平为 3.6 V；低电平范围为 0～0.8 V，标称低电平为 0.3 V。

(2)结构

TTL 集成门电路是指晶体管-晶体管逻辑门电路，它的输入和输出部分都是由晶体管组成的，图 1-15 是典型的 TTL 与非门电路，由于晶体管中有电子和空穴两种载流子参与导电，所以将 TTL 集成门电路称为双极型晶体管集成电路。

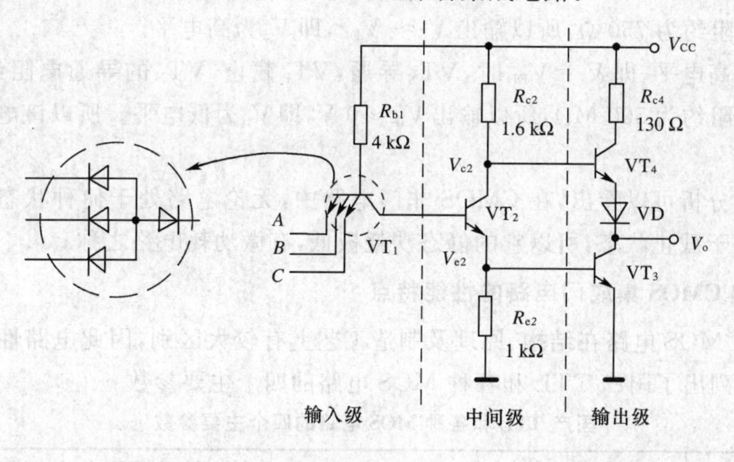

图 1-15　典型的 TTL 与非门电路

在图 1-15 中，当输入信号 A、B、C 中只有一个为低电平(0.3 V)时，输出 $V_o=3.6$ V(VT_2 和 VT_3 截止，VT_4 和 VD 导通)；当输入信号 A、B、C 全部为高电平(3.6 V)时，输出 $V_o=0.3$ V(VT_2 和 VT_3 导通饱和，VT_4 和 VD 截止)，从而实现了与非的逻辑功能：$F=\overline{ABC}$。

2. CMOS 集成门电路的结构特点

MOS 集成门电路是继 TTL 之后发展起来的另一种应用广泛的数字集成电路。由于它功耗低、抗干扰能力强、工艺简单，几乎所有的大规模、超大规模集成电路都采用 MOS 工艺。

MOS 集成门电路分为 PMOS、NMOS、CMOS 三种类型。但使用最多的是 CMOS 电路。图 1-16 是典型的 CMOS 非门电路。

CMOS 逻辑门电路由 N 沟道 MOSFET 和 P 沟道 MOSFET 互补构成，通常称为互补对称型 MOS 电路，简称 CMOS 电路。CMOS 电路只有一种载流子参与导电，因此是一种单极型晶体管电路。

图 1-16(a)是 P 沟道和 N 沟道增强型 MOSFET 构成的 CMOS 电路，该电路要求电源 V_{DD} 大于两管开启电压的绝对值之和，即 $V_{DD}>(V_{TN}+|V_{TP}|)$，且 $V_{TN}=|V_{TP}|$，图 1-16(b)是图1-16(a)的等效电路。

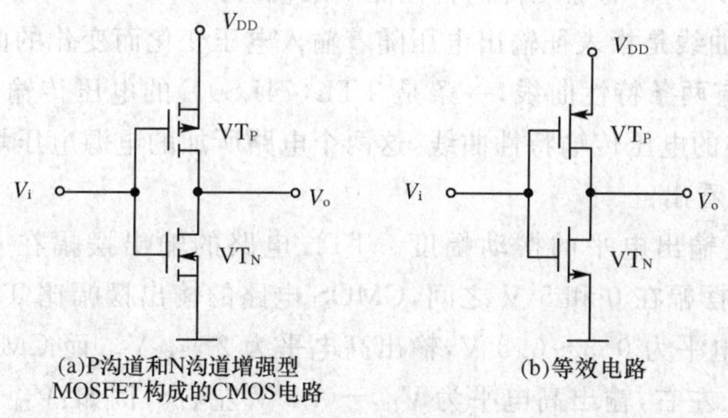

图 1-16　典型的 CMOS 非门电路

当输入为低电平，即 $V_i = 0$ V 时，VT_N 截止，VT_P 导通，VT_N 的截止电阻约为500 MΩ，VT_P 的导通电阻约为 750 Ω，所以输出 $V_o \approx V_{DD}$，即 V_o 为高电平。

当输入为高电平，即 $V_i = V_{DD}$ 时，VT_N 导通，VT_P 截止，VT_N 的导通电阻约为 750 Ω，VT_P 的截止电阻约为 500 MΩ，所以输出 $V_o \approx 0$ V，即 V_o 为低电平。所以该电路实现了非逻辑。

通过以上分析可以看出，在 CMOS 非门电路中，无论电路处于何种状态，VT_N、VT_P 中总有一个处于截止状态，所以它的静态功耗极低，有微功耗电路之称。

3. TTL 和 CMOS 集成门电路的性能特点

TTL 和 CMOS 电路在结构、原理及制造工艺上有较大区别，因此电路性能也有较大差别。表 1-8 列出了国产 TTL 和各种 MOS 电路的四个主要参数。

表 1-8　国产 TTL 和各种 MOS 电路的四个主要参数

电路规格	平均传输延迟时间 t_{pd}	功耗 P	抗干扰容限 V_N	扇出系数 N_o
中速 TTL	≈50 ns	30 mW	≈0.7 V	≥8
高速 TTL	≈20 ns	40 mW	≈1 V	≥8
超高速 TTL	≈10 ns	50 mW	≈1 V	≥8
ECL	>5 ns	80 mW	≈0.3 V	≥10
PMOS	>1 μs	<5 mW	≈3 V	≥10
NMOS	≈500 ns	1 mW	≈1 V	≥10
CMOS	≈200 ns	<1 μW	≈2 V	≥15

下面通过表 1-8 中所列的参数介绍 TTL 和 CMOS 集成门电路的性能特点。

(1)功耗

如前所述，CMOS 电路是互补对称型结构，工作时总有一个管子处于截止状态，另一个管子处于导通状态，而 MOS 管的截止电阻大约为 500 MΩ，所以电路的静态功耗几乎为零。但实际上，由于硅表面和 PN 结上存在漏电流，量值为零点几微安，所以尚有数微瓦量级的静态功耗，但是和 TTL 电路相比要低多了。低功耗是 CMOS 电路的一个突出的优点。

(2)抗干扰能力

抗干扰能力又称噪声容限，它表示电路保持稳定工作时所能抗拒外来干扰和本身噪声的能力。可用图 1-17 中的电压传输特性曲线来说明。

电压传输特性曲线是指表征输出电压随着输入电压变化而变化的曲线。

图 1-17 中，共有两条特性曲线，一条是 TTL(74LS00)的电压传输特性曲线，另一条是 CMOS(CD4011)的电压传输特性曲线，这两个电路所加的电源电压均为+5 V。

从图 1-17 可以看出：

①输出摆幅，指输出电平的摆动幅度。TTL 电路的输出摆幅在 0 和 4 V 之间，而 CMOS 电路的输出摆幅在 0 和 5 V 之间，CMOS 电路的输出摆幅比 TTL 电路大。实际上，TTL 的输出低电平为 0.3～0.8 V，输出高电平为 2～4 V。而 CMOS 电路的输出低电平为 $V_{SS}+0.1$ V 左右，输出高电平为 $V_{DD}-0.1$ V 左右。例如：$V_{DD}=5$ V，$V_{SS}=0$ V，

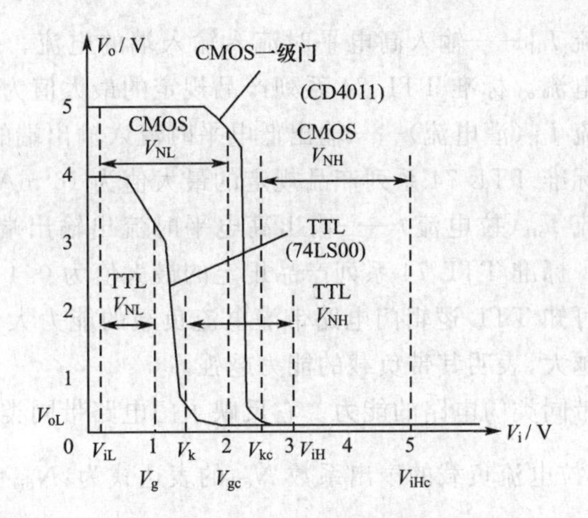

图 1-17　TTL 和 CMOS 电路的电压传输特性曲线

则输出低电平为 0.1 V 左右,输出高电平为 4.9 V 左右。所以输出要求高摆幅的场合经常使用 CMOS 器件。

②阈值电平,即使输出由高电平翻转到低电平的输入电平值。图 1-17 中 TTL 电路的阈值电平(V_k)为 1.4 V,CMOS 电路的阈值电平(V_{kc})为$\frac{1}{2}V_{DD}=2.5$ V。

③抗干扰容限,图 1-17 中的 V_{NL} 称为低电平抗干扰容限,只要叠加于输入低电平上的干扰幅值不大于 V_{NL},输出就可保证是可靠的高电平。显然,V_{NL} 越大,下限抗干扰能力越强。图 1-17 中的 V_{NH} 称为高电平抗干扰容限,只要叠加于输入高电平上的负脉冲干扰幅值不大于 V_{NH},输出就可保证是可靠的低电平。显然,V_{NH} 越大,上限抗干扰能力越强。

从图 1-17 中可以看出:CMOS 电路的电压传输特性曲线比 TTL 电路在变化时陡,输入、输出电压范围也比 TTL 电路大,因此其抗干扰能力强。

(3)工作速度

电路的工作速度一般用平均传输延迟时间 t_{pd} 来表示。它表示输出信号比输入信号在时间上落后了多少。也就是说,信号经过一级门电路所花费的时间。一般希望传输时间越短越好。表 1-8 所列的 t_{pd} 是在环境温度为 25 ℃、供电电压为 5 V 的条件下,与非门电路的测试值。从表中可以看出,CMOS 的速度比 PMOS、NMOS 快得多,但却比 TTL 慢。

因此,工作速度的提高在功耗上是要付出代价的。这就是 CMOS 器件不宜用在高速控制系统的主要原因。当然,随着数字集成电路技术的发展,高速 CMOS 器件也不断地被开发。

(4)扇出系数

在数字系统中,门电路总是要带负载的,而一个门电路能驱动负载的能力是有限的。下面对数字集成电路中衡量电路输出部分带负载能力的指标做简单介绍。

TTL 电路中衡量门电路驱动负载能力的参数如下:

①输入低电平电流 I_{iL}(输入短路电流 I_{iS})——输入低电平时流出输入端的电流,它流入(或灌入)前级门电路的输出端。标准 TTL 74 系列产品规定的最大值为 1.6 mA。

②输入高电平电流 I_{iH}——输入高电平时流入输入端的电流。一般是前级门电路输出端输出(或拉出)的电流。标准 TTL 74 系列产品规定的最大值为 40 μA。

③输出低电平电流 I_{oL}(灌电流)——输出低电平时流入输出端的电流,衡量门电路带灌电流负载的能力。标准 TTL 74 系列产品规定的最大值为 16 mA。

④输出高电平电流 I_{oH}(拉电流)——输出高电平时流出输出端的电流,衡量门电路带拉电流负载的能力。标准 TTL 74 系列产品规定的最大值为 0.4 mA。

从以上参数定义可知 TTL 逻辑门电路带灌电流负载的能力大于带拉电流负载的能力。电路的输出电流越大,表明其带负载的能力越强。

⑤扇出系数——带同类门电路的能力。它反映了门电路带同类门的能力。

输出高电平时,其拉电流负载的扇出系数 N_{oH} 的表达式为:$N_{oH}=\dfrac{I_{oH}}{I_{iH}}$,输出低电平时,其灌电流负载的扇出系数 N_{oL} 的表达式为:$N_{oL}=\dfrac{I_{oL}}{I_{iL}}$。

对于标准 TTL(如 74LS00)电路,$N_{oH}=\dfrac{I_{oH}}{I_{iH}}=\dfrac{0.4\ \text{mA}}{40\ \mu\text{A}}=10$,$N_{oL}=\dfrac{I_{oL}}{I_{iL}}=\dfrac{16\ \text{mA}}{1.6\ \text{mA}}=10$。

因 CMOS 电路有极高的输入阻抗(即 I_{iH} 和 I_{iL} 都很小),故其扇出系数很大,一般额定扇出系数可达 50。但必须指出的是,扇出系数是指驱动 CMOS 电路的个数,若就带灌电流负载能力和带拉电流负载能力而言,CMOS 电路远远弱于 TTL 电路。

4. TTL 与 CMOS 集成门电路系列

(1)TTL 集成门电路系列

表 1-9 列出了 TTL 主要产品系列及其型号。其中速度最快的是 STTL,即肖特基 TTL 电路,其平均时间是 3 ns,是标准型 TTL 的十倍。功耗最低的是 LSTTL,其功耗不到标准 TTL 的十分之一。速度与功耗之积最低的是 ALSTTL。ALSTTL 的工作频率为 100 MHz,可以用于较高工作频率的场合。STTL 与其他 TTL 双极型门电路(如 RTL 电阻-晶体管逻辑门电路、DTL 二极管-晶体管逻辑门电路等)相比,可谓物美价廉,基本取代了其他的 TTL 双极型门电路,只有在超高速环路中仍然使用 ECL(发射极耦合逻辑门电路)。

表 1-9　TTL 主要产品系列及其型号

系列	子系列	名称	国际型号	部颁型号
TTL	TTL	通用标准型 TTL	CT54/74	T1000
	HTTL	高速型 TTL	CT54H/74H	T2000
	STTL	肖特基型 TTL	CT54S/74S	T3000
	LSTTL	低功耗肖特基型 TTL	CT54LS/74LS	T4000
	ALSTTL	先进低功耗型 TTL	CT54ALS/74ALS	—

(2)CMOS 集成门电路系列

①基本 CMOS——4000 系列

4000 系列是早期的 CMOS 集成门电路,工作电源电压为 3～18 V,由于具有功耗低、噪声容限大、扇出系数大等优点,已得到普遍使用。缺点是工作速度较慢,平均传输延迟时间为几十纳秒，最高工作频率小于 5 MHz。

②高速 CMOS——HC(HCT)系列

HC(HCT)系列电路主要在制造工艺上做了改进，大大提高了工作速度，平均传输延迟时间小于 10 ns，最高工作频率可达 50 MHz。HC 系列的工作电源电压为 2～6 V。HCT 系列的工作电源电压为 4.5～5.5 V。74HC/HCT 系列与 74LS 系列的产品，只要系列名最后 3 位数字相同，两种器件的逻辑功能、外形尺寸、管脚排列顺序就完全相同，这样就为 CMOS 产品代替 TTL 产品提供了方便。

③先进 CMOS——AC(ACT)系列

AC(ACT)系列的工作频率得到了进一步提高，同时保持了 CMOS 超低功耗的特点。其中 ACT 系列与 TTL 器件电压兼容，工作电源电压为 4.5～5.5 V。AC 系列的工作电源电压为 1.5～5.5 V。AC(ACT)系列的逻辑功能、管脚排列顺序等都与同型号的 HC(HCT)系列完全相同。

5. TTL 集成门电路的使用注意事项

(1)TTL 集成门电路的电源电压范围为(5±10%)V，不得超出此范围使用。不能将电源与地颠倒错接，否则会因为电流过大而造成器件损坏。

(2)电路的各输入端不能直接与高于+5.5 V 和低于−0.5 V 的低内阻电源连接，因为低内阻电源能提供较大的电流，导致器件过热而烧坏。

(3)普通 TTL 集成门电路的输出端不允许并联使用。

(4)输出端不允许与电源或地短路，否则可能造成器件损坏。

(5)在电源接通时，不要移动或插入 TTL 集成门电路，因为电流的冲击可能会造成其永久性损坏。

(6)多余的输入端最好不要悬空。虽然悬空相当于高电平，并不影响 TTL 集成门电路的逻辑功能，但悬空时其容易受到干扰，有时会造成电路误动作，在时序电路中表现尤为明显。因此，多余的输入端一般不悬空，而是根据需要进行处理。例如：与门和与非门的多余输入端可直接接 V_{CC}，也可将多余的输入端通过一个公用电阻(几千欧)接 V_{CC}，或将多余的输入端与使用端并联。或门和或非门的所有的多余输入端接地，或与使用端并联。

6. CMOS 集成门电路的使用注意事项

CMOS 集成门电路由于输入电阻很高，因此极易接收静电电荷。为了防止产生静电击穿，生产 CMOS 时，在输入端都要加上标准保护电路，但这并不能保证 CMOS 集成门电路绝对安全，因此在使用 CMOS 集成门电路时，必须采取以下预防措施。

(1)存放 CMOS 集成门电路时要屏蔽，一般放在金属容器中，也可以用金属箔将管脚短路。

(2)CMOS 集成门电路可以在很宽的电源电压范围内提供正常的逻辑功能，但电源的上限电压(即使是瞬态电压)不得超过电路允许极限值，电源的下限电压(即使是瞬态电压)不得低于系统工作所必需的电源电压最低值 V_{min}。

(3)焊接 CMOS 集成门电路时，一般用 20 W 内热式电烙铁，而且电烙铁要有良好的接地线。也可以利用电烙铁断电后的余热快速焊接，但禁止在电路通电的情况下焊接。

(4)为了防止输入端的保护二极管因正向偏置而损坏,输入电压必须处在V_{DD}和V_{SS}之间,即$V_{SS}<U_i<V_{DD}$。

(5)调试CMOS电路时,如果信号源和电路板用两组不同的电源,那么刚开机时应先接通电路板电源,后接通信号源电源。关机时则应先关信号源电源,后关电路板电源。即在CMOS器件本身没有接通电源的情况下,不允许有输入信号输入。

(6)多余输入端绝对不能悬空,否则不但容易受外界噪声干扰,而且输入电位不稳定,破坏了正常的逻辑关系,还消耗不少功率。因此,应根据电路的逻辑功能需要分别加以处理。例如:与门和与非门的多余输入端应接V_{DD}或高电平;或门和或非门的多余输入端应接V_{SS}或低电平;当电路的工作速度不快,不需要特别考虑功耗时,也可以将多余的输入端与使用端并联。

以上所说的多余输入端,包括没有被使用但已接通电源的CMOS电路的所有输入端。例如,一片集成电路上有四个与门,在使用时只用其中一个,那么其他三个门的所有输入端就必须按多余输入端处理。

思维拓展

由六反相器CD4069构成的触摸式防盗报警装置

前面我们介绍并测试了TTL基本门电路74LS04、74LS08、74LS32的逻辑功能。本思维拓展将介绍基本门电路的应用,着重介绍CMOS与、或、非门的应用。

1.由两个非门构成的RC振荡器

图1-18是由两个非门构成的RC振荡器,该电路只使用2个非门,外部元件也只有3个。改变电阻R_2的值,就可以改变振荡频率;改变电容C的大小,就可以改变频率范围。该振荡器的频率范围较宽,从0.1 Hz到1 MHz。该电路的缺点是,当电阻和电容小到一定程度时,电路不易起振。

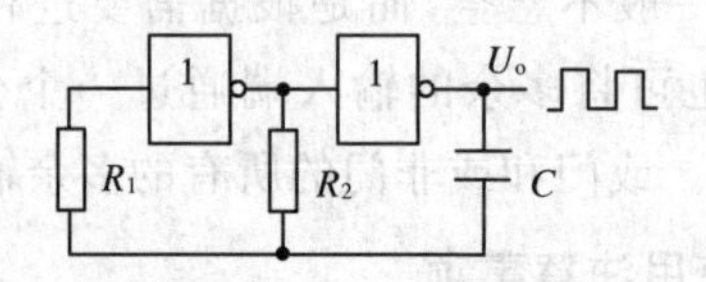

图1-18 由两个非门构成的RC振荡器

2.CMOS集成与、或、非门电路

前面测试了TTL集成与、或、非门电路的逻辑功能,同样也存在由CMOS构成的集成基本门电路,除了74HC系列,如74HC08(与)、74HC32(或)、74HC04(非),还有CD(或CC)系列,如CD4081(与)、CD4071(或)、CD4069(非),该系列的集成电路其工作电源电压较高,为3~18 V。图1-19为CD4069(非)、CD4081(与)、CD4071(或)集成电路的内部结构及管脚排列。请注意与TTL集成基本门电路管脚排列的不同之处。

3.由六反相器CD4069构成的触摸式防盗报警装置

(1)电路组成

图1-20是由六反相器CD4069构成的触摸式防盗报警装置,其触摸电极与金属门锁

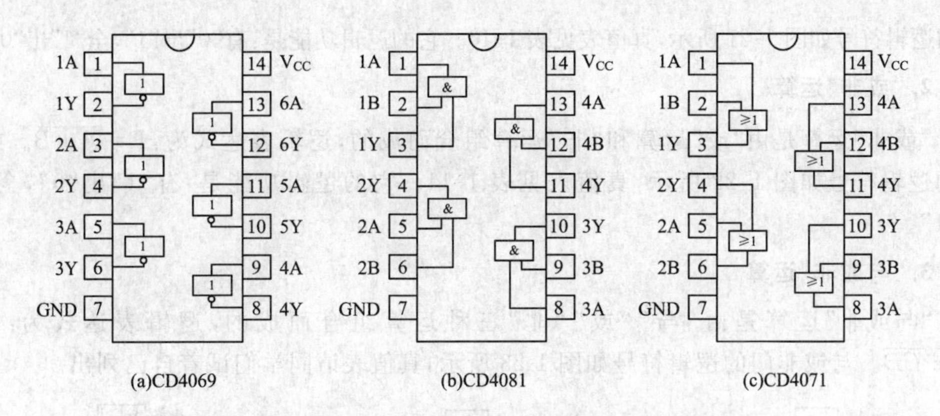

图 1-19　CMOS 集成基本门电路的内部结构及管脚排列

相连后，即可进行防盗报警。当盗贼企图打开门锁时，报警器会发出“嘟嘟嘟”的声音。

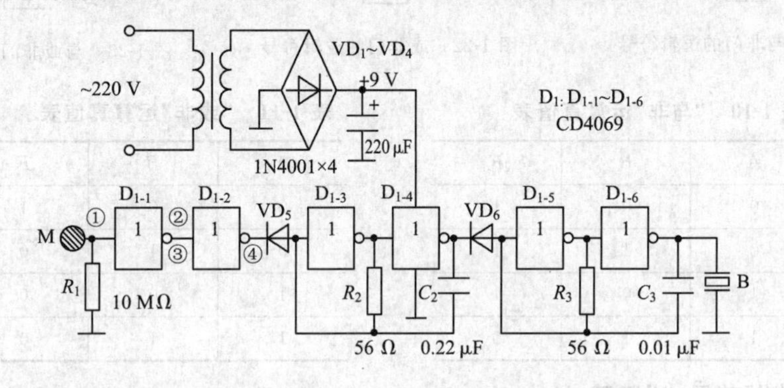

图 1-20　由六反相器 CD4069 构成的触摸式防盗报警装置

(2)工作原理

当门锁未被盗贼触及(即盗贼未触及 M)时，门 D_{1-1} 输入端经 R_1 接地，①脚为低电平，②脚为高电平，④脚为低电平，经 VD_5 钳位后，后面的振荡电路不工作。

当盗贼企图开锁或触及门锁时，触摸电极 M 感应到盗贼的杂散电磁信号而置为高电平，即①脚为高电平，②脚为低电平，④脚为高电平，VD_5 反偏截止，使得后面的振荡电路正常工作，推动压电陶瓷 B 发出断续的音频声。家人开锁时，压电陶瓷 B 也会发出声音，但音量适中。

1-1-2　复合门电路的逻辑功能测试

知识扫描1

逻辑代数中的复合运算

前面介绍的“与”“或”“非”三种逻辑运算是数字电路中最基本的逻辑运算，由这些基本运算可以组成各种复杂的逻辑运算。

1.“与非”运算

“与非”运算是由“与”运算和“非”运算组合而成的，逻辑表达式为：$F=\overline{A \cdot B}$。与非门的逻辑符号如图 1-21 所示，真值表见表 1-10。它的逻辑功能是：有“0”出“1”，全“1”出“0”。

2.“或非”运算

“或非”运算是由“或”运算和“非”运算组合而成的，逻辑表达式为：$F=\overline{A+B}$。或非门的逻辑符号如图 1-22 所示，真值表见表 1-11。它的逻辑功能是：有“1”出“0”，全“0”出“1”。

3.“与或非”运算

“与或非”运算是由“与”“或”“非”三种运算组合而成的，逻辑表达式为：$F=\overline{AB+CD}$。与或非门的逻辑符号如图 1-23 所示，真值表请同学们试着自己列出。

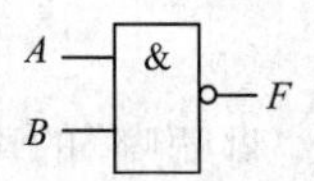

图 1-21　与非门的逻辑符号

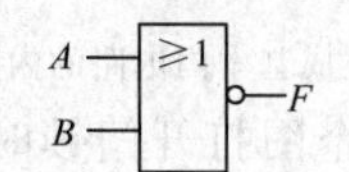

图 1-22　或非门的逻辑符号

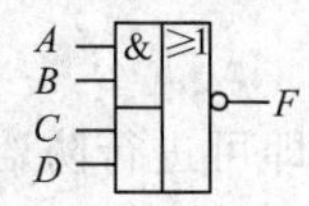

图 1-23　与或非门的逻辑符号

表 1-10　“与非”运算真值表

A	B	F
0	0	1
0	1	1
1	0	1
1	1	0

表 1-11　“或非”运算真值表

A	B	F
0	0	1
0	1	0
1	0	0
1	1	0

4.“同或”和“异或”运算

“异或”运算的逻辑表达式：$F=A\overline{B}+\overline{A}B=A\oplus B$。异或门的逻辑符号如图 1-24 所示。“异或”运算真值表见表 1-12。从真值表可以看出，“异或”运算的运算规则是：当两个输入相同时，输出为“0”；当两个输入不同时，输出为“1”。

“同或”运算的逻辑表达式：$F=AB+\overline{A}\,\overline{B}=A\odot B$。同或门的逻辑符号如图 1-25 所示。“同或”运算真值表见表 1-13。“同或”运算的运算规则是：当两个输入相同时，输出为“1”；当两个输入不同时，输出为“0”。

“同或”和“异或”互为反函数，所以在实际电路中只有异或门而没有同或门。只要在异或门后加一级非门，就可以实现同或门的功能。

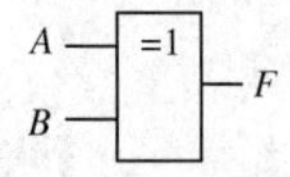

图 1-24　异或门的逻辑符号

图 1-25　同或门的逻辑符号

表 1-12　“异或”运算真值表

A	B	F
0	0	0
0	1	1
1	0	1
1	1	0

表 1-13　“同或”运算真值表

A	B	F
0	0	1
0	1	0
1	0	0
1	1	1

器件认知

集成复合门电路的逻辑符号及管脚排列

图 1-26 为集成复合门电路的逻辑符号及管脚排列。图(a)为 74LS00 与非门电路；图(b)为74LS02 或非门电路；图(c)为 74LS86 异或门电路；图(d)为 74LS51 与或非门管脚图；图(e)为 74LS51 与或非门的内部结构图。

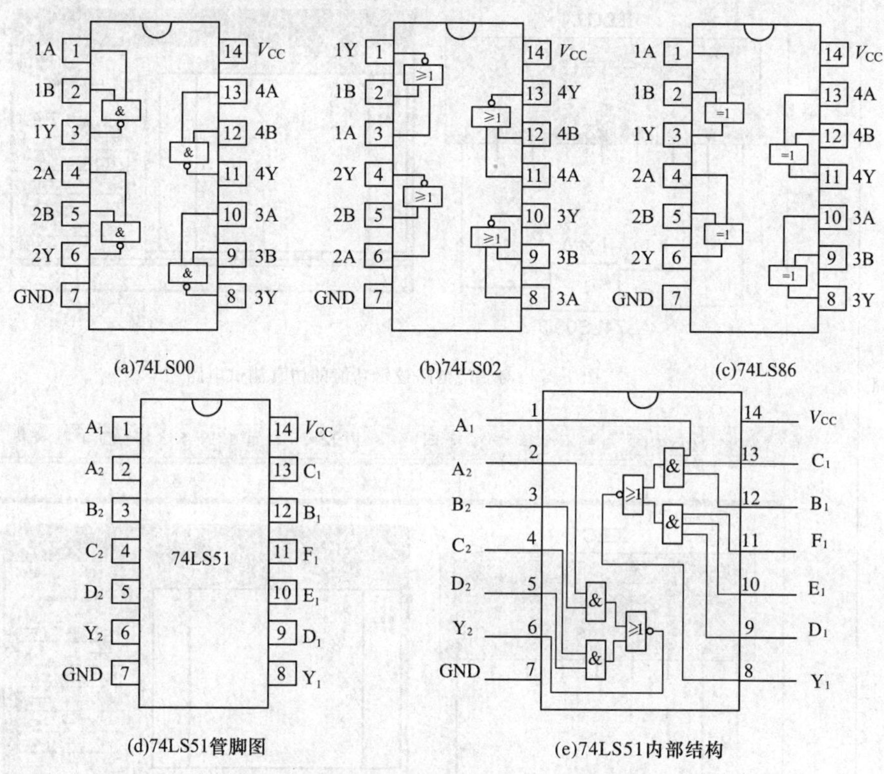

图 1-26　集成复合门电路的逻辑符号及管脚排列图

【工作任务 1-1-2】复合门电路的逻辑功能测试

测试工作任务书

测试名称	复合门电路的逻辑功能测试		
任务编码	SZF1-1-2	课时安排	2
任务内容	(1)测试与非门 74LS00 的逻辑功能。 (2)测试异或门 74LS86 的逻辑功能。		
任务要求	(1)使用 Multisim 9.0 仿真软件，按照测试电路接线图正确绘制仿真测试电路。 (2)测试复合门电路的逻辑功能，正确记录和分析测试数据。 (3)撰写测试报告。		

续表

测试设备	设备及器件名称	型号或规格	数量
	装有 Multisim 9.0 软件的计算机		1台
测试电路	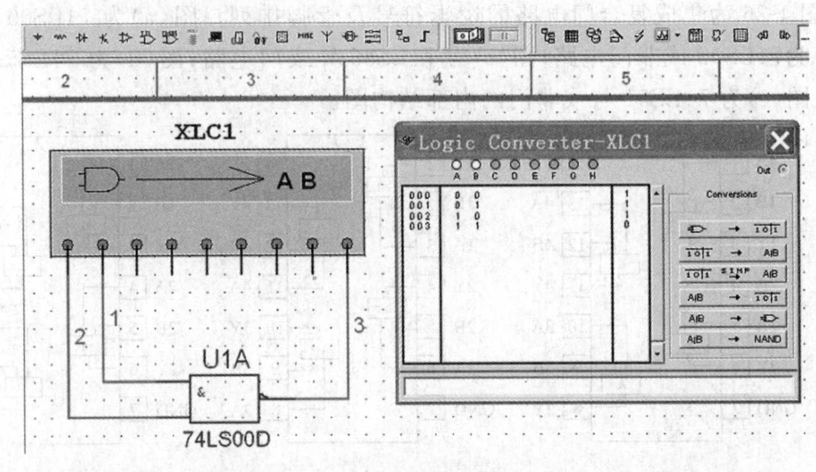 图 1-27　与非门电路逻辑功能的仿真测试电路 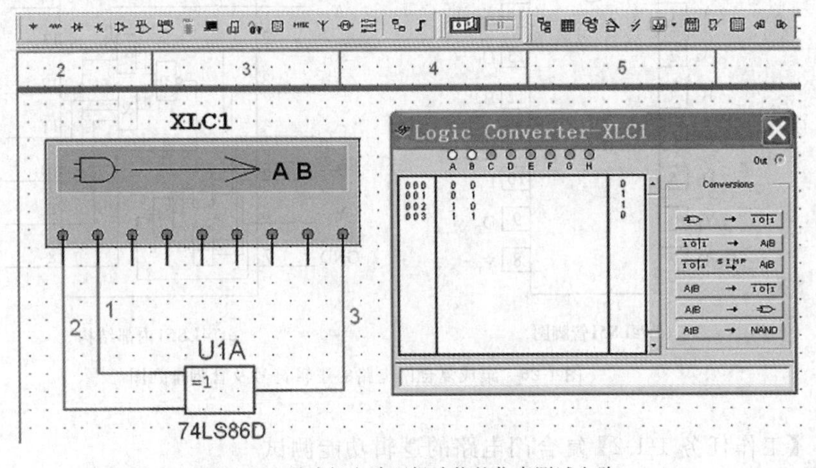 图 1-28　异或门电路逻辑功能的仿真测试电路		
测试步骤			
1. 74LS00 逻辑功能仿真测试	(1)打开 Multisim 9.0 软件。如图 1-27 所示放置(Place)TTL 器件 74LS00(仿真型号为 74LS00D)于工作区域。 (2)将仪表(Instruments)工作栏中的逻辑转换仪(Logic Convector)放置于工作区域。 (3)如图 1-27 所示,连接电路,并双击打开逻辑转换仪。 (4)单击图 1-27 中逻辑转换仪上的按钮 ,得到 74LS00 的真值表。 (5)将测试结果填入表 1-14 中。		

续表

表 1-14　　74LS00 逻辑功能测试结果

A	B	F
0	0	
0	1	
1	0	
1	1	

结论:(1)根据真值表,写出逻辑表达式为 $F=$________。则 74LS00 为______(填与非/或非/异或/与或非)门电路。它的内部封装了______个______(填与非/或非/异或/与或非)门。

(2)其中________________(填管脚号)分别是各______(填与非/或非/异或/与或非)门的输入端,____________(填管脚号)分别是与其相对应的输出端。

2.74LS86逻辑功能仿真测试

同以上步骤,将图 1-27 所示电路中的 74LS00 置换为 74LS86(仿真型号为 74LS86D),按图 1-28 连接电路,将测试结果填入表 1-15 中。

表 1-15　　74LS86 逻辑功能测试结果

A	B	F
0	0	
0	1	
1	0	
1	1	

结论:根据真值表,写出逻辑表达式为 $F=$__________。则 74LS86 为______(填与非/或非/异或/与或非)门电路。它的内部封装了______个______(填与非/或非/异或/与或非)门。其中__________(填管脚号)分别是各(填与非/或非/异或/与或非)门的输入端,__________(填管脚号)分别是与其相对应的输出端。

结论与体会

思考:

(1)总结复合门电路与非门、或非门、异或门、与或非门的逻辑功能并写出其逻辑表达式、逻辑符号、真值表。

(2)写出与非门、或非门、异或门、与或非门集成门电路的常用型号。

(3)若在 74LS86 下一级加入非门电路,则其逻辑功能怎样变化?列出真值表,写出逻辑表达式。

(4)$1\oplus1\oplus\cdots\oplus1\oplus1$(偶数个 1)=______。

完成日期		完成人	

知识扫描2

逻辑函数描述方法

逻辑函数用于描述输出变量和输入变量的函数关系。在组合逻辑电路中常用的逻辑函数描述方法有:真值表、逻辑表达式、逻辑电路图、波形图、卡诺图等。

【例 1-1】 有一举重判决电路，其中 A、B、C 三个裁判各控制一个开关，只有两个裁判同意试举成功，且其中 A 裁判必须同意，试举才算成功，否则试举失败。试列出真值表，写出逻辑表达式，画出逻辑电路图和波形图。

解：首先，假设三名裁判 A、B、C 为输入变量，若同意试举成功则开关合上，用逻辑"1"表示；不同意则开关打开，用逻辑"0"表示。试举结果用灯 F 表示，灯亮用逻辑"1"表示，表明试举通过；灯不亮用逻辑"0"表示，表明试举不通过。电路模型如图 1-29 所示。根据题意，列真值表见表 1-16。

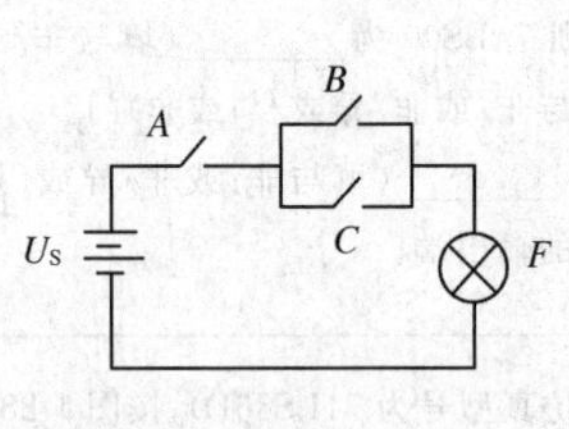

图 1-29　举重判决电路模型

表 1-16　举重判决电路功能真值表

A	B	C	F
0	0	0	0
0	0	1	0
0	1	0	0
0	1	1	0
1	0	0	0
1	0	1	1
1	1	0	1
1	1	1	1

1. 真值表

逻辑函数有 n 个变量时，共有 2^n 个不同的变量取值组合。在列真值表时，变量取值组合一般按 n 位二进制数递增的方式列出。

真值表具有如下特点：①具有唯一性；②包含所有的变量取值组合；③直观、明了，可直接看出逻辑函数值和变量取值之间的关系。

2. 逻辑表达式

把输入、输出之间的关系写成"与""或""非"等运算的组合式，这就是逻辑表达式。

根据图 1-29 电路模型，列出逻辑表达式为：

$$F=AB+AC \tag{1-1}$$

根据真值表，也可以直接写出标准的"与或"表达式，方法如下：

(1)把任意一组变量取值中的"1"代以原变量，"0"代以反变量，由此得到一组变量的"与"组合，如 A、B、C 三个变量的取值为 101 时，代换后得到的变量"与"组合为 $A\overline{B}C$。

(2)把逻辑函数值为"1"所对应的各变量的"与"组合相加，便得到一个逻辑表达式，这种形式的逻辑表达式称为标准的与或逻辑式。

根据上述方法，列出逻辑表达式：

$$F=A\overline{B}C+AB\overline{C}+ABC \tag{1-2}$$

试比较式(1-1)、式(1-2)，你觉得它们相同吗？为什么？

3. 逻辑电路图(原理图)

逻辑电路图是用基本逻辑门和复合逻辑门的逻辑符号组成的对应于某一逻辑功能的电路图。

图 1-30 就是根据式(1-1)画出的举重判决电路的逻辑电路图。

4. 波形图

波形图是由输入变量的所有可能取值组合的高、低电平及其对应的输出函数值的高、低电平所构成的图形。图 1-31 是举重判决电路的波形图。

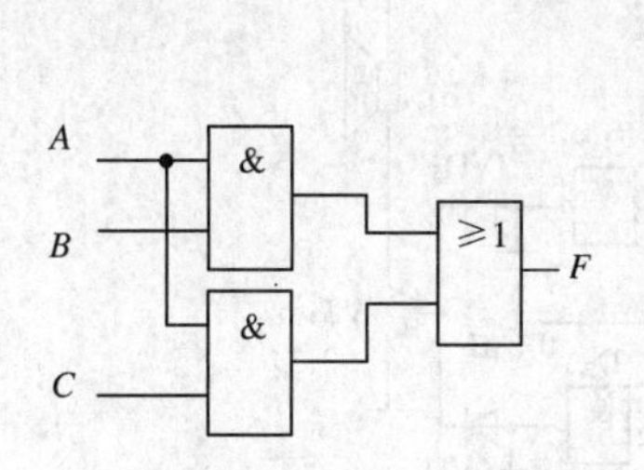

图 1-30 举重判决电路的逻辑电路图

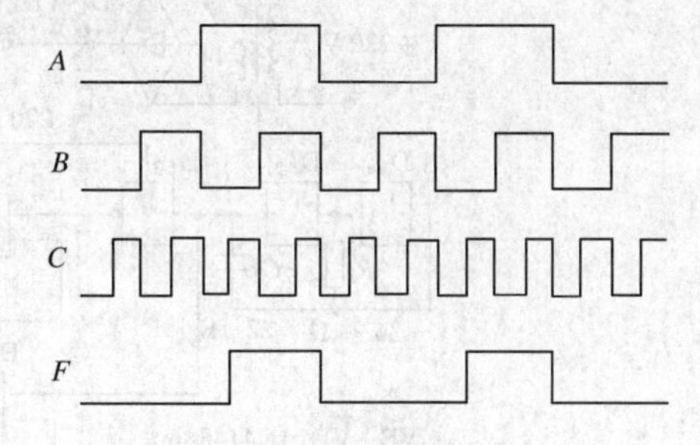

图 1-31 举重判决电路的波形图

思维拓展

由六反相器 CD4069 和四与非门 CD4011 构成的双音频门铃电路

1. 由两个与非门构成的可控振荡器电路

图 1-32 是由两个与非门构成的可控振荡器电路图。在图 1-32 中，可以在与非门的一个输入端加入“1”或“0”，控制振荡器的起振与停振。当控制端为“1”时，振荡器起振；当控制端为“0”时，振荡器停振。实际上将图 1-32 中左数第二个与非门的两个输入端连接起来后该与非门可作为非门使用。

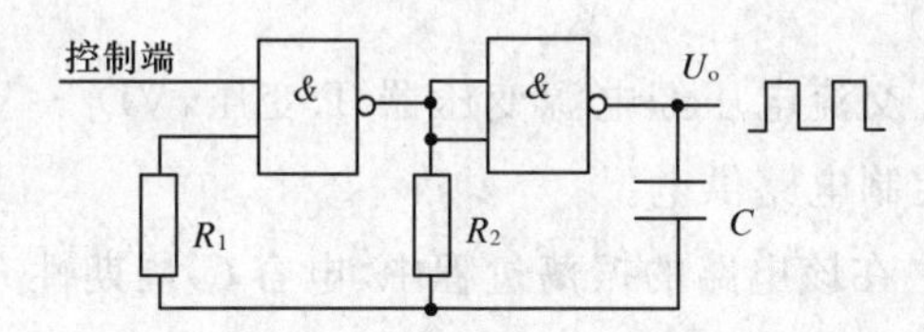

图 1-32 由两个与非门构成的可控振荡器电路图

2. CMOS 集成与非门、或非门、异或门电路

图 1-33 为 CMOS 集成复合门电路的内部结构及管脚排列。其中图(a)为 2 输入四与非门电路 CD4011，图(b)为 2 输入四或非门电路 CD4001，图(c)为异或门电路 CD4070。

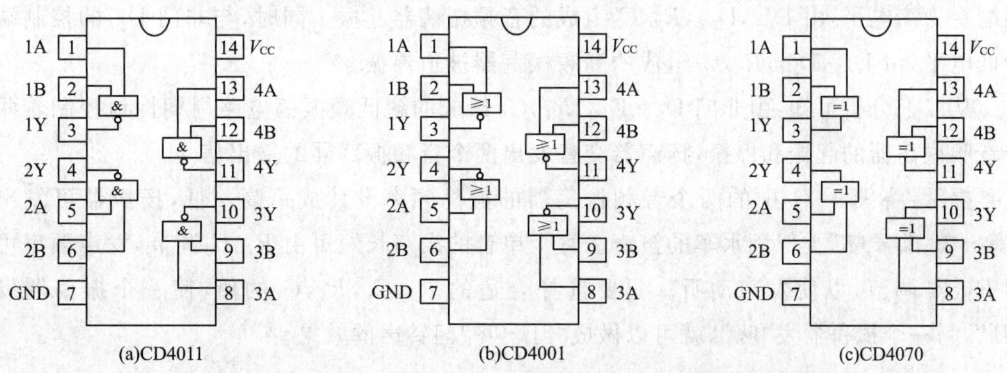

图 1-33 CMOS 集成与非门、或非门、异或门电路的内部结构及管脚排列

3. 由六反相器 CD4069 和四与非门 CD4011 构成的双音频门铃电路

图 1-34 是由六反相器 CD4069 和四与非门 CD4011 构成的双音频门铃电路。

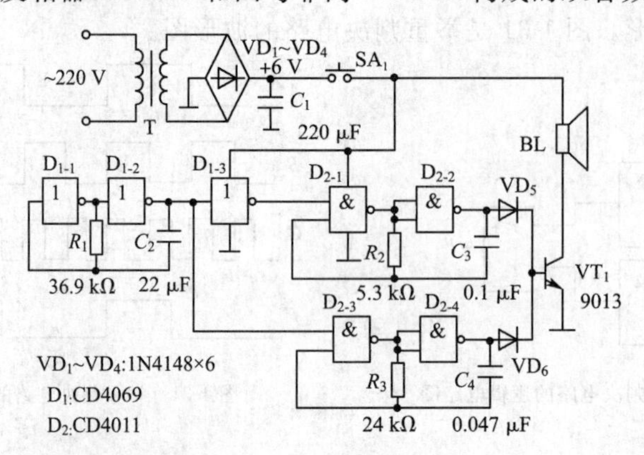

图 1-34　由六反相器 CD4069 和四与非门 CD4011 构成的双音频门铃电路

(1)电路组成

图 1-34 所示的电路主要由 D_1 和 D_2 两块集成电路构成。其中:

D_1 为六非门 CD4069,电路中仅使用了其中的三个非门:D_{1-1},D_{1-2},D_{1-3}。

D_2 为 2 输入四与非门 CD4011,其中 D_{2-1},D_{2-2} 组成了一个音频振荡器,D_{2-3} 和 D_{2-4} 组成了另一个音频振荡器。这两个音频振荡器是否工作是由 D_{1-1},D_{1-2},R_1,C_2 组成的超低频振荡电路控制的。

(2)工作原理

①供电电路。220 V 交流电压经电源变压器 T 变压,VD_1～VD_4 桥式整流,C_1 滤波,得到+6 V 直流电压给控制电路供电。

②超低频振荡电路。在该电路的振荡过程中,电容 C_2 周期性充电和放电。当 C_2 充满电时,与非门 D_{2-3} 的输入端为高电平,由 D_{2-3},D_{2-4},R_3,C_4 组成的高频振荡器起振,音频信号经 VD_6 加至 VT_1 的基极,经放大后推动扬声器 BL 发声。

③高频振荡电路。在电容 C_2 充满电后,经非门 D_{1-3} 反相,使得与非门 D_{2-1} 的控制端变为低电平,导致 D_{2-1},D_{2-2},R_2,C_3 组成的音频振荡器停振。当 C_2 放完电后,与非门 D_{2-1} 的控制端变为高电平,由 D_{2-1},D_{2-2},R_2,C_3 组成的音频振荡器起振。同时,与非门 D_{2-3} 的控制端为低电平,由 D_{2-3},D_{2-4},R_3,C_4 组成的高频振荡器被迫停振。

从以上分析可知:由非门 D_{1-1}、D_{1-2},R_1,C_2 组成的超低频振荡电路周期性地控制着两个音频振荡器的起振和停振,扬声器交替发出两个音频振荡器的输出信号。

提示:将图 1-34 中的两个音频振荡器的振荡频率设计成一高一低,扬声器可发出"嘀—嘟、嘀—嘟"类似洒水车的笛声。每个单音的发声长短可由 R_1,C_2 调节,发声频率可由 R_2,R_3 调节,以使发声动听。只要选择合适的 R_2,C_3,R_3,C_4 的值,使一个振荡器发"叮",另一个振荡器发"咚",就可以做成"叮—咚"门铃声的效果。

1-1-3　TTL 和 CMOS 特殊门电路的逻辑功能测试

知识扫描

TTL 和 CMOS 特殊门电路的逻辑功能及应用

1. OC 门——TTL 集电极开路门

在工程实践中，有时需要将几个门的输出端并联起来，以实现与逻辑，称为线与。TTL 门电路的输出结构决定了它不能进行线与。

如图 1-35 所示，如果将 G_1，G_2 两个 TTL 与非门的输出直接连接起来，当 G_1 输出为高电平，G_2 输出为低电平时，从 G_1 的电源 V_{CC} 通过 G_1 的 VT_2，VD_1 流入 G_2 的 VT_3 到地，形成一个低阻通路，产生很大的电流，输出既不是高电平也不是低电平，逻辑功能将被破坏，还可能烧毁器件。所以普通的 TTL 门电路是不能进行线与的。图 1-36 为 OC 门的结构和符号。

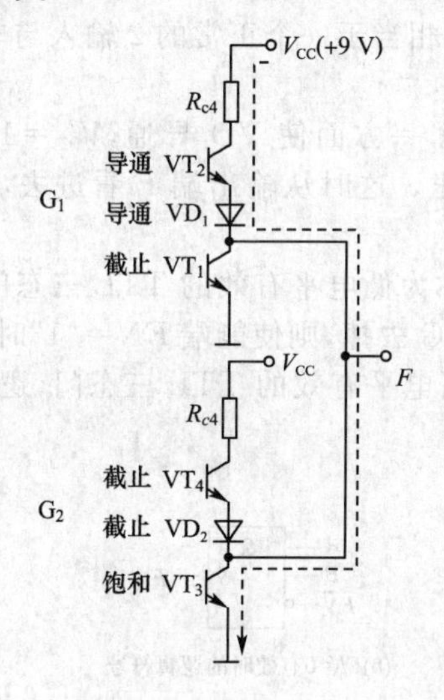

图 1-35　普通的 TTL 门电路输出并联

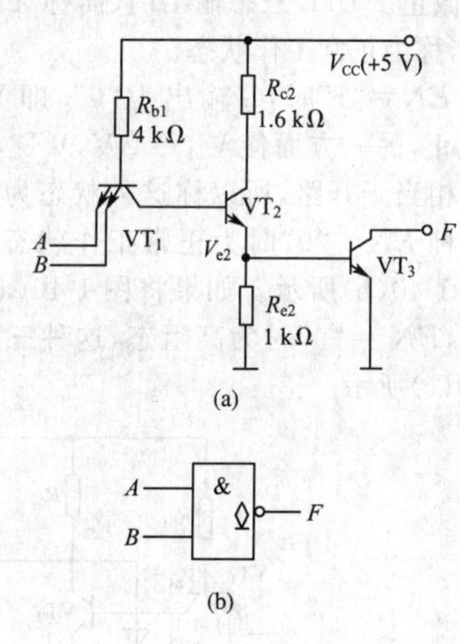

图 1-36　OC 门

OC 门通常有如下应用：

(1)实现线与

2 个 OC 门实现线与时的电路如图 1-37 所示。此时的逻辑关系为：

$$L=L_1\cdot L_2=\overline{AB}\cdot\overline{CD}=\overline{AB+CD}$$

即在输出线上实现了“与”运算，通过逻辑变换可转换为“与或非”运算。

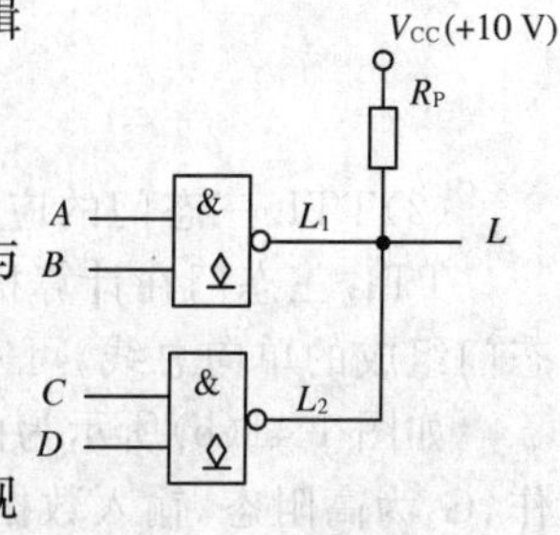

图 1-37　实现线与

(2)实现电平转换

在数字系统的接口部分(与外部设备相连的地方)需要实现电平转换时，常用 OC 门来完成。如图 1-38 所示。

将上拉电阻接到 10 V 电源上，使 OC 门输入普通的 TTL 电平，而输出高电平就可以变为 10 V。

(3)用作驱动器

可用 OC 门来驱动发光二极管、指示灯、继电器和脉冲变压器等。图 1-39 是 OC 门驱动发光二极管的电路。

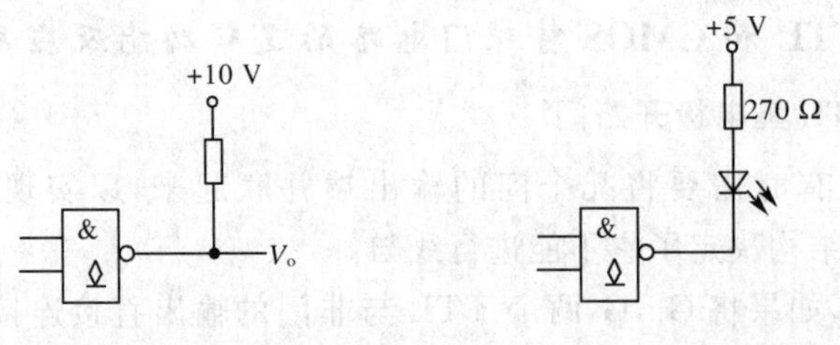

图 1-38　实现电平转换　　　图 1-39　驱动发光二极管

2. TTL 三态输出门

(1)结构及工作原理

如图 1-40(a)所示，当 EN="0"时，G 输出为"1"，VD_1 截止，与 P 端相连的 VT_1 的发射结也截止。TTL 三态输出门(简称 TTL 三态门)相当于一个正常的 2 输入与非门，输出 $F=\overline{AB}$，称为正常工作状态。

当 EN="1"时，G 输出为"0"，即 $V_P=0.3$ V，一方面使 VD_1 导通，$V_{c2}=1$ V，VT_4，VD_2 截止，另一方面使 $V_{b1}=1$ V，VT_2，VT_3 也截止。这时从输出端 F 看进去，对地和对电源都相当于开路，所以称这种状态为高阻态。

这种 EN="0"时为正常工作状态的三态门称为低电平有效的 TTL 三态门，逻辑符号如图 1-40(b)所示。如果将图 1-40(a)中的非门 G 去掉，则使能端 EN="1"时为正常工作状态，EN ="0"时为高阻态，这种三态门称为高电平有效的 TTL 三态门，逻辑符号如图 1-40(c)所示。

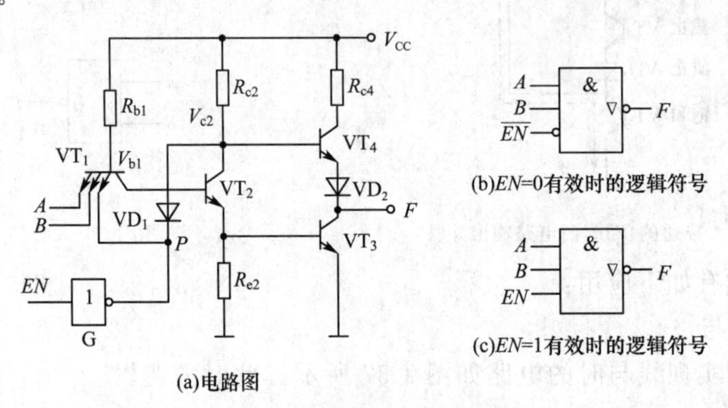

(a)电路图　(b)EN=0有效时的逻辑符号　(c)EN=1有效时的逻辑符号

图 1-40　TTL 三态输出门

(2)TTL 三态门的应用

TTL 三态门在计算机总线结构中有着广泛的应用。如图 1-41(a)所示为由 TTL 三态门组成的单向总线，可实现信号的分时传送。

如图 1-41(b)所示为由 TTL 三态门组成的双向总线。当 EN 为高电平时，G_1 正常工作，G_2 为高阻态，输入数据 D_1 经 G_1 反相后送到总线上；当 EN 为低电平时，G_2 正常工作，G_1 为高阻态，总线上的数据 D_O 经 G_2 反相后输出$\overline{D_O}$。这样就实现了信号的分时双向传送。

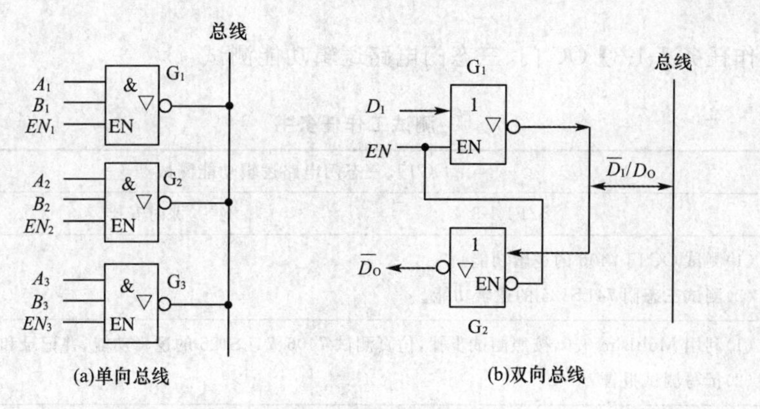

图 1-41　由三态门组成的总线

CMOS 集成门电路的其他形式有：OD 门（漏极开路门，如 40107）、CMOS 三态门、CMOS 传输门、CMOS 模拟开关等。本教材不做详细介绍，请同学们参阅相关数字电路手册，了解其功能和应用。

OC 门、三态门集成电路管脚排列及内部结构

7406 是一款 TTL 类型的 OC 门，其输出低电平电流 I_{OL}（灌电流）为 30 mA，其管脚排列及内部结构如图 1-42 所示。

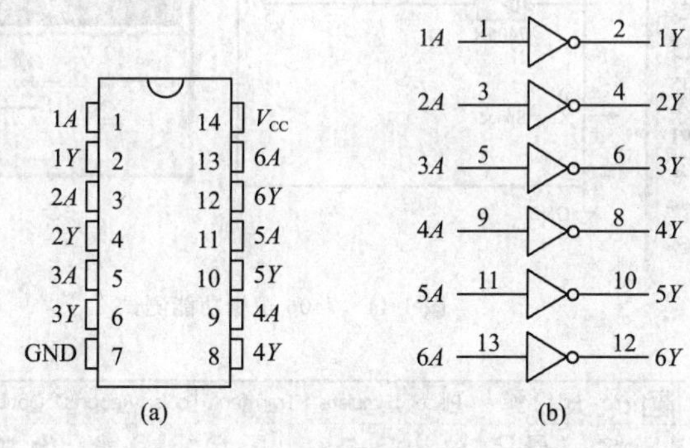

图 1-42　7406 OC 门电路管脚排列及内部结构

74LS125 的管脚排列及内部结构如图 1-43 所示，其中包含 4 个 TTL 缓冲门电路，它们分别有各自的使能端 C_1，C_2，C_3，C_4，低电平有效。当使能端为低电平时，$Y=A$，当使能端为高电平时，输出端 Y 呈高阻态。

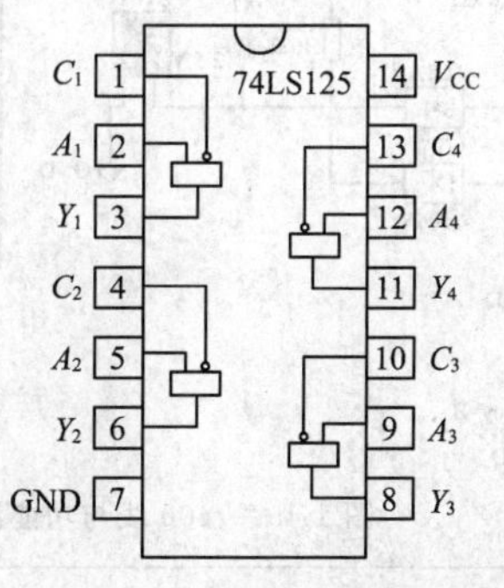

图 1-43　74LS125 三态门电路管脚排列及内部结构

【工作任务 1-1-3】OC 门、三态门电路逻辑功能测试

测试工作任务书

<table>
<tr><td>测试名称</td><td colspan="3">OC 门、三态门电路逻辑功能测试</td></tr>
<tr><td>任务编码</td><td>SZF1-1-3</td><td>课时安排</td><td>2</td></tr>
<tr><td>任务内容</td><td colspan="3">(1)测试 OC 门 7406 的逻辑功能。
(2)测试三态门 74LS125 的逻辑功能。</td></tr>
<tr><td>任务要求</td><td colspan="3">(1)利用 Multisim 9.0，按照测试步骤，仿真测试 7406、74LS125 的逻辑功能，并记录和分析数据。
(2)撰写测试报告。</td></tr>
<tr><td rowspan="2">测试设备</td><td>设备名称</td><td>型号或规格</td><td>数量</td></tr>
<tr><td>装有 Multisim 9.0 或同类软件的计算机</td><td></td><td>1 台</td></tr>
<tr><td colspan="4">OC 门(7406)功能测试电路与步骤</td></tr>
<tr><td>测试电路</td><td colspan="3">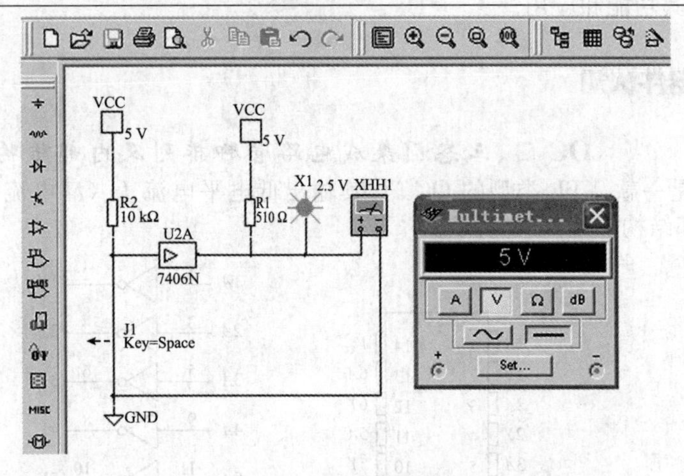
图 1-44　7406 逻辑功能测试
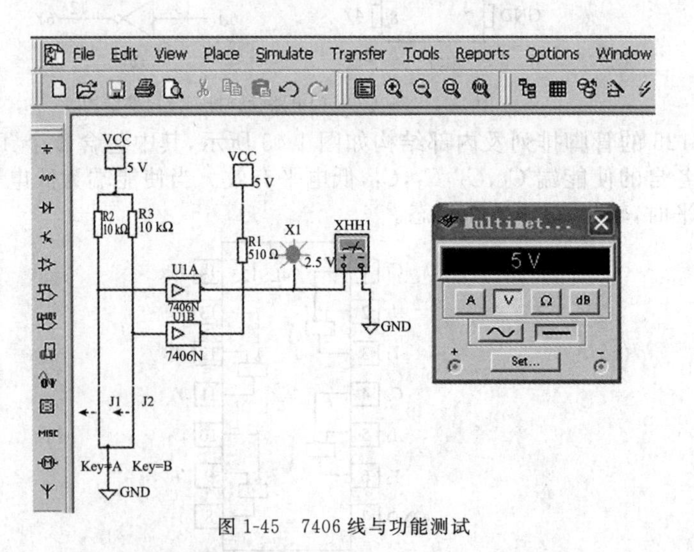
图 1-45　7406 线与功能测试</td></tr>
</table>

续表

测试步骤

(1)打开 Multisim 9.0 或同类软件,按图 1-44 连接电路。

(2)先后关闭和打开开关 J1,观察输出逻辑状态,填入表 1-17 中。

(3)将电路中电阻 R1 去掉,重复步骤(2),观察输出逻辑状态。

(4)将电路中的电阻 R1 重新接上,将其连接到+10 V 或+15 V 电平上,测试其输出电平。

(5)按图 1-45 重新连接电路,按表 1-18 中数据改变输入状态,观察输出逻辑状态,填入表 1-18 中。

表 1-17　　7406 逻辑功能测试结果

A	F
0	
1	

表 1-18　　7406 线与功能测试结果

A	B	F
0	0	
0	1	
1	0	
1	1	

结论:(1)从表 1-17 可以看出,7406 的逻辑功能是 $F=$________(填 A 或 $\overline{A}$)。

(2)从测试中可以看出,OC 门电路的正确接法是:__________________。

(3)从测试步骤(4)中可以看出:OC 门电路可以实现________转换。

(4)根据测试步骤(5)可以写出输出 F 的逻辑表达式:$F=$________,所以 OC 门可以实现________。

三态门(74LS125)功能测试电路与步骤

测试电路

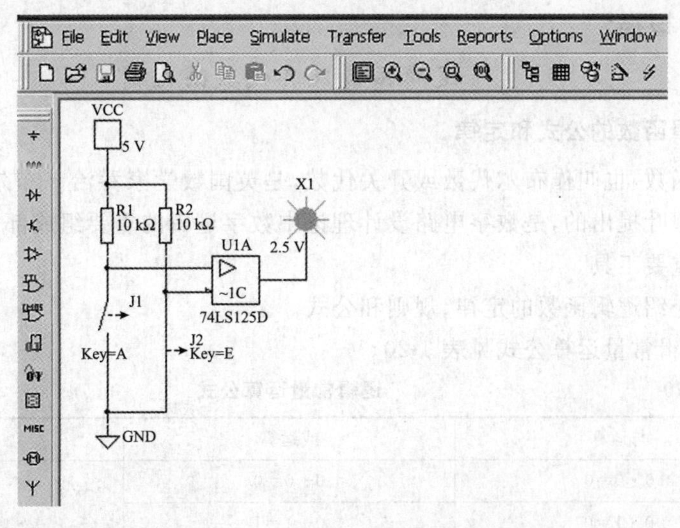

图 1-46　74LS125 逻辑功能测试

续表

<table>
<tr><td>测试步骤</td><td>(1)打开 Multisim 9.0 或同类软件，按图 1-46 连接电路。
(2)将使能端先后接高电平和低电平，观察输出逻辑状态，填入表 1-19 中。
表 1-19　74LS125 逻辑功能测试结果
<table><tr><th>EN</th><th>A</th><th>F</th></tr><tr><td>1</td><td>0</td><td></td></tr><tr><td>1</td><td>1</td><td></td></tr><tr><td>0</td><td>0</td><td></td></tr><tr><td>0</td><td>1</td><td></td></tr></table>
结论：(1)当 EN 为高电平时，输出状态________(变化/不变化)，输出为________(0/1/高阻)。
(2)当 EN 为低电平时，输出状态________(变化/不变化)，其逻辑表达式为________。
(3)74LS125 是使能端________(高电平/低电平)有效的三态门。</td></tr>
<tr><td>结论与体会</td><td>思考：
(1)OC 门的特点是什么？画出其逻辑符号。OC 门有哪些使用方法？OC 门有哪些应用？
(2)什么是三态门？三态门的特点是什么？画出其逻辑符号。</td></tr>
<tr><td>完成日期</td><td></td><td>完成人</td><td></td></tr>
</table>

任务1-2　简单加法器电路的设计与测试

1-2-1　门电路构成的组合逻辑电路的功能测试

知识扫描1

逻辑函数及其代数法化简

1. 逻辑函数的公式和定律

逻辑函数，也叫作布尔代数或开关代数，是英国数学家乔治·布尔(George Boole)于十九世纪中叶提出的，是数字电路设计理论中数字逻辑的重要组成部分，是分析和设计数字电路的重要工具。

下面介绍逻辑函数的定律、规则和公式。

(1)逻辑常量运算公式见表 1-20。

表 1-20　逻辑常量运算公式

与运算	或运算	非运算
$0\cdot0=0$	$0+0=0$	$\overline{1}=0$ $\overline{0}=1$
$0\cdot1=0$	$0+1=1$	
$1\cdot0=0$	$1+0=1$	
$1\cdot1=1$	$1+1=1$	

（2）逻辑常量、变量运算公式见表 1-21。

表 1-21　　逻辑常量、变量运算公式

与运算	或运算	非运算
$A \cdot 0=0$	$A+0=A$	$\overline{\overline{A}}=A$
$A \cdot 1=A$	$A+1=1$	
$A \cdot A=A$	$A+A=A$	
$A \cdot \overline{A}=0$	$A+\overline{A}=1$	

（3）与普通代数相似的定律见表 1-22。

表 1-22　　与普通代数相似的定律

定律	公式
交换律	$A+B=B+A$
	$A \cdot B=B \cdot A$
结合律	$A+B+C=(A+B)+C=A+(B+C)$
	$A \cdot B \cdot C=(A \cdot B) \cdot C=A \cdot (B \cdot C)$
分配律	$A \cdot (B+C)=AB+AC$
	$A+BC=(A+B)(A+C)$

表 1-22 中的分配律可以用真值表证明，即分别列出等式左边和等式右边的真值表，看其结果是否一致。

（4）吸收律

吸收律是逻辑函数化简中常用的基本定律，可以利用基本公式推导出来，详见表 1-23。

表 1-23　　吸收律一览表

吸收律	证　明
①$AB+A\overline{B}=A$	$AB+A\overline{B}=A(B+\overline{B})=A \cdot 1=A$
②$A+AB=A$	$A+AB=A(1+B)=A$
③$A+\overline{A}B=A+B$	$A+\overline{A}B=(A+\overline{A})(A+B)=A+B$
④$AB+\overline{A}C+BC=AB+\overline{A}C$	$AB+\overline{A}C+BC=AB+\overline{A}C+BC(A+\overline{A})$ $=AB+ABC+\overline{A}C+\overline{A}BC$ $=AB+\overline{A}C$

式④的推广：$AB+\overline{A}C+BCDE=AB+\overline{A}C$。（请同学们自己证明）

（5）反演律（摩根定律）

摩根定律有两种形式：$\overline{A+B}=\overline{A} \cdot \overline{B}$，$\overline{AB}=\overline{A}+\overline{B}$。

2. 逻辑函数的变换与化简

（1）逻辑函数的变换

在实现函数的逻辑功能时，如 $F=AB+\overline{A}\,\overline{B}$，$F=AB+AC$，我们常常要用到多种类型的门电路（与门、或门、非门等）。但从设计的角度考虑，所选芯片的种类越少越好，我们可以通过逻辑函数的变换来解决这个问题。例如：

$$F_1=AB+\overline{A}\,\overline{B}=\overline{\overline{AB+\overline{A}\,\overline{B}}}=\overline{\overline{AB}\cdot\overline{\overline{A}\,\overline{B}}}$$

$$F_2=AB+AC=\overline{\overline{AB+AC}}=\overline{\overline{AB}\cdot\overline{AC}}$$

经过这样的转换之后，就可以用一种类型的门电路实现，如可以用 74LS00(2 输入与非门)实现以上函数的逻辑功能。实现函数 F_2的具体电路如图 1-47 所示。

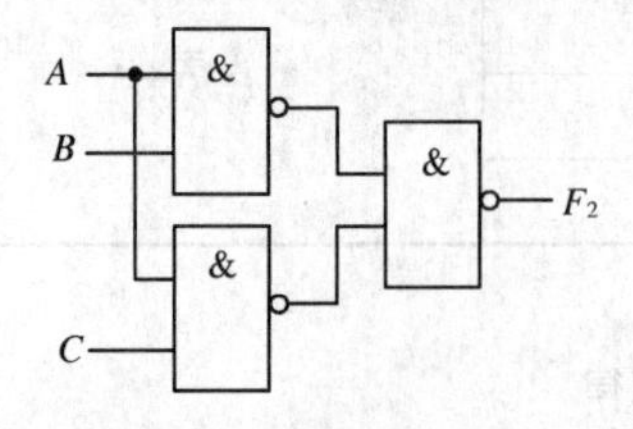

(a)用与非门实现函数 $F_2=\overline{\overline{AB}\cdot\overline{AC}}$　　(b)用与门和或门实现函数 $F_2=AB+AC$

图 1-47　逻辑函数的变换

实际上，逻辑函数的表达式有多种形式，例如：

$F_1=AB+\overline{A}\,\overline{B}$　　　“与或”表达式

$=(\overline{A}+B)(A+\overline{B})$　　　“或与”表达式

$=\overline{\overline{AB}\cdot\overline{\overline{A}\,\overline{B}}}$　　　“与非与非”表达式

$=\overline{\overline{(\overline{A}+B)}+\overline{(A+\overline{B})}}$　　　“或非或非”表达式

$=\overline{A\overline{B}+\overline{A}B}$　　　“与或非”表达式

其中最常用的是“与或”表达式和“与非与非”表达式。

(2)逻辑函数的代数法化简

在实际的电路中逻辑函数是由具体的电路来实现的。如果逻辑函数的表达式比较简单，逻辑电路图就比较简单。这样可以降低成本，提高电路的可靠性等。

最简的标准是：表达式中所含项数最少，每一项中变量最少。一般将其化为最简的与或表达式。

通常我们利用逻辑函数的基本公式和定律来化简函数。

①利用公式 $A+\overline{A}=1$，将两项合并为一项，并消去一个变量。例如：

$$Y_1=ABC+\overline{A}BC+B\overline{C}=(A+\overline{A})BC+B\overline{C}=BC+B\overline{C}=B(C+\overline{C})=B$$

$$Y_2=ABC+A\overline{B}+A\overline{C}=ABC+A(\overline{B}+\overline{C})=ABC+A\overline{BC}=A(BC+\overline{BC})=A$$

②利用公式 $A+AB=A$，消去多余的项。例如：

$$Y_1=\overline{A}B+\overline{A}BCD(E+F)=\overline{A}B$$

$$Y_2=A+\overline{\overline{B}+\overline{CD}}+\overline{\overline{AD}\,\overline{B}}=A+BCD+AD+B=(A+AD)+(B+BCD)=A+B$$

③利用公式 $A+\overline{A}B=A+B$，消去多余的变量。例如：

$$Y_1=AB+\overline{A}C+\overline{B}C=AB+(\overline{A}+\overline{B})C=AB+\overline{AB}C=AB+C$$

$$Y_2=A\overline{B}+C+\overline{A}\,\overline{C}D+B\overline{C}D=A\overline{B}+C+\overline{C}(\overline{A}+B)D=A\overline{B}+C+(\overline{A}+B)D$$

$$=A\overline{B}+C+\overline{A\overline{B}}D=A\overline{B}+C+D$$

④利用公式 $A=A(\overline{B}+B)$，为某一项配上其所缺的变量，以便用其他方法进行化简。例如：

$$
\begin{aligned}
Y&=A\overline{B}+B\overline{C}+\overline{B}C+\overline{A}B=A\overline{B}+B\overline{C}+(A+\overline{A})\overline{B}C+\overline{A}B(C+\overline{C})\\
&=A\overline{B}+B\overline{C}+A\overline{B}C+\overline{A}\,\overline{B}C+\overline{A}BC+\overline{A}B\overline{C}\\
&=A\overline{B}(1+C)+B\overline{C}(1+\overline{A})+\overline{A}C(\overline{B}+B)\\
&=A\overline{B}+B\overline{C}+\overline{A}C
\end{aligned}
$$

⑤利用公式 $A+A=A$，为某项配上其所能合并的项。例如：

$$
\begin{aligned}
Y&=ABC+AB\overline{C}+A\overline{B}C+\overline{A}BC\\
&=(ABC+AB\overline{C})+(ABC+A\overline{B}C)+(ABC+\overline{A}BC)\\
&=AB+AC+BC
\end{aligned}
$$

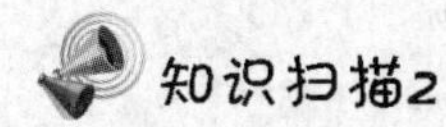

逻辑函数的卡诺图化简

1. 逻辑函数的表达式

(1)逻辑函数的一般表达式

①“与或”表达式

函数表达式中包含若干个“与”项，“与”项中每个变量以原变量或反变量的形式出现，这些“与”项以逻辑“或”的形式连在一起，形成了“与或”表达式。

例如：$F=AB+\overline{A}C+BC$。

②“或与”表达式

函数表达式中包含若干个“或”项，每个“或”项可以由 1 个或多个变量组成，每个变量以原变量或反变量的形式出现，这些“或”项以逻辑“与”的形式连在一起，形成了“或与”表达式。例如：$F=(A+B)(A+C)(B+C)$。

③混合表达式

通常逻辑函数还可以表示为“与或”表达式和“或与”表达式的混合形式。

例如：$F=AB+(B+C)DE$。

(2)逻辑函数的标准表达式

①最小项

在最小项表达式中，逻辑函数的每一个“与”项都包含了全部变量，其中每个变量以原变量或反变量的形式出现，且每个变量仅出现 1 次，这种“与”项通常称为最小项，也可以称为标准“与”项。

例如：逻辑函数中有 3 个输入变量 A,B,C，则 $\overline{A}\,\overline{B}\,\overline{C}$，$\overline{A}\,\overline{B}C$，$\overline{A}B\overline{C}$，$\overline{A}BC$、$A\overline{B}\,\overline{C}$，$A\overline{B}C$，$AB\overline{C}$、$ABC$ 是它的最小项。

可以看出：3 个变量的最小项共有 8 个，所以 n 个变量的最小项共有 2^n 个。逻辑函数的标准表达式中，既可包含部分最小项，也可包含全部最小项。输入变量的每一组的取值都使一个相应的最小项的值等于 1。例如，在 A,B,C 这 3 个变量的最小项中，当 $A=1,B=1,C=0$ 时，$AB\overline{C}=1$。如果将 ABC 的取值 110 看成一个二进制数，那么它所表示的十进制数就是 6。为了今后使用的方便,将 $AB\overline{C}$ 这个最小项记作 m_6。3 变量函数的最小项真值表见表 1-24。

表 1-24　　3 变量函数的最小项真值表

最小项	变量取值			编　号
	A	B	C	
$\overline{A}\,\overline{B}\,\overline{C}$	0	0	0	m_0
$\overline{A}\,\overline{B}C$	0	0	1	m_1
$\overline{A}B\overline{C}$	0	1	0	m_2
$\overline{A}BC$	0	1	1	m_3
$A\overline{B}\,\overline{C}$	1	0	0	m_4
$A\overline{B}C$	1	0	1	m_5
$AB\overline{C}$	1	1	0	m_6
ABC	1	1	1	m_7

最小项的基本性质:

以 3 变量函数为例说明最小项的性质,从表 1-24 中可以看出最小项具有以下几个特点:

▲ 对于任意一个最小项,只有一组变量取值使它的值为 1,而其余各组变量取值均使它的值为 0。

▲ 任意两个最小项的“与”恒为 0。

▲ 全部最小项之和(“或”)等于 1。

▲ 具有逻辑相邻性的最小项可以合并为一项,并且可以消去一对变量。

②逻辑函数的最小项表达式

任何一个逻辑函数表达式都可以表示为一组最小项之和的形式,即标准“与或”表达式,也称为最小项表达式。函数 $F(A,B,C)=ABC+AB\overline{C}+\overline{A}BC$ 是标准“与或”表达式,而函数 $F(A,B,C)=AB+C$ 就不是标准“与或”表达式。

【例 1-2】 将逻辑函数 $F(A,B,C)=AB+\overline{A}C$ 转换成最小项表达式。

解:该函数为 3 变量函数,而表达式中每项只含有两个变量,不是最小项。要转换为最小项,就应补齐缺少的变量,方法为将各项乘以 1,如 AB 项乘以 $C+\overline{C}$,则:

$$F(A,B,C)=AB+\overline{A}C=AB(C+\overline{C})+\overline{A}C(B+\overline{B})=\overline{A}\,\overline{B}C+\overline{A}BC+AB\overline{C}+ABC$$
$$=m_1+m_3+m_6+m_7$$

为了简化,也可用最小项下标编号来表示最小项,故上式也可写为

$$F(A,B,C)=\sum m(1,3,6,7)$$

列出上式的真值表,见表 1-25。

表 1-25 $F(A,B,C)=AB+\overline{A}C$ 的真值表

A	B	C	F	$\overline{F}$	最小项
0	0	0	0	1	m_0
0	0	1	1	0	m_1
0	1	0	0	1	m_2
0	1	1	1	0	m_3
1	0	0	0	1	m_4
1	0	1	0	1	m_5
1	1	0	1	0	m_6
1	1	1	1	0	m_7

从以上例子可以看出：若已知一个函数的真值表，可以很方便地写出函数的逻辑表达式，将所有输出为1的最小项相或，即函数的最小项表达式。本例中有：

$F=m_1+m_3+m_6+m_7=\overline{A}\,\overline{B}C+\overline{A}BC+AB\overline{C}+ABC$

$\overline{F}=m_0+m_2+m_4+m_5=\overline{A}\,\overline{B}\,\overline{C}+\overline{A}\,B\overline{C}+A\overline{B}\,\overline{C}+A\,\overline{B}C$

③逻辑函数的最大项表达式

在最大项表达式中，逻辑函数的每一个“或”项都包含了全部变量，其中变量以原变量或反变量的形式出现，且每个变量仅出现1次，这种“或”项通常称为最大项，也可以称为标准“或”项。任何一个逻辑函数都可以用最大项之积的形式来表示，即标准“或与”表达式，也称为最大项表达式。

【例 1-3】 已知：$F(A,B,C)=(A+B+C)(A+\overline{B}+C)(\overline{A}+B+C)$

$G(A,B,C)=(A+B)(A+C)(B+C)$

试问：函数 F 和 G 中哪一个为最大项表达式？

解：函数 F 的表达式中每一个“或”项都包含了 A,B,C 3 个变量，而函数 G 的表达式中每个“或”项只包含 2 个变量，故函数 F 的表达式为最大项表达式，而函数 G 的表达式非最大项表达式。

最大项中输入变量的每一组取值都使一个相应的最大项为 0。例如，在具有 3 个变量 A,B,C 的函数的最大项中，当 $A=1,B=1,C=0$ 时，$\overline{A}+\overline{B}+C=0$。若将使最大项为 0 的 A,B,C 取值视为一个二进制数，并用其对应的十进制数给最大项编号，则 $\overline{A}+\overline{B}+C$ 可记为 M_6。表 1-26 为 3 变量函数的最大项真值表。

表 1-26 3 变量函数的最大项真值表

最大项	变量取值			编　号
	A	B	C	
$A+B+C$	0	0	0	M_0
$A+B+\overline{C}$	0	0	1	M_1
$A+\overline{B}+C$	0	1	0	M_2
$A+\overline{B}+\overline{C}$	0	1	1	M_3
$\overline{A}+B+C$	1	0	0	M_4
$\overline{A}+B+\overline{C}$	1	0	1	M_5
$\overline{A}+\overline{B}+C$	1	1	0	M_6
$\overline{A}+\overline{B}+\overline{C}$	1	1	1	M_7

函数 $F(A,B,C)=(A+B+C)(A+\overline{B}+C)(\overline{A}+B+C)$ 的表达式可简写为

$$F(A,B,C)=M_0\cdot M_2\cdot M_4=\prod M(0,2,4)$$

最大项的性质：

▲ 每个最大项只对应于一组使最大项的值为 0 的输入变量；

▲ 任意两个最大项之和为 1；

▲ 全部最大项之积恒为 0。

最大项与最小项的关系：

对于同一个函数既可以用最小项表示，也可以用最大项表示。最大项和最小项之间的关系如下：

例如：$F(A,B,C)=\sum m(1,3,6,7)$

则：$F(A,B,C)=m_1+m_3+m_6+m_7$，根据最小项的性质得：

$$\overline{F(A,B,C)}=m_0+m_2+m_4+m_5$$

于是：
$$\begin{aligned}F=\overline{\overline{F(A,B,C)}}&=\overline{m_0+m_2+m_4+m_5}=\overline{m_0}\cdot\overline{m_2}\cdot\overline{m_4}\cdot\overline{m_5}\\&=\overline{\overline{A}\,\overline{B}\,\overline{C}}\cdot\overline{\overline{A}B\overline{C}}\cdot\overline{A\overline{B}\,\overline{C}}\cdot\overline{A\overline{B}C}\\&=(A+B+C)(A+\overline{B}+C)(\overline{A}+B+C)(\overline{A}+B+\overline{C})\\&=M_0\cdot M_2\cdot M_4\cdot M_5=\prod M(0,2,4,5)\end{aligned}$$

由以上推导可知，同一个函数具有如下性质：

▲ 既可以表示为最小项表达式，也可以表示为最大项表达式。

▲ 最大项与最小项的关系为：

$$\begin{cases}m_0=\overline{A}\,\overline{B}\,\overline{C}=\overline{A+B+C}=\overline{M_0}\\m_1=\overline{A}\,\overline{B}C=\overline{A+B+\overline{C}}=\overline{M_1}\\\quad\cdots\cdots\end{cases}$$

同一下标的最大项和最小项互为反函数。

如果已知一个函数的非标准表达式，要写出相应的最小项表达式和最大项表达式，可通过公式、定律推导得到，也可通过真值表得到。

【例 1-4】 写出函数 $F(A,B,C)=A+BC$ 的最小项表达式和最大项表达式。

解：列出真值表见表 1-27。

表 1-27　$F(A,B,C)=A+BC$ 真值表

A	B	C	F	最小项	最大项
0	0	0	0		M_0
0	0	1	0		M_1
0	1	0	0		M_2
0	1	1	1	m_3	
1	0	0	1	m_4	
1	0	1	1	m_5	
1	1	0	1	m_6	
1	1	1	1	m_7	

$$F=\sum m(3,4,5,6,7)=\prod M(0,1,2)$$

即将输出为1的最小项相“或”，将输出为0的最大项相“与”。

2. 卡诺图化简法

卡诺图是一种变形的真值表，它用 2^n 个小方格代表 n 个变量的全部最小项。

卡诺图的特点：将具有逻辑相邻性的最小项在几何位置上也相邻地排列。

(1)卡诺图的表示方法

仔细观察图1-48可以发现，卡诺图具有很强的相邻性：

①直观相邻性：只要小方格在几何位置上相邻(不管是上下还是左右)，它代表的最小项在逻辑上一定是相邻的。

②对边相邻性：即以中心轴对称的左右两边和上下两边的小方格也具有相邻性。

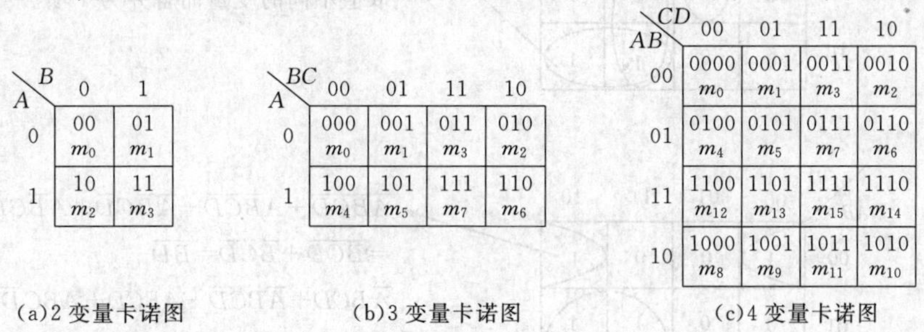

图1-48 卡诺图的表示方法

(2)卡诺图的填入

卡诺图的填入如图1-49所示。

最小项表达式的填入：在构成函数最小项的方格中填入1。

最大项表达式的填入：在构成函数最大项的方格中填入0。

非标准“与或”表达式的填入方法：将每个“与或”表达式中的1用原变量表示，0用反变量表示，在卡诺图中找出“与”项为1的组合对应的方格，填入1，其余填0。

非标准“或与”表达式的填入方法：找出使其“或”项为0的组合对应的方格，填入0，其余填1。

AB\CD	00	01	11	10
00	0	1	0	0
01	0	1	0	1
11	0	0	0	0
10	0	1	0	0

$F(A,B,C,D)=\sum m(1,5,6,9)$

AB\CD	00	01	11	10
00	0	1	0	0
01	0	1	0	1
11	0	0	0	0
10	0	1	0	0

$F(A,B,C,D)=\prod M(0,2,3,4,7,8,10,11,12,13,14,15)$

AB\CD	00	01	11	10
00	0	0	0	1
01	0	0	1	1
11	0	1	1	1
10	0	1	1	1

$F=AD+BC+C\overline{D}$

AB\CD	00	01	11	10
00	0	0	0	0
01	0	1	1	1
11	0	1	1	1
10	0	1	1	1

$F=(A+B)(C+D)$

图1-49 卡诺图的填入

(3)卡诺图的化简依据

卡诺图的化简依据说明如图 1-50 所示。若由 2^n 个最小项构成一个矩形,则它们可合并为一项并消去 n 个变量,保留的变量是这些最小项中的公共变量,而发生变化的变量将被消去。

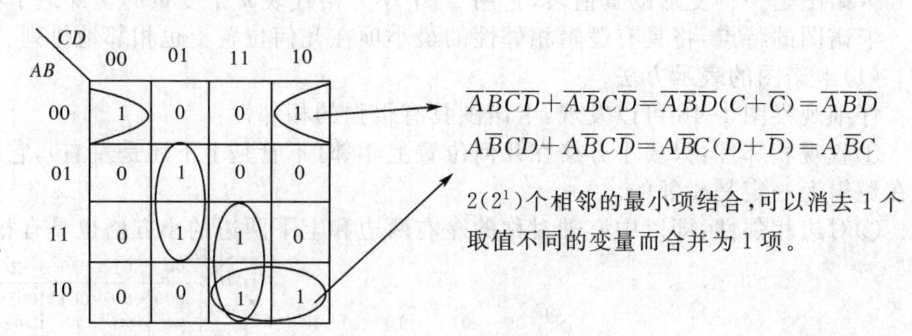

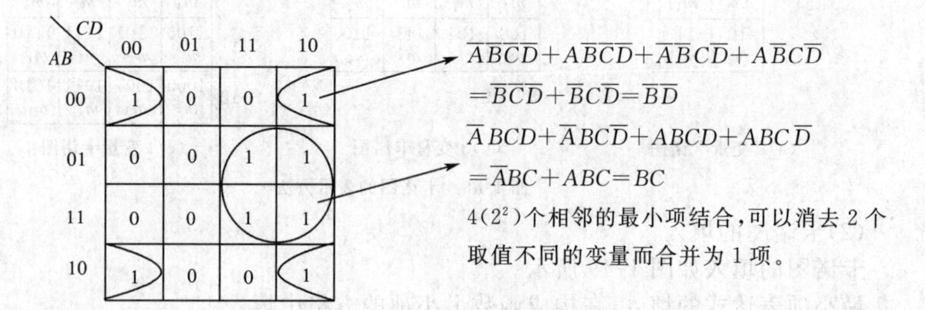

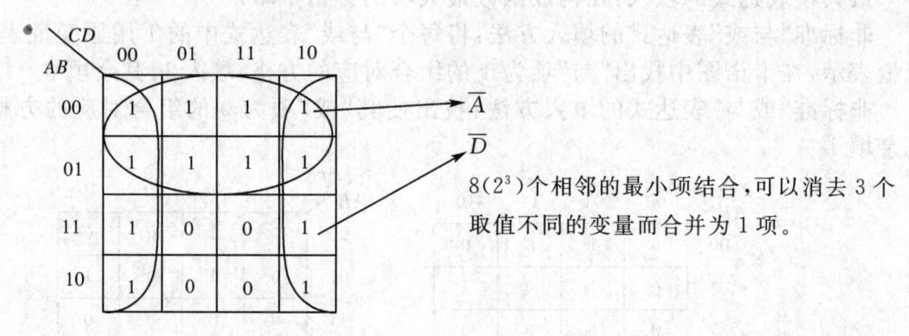

图 1-50 卡诺图化简依据说明图

(4)卡诺图的化简步骤

用卡诺图化简逻辑函数的步骤:

①画出逻辑函数的卡诺图。

②合并相邻的最小项,即根据下述原则画圈。

③写出化简后的表达式。每一个圈写一个最简"与"项,规则是:取值为 1 的变量用原变量表示,取值为 0 的变量用反变量表示,将这些变量相"与",然后将所有"与"项进行逻辑加,即得最简"与或"表达式。

画圈的原则:

①尽量画大圈，但每个圈内只能含有 2^n($n=0,1,2,3\cdots\cdots$)个相邻项。特别注意对边相邻性和四角相邻性。

②圈的个数尽量少。

③卡诺图中所有取值为 1 的方格都要被圈过，即不能漏下取值为 1 的最小项。

④在新画的圈中至少要含有 1 个未被圈过的“1”方格，否则该圈是多余的。

【例 1-5】 化简函数 $F(A,B,C)=\sum m(0,2,4,5,7)$。

解：(1)将函数填入卡诺图中，如图 1-51(a)所示。

(2)依据画圈的四个原则，在卡诺图中画圈，如图 1-51(b)、图 1-51(c)所示。

(3)写出化简后的表达式：

根据图 1-51(b)化简得到：$F=\overline{A}\,\overline{C}+A\overline{B}+AC$；

根据图 1-51(c)化简得到：$F=\overline{A}\,\overline{C}+\overline{B}\,\overline{C}+AC$。

比较上面两式发现，用卡诺图化简时，其结果不一定是唯一的。

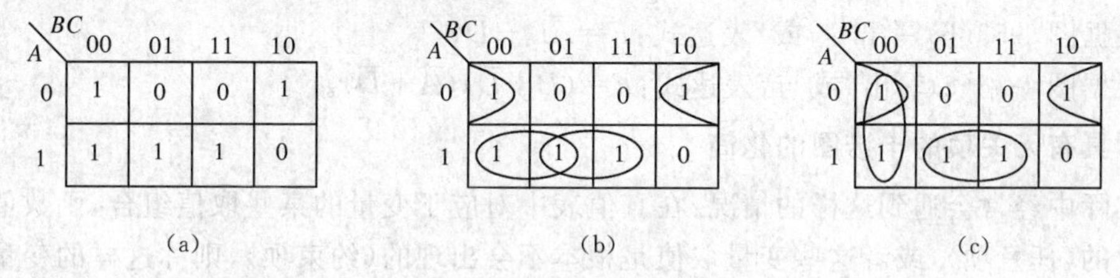

图 1-51 【例 1-5】的卡诺图

【例 1-6】 化简函数 $F(A,B,C,D)=m_1+m_5+m_6+m_7+m_9+m_{12}+m_{13}+m_{15}$。

解：(1)将函数填入卡诺图中，如图 1-52(a)所示。

(2)依据画圈的四个原则，在卡诺图中画圈。注意画圈时，所有圈中至少有一个未被圈过的 1。如图 1-52(b)所示，中间的那个圈是多余的。

(3)写出化简后的表达式：$F=\overline{A}\,\overline{C}D+AB\overline{C}+ACD+\overline{A}BC$。

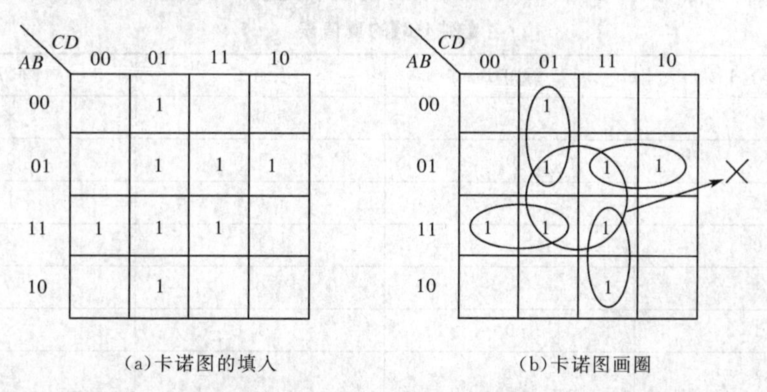

图 1-52 【例 1-6】的卡诺图

【例 1-7】 化简函数 $F(A,B,C,D)=\prod M(1,3,9,11,13,15)$ 为“与或”表达式或“或与”表达式。

解：(1)将函数填入卡诺图中，如图 1-53(a)所示。

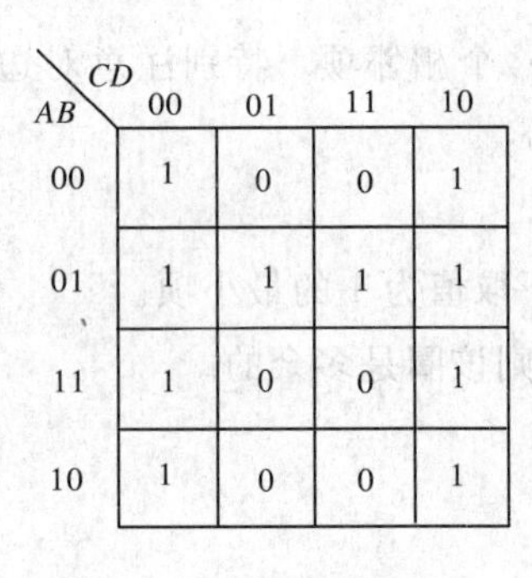

(a)卡诺图的填入

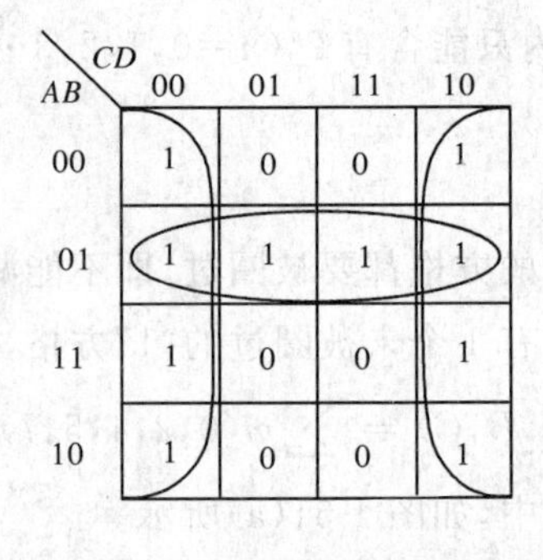

(b)在卡诺图中圈 1

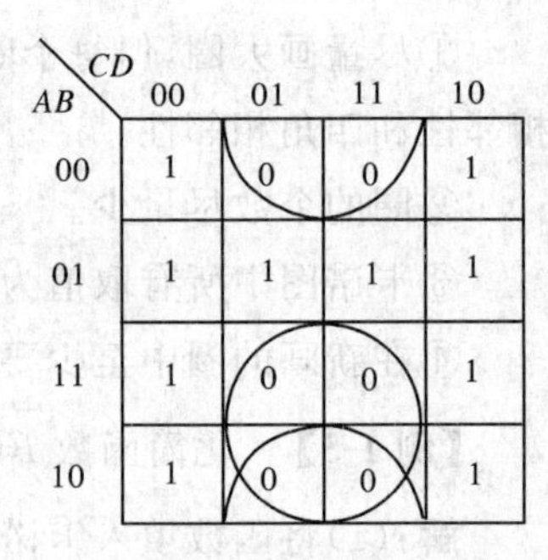

(c)在卡诺图中圈 0

图 1-53 【例 1-7】的卡诺图

(2)在卡诺图中画圈。当要求写出“与或”表达式时，依据上面介绍的四个画圈原则圈 1；当要求写出“或与”表达式时，在这里介绍另一种方法，仍然依据上述的画圈原则，但是这里却圈 0，这点务必记住。

(3)写出化简后的表达式：

根据图 1-53(b)写出“与或”表达式：$F=\overline{A}B+\overline{D}$；

根据图 1-53(c)写出“或与”表达式：$F=(B+\overline{D})(\overline{A}+\overline{D})$。

3. 具有无关项的卡诺图的化简

实际中经常会遇到这样的情况：在真值表中对应于变量的某些取值组合，函数值可以是任意的(任意项)，或者这些变量取值是根本不会出现的(约束项)，则称这样的变量取值组合所对应的最小项为无关项(任意项和约束项)，记作“×”“d”或“ϕ”。在用卡诺图对具有无关项的函数化简时，可以将无关项当作“0”来处理，也可以当作“1”来处理。

【例 1-8】 在十字路口有红绿黄三色交通信号灯，规定红灯亮车停、绿灯亮车行、黄灯亮车等。试分析行车与三色信号灯之间的逻辑关系。

解：设红、绿、黄灯分别用 A、B、C 表示，且灯亮为 1，灯灭为 0。车的状态用 F 表示，车行时 $F=1$，车停时 $F=0$。列出该函数的真值表见表 1-28。

表 1-28　【例 1-8】的真值表

红灯 A	绿灯 B	黄灯 C	车 F
0	0	0	×
0	0	1	0
0	1	0	1
0	1	1	×
1	0	0	0
1	0	1	×
1	1	0	×
1	1	1	×

从表 1-28 可以看出，此例中共有五个无关项，$\overline{A}\,\overline{B}\,\overline{C}$，$\overline{A}BC$，$A\overline{B}C$，$AB\overline{C}$，$ABC$。实际上它们是约束项，如：红、绿、黄灯同时亮是不可能出现的，即 ABC 为 111 的这种取值组合是不可能出现的，称它为无关项，其他四组变量取值组合也是同样不可能出现的。

【例 1-9】 化简函数 $F(A,B,C,D)=\sum m(1,2,3,8,9)+\sum m_d(0,4,10,11,12)$。

解：本例中的 m_4、m_{12} 是当作“0”来处理的，而 m_0、m_{10}、m_{11} 是当作“1”来处理的，如图 1-54 所示，化简得：$F=\overline{B}$。

因此，化简具有无关项的卡诺图时，合理地利用无关项，可以使化简结果更为简单。

AB \ CD	00	01	11	10
00	×	1	1	1
01	×			
11	×			
10	1	1	×	×

图 1-54 【例 1-9】的卡诺图

【工作任务 1-2-1】用 Multisim 9.0 化简逻辑函数

测试工作任务书

测试名称	用 Multisim 9.0 化简逻辑函数		
任务编码	SZF1-2-1	课时安排	1
任务内容	用 Multisim 9.0 化简逻辑函数 $F=ABC+AB\overline{C}+A\overline{B}C+\overline{A}BC$		
任务要求	正确使用 Multisim 9.0 逻辑转换仪化简逻辑函数		
测试设备	设备名称	型号或规格	数量
	装有 Multisim 9.0 或同类软件的计算机		1 台
化简逻辑函数过程图例	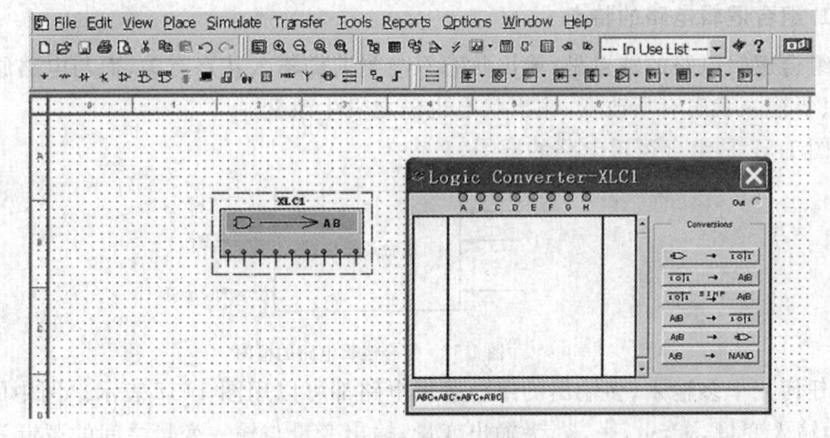 图 1-55 用 Multisim 9.0 化简的过程 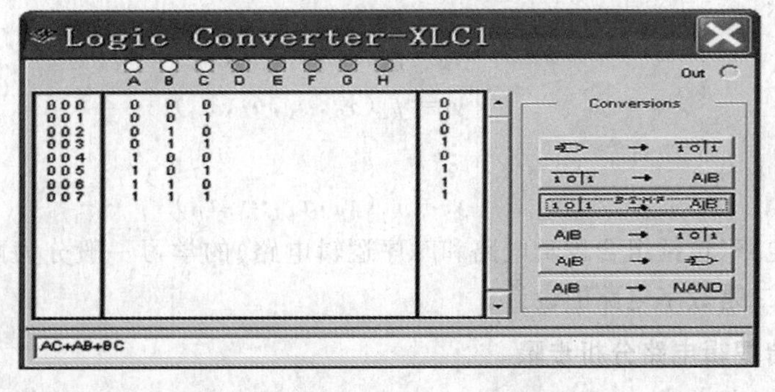 图 1-56 用 Multisim 9.0 化简的结果		

续表

化简步骤	(1)打开 Multisim 9.0 或其他同类软件。 (2)单击 Instruments(仪表)中的 Logic Converter(逻辑转换仪),并拉至工作区域。如图 1-55 所示。 (3)双击 Logic Converter 输入待化简的函数表达式,式中的非号用“'”代替。 (4)单击 A|B → 1 0|1 (由逻辑表达式产生真值表),得到真值表如图 1-56 所示。 (5)单击 1 0|1 SIMP A|B (由真值表产生最简逻辑表达式),得到最简逻辑表达式 $F=AC+AB+BC$,如图 1-56 所示。
结论与体会	思考:用 Multisim 9.0 化简逻辑函数的步骤是什么?用此方法有何局限性?
完成日期	完成人

知识扫描3

组合逻辑电路分析方法

1. 组合逻辑电路的特点

组合逻辑电路的特点是:输出状态只与当前的输入状态有关,而与电路原来的状态无关;只要输入状态有所改变,输出状态也随之发生改变。

图 1-57 是组合逻辑电路的框图。

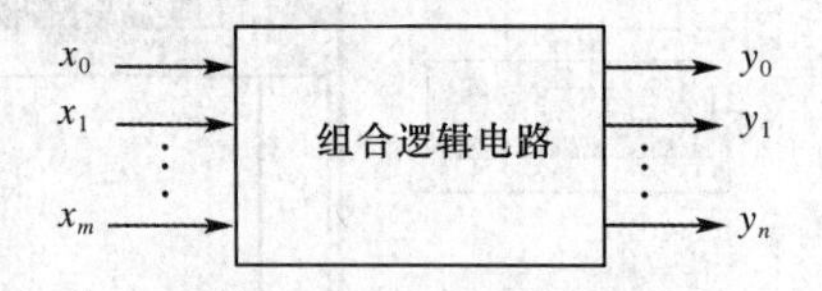

图 1-57　组合逻辑电路的框图

任何一个多输入、多输出的组合逻辑电路都可以用图 1-57 表示。图中的 $x_0,x_1,\cdots,x_m$ 为输入变量,$y_0,y_1,\cdots,y_n$ 为输出变量,输出变量与输入变量之间的逻辑关系用一组逻辑函数表示:

$$\begin{cases} y_0=f_1(x_0,x_1,\cdots,x_m) \\ y_1=f_2(x_0,x_1,\cdots,x_m) \\ \vdots \\ y_n=f_n(x_0,x_1,\cdots,x_m) \end{cases}$$

数字电路(包括组合逻辑电路和时序逻辑电路)的学习一般分为两部分:一是数字电路的分析,二是数字电路的设计。

2. 组合逻辑电路分析步骤

所谓组合逻辑电路的分析,就是要分析一个给定的组合逻辑电路,找出电路中输入与输出之间的关系。

通常采用的方法如图 1-58 所示，从组合逻辑电路的输入到输出逐级写出函数表达式，最后得到表示输入与输出之间关系的逻辑表达式。对逻辑表达式可用代数法化简、卡诺图法化简或 Multisim 化简并变换，以便使逻辑关系简单明了。为了使电路的逻辑关系更加直观，有时还要列出真值表。

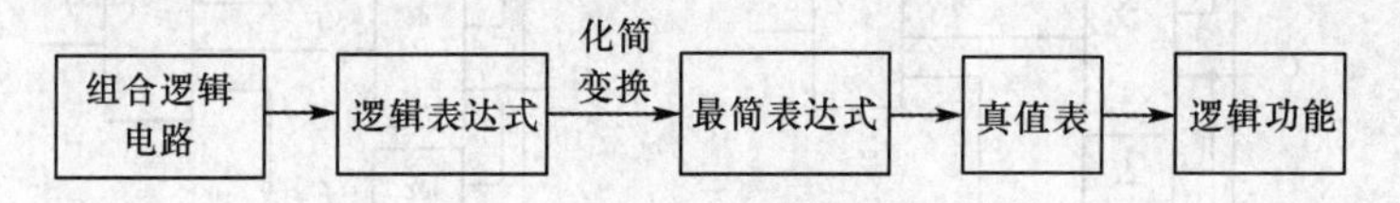

图 1-58　组合逻辑电路分析步骤

3. 组合逻辑电路分析举例

下面通过具体的实例讲解组合逻辑电路的分析步骤。

【例 1-10】 分析图 1-59 所示电路的逻辑功能。

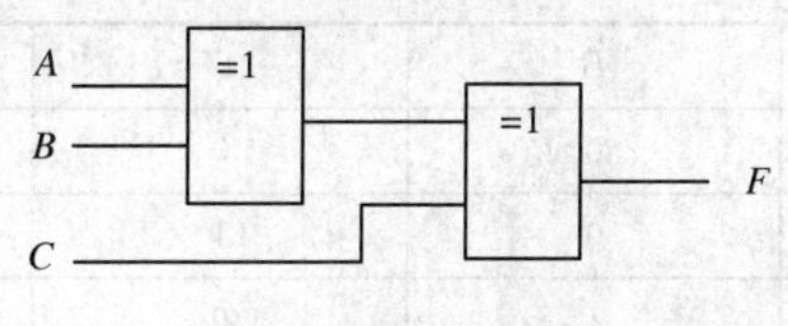

图 1-59　【例 1-10】电路图

解：(1)由于该电路比较简单，可以直接写出输出变量 F 与输入变量 A，B，C 之间的关系表达式：$F=A\oplus B\oplus C$。

(2)列出真值表，见表 1-29。

表 1-29　【例 1-10】真值表

A	B	C	F
0	0	0	0
0	0	1	1
0	1	0	1
0	1	1	0
1	0	0	1
1	0	1	0
1	1	0	0
1	1	1	1

(3)从真值表可以看出：该电路为判奇电路，当三个输入变量 A，B，C 中有奇数个 1 时，输出 F 为 1，否则输出 F 为 0。

【例 1-11】 分析图 1-60(a)所示电路的逻辑功能。

解：(1)逐级在门电路的输出端标出符号，如图 1-60(b)中的 F_1，F_2，F_3 所示。

(2)逐级写出逻辑表达式：$F_1=AB$；$F_2=AC$；$F_3=BC$。

(3)写出输出 F 的表达式：$F=AB+AC+BC$。

(4)列出真值表，见表 1-30。

(5)判断逻辑功能。

根据真值表可以判断，本电路为三人表决器电路。在表决时，只有三人中有两人或两人以上同意通过某一决议,该决议才能生效。

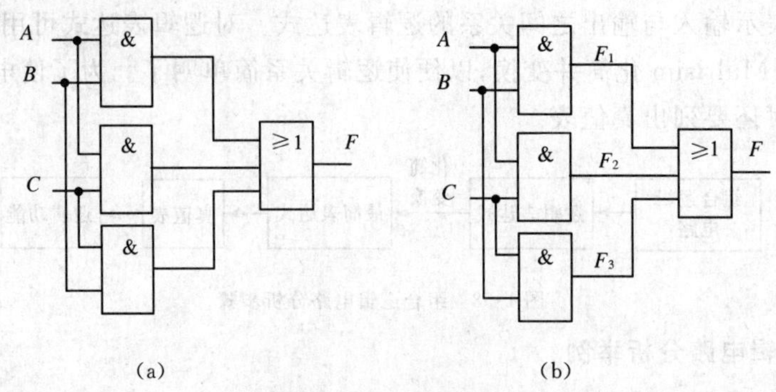

图 1-60 【例 1-11】电路图

表 1-30 【例 1-11】真值表

A	B	C	F
0	0	0	0
0	0	1	0
0	1	0	0
0	1	1	1
1	0	0	0
1	0	1	1
1	1	0	1
1	1	1	1

【例 1-12】 分析图 1-61(a)所示电路的逻辑功能。

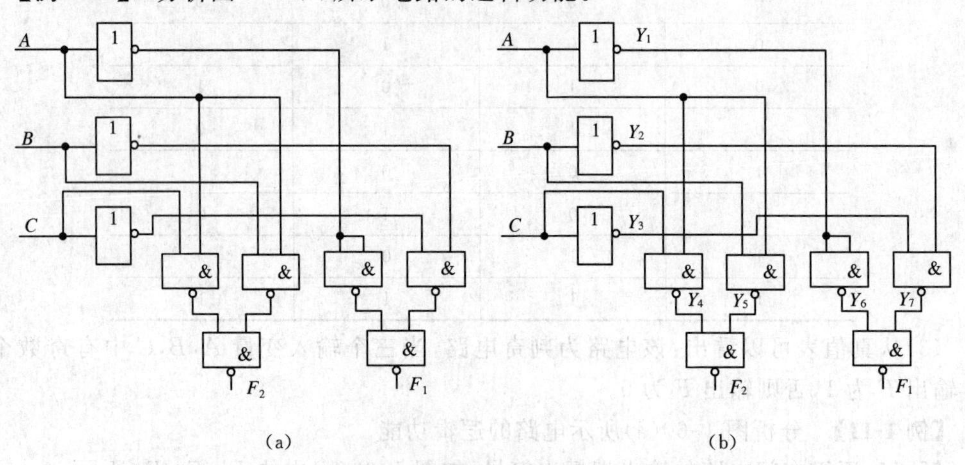

图 1-61 【例 1-12】电路图

解:(1)逐级在门电路的输出端标出符号,如图 1-61(b)所示。

(2)逐级写出逻辑表达式:

$$Y_1=\overline{A},Y_2=\overline{B},Y_3=\overline{C},Y_4=\overline{AC},Y_5=\overline{AB}$$

则: $$F_2=\overline{Y_4\cdot Y_5}=\overline{\overline{AB}\cdot\overline{AC}}=AB+AC$$

$$Y_6=\overline{Y_1}=\overline{\overline{A}}=A,Y_7=\overline{Y_2\cdot Y_3}=\overline{\overline{B}\cdot\overline{C}}$$

则： $$F_1=\overline{Y_6\cdot Y_7}=\overline{A\cdot\overline{\overline{B}\cdot\overline{C}}}=\overline{A\cdot(B+C)}=\overline{AB+AC}$$

所以： $$F_2=AB+AC,F_1=\overline{AB+AC}$$

(3)列出真值表,见表 1-31。

表 1-31　【例 1-12】真值表

A	B	C	F_2	F_1
0	0	0	0	1
0	0	1	0	1
0	1	0	0	1
0	1	1	0	1
1	0	0	0	1
1	0	1	1	0
1	1	0	1	0
1	1	1	1	0

(4)判断逻辑功能。

根据真值表可以看出:本电路是一个检测三位二进制数范围的电路,当二进制数小于等于 100 时,输出 $F_2F_1=01$;当二进制数大于 100 时,输出 $F_2F_1=10$。

【工作任务 1-2-2】由门电路构成的组合逻辑电路逻辑功能仿真测试

测试工作任务书

测试名称	由门电路构成的组合逻辑电路逻辑功能仿真测试		
任务编码	SZF1-2-2	课时安排	1
任务内容	用 Multisim 9.0 或同类软件仿真测试图 1-62 所示电路的逻辑功能		
任务要求	(1)测试图 1-62 所示电路的逻辑功能,写出逻辑表达式。 (2)利用组合逻辑电路分析方法,分析图 1-62 所示电路的逻辑功能。 (3)撰写测试报告。		
测试设备	设备名称	型号或规格	数量
	装有 Multisim 9.0 或同类软件的计算机		1台
测试电路	图 1-62　用于分析的组合逻辑电路		

续表

<table>
<tr><td>测试电路</td><td colspan="3">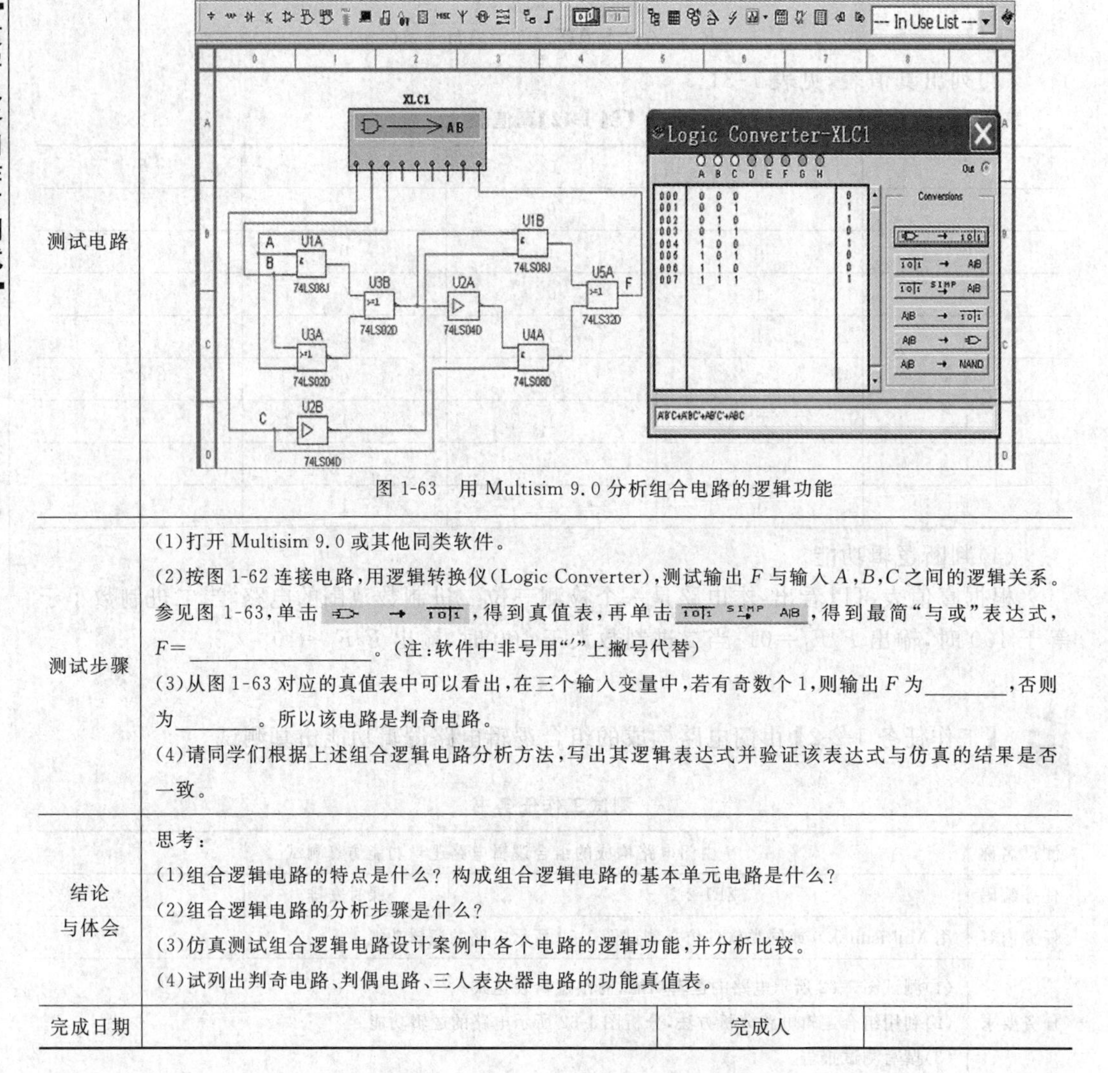

图 1-63　用 Multisim 9.0 分析组合电路的逻辑功能</td></tr>
<tr><td>测试步骤</td><td colspan="3">(1)打开 Multisim 9.0 或其他同类软件。
(2)按图 1-62 连接电路，用逻辑转换仪(Logic Converter)，测试输出 F 与输入 A，B，C 之间的逻辑关系。参见图 1-63，单击 ⊐▷ → 1011，得到真值表，再单击 1011 SIMP A|B，得到最简“与或”表达式，F=________。(注：软件中非号用“′”上撇号代替)
(3)从图 1-63 对应的真值表中可以看出，在三个输入变量中，若有奇数个 1，则输出 F 为________，否则为________。所以该电路是判奇电路。
(4)请同学们根据上述组合逻辑电路分析方法，写出其逻辑表达式并验证该表达式与仿真的结果是否一致。</td></tr>
<tr><td>结论
与体会</td><td colspan="3">思考：
(1)组合逻辑电路的特点是什么？构成组合逻辑电路的基本单元电路是什么？
(2)组合逻辑电路的分析步骤是什么？
(3)仿真测试组合逻辑电路设计案例中各个电路的逻辑功能，并分析比较。
(4)试列出判奇电路、判偶电路、三人表决器电路的功能真值表。</td></tr>
<tr><td>完成日期</td><td></td><td>完成人</td><td></td></tr>
</table>

1-2-2　门电路构成的组合逻辑电路的设计与测试

知识扫描1

数制和码制

1. 数制

(1)十进制(Decimal)

十进制是我们日常生活中最常用的数制，共用 0～9 十个数码计数，并遵循“逢十进一，借一当十”的进借位原则。通常将计数数码的个数称为基数，因此十进制的基数是

10。十进制数的数码所在的位置不同，它所表示的值就不同，例如：

$$1987=1\times10^3+9\times10^2+8\times10^1+7\times10^0$$

10^3、10^2、10^1、10^0 称为每个位上的权或权值。上式称为十进制数的权展开式。因此十进制数 N 可表示为：

$$\begin{aligned}(N)_{10} &= a_{n-1}\times10^{n-1}+a_{n-2}\times10^{n-2}+\cdots+a_0\times10^0+a_{-1}\times10^{-1}+\cdots+a_{-m}\times10^{-m}\\ &=\sum_{i=-m}^{n-1}a_i\times10^i\end{aligned}$$

式中的 a 表示各位上的数码，n 为整数的位数，m 为小数的位数。例如：

$$18.29=1\times10^1+8\times10^0+2\times10^{-1}+9\times10^{-2}$$

实际上，对于任意 R 进制数 N，都可以写出如下的权展开式：

$$(N)_R=\sum_{i=-m}^{n-1}a_i\times R^i$$

式中的 a_i 表示各位上的数码，R 为基数，n 为整数的位数，m 为小数的位数，R^i 为各位上的权值。

数字电路中常用的数制有十进制(Decimal)、二进制(Binary)、八进制(Octadic)、十六进制(Hexadecimal)。十进制数可以表示为 $(N)_{10}$ 或 $(N)_D$。其他进制数依次可以表示为 $(N)_2$ 或 $(N)_B$，$(N)_8$ 或 $(N)_O$，$(N)_{16}$ 或 $(N)_H$。

(2)二进制(Binary)

二进制是在数字电路中应用最广泛的数制。它只有 0 和 1 两个数码，它的基数是 2。

各位数的权值是 2 的幂。运算遵循“逢二进一，借一当二”的进借位原则。因此任意一个二进制数 N 可以表示为：

$$\begin{aligned}(N)_2 &= a_{n-1}\times2^{n-1}+a_{n-2}\times2^{n-2}+\cdots+a_0\times2^0+a_{-1}\times2^{-1}+\cdots+a_{-m}\times2^{-m}\\ &=\sum_{i=-m}^{n-1}a_i\times2^i\end{aligned}$$

式中 a_i 只有 0，1 两个数码，2^i 为各位的权值，n 为整数的位数，m 为小数的位数。如：

$$(1011.11)_B=1\times2^3+0\times2^2+1\times2^1+1\times2^0+1\times2^{-1}+1\times2^{-2}$$

二进制数的运算规则：

加法：$0+0=0$　$0+1=1$　$1+0=1$　$1+1=10$

乘法：$0\times0=0$　$0\times1=0$　$1\times0=0$　$1\times1=1$

【例 1-13】 将二进制数 1100.01 转换为十进制数。

解：将二进制数按位权展开，求各位数值之和，可得：

$$(1100.01)_2=(1\times2^3+1\times2^2+1\times2^{-2})_{10}=(12.25)_{10}$$

(3)八进制(Octadic)和十六进制(Hexadecimal)

虽然二进制数在计算机中普遍使用，但是由于和十进制数相比表示一个数所用的位数较多，所以在数字电路中也常用八进制数和十六进制数表示。

八进制是用 0～7 八个数码计数的，它的基数是 8，遵循“逢八进一，借一当八”的进借位原则。八进制数 N 的权展开式为：

$$(N)_8 = \sum_{i=-m}^{n-1} a_i \times 8^i$$

同理十六进制的基数是16,它是用0、1、2、3、4、5、6、7、8、9、A、B、C、D、E、F这十六个符号来表示的。它遵循“逢十六进一,借一当十六”的进借位原则。十六进制数N的权展开式为:

$$(N)_{16} = \sum_{i=-m}^{n-1} a_i \times 16^i$$

因此,要把一个非十进制数转换为十进制数,只要将权展开式按位相加即可。

【例1-14】 将一个八进制数$(72.5)_8$转换为十进制数。

解:$(72.5)_8=(7\times 8^1+2\times 8^0+5\times 8^{-1})_{10}=(58.625)_{10}$

【例1-15】 将一个十六进制数$(7C.5)_{16}$转换为十进制数。

解:$(7C.5)_{16}=(7\times 16^1+12\times 16^0+5\times 16^{-1})_{10}=(124.3125)_{10}$

注:本例中小数点保留位数应根据实际要求而定。一般情况下保留两位小数。

同一个十进制数,用二进制数表示时,由于位数较多,书写和阅读都很不方便,而八进制数和十六进制数就简短得多。因此在软件编程时,习惯于用十六进制数或八进制数。表1-32为常用数制对照表。

表1-32　常用数制对照表

十进制	二进制	八进制	十六进制
0	0000	0	0
1	0001	1	1
2	0010	2	2
3	0011	3	3
4	0100	4	4
5	0101	5	5
6	0110	6	6
7	0111	7	7
8	1000	10	8
9	1001	11	9
10	1010	12	A
11	1011	13	B
12	1100	14	C
13	1101	15	D
14	1110	16	E
15	1111	17	F

(4)数制转换

数制之间的转换主要分为两种:一是十进制和非十进制之间的转换,二是2^n进制之间的转换。

①十进制和非十进制之间的转换

▲非十进制转换为十进制

非十进制转换为十进制，如前所述，只要将其按权展开式展开，并将数值相加即可。

如：$(1011.11)_2=(1\times2^3+1\times2^1+1\times2^0+1\times2^{-1}+1\times2^{-2})_{10}=(11.75)_{10}$

$(67.25)_8=(6\times8^1+7\times8^0+2\times8^{-1}+5\times8^{-2})_{10}\approx(55.33)_{10}$

$(2C.8)_{16}=(2\times16^1+12\times16^0+8\times16^{-1})_{10}=(44.5)_{10}$

▲十进制转换为非十进制

十进制转换为非十进制分为两部分进行，即整数部分和小数部分。

整数部分转换采用除基取余法：此方法是用十进制数除以待转换数制的基数，第一次所得的余数为待转换数制的最低位，把得到的商再除以该基数，所得余数为次低位，以此类推直到商为0时，所得余数为该数的最高位。

例如：将十进制数28.25分别转换为二进制数、八进制数、十六进制数。

首先转换整数部分：

2|28　0 低位
2|14　0
2|7　1
2|3　1
2|1　1 高位
0

8|28　4
8|3　3
0

16|28　12
16|1　1
0

$(28)_{10}=(11100)_2$　$(28)_{10}=(34)_8$　$(28)_{10}=(1C)_{16}$

小数部分转换采用乘基取整法：此方法就是用待转换的十进制数乘以转换数制的基数，将第一次乘积的整数部分作为最高位（转换数制的小数部分），再将乘积的小数部分继续乘以该基数，乘积的整数部分为次高位，以此类推，直到乘积为0或达到所要求的精度为止。

0.25 × 2 = 0.5　0 高位
0.5 × 2 = 1.0　1 低位

0.25 × 8 = 2.00　2

0.25 × 16 = 4.00　4

$(0.25)_{10}=(0.01)_2$　$(0.25)_{10}=(0.2)_8$　$(0.25)_{10}=(0.4)_{16}$

因此：$(28.25)_{10}=(11100.01)_2$，$(28.25)_{10}=(34.2)_8$，$(28.25)_{10}=(1C.4)_{16}$。

②$2^n$ 进制之间的转换

▲二进制与八进制之间的转换

我们知道，可以用一位八进制数表示三位二进制数，所以它们之间的转换较为简单。如：

$(67.25)_8=(\underline{110}\ \underline{111}.\underline{010}\ \underline{101})_2=(110111.010101)_2$

$(1111010100.11011)_2=(\underline{001}\ \underline{111}\ \underline{010}\ \underline{100}.\underline{110}\ \underline{110})_2=(1724.66)_8$

▲二进制与十六进制之间的转换

同理，一位十六进制数可以表示四位二进制数。它们之间的转换如下：

$(67.25)_{16}=(0110\ 0111.0010\ 0101)_2=(1100111.00100101)_2$

$(1111010100.11011)_2=(\underline{0011}\ \underline{1101}\ \underline{0100}.\underline{1101}\ \underline{1000})_2=(3D4.D8)_{16}$

2. 码制

(1)BCD 码

在数字系统中，由 0、1 组成的二进制码不仅可以表示数值的大小，还可以表示特定的信息。这种具有特定信息的二进制数码称为二进制代码。用四位二进制代码表示一位十进制数(0～9)，这样的代码称为二-十进制代码(Binary Coded Decimal)，简称 BCD 码。常见的 BCD 码见表 1-33。

表 1-33　　常见的 BCD 码

十进制数	8421	2421	余 3 码
0	0000	0000	0011
1	0001	0001	0100
2	0010	0010	0101
3	0011	0011	0110
4	0100	0100	0111
5	0101	1011	1000
6	0110	1100	1001
7	0111	1101	1010
8	1000	1110	1011
9	1001	1111	1100

BCD 码分为有权码和无权码。所谓有权码，即每一位都有固定数值的码。8421BCD 码和 2421BCD 码是有权码，而余 3 码是无权码。8421BCD 码是最常用的 BCD 码，它从高位到低位固定位置上的权值依次为 8、4、2、1，它属于恒权码。它的书写格式是：每 4 位为一组，每组数码之间空半角空格，不能省略每组数码中的 0。例如：

$$(23.18)_{10}=(0010\ 0011.0001\ 1000)_{8421BCD}$$

2421BCD 码也是恒权码，从高位到低位的权值依次为 2、4、2、1。它的编码特点是：0 和 9、1 和 8、2 和 7、3 和 6、4 和 5 互为反码。

余 3 码表示的二进制数正好比它所代表的十进制数大 3，所以称之为余 3 码。0 和 9、1 和 8、2 和 7、3 和 6、4 和 5 也互为反码。

(2)格雷码

格雷码(Grey Code)的特点是：每两组代码之间只有一位不同，其余三位均相同。格雷码是无权码。格雷码也有很多代码形式，其中最常用的一种是循环码。表 1-34 为 4 位循环码的编码表。

循环码中不仅相邻的两组代码只有 1 位不同，首尾两组代码(0 和 15)也只有 1 位不同，构成一个循环，故称为循环码。另外，代码 1 和 14、2 和 13、3 和 12、4 和 11、5 和 10 等中间对称的两组代码也只有 1 位不同。

表 1-34　　4 位循环码编码表

十进制数	循环码	十进制数	循环码
0	0000	8	1100
1	0001	9	1101
2	0011	10	1111
3	0010	11	1110
4	0110	12	1010
5	0111	13	1011
6	0101	14	1001
7	0100	15	1000

知识扫描2

组合逻辑电路设计方法

1. 组合逻辑电路设计步骤

组合逻辑电路设计，就是根据给出的实际逻辑问题，求出实现这一逻辑功能的最简电路。

所谓“最简”就是电路中器件的个数最少，器件的种类最少，并且连线最少。本节主要介绍用前述小规模集成电路设计组合逻辑电路的方法。

组合逻辑电路的设计步骤如图 1-64 所示。

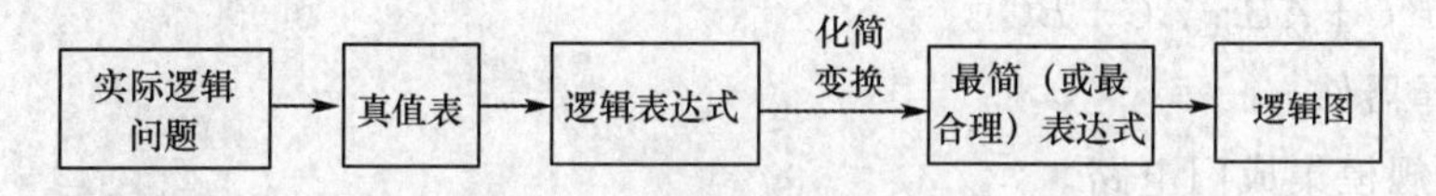

图 1-64　组合逻辑电路设计步骤

步骤一：逻辑抽象

在很多情况下实际问题都用一段文字来表述事物的因果关系，这时就需要通过逻辑抽象的方法，用逻辑函数来描述这一因果关系。

逻辑抽象的过程是：(1)分析事物的因果关系，找出输入变量、输出变量。一般把引起事物结果的原因作为输入变量，而把事物的结果作为输出变量。(2)定义变量的状态。变量的状态分别用“0”和“1”表示。这里的“0”和“1”的具体含义是由设计者自行定义的。(3)根据给出的逻辑关系，列出真值表。至此，将一个具体的问题逻辑抽象为逻辑函数的形式，这种逻辑函数是以真值表的形式给出的。

步骤二：写出逻辑表达式。

根据真值表写出逻辑表达式。

步骤三：选择器件。

根据逻辑表达式，选择合适的器件。应根据具体要求和器件的资源情况决定选择哪种器件。

步骤四：将逻辑函数化简和变换成适当的形式。

在使用小规模集成门电路进行电路设计时，为获得最简单的设计结果，应将函数化简成最简形式。如果对所用器件的种类有附加的要求(例如:只允许用单一的与非门实现),还应将函数转换为与器件类型相一致的形式(与非与非形式)。

步骤五:根据化简、变换后的函数画出逻辑电路图。

步骤六:验证。

可以通过 EDA 软件(如:Multisim)或者搭接具体电路来进行验证。

2. 组合逻辑电路设计举例

【例 1-16】 试用基本门电路设计一个监视交通信号灯工作状态的逻辑电路。每组信号灯由红、黄、绿三盏灯组成,正常情况下,每个时刻必须有一盏信号灯点亮,且只允许一盏信号灯点亮。当出现其他五种点亮状态时,电路发生故障,且要求发出故障报警信号,以提醒维护人员前去维修。

解:(1)逻辑抽象。

取红、黄、绿三盏灯的状态为输入变量,分别用 A(红灯)、B(黄灯)、C(绿灯)表示,当灯亮时,取其逻辑状态为"1";当灯灭时,取其逻辑状态为"0"。故障指示灯为输出变量,用 F 表示,灯亮为"1"状态,灯灭为"0"状态。

根据题意可列出真值表,见表 1-35。

(2)写出逻辑表达式并化简。

$$
\begin{aligned}
F &= \overline{A}\,\overline{B}\,\overline{C}+\overline{A}BC+A\overline{B}C+AB\overline{C}+ABC \\
&= \overline{A}\,\overline{B}\,\overline{C}+(\overline{A}BC+ABC)+(A\overline{B}C+ABC)+(AB\overline{C}+ABC) \\
&= \overline{A}\,\overline{B}\,\overline{C}+AB+AC+BC
\end{aligned}
$$

(3)选择器件。

选择小规模集成门电路。

(4)根据上式的逻辑表达式画出逻辑电路图,如图 1-65 所示。

(5)由于电路对所选器件没有特殊要求,电路按化简的最简形式实现,无须进行逻辑函数的变化。

(6)验证(略)。

表 1-35　**【例 1-16】真值表**

A	B	C	F
0	0	0	1
0	0	1	0
0	1	0	0
0	1	1	1
1	0	0	0
1	0	1	1
1	1	0	1
1	1	1	1

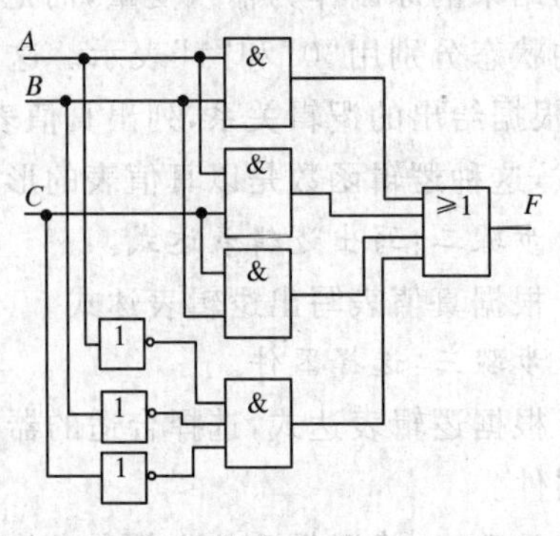

图 1-65　【例 1-16】逻辑电路图

【例 1-17】 试用 74LS00 和 74LS86 设计半加器电路和全加器电路，真值表见表1-36和表 1-37。

表 1-36 【例 1-17】半加器真值表

A	B	C_o	S
0	0	0	0
0	1	0	1
1	0	0	1
1	1	1	0

表 1-37 【例 1-17】全加器真值表

A	B	C_{i-1}	C_o	S
0	0	0	0	0
0	0	1	0	1
0	1	0	0	1
0	1	1	1	0
1	0	0	0	1
1	0	1	1	0
1	1	0	1	0
1	1	1	1	1

解:这是一个数值问题的电路设计，不必进行逻辑假设和逻辑抽象。从表 1-36 半加器真值表可以看出:半加器即两个一位二进制数 A 和 B 相加，S 为和，C_o 为进位。从表1-37全加器真值表可以看出:全加器就是两个一位二进制数且考虑前一位进位 C_{i-1} 共三位二进制数相加的加法器电路，其中 A 和 B 为两个一位二进制数，C_{i-1} 为前一位的进位，S 为和，C_o 为进位。

1. 设计半加器电路

(1)根据表 1-36 半加器真值表，写出 C_o和 S 的逻辑表达式:

$$C_o = AB, S = A\overline{B} + \overline{A}B = A \oplus B$$

(2)根据题目要求，用 74LS00 2 输入与非门和 74LS86 异或门实现，所以将 C_o表达式变化为与非与非式:

$$C_o = AB = \overline{\overline{AB}}$$

(3)根据逻辑表达式，画出逻辑电路图，如图 1-66 所示。半加器的逻辑符号如图1-67所示。

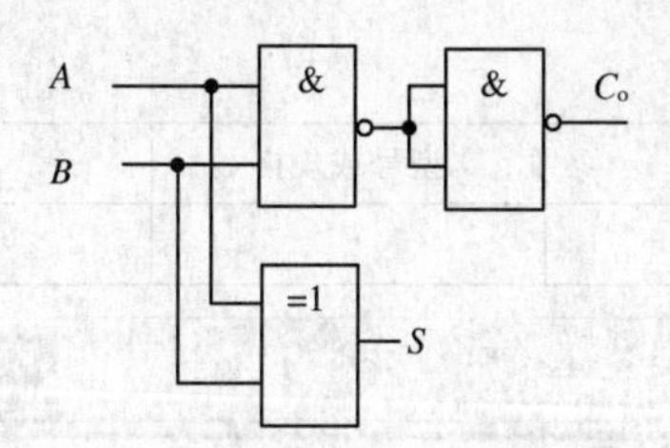

1-66 【例 1-17】半加器逻辑电路图

图 1-67 【例 1-17】半加器逻辑符号

2. 设计全加器电路

(1)根据表 1-37 全加器真值表列出 C_o和 S 的逻辑表达式:

$$C_o = \overline{A}BC_{i-1} + A\overline{B}C_{i-1} + AB\overline{C_{i-1}} + ABC_{i-1}$$

$$S = \overline{A}\,\overline{B}C_{i-1} + \overline{A}B\overline{C_{i-1}} + A\overline{B}\,\overline{C_{i-1}} + ABC_{i-1}$$

(2)根据题意，用 74LS00 2 输入与非门和 74LS86 异或门实现全加器，所以将 C_o和 S 的表达式化简变换为与非与非表达式或异或表达式:

$$C_o = \overline{A}BC_{i-1} + A\overline{B}C_{i-1} + AB\overline{C_{i-1}} + ABC_{i-1} = C_{i-1}(\overline{A}B + A\overline{B}) + AB(\overline{C_{i-1}} + C_{i-1})$$

$$= C_{i-1}(A \oplus B) + AB = \overline{\overline{C_{i-1}(A \oplus B)} \cdot \overline{AB}}$$

$$S = \overline{A}\,\overline{B}C_{i-1} + \overline{A}B\overline{C_{i-1}} + A\overline{B}\,\overline{C_{i-1}} + ABC_{i-1} = \overline{A}(B \oplus C_{i-1}) + A\overline{(B \oplus C_{i-1})}$$

$$= A \oplus B \oplus C_{i-1}$$

(3)根据逻辑表达式，画出逻辑电路图，如图 1-68 所示。

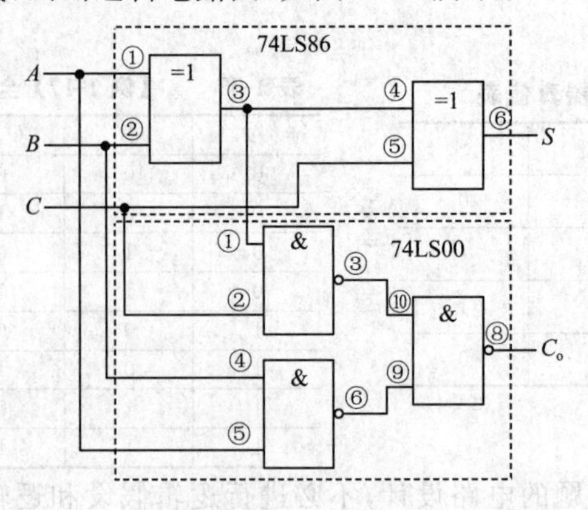

图 1-68 【例 1-17】全加器逻辑电路图

【工作任务 1-2-3】实验室设备状态测试电路的设计与仿真验证

设计工作任务书

任务名称	实验室设备状态测试电路的设计与仿真验证		
任务编码	SZF1-2-3	课时安排	1
任务内容	完成实验室设备状态测试电路的设计并用 Multisim 9.0 仿真测试		
任务要求	(1)用 74LS00 和 74LS86 设计一个实验室设备状态测试组合电路，逻辑关系如下：某实验室有红、黄两个故障指示灯，用来表示三台设备的工作状态。当只有一台设备发生故障时，黄灯亮；若有两台设备同时发生故障时，红灯亮；只有三台设备都发生故障时，才会使红灯和黄灯同时亮。试用 74LS00 和 74LS86 设计一个设备状态测试电路。 (2)写出设计步骤，画出逻辑电路图。 (3)用 Multisim 9.0 或同类软件仿真验证。		
测试设备	设备名称	型号或规格	数量
	装有 Multisim 9.0 或同类软件的计算机		1 台
测试电路	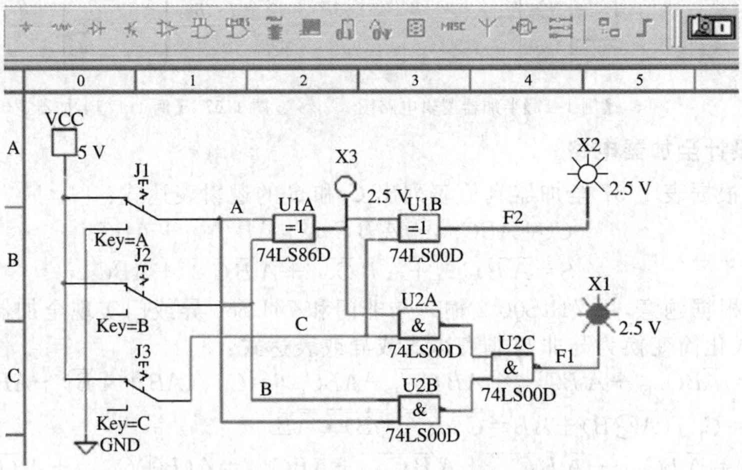 VCC 5 V; J1 Key=A; J2 Key=B; J3 Key=C; GND; A; B; C; X3 2.5 V; U1A =1 74LS86D; U1B =1 74LS00D; F2; X2 2.5 V; U2A & 74LS00D; U2B & 74LS00D; U2C & 74LS00D; F1; X1 2.5 V 图 1-69 实验室设备状态测试参考电路仿真结果		

测试步骤

(1)逻辑抽象。(提示：设三台待检测的设备为输入变量，分别为 A、B、C，三台设备正常工作时为“0”状态，故障时为“1”状态；故障指示灯为输出变量，分别用 F_2、F_1 表示，F_2 为黄灯、F_1 为红灯，灯亮用逻辑“1”表示，灯不亮用逻辑“0”表示。)

(2)根据逻辑抽象，列出真值表，填入表 1-38 中。

表 1-38　　SZF1-2-3 工作任务真值表

A	B	C	F_2	F_1
0	0	0		
0	0	1		
0	1	0		
0	1	1		
1	0	0		
1	0	1		
1	1	0		
1	1	1		

(3)根据真值表，写出逻辑表达式：

$F_1=$ ______________________

$F_2=$ ______________________

(4)根据题意，用 74LS00 2 输入与非门和 74LS86 异或门实现，所以将 F_2 和 F_1 的表达式化简变换为“与非与非”表达式或“异或”表达式：

$F_1=$ ______________________

$F_2=$ ______________________

(5)画出逻辑电路图，并在 Multisim 9.0 或同类软件中画出电路，仿真验证，参见图 1-69。

(6)根据表 1-38 真值表，验证设计结果的正确性。

结论与体会

思考：

(1)组合逻辑电路的分析和设计步骤分别是怎样的？相互有怎样的关系？

(2)什么是逻辑？什么是逻辑抽象？

(3)组合逻辑电路设计分为两大类问题，一类是逻辑抽象问题，另一类是数值问题。试分别举例说明。

(4)半加器电路和全加器电路的特点是什么？分别列出真值表。用 Multisim 9.0 仿真验证前述设计案例。

完成日期		完成人	

【工作任务 1-2-4】三位补码电路的设计与仿真验证

设计工作任务书

任务名称	三位补码电路的设计与仿真验证		
任务编码	SZF1-2-4	课时安排	1
任务内容	三位补码电路设计并用 Multisim 9.0 仿真验证		

续表

任务要求

任务要求：

(1)试用 74LS00 2 输入与非门和 74LS86 异或门设计三位二进制数补码电路，画出电路图。

(2)用 Multisim 9.0 或同类软件仿真验证。

测试设备

设备名称	型号或规格	数量
装有 Multisim 9.0 或同类软件的计算机		1台

设计参考电路

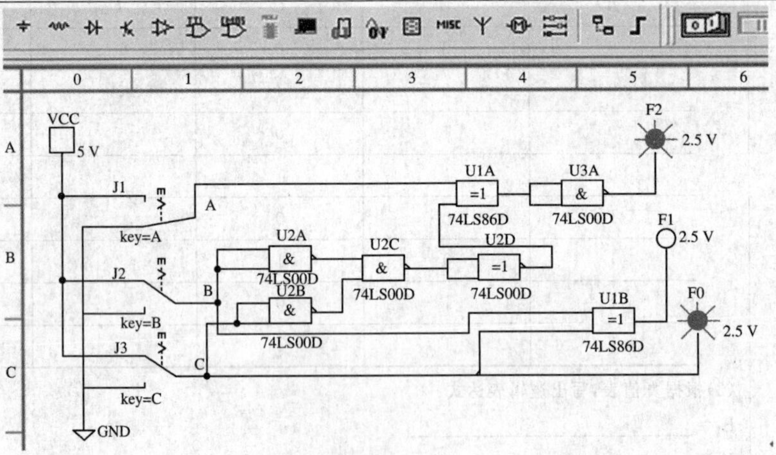

0 1 2 3 4 5 6
A B C
VCC 5 V
J1 key=A
J2 key=B
J3 key=C
GND
U1A =1 74LS86D
U3A & 74LS00D
U2A & 74LS00D
U2B & 74LS00D
U2C & 74LS00D
U2D =1 74LS00D
U1B =1 74LS86D
F2 2.5 V
F1 2.5 V
F0 2.5 V

图 1-70　三位二进制数补码参考电路仿真结果

仿真测试步骤

表 1-39　**SZF1-2-4 工作任务真值表**

A	B	C	F_2	F_1	F_0
0	0	0	0	0	0
0	0	1	1	1	1
0	1	0	1	1	0
0	1	1	1	0	1
1	0	0	1	0	0
1	0	1	0	1	1
1	1	0	0	1	0
1	1	1	0	0	1

(1)根据表 1-39 真值表，列出逻辑表达式：$F_2=$＿＿＿＿＿＿，$F_1=$＿＿＿＿＿＿，$F_0=$＿＿＿＿＿＿。

(2)按照题目要求，将上述表达式转换为与非与非或异或形式。$F_2=$＿＿＿＿＿＿，$F_1=$＿＿＿＿＿＿，$F_0=$＿＿＿＿＿＿。

(3)画出逻辑电路图。并在 Multisim 9.0 或同类软件中画出电路，仿真验证，参见图 1-70。

(4)根据表 1-39 真值表，验证设计结果的正确性。

结论与体会

思考：

试列举日常生活中的例子(逻辑问题和数值问题)分别进行设计。

完成日期		完成人	

半加器与全加器电路的应用

1. 半加器构成全加器电路

从前述的设计案例中我们知道，半加器和全加器的逻辑符号如图 1-71 所示。

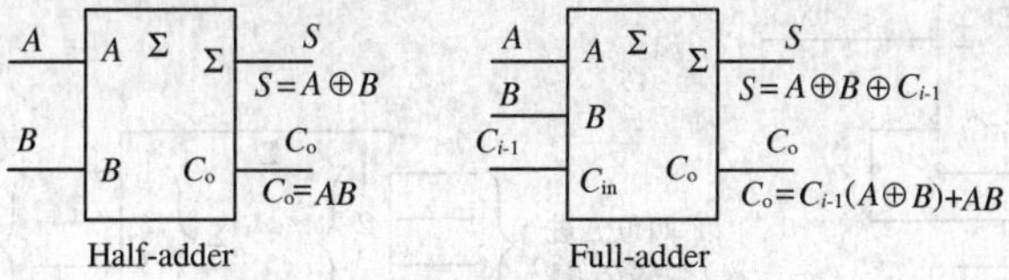

A　B　Σ　S　$S=A\oplus B$　C_o　$C_o=AB$　Half-adder

A　B　C_{i-1}　C_{in}　Σ　S　$S=A\oplus B\oplus C_{i-1}$　C_o　$C_o=C_{i-1}(A\oplus B)+AB$　Full-adder

图 1-71　半加器和全加器逻辑符号

它们的逻辑表达式分别如下式：

半加器：$C_o=AB$，$S=A\overline{B}+\overline{A}B=A\oplus B$

全加器：$C_o=C_{i-1}(A\oplus B)+AB$，$S=A\oplus B\oplus C_{i-1}$

思考一下：用两个半加器是否可以构成一个全加器电路呢？答案是肯定的，用两个半加器完全可以构成一个全加器电路。如图 1-72 所示为两个半加器构成的全加器电路。

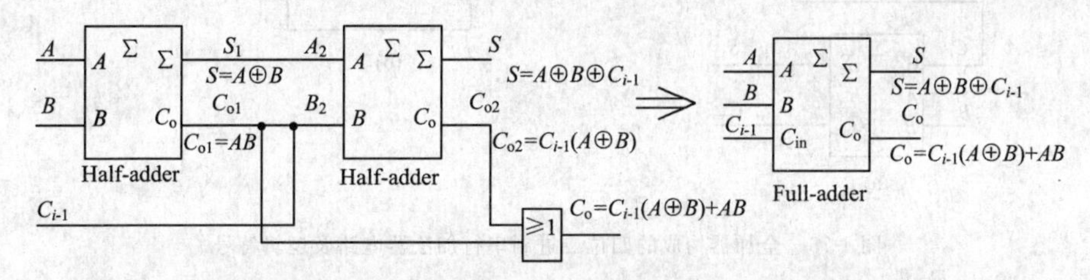

图 1-72　两个半加器构成一个全加器电路图

2. 全加器电路的应用

前面我们讲述了一位二进制加法器电路，包括半加器和全加器电路。假设现在要进行两位二进制数的加法计算，如 01＋11＝100，则如何利用全加器来设计电路呢？

首先来看两位二进制数的加法过程，从算式中可以看出，做两位数的加法时，从右边（个位）开始逐渐向高位进行，试想在计算 A_1+B_1 时，是否可以利用半加器和全加器来进行计算？之后计算 $A_2+B_2+C_{i-1}$ 时，直接用全加器完成即可，具体的电路连接图如图 1-73 所示。图 1-74 是用两个全加器电路完成的两位加法器电路。

$$\begin{array}{r} 1\,1 \\ +\ 0\,1 \\ \hline 1\,0\,0 \end{array} \qquad \begin{array}{r} A_2\ A_1 \\ +\ B_2\ B_1 \\ \hline S_3\ S_2\ S_1 \end{array}$$

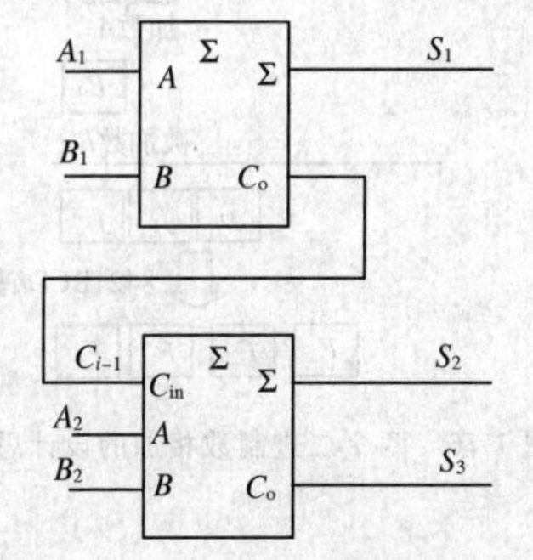

图 1-73　两位二进制加法器电路（一）

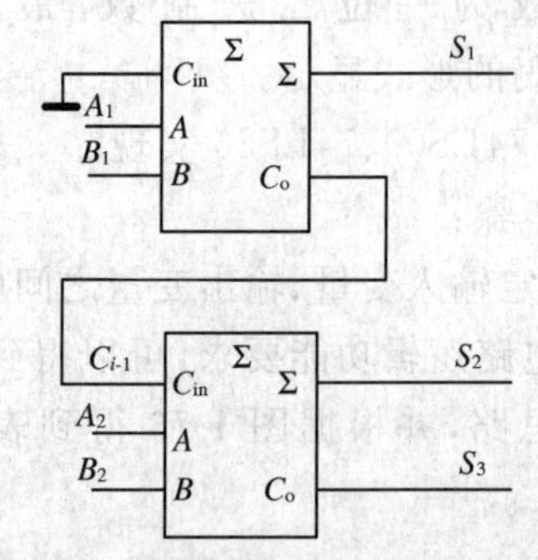

图 1-74　两位二进制加法器电路（二）

3. 全加器构成的四位二进制串行加法器电路

图 1-75(a)是由四个全加器构成的四位二进制加法器电路,图 1-75(b)是四位二进制加法器的逻辑符号,用该方法构成的加法器电路称为串行加法器电路。该电路的优点是电路简单,易于实现,但由于其进位是逐步向前进位的,需等待前一个全加器的计算结果计算完成后,才可得到进位信号,所以运行速度较慢。

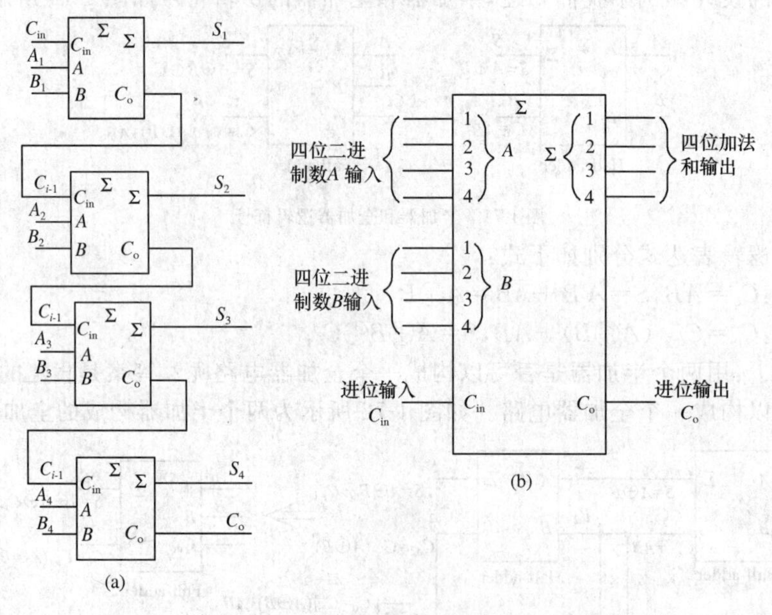

图 1-75　全加器构成的四位二进制串行加法器电路及逻辑符号

1-2-3　两位加法器电路的设计与测试

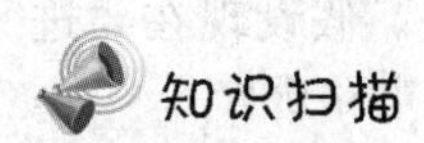

简易加法器电路设计案例

电路功能及器件要求:

(1)电路能实现设计要求

两个二进制数相加,其中加数为两位二进制数,被加数为一位二进制数,最终输出以 8421BCD 码的形式显示。

(2)用 74LS00、74LS86 实现

设计步骤:

(1)确定输入变量、输出变量之间的逻辑关系

根据电路逻辑功能要求,可以得到图 1-76 所示的设计思路,并根据图 1-76 得到表 1-40 所示的真值表。

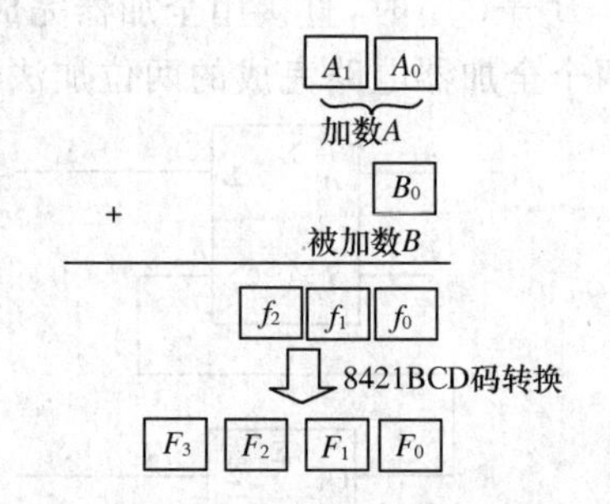

图 1-76　两个二进制数相加的设计思想示意图

表 1-40　　加法器电路真值表

二进制数 A		二进制数 B	二进制数相加结果			8421BCD 码转换结果			
A_1	A_0	B_0	f_2	f_1	f_0	F_3	F_2	F_1	F_0
0	0	0	0	0	0	0	0	0	0
0	0	1	0	0	1	0	0	0	1
0	1	0	0	0	1	0	0	0	1
0	1	1	0	1	0	0	0	1	0
1	0	0	0	1	0	0	0	1	0
1	0	1	0	1	1	0	0	1	1
1	1	0	0	1	1	0	0	1	1
1	1	1	1	0	0	0	1	0	0

(2)确定逻辑表达式

根据表 1-40，不难得到：

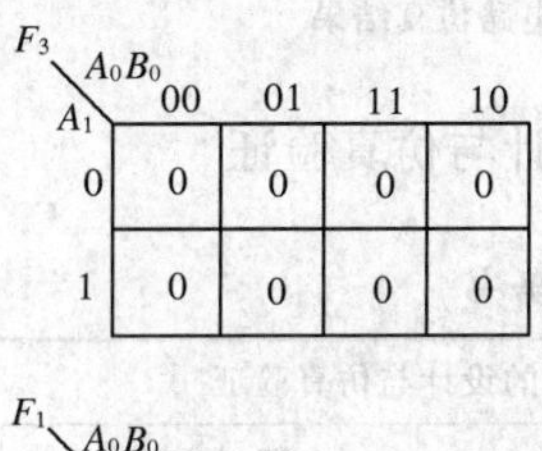

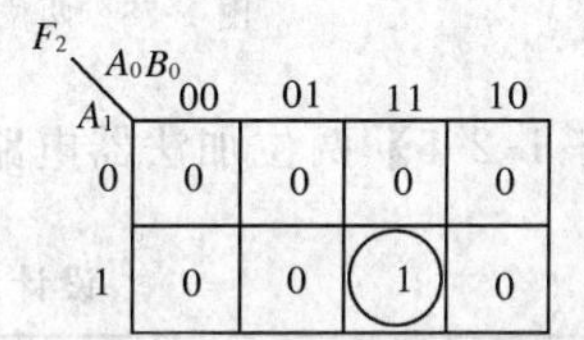

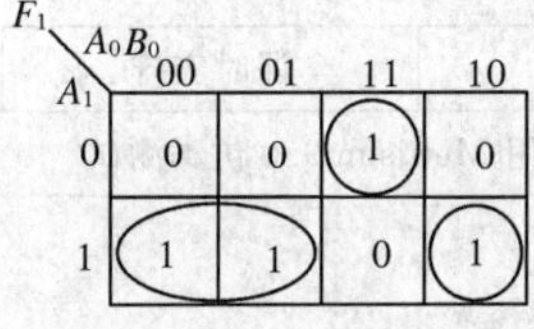

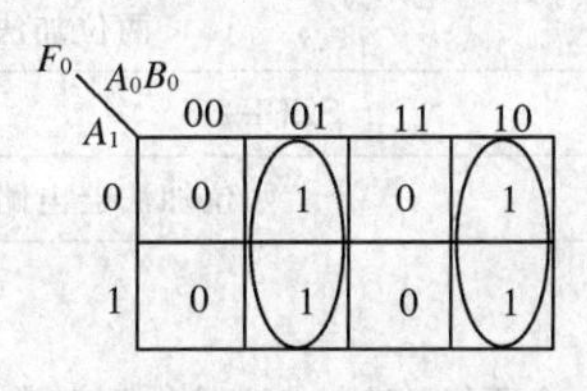

$F_3=0$，　$F_2=A_1A_0B_0$，　$F_1=A_1\overline{A_0}+\overline{A_1}A_0B_0+A_1A_0\overline{B_0}$，　$F_0=\overline{A}_0B_0+A_0\overline{B}_0$

(3)根据所选器件，将逻辑表达式进行变换

$F_3=0$，　$F_2=A_1A_0B_0=\overline{\overline{A_1\ \overline{A_0B_0}}}$，　$F_1=A_1\oplus\overline{A_0B_0}$，　$F_0=A_0\oplus B_0$

画出逻辑电路图，如图 1-77 所示。

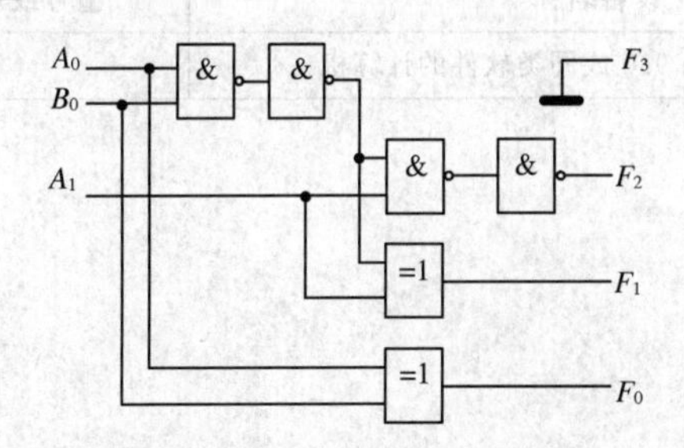

图 1-77　简易加法器逻辑电路图

(4)用 Multisim 9.0 仿真测试

Multisim 9.0 仿真结果如图 1-78 所示。

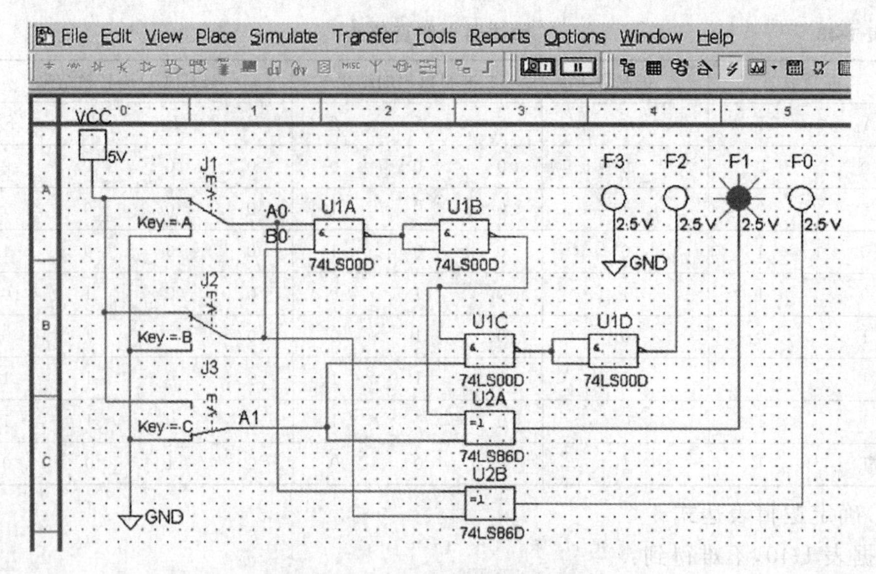

图 1-78 两位加法器电路仿真结果

【工作任务 1-2-5】两位加法器电路的设计与仿真验证

设计工作任务书

任务名称	两位加法器电路的设计与仿真验证		
任务编码	SZF1-2-5	课时安排	2
任务内容	两位加法器电路设计并用 Multisim 9.0 仿真测试		
任务要求	任务要求： (1)设计一个两位二进制加法器电路，加数和被加数皆为两位二进制数。要求用按键输入高、低电平，用发光二极管显示输出的高、低电平。 (2)画出实现之后的逻辑电路图。（提示：可以先列出真值表，根据组合逻辑电路的一般设计方法进行设计，也可以用半加器和全加器串联实现。）		
测试设备	设备名称	型号或规格	数量
	装有 Multisim 9.0 或同类软件的计算机		1 台
设计步骤			

续表

仿真验证电路	
结论与体会	思考： 该题可以用一个半加器电路和一个全加器电路设计完成，试画出电路图并仿真验证。

完成日期		完成人	

四位集成加法器电路的应用

在前述两位二进制加法器设计任务中，读者熟悉了组合逻辑电路的设计方法，利用类似的方法，可以设计四位二进制加法器电路。实际应用中，集成电路 74LS283 就是一个 TTL 集成加法器电路，电路逻辑符号如图 1-79 所示，该电路有两组四位二进制数输入端，分别输入加数 $A_3 \sim A_0$ 和被加数 $B_3 \sim B_0$，另外还有一位进位输入端 C_{in}，该加法器输出共五位，其中四位是加法的和 $S_3 \sim S_0$，一位是输出进位 C_o。下面利用集成加法器电路设计一个代码转换电路，该电路功能是将 8421BCD 码转换为余 3 码。

电路设计过程如下：

以 8421BCD 码为输入，余 3 码为输出，即可列出真值表见表 1-41。

仔细观察表 1-41 不难发现，输出 $Y_3Y_2Y_1Y_0$ 余 3 码始终比输入 $DCBA$ 8421BCD 码多 0011(即十进制数 3)，故可得：

$$Y_3Y_2Y_1Y_0 = DCBA + 0011$$

其实这也正是余 3 码的特征。根据以上分析，可以用一片 74LS283 TTL 集成四位加法器电路实现该代码转换电路。将 8421BCD 码作为加法器的一组输入，另一组输入直接设为 0011 即可。具体电路如图 1-79 所示。

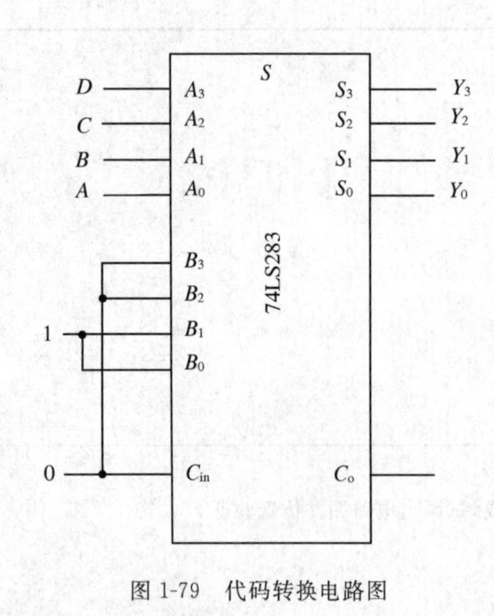

图 1-79　代码转换电路图

表 1-41　　代码转换电路真值表

输入				输出			
D	C	B	A	Y_3	Y_2	Y_1	Y_0
0	0	0	0	0	0	1	1
0	0	0	1	0	1	0	0
0	0	1	0	0	1	0	1
0	0	1	1	0	1	1	0
0	1	0	0	0	1	1	1
0	1	0	1	1	0	0	0
0	1	1	0	1	0	0	1
0	1	1	1	1	0	1	0
1	0	0	0	1	0	1	1
1	0	0	1	1	1	0	0

知识拓展

组合逻辑电路的竞争冒险

前面分析和设计组合逻辑电路，是在理想条件下进行的，忽略了门电路对信号传输带来的时间延迟的影响。数字逻辑门的平均传输延迟时间通常用 t_{pd} 表示，即当输入信号发生变化时，经 t_{pd} 时间后，门电路输出才能发生变化。这个过渡过程将导致信号波形被破坏，因此可能在输出端产生干扰脉冲（毛刺），影响正常工作，这种现象被称为竞争冒险。

1. 产生竞争冒险现象的原因

图 1-80(a)所示的电路中，逻辑表达式为 $L=A\overline{A}$，理想情况下，输出应恒等于“0”。但是由于 G_1 门存在延迟时间 t_{pd}，$\overline{A}$ 下降沿到达 G_2 门的时间比 A 信号上升沿晚 1 个 t_{pd}，所以，G_2 输出端出现了一个正向窄脉冲，如图 1-80(b)所示，通常称之为“1 冒险”。

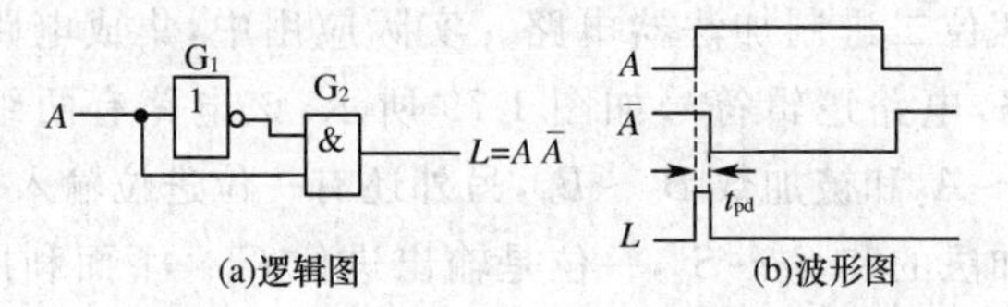

图 1-80　产生 1 冒险图例

同理，在图 1-81(a)所示的电路中，由于 G_1 门存在延迟时间 t_{pd}，G_2 输出端出现了一个负向窄脉冲，如图 1-81(b)所示，通常称之为“0 冒险”。

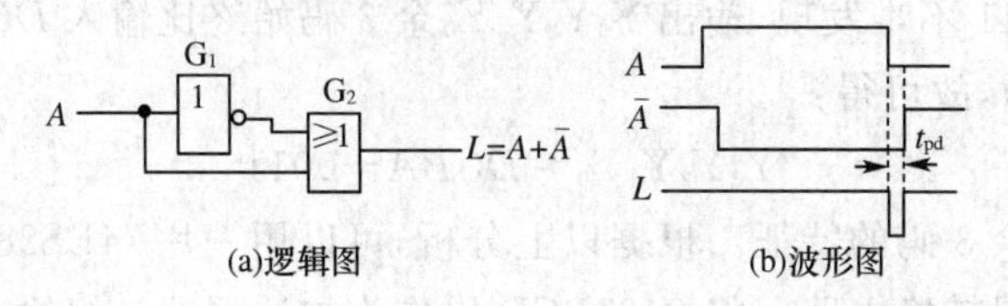

图 1-81　产生 0 冒险图例

“0 冒险”和“1 冒险”统称冒险，是一种干扰脉冲，有可能引起后级电路的错误动作。产生冒险的原因是，一个门（如 G_2）的两个互补的输入信号分别经过两条路径传输，由于延迟时间的不同，到达的时间不同。

2. 竞争冒险现象的判断

（1）代数法

在逻辑表达式中，若某个变量同时以原变量和反变量两种形式出现，例如：逻辑函数在一定条件下可简化为 $Y=A+\overline{A}$ 或 $Y=A\cdot\overline{A}$，就有可能产生竞争冒险现象。如果表达式 $Y=A+\overline{A}$，就会产生“0 冒险”；如果 $Y=A\cdot\overline{A}$，就会产生“1 冒险”。

【例 1-18】 判断 $F=AB+C\overline{B}$ 是否有可能出现竞争冒险现象。

解：表达式 $F=AB+C\overline{B}$，当 $A=C=1$ 时，$F=B+\overline{B}$，在 B 发生跳变时，可能出现“0 冒险”。

（2）卡诺图法

将逻辑函数填入卡诺图，按照逻辑表达式的形式圈好卡诺圈，若所有卡诺圈均相切，则可能产生竞争冒险现象，如图 1-82 所示。

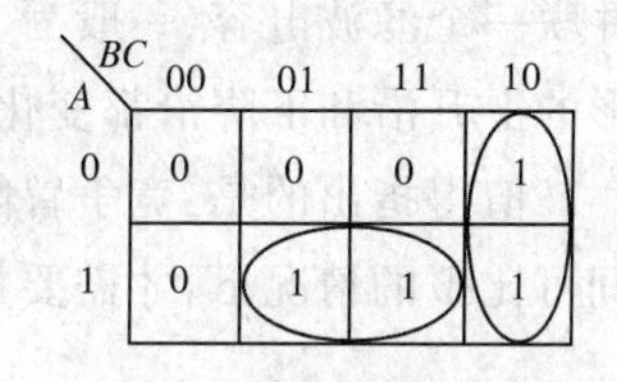

图 1-82　卡诺图法判断竞争冒险

【例 1-19】 用卡诺图法判断 $F=AC+B\overline{C}$ 是否有可能出现竞争冒险现象。

通过观察图 1-82 发现，这两个卡诺圈相切，则函数在相切处两值间跳变时有可能出现竞争冒险现象。

3. 竞争冒险现象的消除方法

当组合逻辑电路存在竞争冒险现象时，可以采取以下方法来消除竞争冒险现象。

（1）增加冗余项

在【例 1-18】中，存在竞争冒险现象。我们可以采取增加冗余项的方法，根据逻辑代数定律，可以把函数式 $F=AB+C\overline{B}$ 变换为 $F=AB+C\overline{B}+AC$，则当 $A=C=1$ 时，函数式的值恒为 1，消除了“0 冒险”。这个函数增加了乘积项 AC 后，已不是“最简”了，故这种乘积项称冗余项。

在【例 1-19】图 1-82 卡诺图中，多增加一个与之相交的卡诺圈就可以消除竞争冒险。如图 1-83 所示。

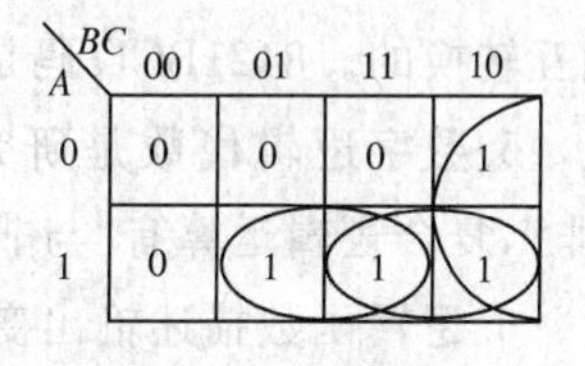

图 1-83　消除竞争冒险

用增加冗余项的方法修改逻辑设计，可以消除一些竞争冒险现象，但是，这种方法的适用范围是有限的。不过，只要通过逻辑设计，使得在转换信号时，电路中各个门的输入端只有一个变量改变状态，输出就不会出现过渡脉冲干扰，从而消除了竞争冒险现象。

（2）增加选通脉冲

在电路中增加一个选通脉冲 P，如图 1-84(a)所示，接到可能产生冒险的门电路的输入端。在输入信号转换完成，进入稳态后，才引入选通脉冲，将门打开。这样，输出就不会出现冒险脉冲。引入选通脉冲的组合电路，其输出信号只有在选通脉冲 $P=1$ 期间才有效，波形图如图 1-84(b)所示。

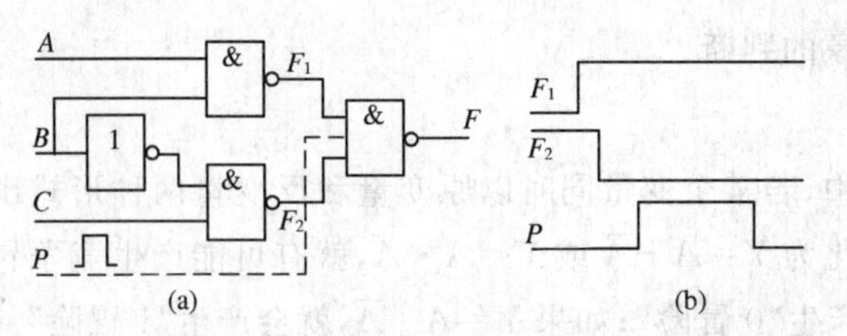

图 1-84　增加选通信号消除竞争冒险

(3)增加输出滤波电容

由于竞争冒险产生的干扰脉冲的宽度一般都很窄，在可能产生冒险的门电路输出端并联一个滤波电容(一般为 4～20 pF)，利用电容两端的电压不能突变的特性，使输出波形的上升沿和下降沿都变化比较缓慢，从而起到消除冒险现象的作用。

值得指出的是：竞争冒险现象在被处理的数字信号的周期时间与竞争冒险的毛刺时间可比拟的情况下，才需要加以消除，否则可以忽略不做处理。

1. 数字信号在时间和幅值上是不连续的，是离散的。在数字电路中，数字信号通常是突变的电压或电流信号。一个理想的周期性数字信号通常用如下几个参数表示：幅值 U_m、脉冲宽度 t_w、信号周期 T、占空比 q。

2. 数字电路中的晶体管一般工作在开关状态。数字电路的特点是：基本电路简单，易于大规模集成、大规模规范性生产；抗干扰能力强，精度高；便于长期存储；保密性好；通用性好。

3. 逻辑是日常生活中抽象出来的两种对立的状态，通常用“0”和“1”表示。数字电路中用逻辑高电平表示逻辑“1”，用逻辑低电平表示逻辑“0”，称为正逻辑体制。

4. 数字电路中常用的计数制有十进制、二进制、八进制、十六进制。它们之间是可以相互转换的。8421BCD 码是数字电路中常用的有权码。

5. 数字逻辑代数是研究数字电路的基础。逻辑代数中最基本的运算是“与”“或”“非”，复合逻辑运算有“与非”“或非”“与或非”“异或”等。

6. 逻辑函数描述输出变量和输入变量之间的关系。数字电路中常用的逻辑函数描述方法有：真值表、逻辑表达式、逻辑电路图、波形图、卡诺图等，它们之间是可以互相转换的。

7. 数字逻辑代数中的常用公式参看表 1-20、表 1-21。基本定律有：交换律、结合律、分配律、吸收律、反演律。

8. 利用逻辑代数中的常用公式、基本定律和规则对逻辑函数进行变换和化简。一般可以将逻辑函数化简为“与或”表达式。也可以通过逻辑函数的变换将其变换为“与非与非”表达式。

9.数字集成电路按规模不同可分为小规模集成电路(SSI)、中规模集成电路(MSI)、大规模集成电路(LSI)和超大规模集成电路(VLSI)。

10.TTL和CMOS集成门电路是较常用的两种集成门电路,它们内部结构不同,使其外部特性,如:功耗、抗干扰能力、工作速度、负载特性(包括扇出系数)等方面有较大差异。应当正确合理地选择TTL或CMOS门电路,并根据各自的特性正确使用,以免影响电路的性能造成器件的损坏。TTL主要系列有74系列、74LS系列、74ALS系列。CMOS主要系列有CD4000系列、74HC系列等。

11.OC门是TTL集电极开路门,具有“线与”“电平转换”“驱动”等功能。三态门输出有三种状态,分别是“1状态”“0状态”“高阻态”,利用它的高阻态可以将其输出挂于总线上。

12.组合逻辑电路的分析,即要分析一个给定的逻辑电路,找出电路的输入、输出之间的关系。通常采用的办法是从电路的输入到输出逐级写出逻辑表达式,最后得到表示输入、输出关系的逻辑表达式。分析过程中可用代数法化简和卡诺图化简,对函数式进行化简和变换,以便逻辑关系简单明了。为了使电路的逻辑关系更加直观,有时还要列出真值表。

13.组合逻辑电路设计,即根据给出的实际逻辑问题,求出实现这一逻辑功能的最简电路。所谓“最简”是指电路中器件的个数最少,器件的种类最少,并且连线最少。一般有如下几个步骤:(1)逻辑抽象,列出真值表。(2)写出逻辑表达式。(3)选择器件,将逻辑函数变换和化简为恰当的形式。(4)根据变换和化简的结果,画出逻辑电路图。

14.由于门电路的延时,组合逻辑电路可能会产生竞争冒险现象。消除竞争冒险现象的方法有:(1)增加冗余项。(2)在输入端增加选通脉冲。(3)在输出端增加滤波电容。

思考与练习

1.填空题

(1)方波信号在时间和幅值上是(　　)(离散/连续)的,语音信号在时间和幅值上是(　　)(离散/连续)的。

(2)在数字电路中,常用的计数制除十进制外,还有(　　)、(　　)、(　　)。

(3)数字$(101.1)_B$是(　　)进制数,$(101.1)_D$是(　　)进制数,$(101.1)_H$是(　　)进制数。数字$(2345)_D$是(　　)进制数,它的基数是(　　)。

(4)常用的BCD码有(　　)、(　　)、(　　)等。

(5)格雷码属于(　　)(有权码/无权码),由于它的特点是任意两个相邻的码组之间有(　　)位数不同,所以又被称为(　　)码。

(6)集电极开路门的英文缩写为(　　)门,工作时必须外加(　　)和(　　)。多个 OC 门输出端并联到一起可实现(　　)功能。

(7)从构成来看常用的集成逻辑门电路主要有(　　)门电路和(　　)门电路。

(8)TTL 门电路输入端悬空代表输入为(　　)电平,如果输入端通过一个 10 Ω 的电阻接地,对于 TTL 门电路而言输入为(　　)电平。

(9)三态门的输出包括(　　)、(　　)和(　　)三种状态。

(10)组合逻辑电路某时刻的输出和(　　)有关,与电路原来的状态(　　)。

(11)CMOS 2 输入与非门构成一个非门时,可将两个输入端(　　)或将其中一个输入端(　　)。

(12)使用或非门时,可以将多余输入端(　　)或和其他输入端(　　)。

2.完成下列各数制及码制之间的转换

(1)$(0100\ 1101.1001\ 1100)_2=(\quad)_{16}=(\quad)_8=(\quad)_{10}$

(2)$(1111.11)_B=(\quad)_H=(\quad)_D=(\quad)_{8421BCD}$

(3)$(56.72)_{10}=(\quad)_2=(\quad)_{16}=(\quad)_8=(\quad)_{8421BCD}$

(4)$(6E.3A5)_H=(\quad)_B=(\quad)_D=(\quad)_{8421BCD}$

(5)$(1001\ 0101)_{8421BCD}=(\quad)_B=(\quad)_D$

(6)$(0001.1000)_{8421BCD}=(\quad)_B=(\quad)_D$

3.将下列逻辑函数化简为最简“与或”表达式

(1)$F=\overline{A}\,\overline{B}C+\overline{A}BC+AB\overline{C}+ABC$

(2)$F=\overline{A}+\overline{B}+\overline{C}+ABC$

(3)$F=AC\overline{D}+AB\overline{D}+BC+\overline{A}CD+ABD$

(4)$F=A\overline{BC}+A\overline{B}+A\overline{D}+\overline{A}\,\overline{D}$

(5)$F=A\overline{BC}+\overline{A}\,\overline{C}D+A\overline{C}$

(6)$F=A\overline{C}\,\overline{D}+BC+\overline{B}D+A\overline{B}+\overline{A}C+\overline{B}\,\overline{C}$

(7)$F=A(\overline{A}+B)+B(B+C)+B$

(8)$F=\overline{ABC+\overline{\overline{AB}}+BC}$

4.用卡诺图化简下列逻辑函数为最简“与或”表达式

(1)$F(A,B,C)=ABC+\overline{C}$

(2)$F(A,B,C,D)=A\overline{B}C+BC+\overline{A}B\overline{C}D$

(3)$F(A,B,C,D)=A\overline{B}\ \overline{C}+\overline{A}\,\overline{B}+\overline{A}D+C+BD$

(4)$F(A,B,C)=\sum m(0,1,2,4,5,7)$

(5)$F(A,B,C,D)=\sum m(2,3,6,7,8,10,12,14)$

(6)$F(A,B,C,D)=\sum m(0,2,5,7,8,10,13,15)+\sum m_d(9,11)$

(7)$F(A,B,C,D)=\sum m(3,6,8,9,11,12)+\sum m_d(0,1,2,13,14,15)$

5.已知某函数的真值表见题表 1-1,试列出逻辑表达式并化简为“与非”表达式,用 2 输入与非门实现,并画出逻辑电路图。

题表 1-1　　题5真值表

A	B	C	F
0	0	0	0
0	0	1	1
0	1	0	1
0	1	1	0
1	0	0	0
1	0	1	1
1	1	0	1
1	1	1	0

6. 已知某逻辑函数的逻辑关系如题图 1-1 所示，试列出 F_1、F_2 真值表并分别写出 F_1、F_2 最简逻辑表达式。

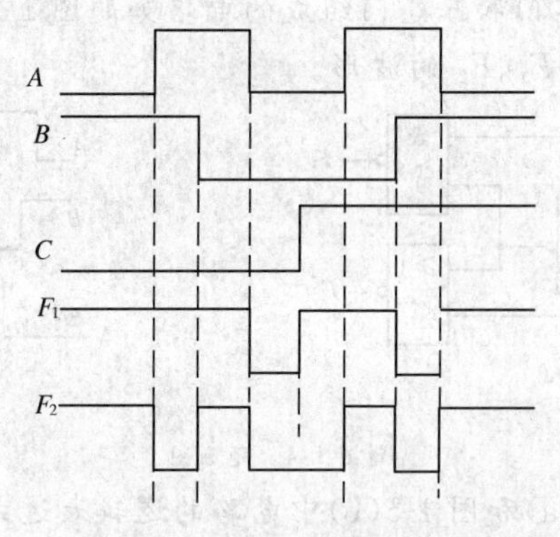

题图 1-1　题6输入、输出关系波形图

7. 向题图 1-2(a)中各门电路输入 A、B 波形，如题图 1-2(b)所示，试画出 F_1、F_2、F_3、F_4 的波形。

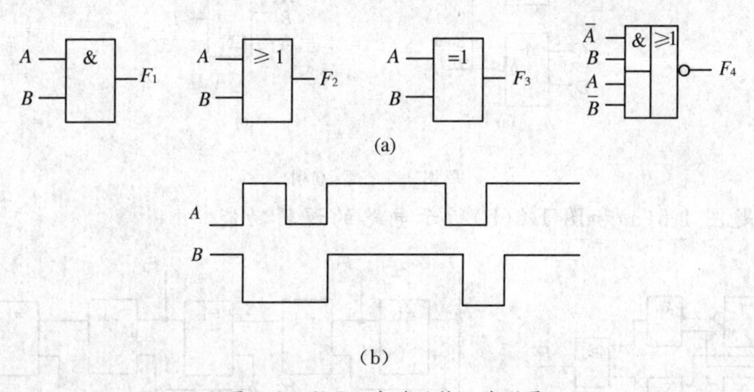

题图 1-2　题7门电路及输入波形图

8. 已知各逻辑电路如题图 1-3(a)所示，试写成 F_1、F_2、F_3 的逻辑表达式，并根据题图 1-3(b)中的 A、B、C 波形，画出对应的输出波形。(电路中的门电路是 TTL 集成门电路)

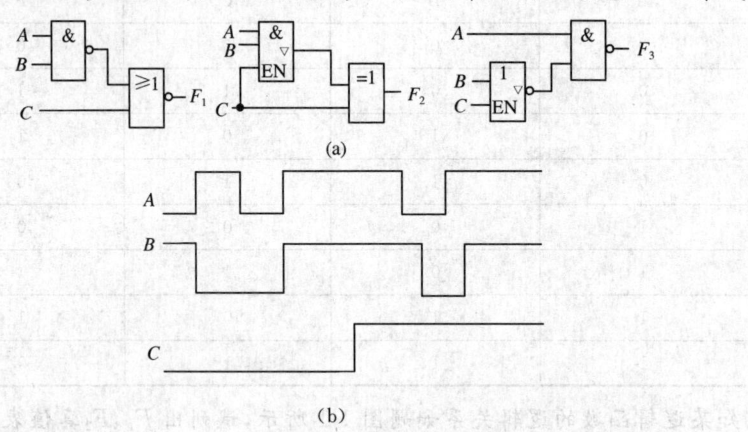

题图 1-3　题 8 图

9. 由 TTL 与非门、或非门和三态门组成的电路如题图 1-4(a)所示，A、B、EN 的波形如题图 1-4(b)所示，试画出 F_1、F_2 的波形。

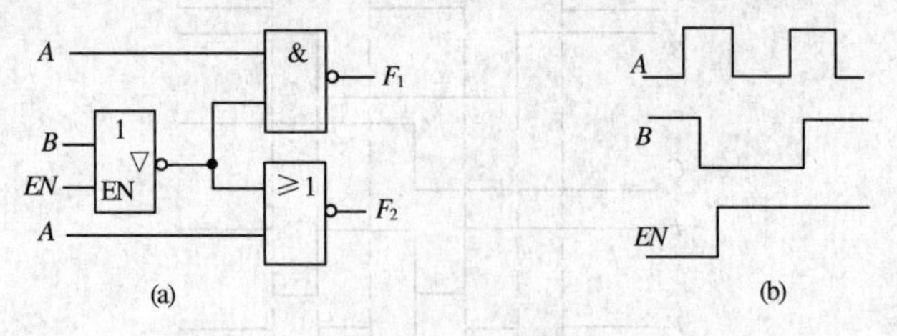

题图 1-4　题 9 图

10. 分别写出题图 1-5(a)和图 1-5(b)中电路的逻辑表达式。

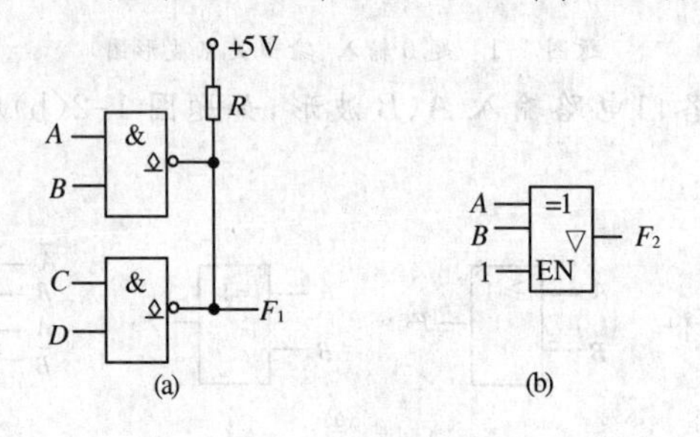

题图 1-5　题 10 图

11. 分析题图 1-6(a)和图 1-6(b)所示电路的逻辑功能。

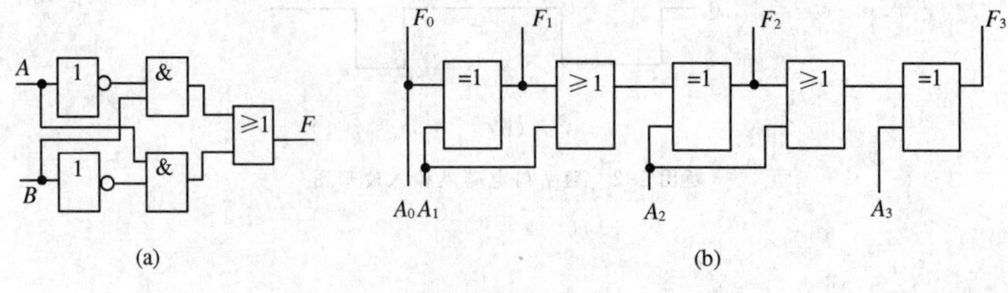

题图 1-6　题 11 图

12. 分析题图 1-7(a)、(b)电路逻辑功能,列出逻辑表达式、真值表,写出分析过程。

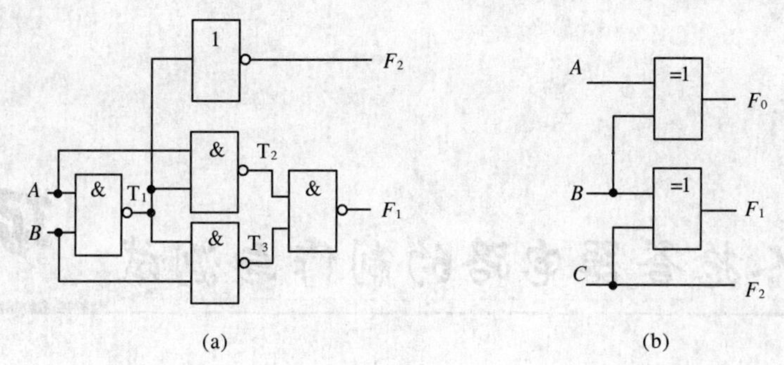

题图 1-7　题 12 图

13. 设计一个一致表决电路,当三个输入变量 A、B、C 一致时,输出为 1,否则为 0。

14. 设计两个一位二进制数值比较器,输入 A、B 进行比较,输出分别有 $A>B$、$A=B$、$A<B$ 指示。写出设计步骤,画出电路图,并仿真验证。

15. 试用与非门设计血型合格鉴定电路。人类有四种基本血型:A,B,AB,和 O。要求输血者和受血者的血型必须符合下述原则:O 型血可以输给任意血型的人,但 O 型血的人只能接受 O 型血;AB 型血只能输给 AB 型血的人,但 AB 型血的人能接受所有血型的血;A 型血能输给 A 型血和 AB 型血的人,而 A 型血的人只能接受 A 型血和 O 型血;B 型血能输给 B 型血和 AB 型血的人,而 B 型血的人只能接受 B 型血和 O 型血。血型的关系如题图 1-8 所示。要求与非门数目最少。

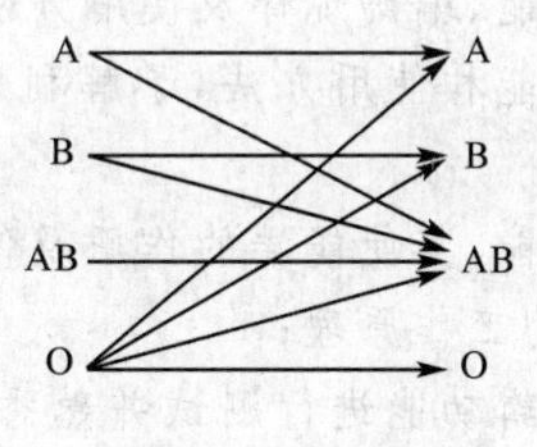

题图 1-8　题 15 图

项目2 八人抢答器电路的制作与测试

引　言

在项目1中，重点学习了小规模集成门电路的逻辑功能及应用。在本项目中，将重点学习常用中规模集成电路的逻辑功能及应用，如集成数码显示器、显示译码驱动器、变量译码器、优先编码器等集成组合逻辑电路，并将其应用于八人抢答器电路的设计、制作与调试。

学习目标

1. 掌握LED数码显示器、显示译码驱动器的逻辑功能和使用方法；

2. 掌握变量译码器的逻辑功能和使用方法，掌握利用使能端扩展变量译码器逻辑功能的方法，了解利用变量译码器实现组合逻辑函数功能的方法；

3. 掌握优先编码器的逻辑功能、编码规律及使用方法；

4. 了解数据选择器的逻辑功能和使用方法，了解利用数据选择器实现组合逻辑函数的方法；

5. 了解数据锁存器的逻辑功能，其使能端的作用及使用方法；

6. 了解解锁电路、锁存电路的工作原理；

7. 会对中规模集成电路的逻辑功能进行测试并熟悉其使用方法，理解中规模集成电路真值表，理解各个中规模集成电路使能端的作用并会正确应用；

8. 熟悉八人抢答器电路及其各单元电路的组成和原理，并能按照所设计的电路原理图制作和调试电路；会撰写符合要求的设计文件，会解决测试中出现的问题，会用数字万用表检查电路；

9. 掌握Multisim 9.0软件仿真测试方法，正确验证各芯片的逻辑功能；

10. 能够正确撰写设计报告，分析测试数据，得出正确结论。

工作任务

任务2-1　译码器功能的仿真测试

　　工作任务2-1-1　LED数码显示电路的测试

　　工作任务2-1-2　集成3-8线译码器74LS138逻辑功能仿真测试

　　工作任务2-1-3　变量译码器实现全加器功能仿真测试

任务2-2　编码器功能的仿真测试

　　工作任务2-2-1　二进制优先编码器74LS148逻辑功能仿真测试

　　工作任务2-2-2　二-十进制优先编码器74LS147逻辑功能仿真测试

任务 2-3　锁存器逻辑功能的仿真测试

工作任务 2-3-1　8D 锁存器 74LS373 逻辑功能仿真测试

工作任务 2-3-2　8D 触发锁存电路逻辑功能仿真测试

任务 2-4　八人抢答器的设计和制作

工作任务 2-4-1　八人抢答器电路设计与制作

应用示例>>>

图 2-1 为八人抢答器电路应用图例。八个抢答者站在按钮前方等待回答问题，确定设备状态正常的情况下，主持人提问，八个抢答者按动按钮立即抢答。图 2-1(a)中，5 号抢答者抢答成功，数码显示为 5。当本轮抢答结束后，主持人按动复位按钮，显示器显示 0，表明设备正常，之后进行下一轮抢答，如图 2-1(b)所示。

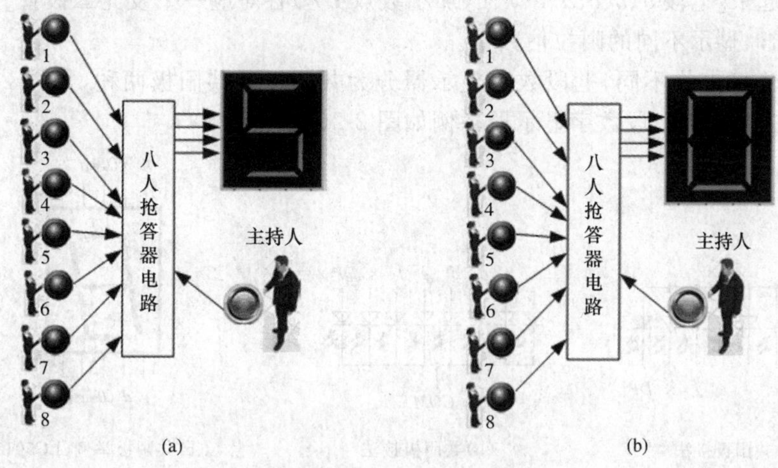

图 2-1　八人抢答器电路应用图例

任务2-1　译码器功能的仿真测试

2-1-1　显示译码器功能的仿真测试

知识扫描

数码显示器件

1. 数码显示器件的类型

在数字系统中，常常需要将数字、字母、符号等直观地显示出来，用于人们读取监控系统的工作情况。能够显示数字、字母或符号的器件称为数字显示器。

常用的数字显示器有多种类型。按发光材料不同，可分为荧光管显示器、半导体发光二极管显示器(数码显示器，LED)、液晶显示器(LCD)等。按显示方式不同，可分为有字型重叠式显示器、点阵式显示器、分段式显示器等。目前常用的数字显示器有数码显示器和液晶显示器。

液晶显示器是一种能显示数字和图文的新型数码显示器件，具有较广泛的应用前景。它具有体积小、耗电少、显示内容多等特点，但其显示机理较为复杂，在本书中不做介绍。

2. LED 七段数码管

半导体发光二极管显示器（常称：LED 数码管），由于其工作原理简单，使用方便，得到普遍运用。LED 数码管由发光二极管组成，与普通二极管相比，发光二极管具有更高的导通电压（一般在 2 V 左右），发光二极管的点亮电流一般在 10～20 mA。下面看一看由发光二极管构成的七段数字显示器的工作原理。

LED 数码管内部结构与工作原理

七段数字显示器就是将七个发光二极管（加小数点对应的发光二极管为八个）按一定的方式排列起来[七段 a、b、c、d、e、f、g（加小数点 DP）各对应一个发光二极管]，利用不同发光段的组合，显示不同的阿拉伯数字。

按内部连接方式不同，七段数字显示器分为共阴极和共阳极两种，如图 2-2(a)和图 2-2(b)所示。共阴极七段数字显示器举例如图 2-2(c)所示。

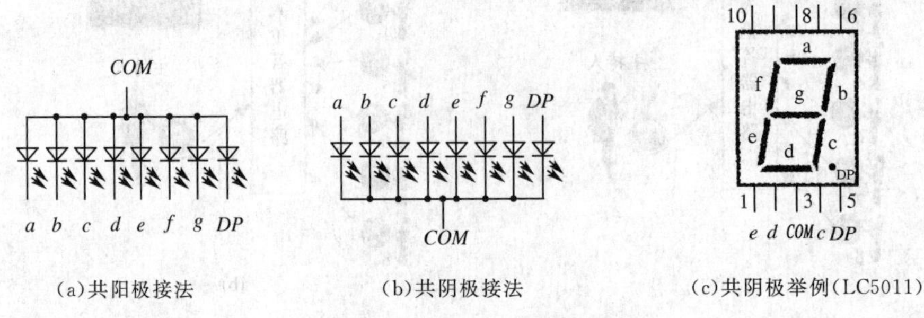

图 2-2　七段数字显示器的内部接法

LC5011 是集成共阴极七段数字显示器，其管脚图和逻辑符号如图 2-3 所示。在使用中考虑到限流，一般在公共端和地之间接一个 100 Ω 的电阻。

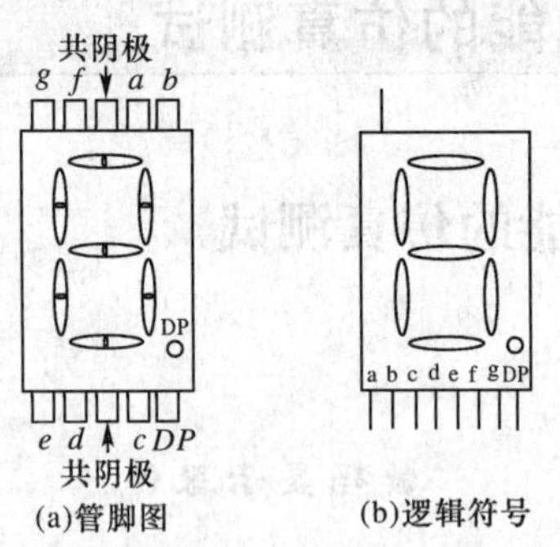

图 2-3　LC5011 的管脚图和逻辑符号

 演示 2-1　七段共阴极 LED 数字显示器 LC5011 发光原理演示

图 2-4 是在 Multisim 9.0 中仿真集成共阴极七段数字显示器 LC5011 的显示原理图，当 $a=b=c=d=e=f=1$，$g=0$ 时，发光段中只有 g 段不亮，所以 LC5011 显示数字“0”。当 $a=b=c=d=g=1$，$e=f=0$ 时，发光段中 e、f 段均不亮，此时 LC5011 显示数字“3”。

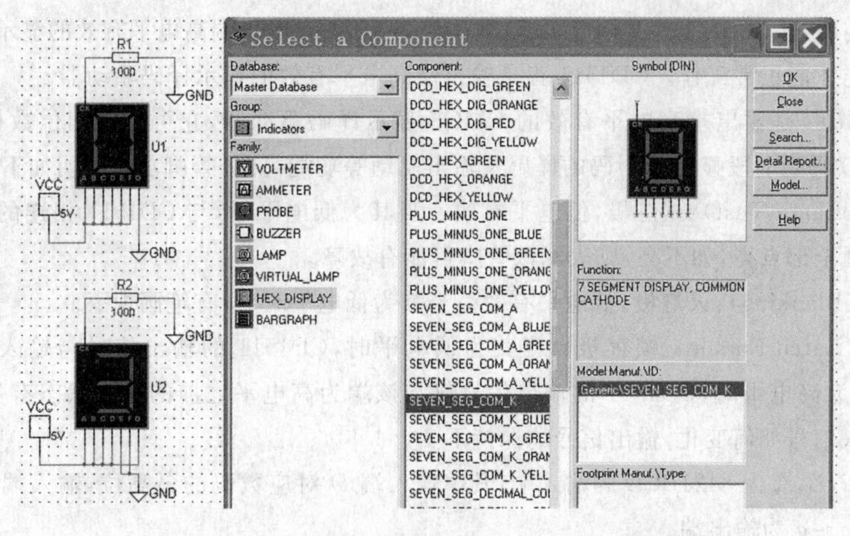

图 2-4　仿真集成共阴极七段数字显示器 LC5011 的显示原理图

显示译码器电路 CD4511 的逻辑功能、符号及管脚排列

在数字电路中，数字量都是以一定的代码形式出现的，所以这些数字量要先经过译码，才能送到数码显示器中去显示。显示译码器的作用是将输入的二进制码转换为能控制发光二极管（LED）显示器、液晶（LCD）显示器及荧光数码管等显示器件的信号，以实现数字及符号的显示。由于 LED 的点亮电流较大，LED 显示译码器通常需要具有一定的电流驱动能力，所以 LED 显示译码器通常又称为显示译码驱动器。

CD4511 共阴型 LED 数码管显示原理

常见的显示译码驱动器分两类，分别是 4000 系列 CMOS 数字电路（如 CD4511）和 74 系列 TTL 数字电路（如 74LS247，74LS248）。其中 4000 系列工作电压范围较大，可在 3～18 V 选择；74 系列工作电压为(5±0.5)V，工作电压范围较小。图 2-5 是 CD4511 的管脚图和逻辑符号。

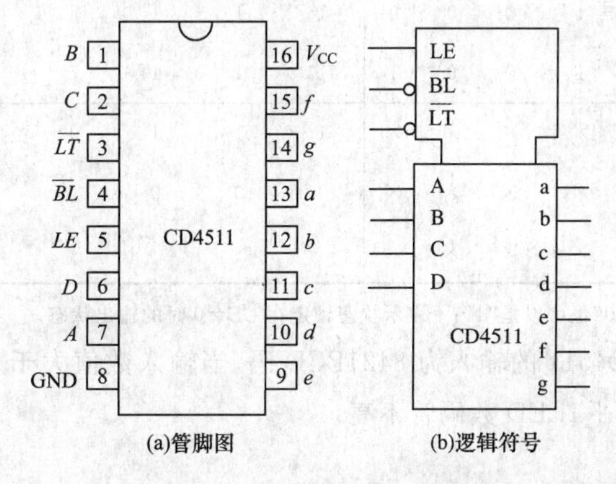

图 2-5　CD4511 的管脚图和逻辑符号

如前所述，LC5011是共阴极LED数码管，它必须和输出端高电平有效的显示译码驱动器相连才能正常工作。CD4511正是输出端高电平有效的显示译码驱动器。

CD4511是输出端高电平有效的CMOS显示译码驱动器，它可提供四位数据锁存、8421BCD码到七段显示控制码的译码及输出驱动等功能，部分管脚功能说明如下：

$\overline{LT}$(Lamp Test)：试灯极，低电平有效。当其为低电平时，与CD4511相连的显示器所有笔画全部点亮，如不亮，则表示该管脚可能有故障。

$\overline{BL}$(Blanking)：灭灯极，低电平有效。当其为低电平时，所有笔画熄灭。

LE(Latch Enable)：锁存极。当其为低电平时，CD4511的输出信号与输入信号有关；当其为高电平时，CD4511的输出信号仅与该端为高电平之前的输入状态有关，并且无论输入信号如何变化，输出信号均保持不变。

D,C,B,A为8421BCD码输入端，其中输入端D对应数码的最高位，输入端A对应最低位；$a \sim g$为输出端。

表2-1是CD4511的功能真值表。

表2-1　　CD4511功能真值表

$\overline{LT}$	$\overline{BL}$	LE	D	C	B	A	a	b	c	d	e	f	g
1	1	0	0	0	0	0	1	1	1	1	1	1	0
1	1	0	0	0	0	1	0	1	1	0	0	0	0
1	1	0	0	0	1	0	1	1	0	1	1	0	1
1	1	0	0	0	1	1	1	1	1	1	0	0	1
1	1	0	0	1	0	0	0	1	1	0	0	1	1
1	1	0	0	1	0	1	1	0	1	1	0	1	1
1	1	0	0	1	1	0	0	0	1	1	1	1	1
1	1	0	0	1	1	1	1	1	1	0	0	0	0
1	1	0	1	0	0	0	1	1	1	1	1	1	1
1	1	0	1	0	0	1	1	1	1	0	0	1	1
0	×	×	×	×	×	×	1	1	1	1	1	1	1
1	0	×	×	×	×	×	0	0	0	0	0	0	0
1	1	1	×	×	×	×				*			

注：×表示状态可以是"0"也可以是"1"；*表示状态锁定在$LE=0$时的输出状态。

值得注意的是：CD4511的输入为8421BCD码，当输入数值大于1001时，CD4511的输出$a \sim g$全部为低电平，LED数码管不亮。

【工作任务 2-1-1】LED 数码显示电路的测试

测试工作任务书

<table>
<tr><td>测试名称</td><td colspan="3">LED 数码显示电路的测试</td></tr>
<tr><td>任务编码</td><td>SZF2-1-1</td><td>课时安排</td><td>1</td></tr>
<tr><td>任务内容</td><td colspan="3">将显示译码驱动器 CD4511 和共阴极数码管 LC5011 相连，组成 LED 数码显示电路并测试</td></tr>
<tr><td>任务要求</td><td colspan="3">(1)将显示译码驱动器 CD4511 和共阴极数码管 LC5011 相连，组成 LED 数码显示电路；
(2)按测试步骤，测试 CD4511 各使能端的作用；
(3)将 8421BCD 码加于 CD4511 的输入端，观察 LED 数码管的显示情况。</td></tr>
<tr><td rowspan="2">测试设备</td><td>设备名称</td><td>型号或规格</td><td>数量</td></tr>
<tr><td>装有 Multisim 9.0 软件的计算机</td><td></td><td>一台</td></tr>
<tr><td>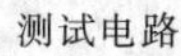测试电路</td><td colspan="3">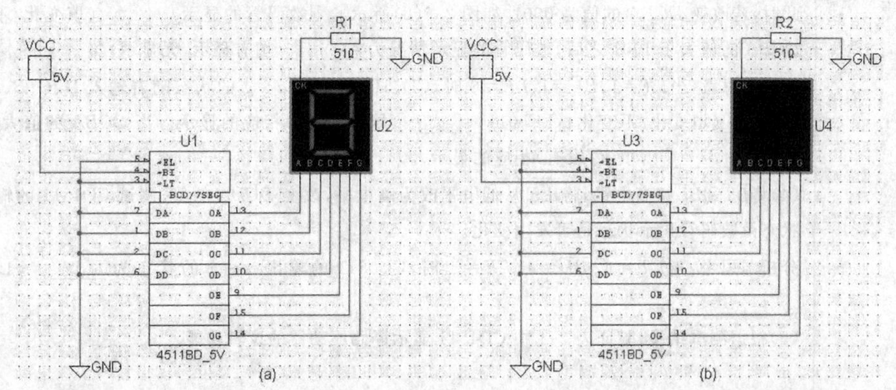

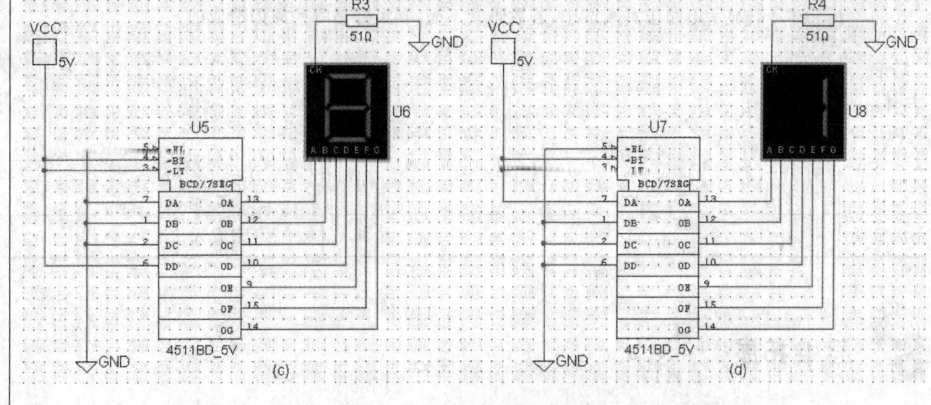

图 2-6　LED 数码显示电路</td></tr>
</table>

续表

测试步骤	(1)按图 2-6(a)连接电路，当试灯极$\overline{LT}$接低电平时，输出 $a \sim g$(OA～OG)的电平分别是________，数码管的显示为________。此时若改变其他使能端$\overline{BL}$、LE 及输入端 D、C、B、A 的值，则数码管的显示________(填变化/不变化)。 分析与思考：当$\overline{LT}=0$ 时，无论其他输入端的状态如何变化，CD4511 的输出端状态全为________(填 0/1)，LC5011 所有笔画全________(填亮/灭)。 (2)按图 2-6(b)连接电路，当试灯极$\overline{LT}$接高电平、灭灯极$\overline{BL}$接低电平时，输出 $a \sim g$ 的电平分别是________，数码管的显示为________。此时，若改变使能端 LE 及输入端 D、C、B、A 的值，则数码管的显示________(填变化/不变化)。 分析与思考：当$\overline{LT}=1$、$\overline{BL}=0$ 时，无论其他输入端的状态如何变化，CD4511 的输出 $a \sim g$ 的状态全为________(填 0/1)，LC5011 所有笔画全________(填亮/灭)。 (3)按图 2-6(c)连接电路，当$\overline{LT}$、$\overline{BL}$接高电平，而 LE 接低电平时(即 CD4511 使能端有效时)，若输入 $DCBA$ 为 1000，则 CD4511 的输出 $a \sim g$ 的电平分别是____________，数码管的显示为________。此时，若改变 $DCBA$ 的值为 0001[如图 2-6(d)所示]，则数码管的显示________(填变化/不变化)。当 $DCBA$ 的值大于 1001 之后，数码管的显示情况为________(填有显示/无显示)。 分析与思考：当$\overline{LT}=1$、$\overline{BL}=1$、$LE=0$ 时，CD4511 的输出 $a \sim g$ 的状态随着输入 D、C、B、A 的改变而________(填变化/不变化)，LC5011 ________(填有/没有)相应的显示。当 $DCBA$ 的值大于 1001 后，LC5011 ________(填有/没有)相应的显示。 (4)将$\overline{LT}$和$\overline{BL}$接高电平，将 LE 从低电平改为高电平，改变 $DCBA$ 的值，测试 CD4511 的输出 $a \sim g$ 的状态及数码管显示状态是否发生变化。 分析与思考：当$\overline{LT}=1$、$\overline{BL}=1$、$LE=1$ 时，CD4511 的输出 $a \sim g$ 的状态为________，LC5011 显示________。 (5)根据测试结果，验证表 2-1 中 CD4511 显示译码驱动器的逻辑功能。
结论与体会	思考： 上述译码显示电路仿真测试中，若数码管不亮，则可能是哪些原因造成的？
完成日期		完成人	

思维拓展

两位二进制加法器显示电路

图 2-7 是一个小于 10 的两位二进制加法器显示仿真电路，在图中 U1(74LS283，器件名为 74LS283D)为集成四位加法器电路，其输入端 A4～A1 输入 0101(十进制数 5)，输入端 B4～B1 输入 0100(十进制数 4)。U2(CD4511，器件名为 4511BD_5V)为 CMOS 集成显示译码驱动器，其输入 $DCBA$ 为加法器的输出 S，$S=1001$(十进制数 9)，显示器 U3

(LC5011)显示的数值为 9,是完全正确的。但请注意,该电路只能显示十进制数 10 以下的数值。

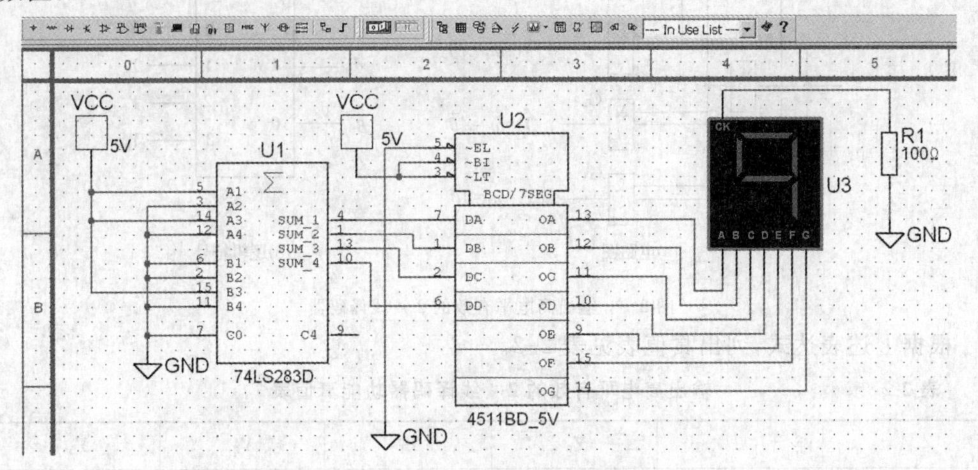

图 2-7 显示数字小于十进制数 10 的两位二进制加法器显示仿真电路

2-1-2 变量译码器功能的仿真测试

知识扫描

变量译码器

在数字电路中,通常还用到另一种译码器,称为变量译码器。变量译码器是将输入的二进制码"翻译"成与之对应的输出端为高(或低)电平有效的器件。变量译码器是一种将较少的输入变为较多输出的组合逻辑器件。使用较多的有 2^n 译码器和 8421BCD 译码器两类。

1. 2^n 译码器的概念

2^n 译码器的输入为二进制数,若输入 n 位,则有 2^n 种数码组合,可译出 2^n 个输出。图 2-8 是 2^n 译码器的模型,输入为 n 个变量,输出有 2^n 个最小项与之对应,所以变量译码器又称为最小项发生器。常用的 2^n 译码器有 2-4 线译码器,3-8 线译码器,4-16 线译码器等。

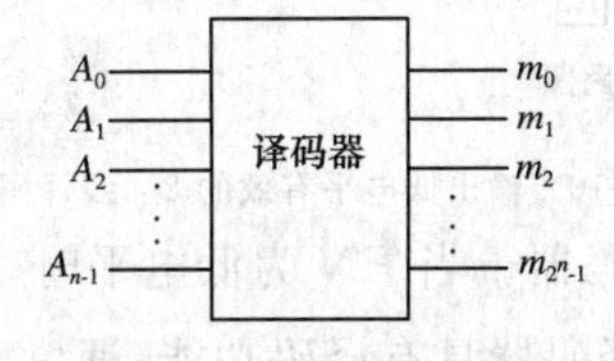

图 2-8 2^n 译码器模型

2. 2^n 译码器的电路构成

根据图 2-9(a)写出输出变量的逻辑表达式:$Y_0=\overline{A}\,\overline{B}$,$Y_1=\overline{A}B$,$Y_2=A\overline{B}$,$Y_3=AB$。

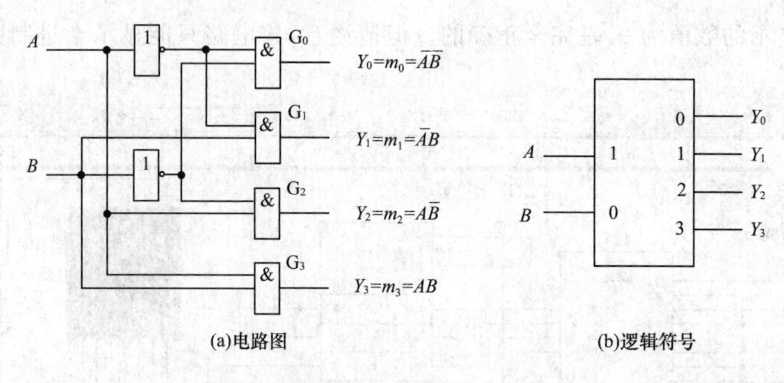

图 2-9　输出高电平有效的 2-4 线译码器

根据上述表达式，列出真值表见表 2-2。

表 2-2　　输出高电平有效的 2-4 线译码器功能真值表

A	B	Y_0	Y_1	Y_2	Y_3
0	0	1	0	0	0
0	1	0	1	0	0
1	0	0	0	1	0
1	1	0	0	0	1

从图 2-9(a)和表 2-2 真值表可以看出：若将输入的二进制数对应于十进制数 i，则第 i 个输出为高电平，其余为低电平。这样的译码器称为输出高电平有效的译码器，逻辑符号如图 2-9(b)所示。将图 2-9(a)中的与门 $G_0 \sim G_3$ 换成与非门，则此译码器就是输出低电平有效的译码器，如图 2-10(a)所示，其逻辑符号如图 2-10(b)所示。

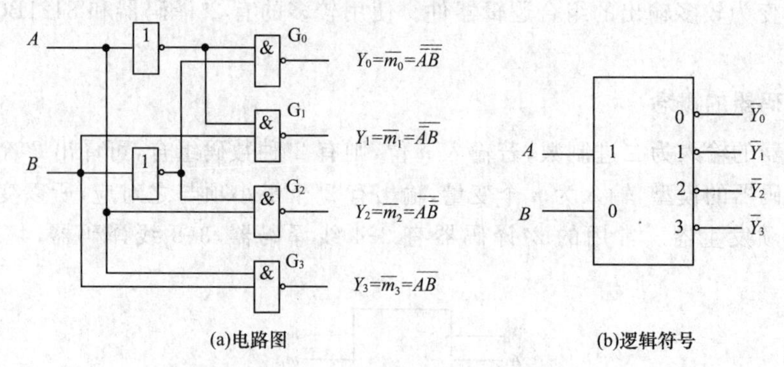

图 2-10　输出低电平有效的 2-4 线译码器

图 2-11 是具有使能端的译码器。当 EN 为低电平时，与门被封锁，输出全为低电平；当 EN 为高电平时，与门打开，译码器具有译码功能，通常把这样的电路称为使能高电平有效的译码器，反之称为使能低电平有效的译码器。使能高电平有效、输出高电平有效的 2-4 线译码器的逻辑功能见表 2-3。

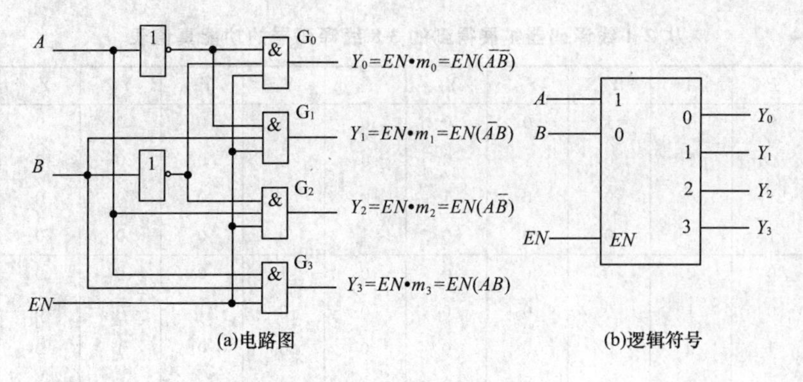

图 2-11　使能高电平有效的译码器

表 2-3　　2-4 线译码器真值表

EN	A	B	Y_0	Y_1	Y_2	Y_3
0	×	×	0	0	0	0
1	0	0	1	0	0	0
1	0	1	0	1	0	0
1	1	0	0	0	1	0
1	1	1	0	0	0	1

3. 2^n 译码器的功能扩展

利用译码器的使能端可以方便地扩展译码器的功能。可以利用 2-4 线译码器的使能端将其扩展为 3-8 线译码器或 4-16 线译码器。下面以将其扩展为 3-8 线译码器为例加以说明。如图 2-12 所示。

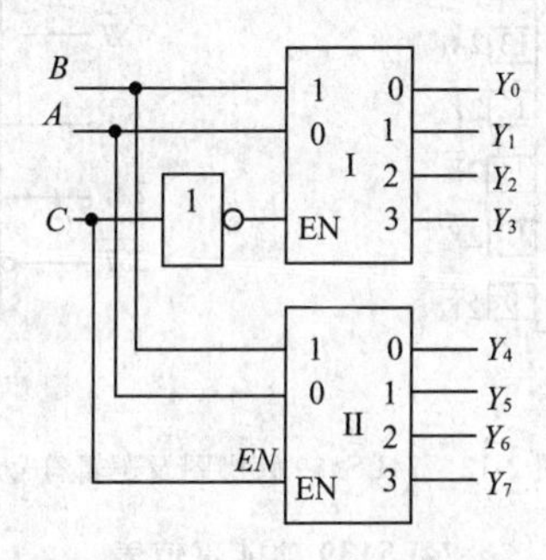

图 2-12　2-4 线译码器扩展为 3-8 线译码器

在图 2-12 中，当 $C=0$ 时，译码器Ⅰ工作，正常译码输出；译码器Ⅱ不工作，输出 $Y_4 \sim Y_7$ 全为低电平。当 $C=1$ 时，译码器Ⅰ不工作，输出 $Y_0 \sim Y_3$ 全为低电平；译码器Ⅱ正常工作。表 2-4 列出了从 2-4 线译码器扩展得到的 3-8 线译码器的功能真值表。

表 2-4　　从 2-4 线译码器扩展得到的 3-8 线译码器的功能真值表

C	B	A	Y_0	Y_1	Y_2	Y_3	Y_4	Y_5	Y_6	Y_7	译码器
0	0	0	1	0	0	0	0	0	0	0	译码器Ⅰ工作
0	0	1	0	1	0	0	0	0	0	0	
0	1	0	0	0	1	0	0	0	0	0	
0	1	1	0	0	0	1	0	0	0	0	
1	0	0	0	0	0	0	1	0	0	0	译码器Ⅱ工作
1	0	1	0	0	0	0	0	1	0	0	
1	1	0	0	0	0	0	0	0	1	0	
1	1	1	0	0	0	0	0	0	0	1	

集成 2-4 线译码器 74LS139 和集成 3-8 线译码器 74LS138

1. 集成 2-4 线译码器 74LS139

集成 2-4 线译码器 74LS139 片内集成了 2 个 2-4 线译码器，它们有各自的使能端，其使能端为低电平有效。图 2-13 为 74LS139 的管脚图及逻辑符号。表 2-5 是 74LS139 的功能真值表。从表 2-5 可以看出，74LS139 的使能端为低电平有效，输出端也是低电平有效。当 $EN=1$ 时，输出全为高电平。

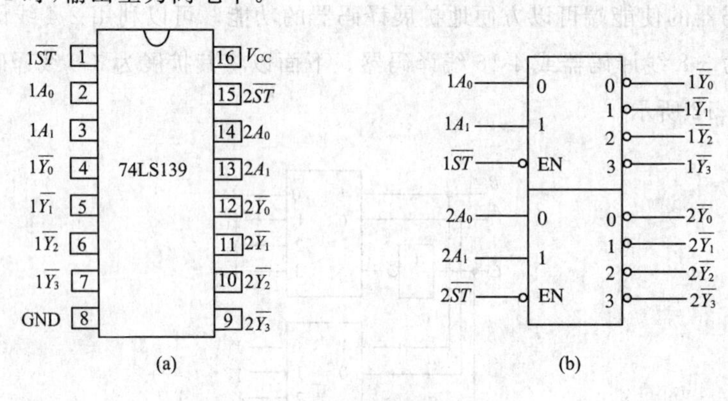

图 2-13　74LS139 管脚图及逻辑符号

表 2-5　　74LS139 功能真值表

EN	A_1	A_0	$\overline{Y}_0$	$\overline{Y}_1$	$\overline{Y}_2$	$\overline{Y}_3$
1	×	×	1	1	1	1
0	0	0	0	1	1	1
0	0	1	1	0	1	1
0	1	0	1	1	0	1
0	1	1	1	1	1	0

2. 集成 3-8 线译码器 74LS138

3-8 线译码器工作原理

74LS138 是由 TTL 与非门组成的 3 位二进制变量译码器，其管脚图及逻辑符号如图 2-14 所示。74LS138 有三个附加的使能端 ST_A、$\overline{ST_B}$ 和 $\overline{ST_C}$。当 $ST_A=1$ 且 $\overline{ST_B}+\overline{ST_C}=0$ 时，译码器处于工作状态。否则译码器被禁止，所有的输出端被锁定在高电平。表 2-6 是 74LS138 的功能真值表。

A_2、A_1 和 A_0 称为地址输入端，其中，A_2 为最高位，A_0 为最低位。

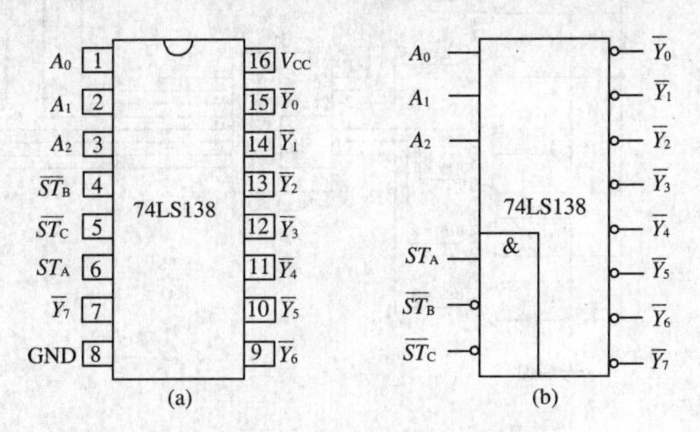

图 2-14　74LS138 管脚图及逻辑符号

表 2-6　**74LS138 功能真值表**

ST_A	$\overline{ST_B}+\overline{ST_C}$	A_2	A_1	A_0	$\overline{Y_0}$	$\overline{Y_1}$	$\overline{Y_2}$	$\overline{Y_3}$	$\overline{Y_4}$	$\overline{Y_5}$	$\overline{Y_6}$	$\overline{Y_7}$
1	0	0	0	0	0	1	1	1	1	1	1	1
1	0	0	0	1	1	0	1	1	1	1	1	1
1	0	0	1	0	1	1	0	1	1	1	1	1
1	0	0	1	1	1	1	1	0	1	1	1	1
1	0	1	0	0	1	1	1	1	0	1	1	1
1	0	1	0	1	1	1	1	1	1	0	1	1
1	0	1	1	0	1	1	1	1	1	1	0	1
1	0	1	1	1	1	1	1	1	1	1	1	0
×	1	×	×	×	1	1	1	1	1	1	1	1
0	×	×	×	×	1	1	1	1	1	1	1	1

【工作任务 2-1-2】集成 3-8 线译码器 74LS138 逻辑功能仿真测试

测试工作任务书

测试名称	集成 3-8 线译码器 74LS138 逻辑功能仿真测试		
任务编码	SZF2-1-2	课时安排	1
任务内容	按要求设计电路并用 Multisim 9.0 软件仿真实现		
任务要求	用 Multisim 9.0 仿真测试 74LS138 逻辑功能		
测试设备	设备名称	型号或规格	数量
	装有 Multisim 9.0 软件的计算机		1 台

续表

仿真测试电路	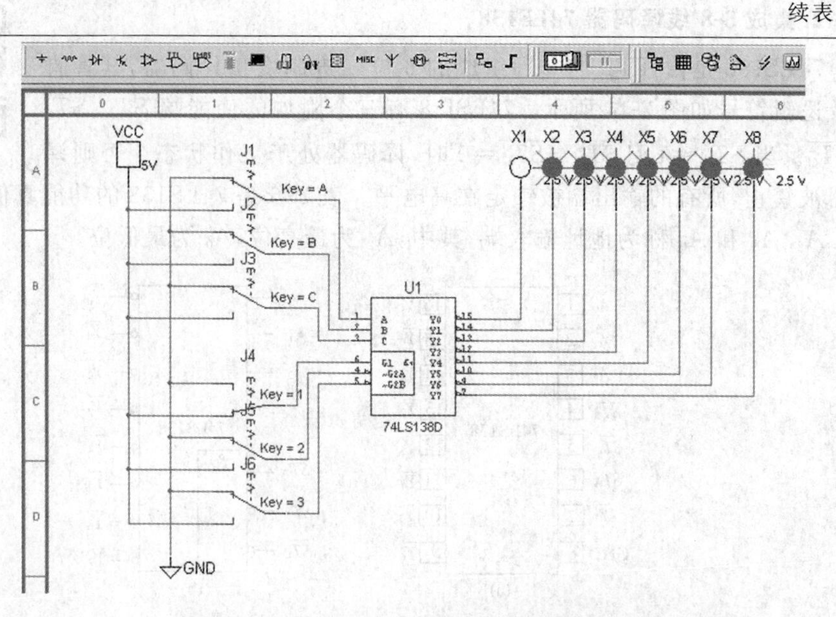 图 2-15　74LS138 逻辑功能仿真测试 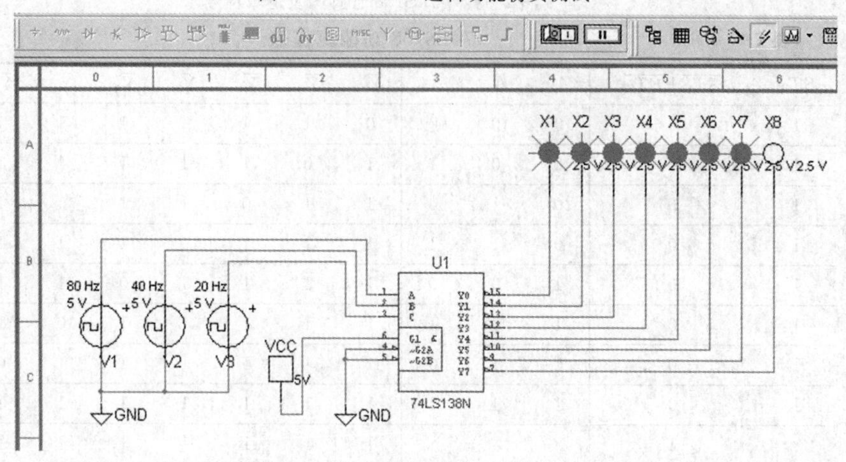 图 2-16　3-8 线译码器 74LS138 应用电路
测试步骤	(1)打开 Multisim 9.0 或同类仿真软件，按图 2-15 接线； (2)当 ST_A(G1)＝$\overline{ST_B}$(～G2A)＝$\overline{ST_C}$(～G2B)全接高电平时，输出 Y_7、Y_6、Y_5、Y_4、Y_3、Y_2、Y_1、Y_0 的电平分别是__________，74LS138__________(能/不能)正常译码； (3)当 ST_A(G1)＝$\overline{ST_B}$(～G2A)＝$\overline{ST_C}$(～G2B)全接低电平时，输出 Y_7、Y_6、Y_5、Y_4、Y_3、Y_2、Y_1、Y_0 的电平分别是__________，74LS138__________(能/不能)正常译码； (4)当 ST_A＝1，且$\overline{ST_B}$＝$\overline{ST_C}$＝0 时，若输入 CBA 为 000，则输出________为低电平；当输入 CBA 为 100 时，输出________为低电平；当 CBA 为 111 时，输出________为低电平。此时 74LS138________(能/不能)正常译码； (5)按图 2-16 连接电路。其中三个输入信号分别用 80 Hz、40 Hz、20 Hz 方波信号，此时发光二极管轮流________(点亮/熄灭)。为什么？____________________。 结论：74LS138 的输出是________(填高电平/低电平)有效。要想使 74LS138 正常译码，ST_A(G1)，$\overline{ST_B}$(～G2A)和$\overline{ST_C}$(～G2B)应分别置________(填 1、0、0/0、1、1/0、0、1)。

续表

结论 与体会	思考： 如何将 3-8 线译码器 74LS138 扩展为 4-16 线译码器？请画出电路图并仿真验证。

完成日期		完成人	

二-十进制译码器
工作原理

知识拓展

二-十进制译码器

除了以上介绍的显示译码器、二进制译码器之外，二-十进制译码器（8421BCD 译码器）也是一种较为常见的译码器电路。它的逻辑功能是将输入的 10 个 4 位 8421BCD 码译成 10 个高、低电平输出信号。由于二-十进制译码器有 4 根输入线，10 根输出线，所以又称其为 4-10 线译码器。例如 74LS42 是一个输出低电平有效的 4-10 线译码器，其逻辑功能真值表见表 2-7。由真值表可知，对于 8421BCD 码以外的伪码（即 1010～1111 这 6 个代码），$\overline{Y}_0 \sim \overline{Y}_9$ 上均无低电平信号，即译码器拒绝“翻译”。

表 2-7　　74LS42 逻辑功能真值表

显示	A_3	A_2	A_1	A_0	$\overline{Y}_0$	$\overline{Y}_1$	$\overline{Y}_2$	$\overline{Y}_3$	$\overline{Y}_4$	$\overline{Y}_5$	$\overline{Y}_6$	$\overline{Y}_7$	$\overline{Y}_8$	$\overline{Y}_9$
0	0	0	0	0	0	1	1	1	1	1	1	1	1	1
1	0	0	0	1	1	0	1	1	1	1	1	1	1	1
2	0	0	1	0	1	1	0	1	1	1	1	1	1	1
3	0	0	1	1	1	1	1	0	1	1	1	1	1	1
4	0	1	0	0	1	1	1	1	0	1	1	1	1	1
5	0	1	0	1	1	1	1	1	1	0	1	1	1	1
6	0	1	1	0	1	1	1	1	1	1	0	1	1	1
7	0	1	1	1	1	1	1	1	1	1	1	0	1	1
8	1	0	0	0	1	1	1	1	1	1	1	1	0	1
9	1	0	0	1	1	1	1	1	1	1	1	1	1	0
伪码	1	0	1	0	1	1	1	1	1	1	1	1	1	1
	1	0	1	1	1	1	1	1	1	1	1	1	1	1
	1	1	0	0	1	1	1	1	1	1	1	1	1	1
	1	1	0	1	1	1	1	1	1	1	1	1	1	1
	1	1	1	0	1	1	1	1	1	1	1	1	1	1
	1	1	1	1	1	1	1	1	1	1	1	1	1	1

思维拓展

变量译码器应用

变量译码器常用于单片机、DSP 或计算机微处理器的 I/O 口扩展。因为上述器件的 I/O 口资源是有限的,有时需要用有限的 I/O 口资源控制较多的外围器件。如图 2-17 所示,用三个 I/O 口可以控制 8 个外围器件,如打印机、键盘、显示器等。当微处理器的地址线 $A_2A_1A_0$ 分别置 000～111 时,通过 3-8 线译码器,输出 $\overline{Y}_0\sim\overline{Y}_7$ 均为 0,这时相应的外围设备分别被使能,使其数据能和微处理器进行有效传输。

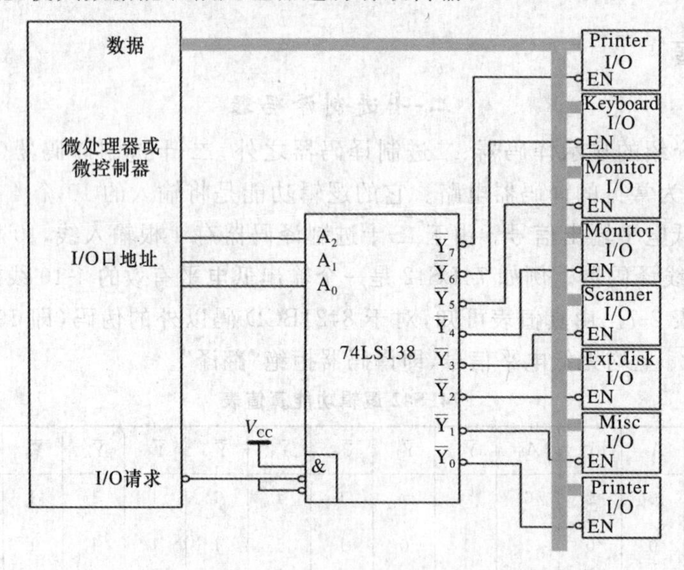

图 2-17　应用 3-8 线译码器 74LS138 实现 I/O 口扩展

2-1-3　变量译码器实现全加器功能的仿真测试

知识扫描

变量译码器实现组合逻辑函数功能

我们知道:任何一个组合逻辑函数都可以写成最小项表达式形式,而译码器的输出对应于输入的所有最小项。因此,可以用译码器实现组合逻辑函数功能。

【例 2-1】　用译码器和门电路实现 $F(A,B,C)=\sum m(0,4,7)$。

解:本例中函数有三个输入变量,所以选用 3-8 线译码器。可以用输出高电平有效的译码器实现,也可以用输出低电平有效的译码器实现。

(1)若用输出高电平有效的 3-8 线译码器,则逻辑表达式可做如下变换:

$$F(A,B,C)=\sum m(0,4,7)=m_0+m_4+m_7$$

根据上式画出电路如图 2-18(a)所示,用 3-8 线译码器和或门电路实现。

(2)若用输出低电平有效的 3-8 线译码器，则逻辑表达式可做如下变换：

$$F(A,B,C)=\sum m(0,4,7)=\overline{\overline{m_0+m_4+m_7}}=\overline{\overline{m_0}\cdot\overline{m_4}\cdot\overline{m_7}}$$

根据上式画出电路如图 2-18(b)所示，用 3-8 线译码器和与非门电路实现。

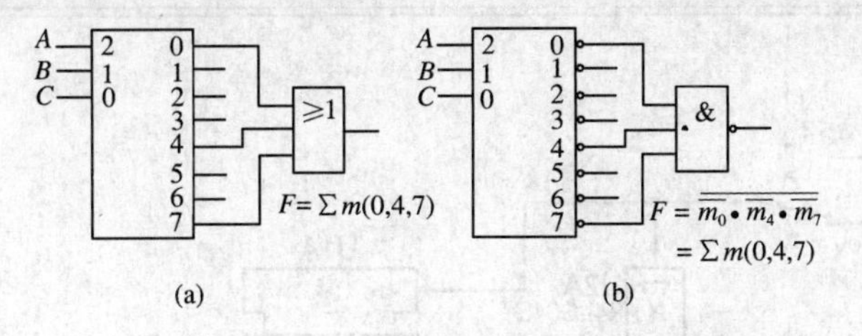

图 2-18 【例 2-1】图

【例 2-2】 用译码器 74LS139 和门电路实现三人表决器逻辑功能，并仿真验证。

解：(1)已知三人表决器电路的功能真值表见表 2-8。

表 2-8　三人表决器功能真值表

A	B	C	F
0	0	0	0
0	0	1	0
0	1	0	0
0	1	1	1
1	0	0	0
1	0	1	1
1	1	0	1
1	1	1	1

(2)根据真值表，写出三人表决器电路最小项表达式：

$$F(A,B,C)=\sum m(3,5,6,7)$$

(3)根据题目要求，利用译码器 74LS139 实现。由于 74LS139 是 2-4 线译码器，所以必须先将 74LS139 扩展成 3-8 线译码器。又因为 74LS139 的输出为低电平，所以三人表决器电路的逻辑表达式应化为如下形式：

$$F(A,B,C)=\sum m(3,5,6,7)=m_3+m_5+m_6+m_7$$

$$=\overline{\overline{m_3+m_5+m_6+m_7}}=\overline{\overline{m_3}\cdot\overline{m_5}\cdot\overline{m_6}\cdot\overline{m_7}}$$

(4)根据逻辑表达式，画出电路图，如图 2-19 所示。

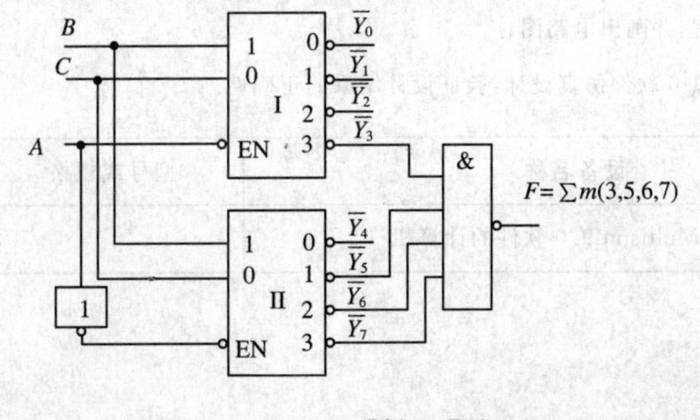

图 2-19 【例 2-2】图

(5)Multisim 9.0 仿真电路，如图 2-20 所示。

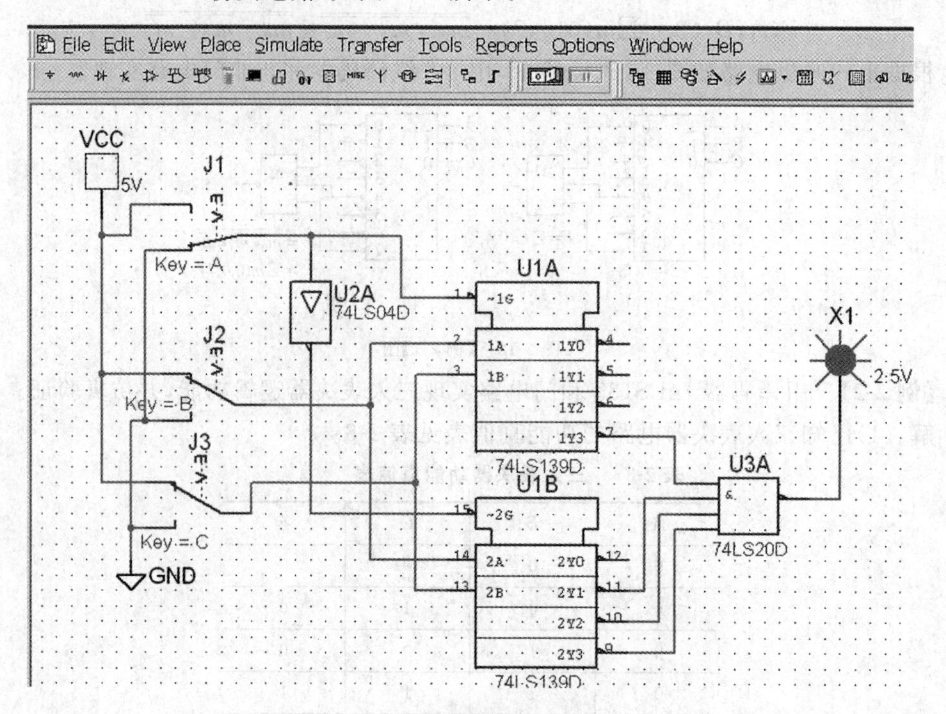

图 2-20 【例 2-2】仿真电路

从仿真电路可以看出：当 A、B、C 三个输入变量中任意两个变量为高电平(即两个以上的人同意)时，输出指示灯亮，表明通过提案。

【工作任务 2-1-3】变量译码器实现全加器功能仿真测试

设计工作任务书

<table>
<tr><td>任务名称</td><td colspan="3">变量译码器实现全加器功能仿真测试</td></tr>
<tr><td>任务编码</td><td>SZF2-1-3</td><td>课时安排</td><td>1</td></tr>
<tr><td>任务内容</td><td colspan="3">按要求设计电路并用 Multisim 9.0 软件仿真验证</td></tr>
<tr><td>任务要求</td><td colspan="3">(1)应用 74LS138 和门电路设计全加器电路，真值表见表 2-9；
(2)写出设计过程，并画出电路图；
(3)用 Multisim 9.0 软件仿真设计，验证设计结果的正确性。</td></tr>
<tr><td rowspan="2">测试设备</td><td>设备名称</td><td>型号或规格</td><td>数量</td></tr>
<tr><td>装有 Multisim 9.0 软件的计算机</td><td></td><td>1 台</td></tr>
</table>

续表

<table>
<tr><td>实现功能</td><td>

表 2-9 全加器功能真值表

<table>
<tr><th>A</th><th>B</th><th>C_i</th><th>C_o</th><th>S</th></tr>
<tr><td>0</td><td>0</td><td>0</td><td>0</td><td>0</td></tr>
<tr><td>0</td><td>0</td><td>1</td><td>0</td><td>1</td></tr>
<tr><td>0</td><td>1</td><td>0</td><td>0</td><td>1</td></tr>
<tr><td>0</td><td>1</td><td>1</td><td>1</td><td>0</td></tr>
<tr><td>1</td><td>0</td><td>0</td><td>0</td><td>1</td></tr>
<tr><td>1</td><td>0</td><td>1</td><td>1</td><td>0</td></tr>
<tr><td>1</td><td>1</td><td>0</td><td>1</td><td>0</td></tr>
<tr><td>1</td><td>1</td><td>1</td><td>1</td><td>1</td></tr>
</table>

</td></tr>
<tr><td>设计步骤及设计电路图</td><td></td></tr>
<tr><td>结论与体会</td><td>思考：
若题目要求用 74LS139 和门电路实现全加器逻辑功能，则电路图如何画？</td></tr>
<tr><td>完成日期</td><td></td><td>完成人</td><td></td></tr>
</table>

任务2-2 编码器功能的仿真测试

在本任务中通过对优先编码器逻辑功能的测试，了解优先编码器的逻辑功能，学习优先编码器的使用方法。学习优先编码器和译码显示电路的连接方法。

2-2-1 二进制优先编码器功能仿真测试

编码器功能简介

在数字设备中，数据和信息是用“0”和“1”组成的二进制代码来表示的，将若干个“0”

和“1”按一定规律编排在一起，组成不同的代码，并且赋予每个代码以固定的含义，这就叫编码。因此，编码器的逻辑功能就是把多个输入端中某输入端上有效电平的状态编成一个对应的二进制代码，其功能与译码器相反。编码器分为普通编码器和优先编码器，通常使用的优先编码器分为 2^n 到 n 的二进制编码器（如 74LS148）及 10 线到 8421BCD 码的二-十进制编码器（如 74LS147）两大类。

8421BCD 编码器工作原理

1. 普通编码器

普通编码器约定在多个输入端中每个时刻仅有 1 个输入端有效，否则输出将发生混乱。某一普通编码器电路有 8 个输入端，且输入为高电平有效，每个时刻仅有 1 个输入端为高电平，可见输入共有 8 种组合，可以用 3 位二进制数来分别表示输入端的 8 种情况，也就是把每一种输入情况编成一个与之对应的 3 位二进制数，这就是 3 位二进制编码器。图 2-21 为普通 3 位二进制编码器的管脚图及框图。

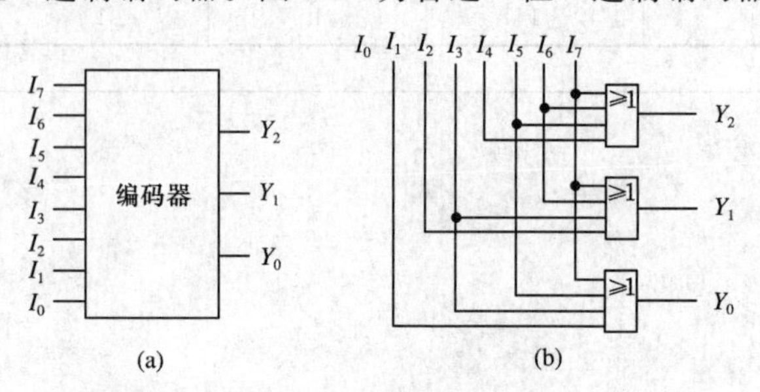

图 2-21　普通 3 位二进制编码器的管脚图及框图

根据上面的分析可列出表 2-10 所示的功能真值表。

表 2-10　　普通 3 位二进制编码器功能真值表

I_0	I_1	I_2	I_3	I_4	I_5	I_6	I_7	Y_2	Y_1	Y_0
1	0	0	0	0	0	0	0	0	0	0
0	1	0	0	0	0	0	0	0	0	1
0	0	1	0	0	0	0	0	0	1	0
0	0	0	1	0	0	0	0	0	1	1
0	0	0	0	1	0	0	0	1	0	0
0	0	0	0	0	1	0	0	1	0	1
0	0	0	0	0	0	1	0	1	1	0
0	0	0	0	0	0	0	1	1	1	1

由真值表可写出输出与输入的函数表达式：

$$Y_2 = I_4 + I_5 + I_6 + I_7$$

$$Y_1 = I_2 + I_3 + I_6 + I_7$$

$$Y_0 = I_1 + I_3 + I_5 + I_7$$

根据表达式可得出由门电路构成的普通 3 位二进制编码器电路，如图 2-21(b)所示。

2. 二进制优先编码器

在优先编码器电路中，将所有输入端按优先顺序排队，允许同时在两个以上输入端上得到有效信号，此时仅对优先级最高的输入进行编码，而对优先级低的输入不予编码。

图 2-22(a)是二进制优先编码器 74LS148 的管脚图，图 2-22(b)是它的逻辑符号，表 2-11 是它的功能真值表。

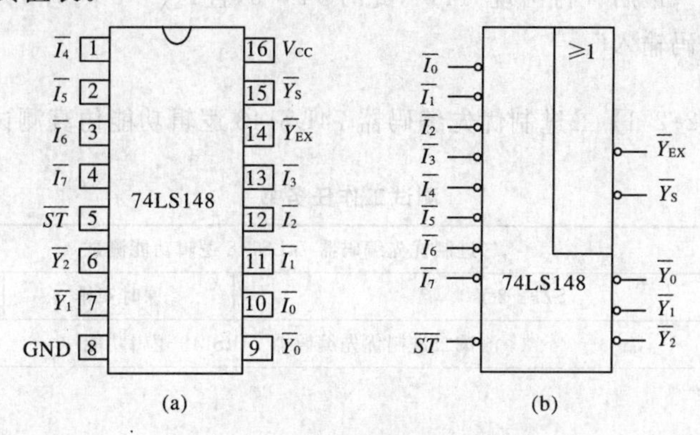

图 2-22　74LS148 管脚图及逻辑符号

表 2-11　　74LS148 功能真值表

$\overline{ST}$	$\overline{I_7}$	$\overline{I_6}$	$\overline{I_5}$	$\overline{I_4}$	$\overline{I_3}$	$\overline{I_2}$	$\overline{I_1}$	$\overline{I_0}$	$\overline{Y_2}$	$\overline{Y_1}$	$\overline{Y_0}$	$\overline{Y_{EX}}$	$\overline{Y_S}$
1	×	×	×	×	×	×	×	×	1	1	1	1	1
0	1	1	1	1	1	1	1	1	1	1	1	1	0
0	0	×	×	×	×	×	×	×	0	0	0	0	1
0	1	0	×	×	×	×	×	×	0	0	1	0	1
0	1	1	0	×	×	×	×	×	0	1	0	0	1
0	1	1	1	0	×	×	×	×	0	1	1	0	1
0	1	1	1	1	0	×	×	×	1	0	0	0	1
0	1	1	1	1	1	0	×	×	1	0	1	0	1
0	1	1	1	1	1	1	0	×	1	1	0	0	1
0	1	1	1	1	1	1	1	0	1	1	1	0	1

从表 2-11 中可以知道，74LS148 是 8-3 线优先编码器，其编码原则如下：(1)对低电平有效的输入编码。(2)对优先级高的输入编码。(3)输出编码是反码形式。如：对输入 $\overline{I_7}=0$ 编码时，其原码形式为 111，以反码形式输出，实际编码结果为 000。74LS148 的输入编码优先级为$\overline{I_7}$、$\overline{I_6}$、$\overline{I_5}$、$\overline{I_4}$、$\overline{I_3}$、$\overline{I_2}$、$\overline{I_1}$、$\overline{I_0}$，$\overline{I_7}$优先级最高，$\overline{I_0}$优先级最低。

$\overline{ST}$为输入使能端，当$\overline{ST}=1$时，输出全为高电平；当$\overline{ST}=0$时，编码器正常工作。

$\overline{Y_S}$为输出选通端，$\overline{Y_S}=\overline{\overline{I_0}\cdot\overline{I_1}\cdot\overline{I_2}\cdot\overline{I_3}\cdot\overline{I_4}\cdot\overline{I_5}\cdot\overline{I_6}\cdot\overline{I_7}\cdot ST}$，即当所有的输入皆为高电平(无编码输入)且 $ST=1(\overline{ST}=0)$时，选通输出端 $\overline{Y_S}$ 才会为 0。因此 $\overline{Y_S}$ 的低电平输出信号表明“编码器工作，但无编码输入”。

$\overline{Y_{EX}}$为输出扩展端，$\overline{Y_{EX}}=\overline{(I_0+I_1+I_2+I_3+I_4+I_5+I_6+I_7)\cdot ST}$，即当任何一个输入端有编码输入且 $ST=1(\overline{ST}=0)$时，$\overline{Y_{EX}}$就会为 0。因此$\overline{Y_{EX}}$的低电平输出信号表明“编码器正常工作，且有编码输入”。

从真值表中还可以看出，74LS148 的输出$\overline{Y_3}\,\overline{Y_2}\,\overline{Y_1}=111$ 出现了三次。第一行出现

“111”，此时$\overline{ST}=1$，且$\overline{Y_S}=1$同时$\overline{Y_{EX}}=1$，表明编码器没有有效使能、没有正常工作，输出全为高电平“111”；第二行出现“111”，此时$\overline{ST}=0$，且$\overline{Y_{EX}}=1$同时$\overline{Y_S}=0$，表明“编码器工作，但无编码输入”；最后一行出现“111”，此时$\overline{ST}=0$，且$\overline{Y_{EX}}=0$同时$\overline{Y_S}=1$，表明“编码器正常工作，且有编码输入”。

【工作任务 2-2-1】二进制优先编码器 74LS148 逻辑功能仿真测试

测试工作任务书

<table>
<tr><td>测试名称</td><td colspan="3">二进制优先编码器 74LS148 逻辑功能测试</td></tr>
<tr><td>任务编码</td><td>SZF2-2-1</td><td>课时安排</td><td>0.5</td></tr>
<tr><td>任务内容</td><td colspan="3">测试二进制优先编码器 74LS148 逻辑功能</td></tr>
<tr><td>任务要求</td><td colspan="3">(1)在 Multisim 9.0 仿真软件中按图 2-23 画出仿真测试电路图；
(2)测试 74LS148 逻辑功能，按表 2-12 要求向输入端输入高、低电平，分别观察各输出端的电平变化，并填入表 2-12 真值表中。</td></tr>
<tr><td rowspan="2">测试设备</td><td>设备名称</td><td>型号或规格</td><td>数量</td></tr>
<tr><td>安装有 Multisim 9.0 软件的计算机</td><td></td><td>1台</td></tr>
<tr><td>测试电路</td><td colspan="3">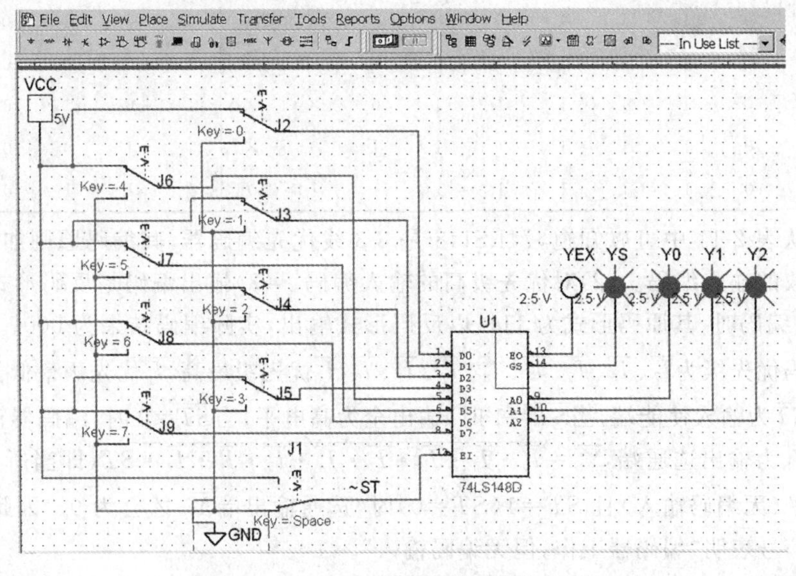
图 2-23　74LS148 逻辑功能仿真测试电路图</td></tr>
</table>

续表

表 2-12　　74LS148 功能真值表

$\overline{ST}$	$\overline{I_7}$	$\overline{I_6}$	$\overline{I_5}$	$\overline{I_4}$	$\overline{I_3}$	$\overline{I_2}$	$\overline{I_1}$	$\overline{I_0}$	$\overline{Y_2}$	$\overline{Y_1}$	$\overline{Y_0}$	$\overline{Y_{EX}}$	$\overline{Y_S}$
1	×	×	×	×	×	×	×	×					
0	1	1	1	1	1	1	1	1					
0	0	×	×	×	×	×	×	×					
0	1	0	×	×	×	×	×	×					
0	1	1	0	×	×	×	×	×					
0	1	1	1	0	×	×	×	×					
0	1	1	1	1	0	×	×	×					
0	1	1	1	1	1	0	×	×					
0	1	1	1	1	1	1	0	×					
0	1	1	1	1	1	1	1	0					

测试步骤

(1)打开 Multisim 9.0 软件，按图 2-23 连接测试电路；

(2)将$\overline{ST}$接高电平，改变输入端$\overline{I_7}$～$\overline{I_0}$的状态，观察输出端$\overline{Y_2}$～$\overline{Y_0}$、$\overline{Y_S}$和$\overline{Y_{EX}}$状态的变化情况，并将观察结果记入表 2-12 中；

结论：当$\overline{ST}$＝1 时电路________（工作/不工作），输出端$\overline{Y_2}$～$\overline{Y_0}$、$\overline{Y_S}$和$\overline{Y_{EX}}$同时为________（高/低）电平。

(3)将$\overline{ST}$接低电平，输入端$\overline{I_7}$～$\overline{I_0}$全部接高电平，观察输出端$\overline{Y_2}$～$\overline{Y_0}$、$\overline{Y_S}$和$\overline{Y_{EX}}$状态的变化情况，并将观察结果记入表 2-12 中；

结论：电路的$\overline{ST}$输入为________（高/低）电平有效。

(4)将$\overline{ST}$接低电平，按照表 2-12 设置输入端$\overline{I_7}$～$\overline{I_0}$的状态，观察输出端$\overline{Y_2}$～$\overline{Y_0}$、$\overline{Y_S}$和$\overline{Y_{EX}}$状态的变化情况，并将观察结果记入表 2-12 中。

结论：当$\overline{ST}$＝________（0/1）时电路正常工作。此时，若输入端$\overline{I_7}$＝0，无论其他输入端有无输入信号，输出端只对$\overline{I_7}$编码，即$\overline{Y_2}\ \overline{Y_1}\ \overline{Y_0}$＝________，可见与$\overline{I_6}$～$\overline{I_0}$这 7 个输入端相比，$\overline{I_7}$的优先级更高；当$\overline{I_7}$＝1、$\overline{I_6}$＝0 时，无论其他输入端有无输入信号，输出端只对$\overline{I_6}$编码，即$\overline{Y_2}\ \overline{Y_1}\ \overline{Y_0}$＝________，可见与除$\overline{I_7}$之外的$\overline{I_5}$～$\overline{I_0}$这 6 个输入端相比，$\overline{I_6}$的优先级更高；其余输入端情况类似。根据测试结果不难总结出，在 74LS148 的输入端中，________的优先级最高，________的优先级最低。

根据测试结果，$\overline{Y_S}$＝0 表示电路________（工作/不工作），________（有/无）编码输入；$\overline{Y_{EX}}$＝0 表示电路________（工作/不工作），________（有/无）编码输入。测试结果中共出现了________次$\overline{Y_2}\ \overline{Y_1}\ \overline{Y_0}$＝111 的情况，________（可以/不可以）用$\overline{Y_S}$和$\overline{Y_{EX}}$的不同状态加以区分。

结论与体会

思考：

如何利用输出扩展端和输出选通端将 8-3 线编码器扩展为16-4线编码器？

完成日期		完成人	

二进制优先编码器功能扩展

前述介绍的二进制优先编码器 74LS148 是 8-3 线编码器，在日常应用中常常用到 16-4 线编码器，利用 8-3 线编码器 74LS148 的输出选通端$\overline{Y_S}$和输出扩展端$\overline{Y_{EX}}$可将其扩展为 16-4 线编码器。图 2-24 实现了该功能。

图 2-24 电路中，当 74LS148(2)中所有输入端$\overline{I_8}\sim\overline{I_{15}}$均无有效输入，皆为高电平时，输出$\overline{Y_2}\,\overline{Y_1}\,\overline{Y_0}$，$\overline{Y_{EX}}=1$ 同时$\overline{Y_S}=0$，因$\overline{Y_S}$与 74LS148(1)中的$\overline{ST}$端相连，此时 74LS148(1)的使能有效，正常工作。当$\overline{I_0}=0$ 时，编码输出$\overline{Y_2}\,\overline{Y_1}\,\overline{Y_0}=111$，通过与非门得到 4 位编码输出 $A_3A_2A_1A_0=0000$；当$\overline{I_8}=0$ 时，74LS148(2)中有编码输入，此时$\overline{Y_{EX}}=0$ 同时$\overline{Y_S}=1$，$A_3=1$，此时 74LS148(1)的使能无效，74LS148(1)中的全部输出$\overline{Y_2}\,\overline{Y_1}\,\overline{Y_0}=111$，74LS148(2)正常使能，它的编码输出$\overline{Y_2}\,\overline{Y_1}\,\overline{Y_0}=111$，经过与非门得到 4 位编码输出 $A_3A_2A_1A_0=1000$。

所以该编码器的优先级排列顺序为$\overline{I_{15}}\sim\overline{I_0}$，$\overline{I_{15}}$优先级最高，$\overline{I_0}$优先级最低，且输出是以原码形式出现的。请读者根据以上分析，列出图 2-24 对应的功能真值表。

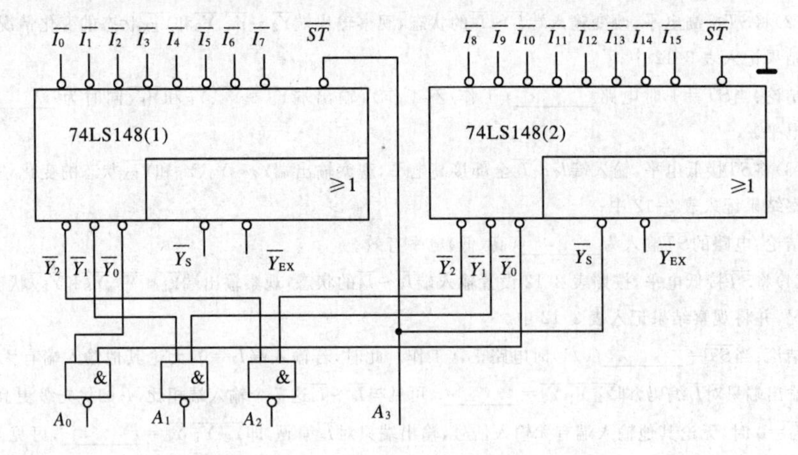

图 2-24 74LS148 逻辑功能扩展

2-2-2 二-十进制优先编码器功能仿真测试

二-十进制优先编码器 74LS147

74LS147 是二-十进制优先编码器，又称为 8421BCD 码优先编码器，图 2-25(a)是它的管脚图，图 2-25(b)是它的逻辑符号。表 2-13 是它的功能真值表。

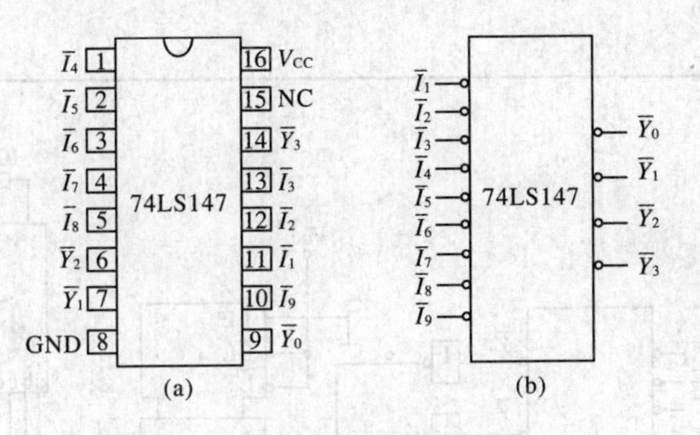

图 2-25　74LS147 管脚图及逻辑符号

表 2-13　　优先编码器 74LS147 功能真值表

$\overline{I_9}$	$\overline{I_8}$	$\overline{I_7}$	$\overline{I_6}$	$\overline{I_5}$	$\overline{I_4}$	$\overline{I_3}$	$\overline{I_2}$	$\overline{I_1}$	$\overline{Y_3}$	$\overline{Y_2}$	$\overline{Y_1}$	$\overline{Y_0}$
1	1	1	1	1	1	1	1	1	1	1	1	1
0	×	×	×	×	×	×	×	×	0	1	1	0
1	0	×	×	×	×	×	×	×	0	1	1	1
1	1	0	×	×	×	×	×	×	1	0	0	0
1	1	1	0	×	×	×	×	×	1	0	0	1
1	1	1	1	0	×	×	×	×	1	0	1	0
1	1	1	1	1	0	×	×	×	1	0	1	1
1	1	1	1	1	1	0	×	×	1	1	0	0
1	1	1	1	1	1	1	0	×	1	1	0	1
1	1	1	1	1	1	1	1	0	1	1	1	0

【工作任务 2-2-2】二-十进制优先编码器 74LS147 逻辑功能仿真测试

测试工作任务书

<table>
<tr><td>测试名称</td><td colspan="3">二-十进制优先编码器 74LS147 逻辑功能仿真测试</td></tr>
<tr><td>任务编码</td><td>SZF2-2-2</td><td>课时安排</td><td>0.5</td></tr>
<tr><td>任务内容</td><td colspan="3">测试 74LS147 二-十进制优先编码器逻辑功能</td></tr>
<tr><td>任务要求</td><td colspan="3">(1)打开 Multisim 9.0 仿真软件；
(2)按测试电路图 2-24 正确连接测试电路；
(3)将编码器的输入端分别接低电平，观察 LED 数码管显示的数码，验证表 2-13 真值表的正确性。</td></tr>
<tr><td rowspan="2">测试设备</td><td>设备名称</td><td>型号或规格</td><td>数量</td></tr>
<tr><td>安装有 Multisim 9.0 的计算机</td><td></td><td>1台</td></tr>
</table>

续表

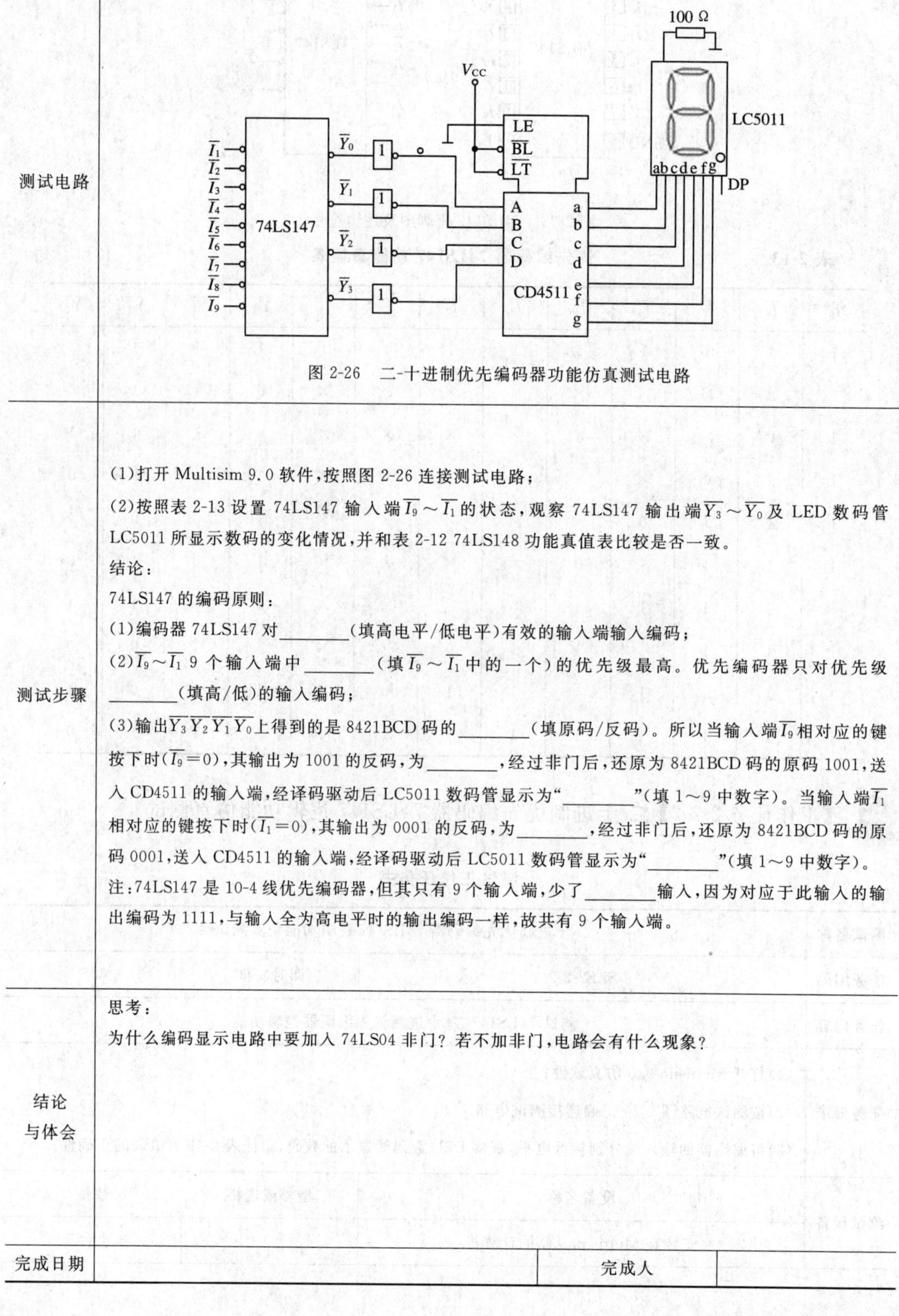

测试电路	图 2-26　二-十进制优先编码器功能仿真测试电路		
测试步骤	(1)打开 Multisim 9.0 软件，按照图 2-26 连接测试电路； (2)按照表 2-13 设置 74LS147 输入端$\overline{I_9}\sim\overline{I_1}$的状态，观察 74LS147 输出端$\overline{Y_3}\sim\overline{Y_0}$及 LED 数码管 LC5011 所显示数码的变化情况，并和表 2-12 74LS148 功能真值表比较是否一致。 结论： 74LS147 的编码原则： (1)编码器 74LS147 对________(填高电平/低电平)有效的输入端输入编码； (2)$\overline{I_9}\sim\overline{I_1}$ 9 个输入端中________(填$\overline{I_9}\sim\overline{I_1}$中的一个)的优先级最高。优先编码器只对优先级________(填高/低)的输入编码； (3)输出$\overline{Y_3}\,\overline{Y_2}\,\overline{Y_1}\,\overline{Y_0}$上得到的是 8421BCD 码的________(填原码/反码)。所以当输入端$\overline{I_9}$相对应的键按下时($\overline{I_9}=0$)，其输出为 1001 的反码，为________，经过非门后，还原为 8421BCD 码的原码 1001，送入 CD4511 的输入端，经译码驱动后 LC5011 数码管显示为"________"(填 1～9 中数字)。当输入端$\overline{I_1}$相对应的键按下时($\overline{I_1}=0$)，其输出为 0001 的反码，为________，经过非门后，还原为 8421BCD 码的原码 0001，送入 CD4511 的输入端，经译码驱动后 LC5011 数码管显示为"________"(填 1～9 中数字)。 注：74LS147 是 10-4 线优先编码器，但其只有 9 个输入端，少了________输入，因为对应于此输入的输出编码为 1111，与输入全为高电平时的输出编码一样，故共有 9 个输入端。		
结论与体会	思考： 为什么编码显示电路中要加入 74LS04 非门？若不加非门，电路会有什么现象？		
完成日期		完成人	

二-十进制优先编码器 74LS147 应用电路

图 2-27 是二-十进制优先编码器 74LS147 应用电路。该电路实现了 3×3 键盘的输入编码。当任意一个键按下时，输出端$\overline{Y_3}\ \overline{Y_2}\ \overline{Y_1}\ \overline{Y_0}$输出相应的 8421BCD 码，以此识别按下的键号。例如：当 7 号按键按下时，输入$\overline{I_7}$为低电平，其余输入皆为高电平，74LS147 编码得到 8421BCD 码的反码输出$\overline{Y_3}\ \overline{Y_2}\ \overline{Y_1}\ \overline{Y_0}=1000$。也就是说，当 74LS147 的编码输出为$\overline{Y_3}\ \overline{Y_2}\ \overline{Y_1}\ \overline{Y_0}=1000$时，说明键盘 7 号键被按下。同理，若输出$\overline{Y_3}\ \overline{Y_2}\ \overline{Y_1}\ \overline{Y_0}=0111$时，其反码为 1000，说明是 8 号按键按下。

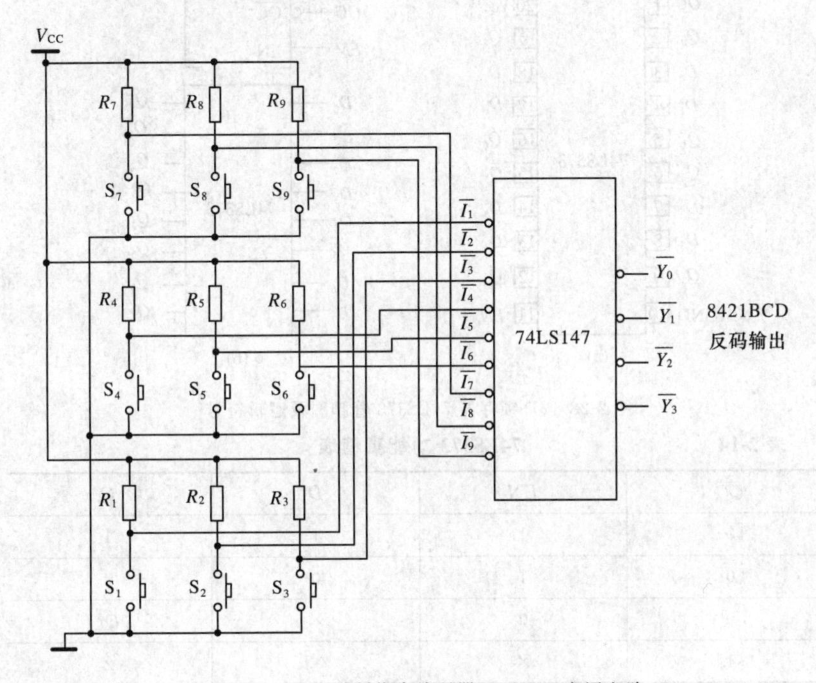

图 2-27 二-十进制优先编码器 74LS147 应用电路

任务2-3 锁存器逻辑功能的仿真测试

锁存器逻辑功能测试

8D 锁存器 74LS373

数字电路分为组合逻辑电路和时序逻辑电路。前述内容中学习了组合逻辑电路的相关知识，如半加器、全加器、译码器、编码器等的逻辑功能。组合逻辑电路的输出随着输入的变化而变化，没有记忆的功能。而8D锁存器74LS373是时序电路中较常用的器件，它有记忆的功能。

图2-28是8D锁存器74LS373的管脚图和逻辑符号，表2-14是其真值表。

从图2-28和真值表2-14中可以看出：74LS373有八位数据输入端和两个使能端，分别是输出控制端$\overline{OC}$和使能端EN。当输出控制端$\overline{OC}$、使能端EN同时接低电平时，8D锁存器的输出状态保持不变，即将前一时刻的电路状态记忆了。当输出控制端$\overline{OC}$接低电平而使能端EN接高电平时，锁存器的输出状态随着输入状态的变化而变化。当输出控制端$\overline{OC}$接高电平时，输出呈高阻态，与使能端EN及数据输入状态无关。

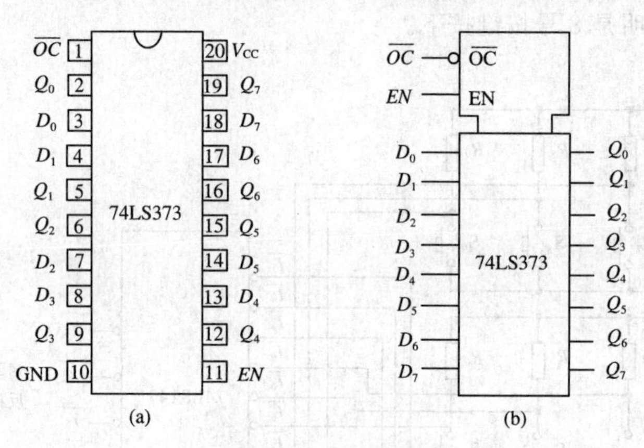

图2-28　8D锁存器74LS373管脚图及逻辑符号

表2-14　　74LS373功能真值表

$\overline{OC}$	EN	D	Q
0	1	1	1
0	1	0	0
0	0	×	Q^n
1	×	×	Z

【工作任务2-3-1】8D锁存器74LS373逻辑功能仿真测试

测试工作任务书

测试名称	8D锁存器74LS373逻辑功能仿真测试		
任务编码	SZF2-3-1	课时安排	0.5
任务内容	仿真测试8D锁存器74LS373逻辑功能		
任务要求	(1)打开Multisim 9.0仿真软件； (2)按图2-29正确连接测试电路； (3)按要求分别将$\overline{OC}$端、EN端接高电平或低电平。将输入$D_0 \sim D_7$分别接高、低电平，将输出$Q_0 \sim Q_7$接指示灯，观察随着输入的变化，输出状态的变化情况。验证表2-14所示的逻辑功能。		

续表

测试设备	设备名称	型号或规格	数量
	装有 Multisim 9.0 软件的计算机		1台
测试电路	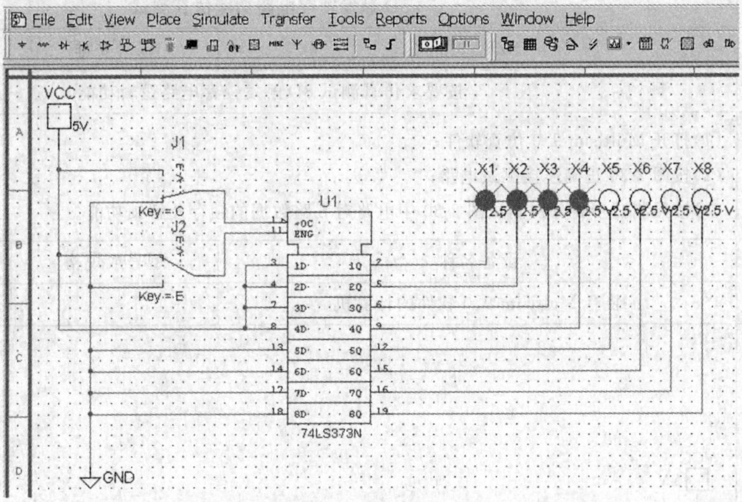 图 2-29 8D 锁存器 74LS373 逻辑功能仿真测试电路		
测试步骤	(1)将输出控制端$\overline{OC}$接低电平，使能端 EN 接高电平。将输入 $D_0 \sim D_7$（1D～8D）接高电平，观察输出 $Q_0 \sim Q_7$（1Q～8Q）的电平状态； (2)将输出控制端$\overline{OC}$接低电平，使能端 EN 接高电平。将输入 $D_0 \sim D_7$ 接低电平，观察输出 $Q_0 \sim Q_7$ 的电平状态； (3)将输出控制端$\overline{OC}$接低电平，使能端 EN 接低电平。将输入 $D_0 \sim D_7$ 分别接高电平和低电平，观察输出 $Q_0 \sim Q_7$ 的电平状态； (4)将输出控制端$\overline{OC}$接高电平，使能端 EN 接高或低电平。将输入 $D_0 \sim D_7$ 分别接高电平和低电平，观察输出 $Q_0 \sim Q_7$ 的电平状态。		
结论与体会	思考： 输出控制端$\overline{OC}$和使能端 EN 分别接什么电平时，8D 锁存器的输出随着输入的变化而变化？$\overline{OC}$和 EN 端分别接什么电平时，8D 锁存器的输出保持不变，即锁存数据状态？		
完成日期		完成人	

【工作任务 2-3-2】8D 触发锁存电路逻辑功能仿真测试

测试工作任务书

测试名称	8D 触发锁存电路功能仿真测试		
任务编码	SZF2-3-2	课时安排	0.5
任务内容	按要求仿真测试 8D 触发锁存电路逻辑功能		
任务要求	(1)打开 Multisim 9.0 仿真软件； (2)按图 2-30 正确连接测试电路； (3)按照测试步骤分别测试图 2-30 中电路对 8 路数据的锁存及解锁功能。		
测试设备	设备名称	型号或规格	数量
	装有 Multisim 9.0 软件的计算机		1 台
测试电路	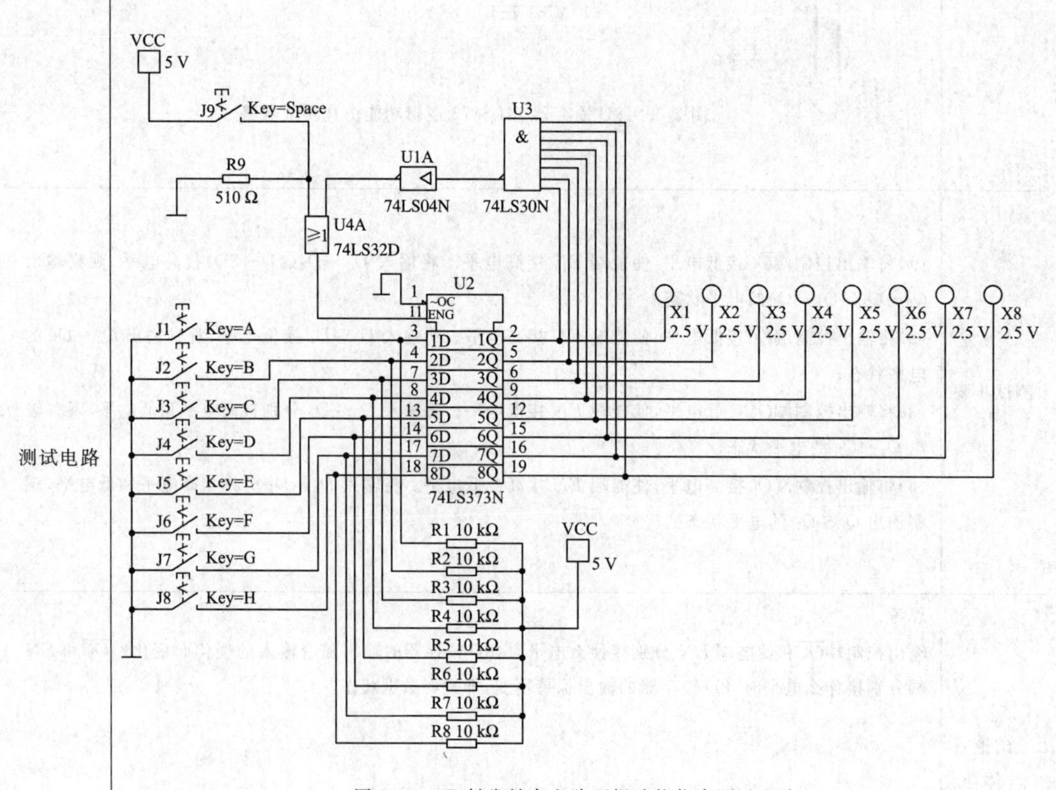		

图 2-30　8D 触发锁存电路逻辑功能仿真测试电路

续表

测试步骤	(1)打开 Multisim 9.0,按图 2-30 连接电路,其中用到的器件有:9 个单刀双掷不带锁开关,8 个 10 kΩ 电阻,1 个 510 Ω 电阻,1 片 74LS373 锁存器,1 片 74LS30 8 输入与非门,1 片 74LS04 非门,1 片 74LS32 或门; (2)按动开关 J9,测量 EN 端电平,观察输出 $Q_7 \sim Q_0$(8Q~1Q)的状态; 结论:当$\overline{OC}=0$,$EN=1$ 时,锁存器________(填接收/锁存)数据。此时输出 $Q_7 \sim Q_0$ 全为________(高电平/低电平),8 输入与非门的输出端为________(高电平/低电平),从而保证了 EN 端为________(高电平/低电平)。所以称 J9 为解锁开关。 (3)按动 J1~J8 中任一开关,例如按动开关 J1 测量 EN 端电平,观察输出 $Q_7 \sim Q_0$ 的状态; 结论:当 J1 按下时,其输出 Q_0 为________(高电平/低电平),其余 $Q_7 \sim Q_1$ 为________(高电平/低电平)。8 输入与非门的输出端为________(高电平/低电平),使得 EN 端为________(高电平/低电平)。此时锁存器处于________(填接收/锁存)数据状态。 (4)再继续按动 J2~J8 中任一开关,观察输出 $Q_7 \sim Q_0$ 的状态。 结论:当锁存器处于锁存状态时,输出状态________(随着/不随)输入的变化而变化。
结论与体会	
完成日期	完成人

任务2-4 八人抢答器的设计和制作

知识扫描

八人抢答器的设计

1. 设计要求

设计八人抢答器电路。具体满足以下技术要求:

(1)8 路开关输入;

(2)稳定显示与输入开关编号相对应的数字 1~8;

(3)输出具有唯一性和时序第一的特征;

(4)一轮抢答完成后通过解锁电路进行解锁,准备进入下一轮抢答。

2. 画出组成框图

根据设计指标要求，画出抢答器组成框图，如图 2-31 所示。

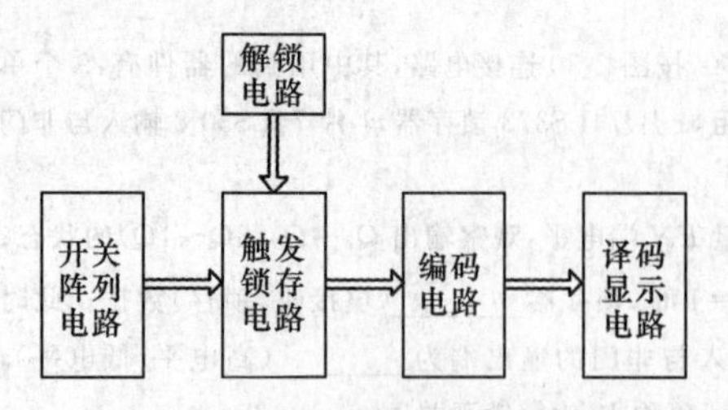

图 2-31　抢答器组成框图

从图 2-31 可知，抢答器主要由开关阵列电路、触发锁存电路、解锁电路、编码电路和译码显示电路等五部分组成。各部分的功能说明如下：

(1)开关阵列电路：该电路由多路开关组成，每一名抢答者与一个开关相对应。开关应为常开状态，当按下开关时，开关闭合；当松开开关时，开关自动弹起断开电路。

(2)触发锁存电路：当某一个开关首先被按下时，触发锁存电路被触发，在对应的输出端上产生开关电平信号，同时为防止其他开关随后触发而造成输出紊乱，最先产生的输出电平反馈到使能端上，将触发锁存电路封锁。

(3)解锁电路：一轮抢答完成后，应将锁存器使能端强迫置 1 或置 0(根据芯片具体情况而定)，解除触发锁存电路的封锁，使锁存器重新处于等待接收状态，以便进行下一轮的抢答。

(4)编码电路：将触发锁存电路输出端上产生的开关电平信号转换为相应的 8421BCD 码。

(5)译码显示电路：将编码电路输出的 8421BCD 码经显示译码驱动器，转换为 LED 数码管所需的逻辑状态，驱动其显示相应的十进制数。

3. 电路实现

各个部分的功能确定了之后，就要选择具体的电路来实现：

(1)开关阵列电路的设计

开关阵列电路如图 2-32 所示，图中 J1～J8 是八个开关，由八人控制，平时无人按下时，开关是常开状态。此时 IO1～IO8 上的电平是高电平。当有一人按下按键时，此端对应的输入即低电平。R1～R8 为 10 kΩ 的上拉电阻。

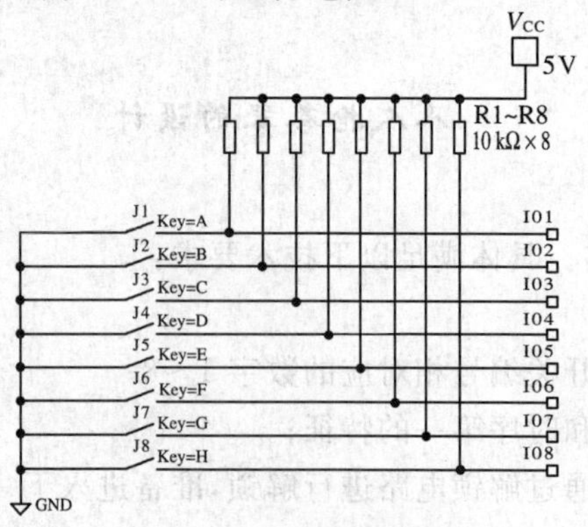

图 2-32　开关阵列电路

(2)触发锁存与解锁电路的设计

如图 2-33 所示为 8 路触发锁存电路,74LS373(仿真型号为 74LS373N)为 8D 锁存器,74LS30(仿真型号为 74LS30D)为 8 输入与非门,74LS04(仿真型号为 74LS04D)为六反相器。开关阵列电路连接在锁存器 $D_0 \sim D_7$(1D～8D)输入端,当所有开关均未按下时,锁存器输出全为高电平,$Q_0 \sim Q_7$(1Q～8Q)的输出经 8 输入与非门和非门后的反馈信号为高电平,作用于锁存器使能端,使锁存器处于等待接收触发输入的状态;当任一开关按下时,输出信号 $Q_0 \sim Q_7$ 中相应一路为低电平,则反馈信号变为低电平,作用于锁存器使能端,此时锁存器的输出不随输入的变化而变化,输出状态保持不变,即数据被锁存。

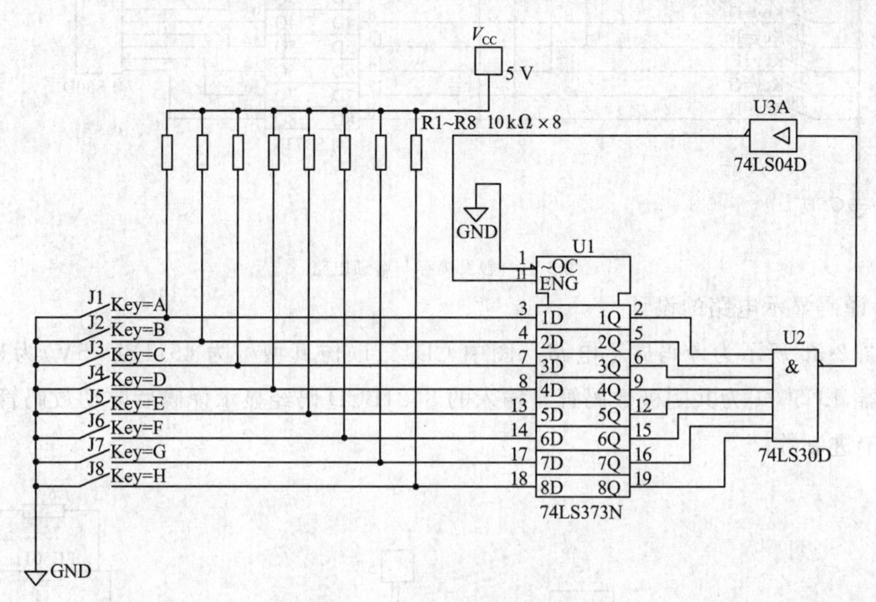

图 2-33　8 路触发锁存电路

图 2-34 为触发锁存与解锁电路。J9 为解锁开关,R9 为 510 Ω 电阻,U4A 为或门,它们共同构成了解锁电路。当 J9 按下时,或门的一个输入端为高电平,或门的输出为高电平,使得 8D 锁存器的使能端为高电平,锁存器处于接收输入数据状态。当无人抢答时,锁存器输入为高电平,输出也为高电平,经与非门和非门后输出仍为高电平,保证了或门的另一个输入端为高电平,使得或门输出为高电平,锁存器处于解锁状态。

当开关某时刻被按下时,锁存器的一路输入为低电平,相应输出也为低电平,经与非门和非门后输出为低电平,加在或门的一个输入端,或门的另一输入端通过 510 Ω 电阻到地,也为低电平,则或门输出为低电平,加于 8D 锁存器的使能端,封锁了锁存器,使锁存器的输出无法接收输入数据,保持刚才接收数据不变。

(3)编码电路的设计

如图 2-35 所示为编码电路。图中 74LS147(仿真型号为 74LS147N)为 10-4 线优先编码器,当任意输入为低电平时,输出为相应输入编号的 8421BCD 码的反码,再经非门后被转换为 8421BCD 码。

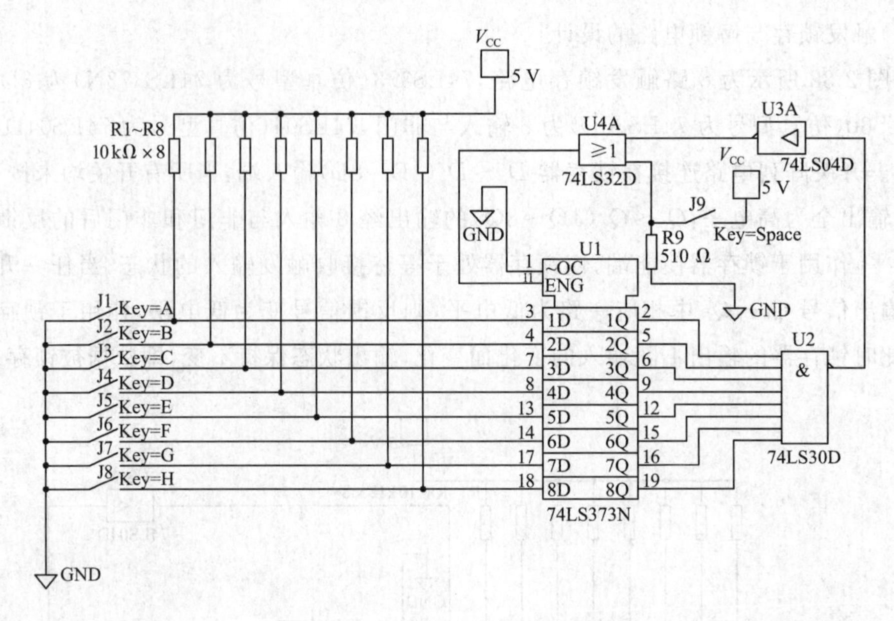

图 2-34　触发锁存与解锁电路

(4)译码显示电路的设计

如图 2-36 所示为译码显示电路。图中 CD4511(仿真型号为 4511BD_5V)为显示译码驱动器,LC5011 为共阴极数码管。输入的 8421BCD 码经显示译码后驱动数码管,显示相应的十进制数。

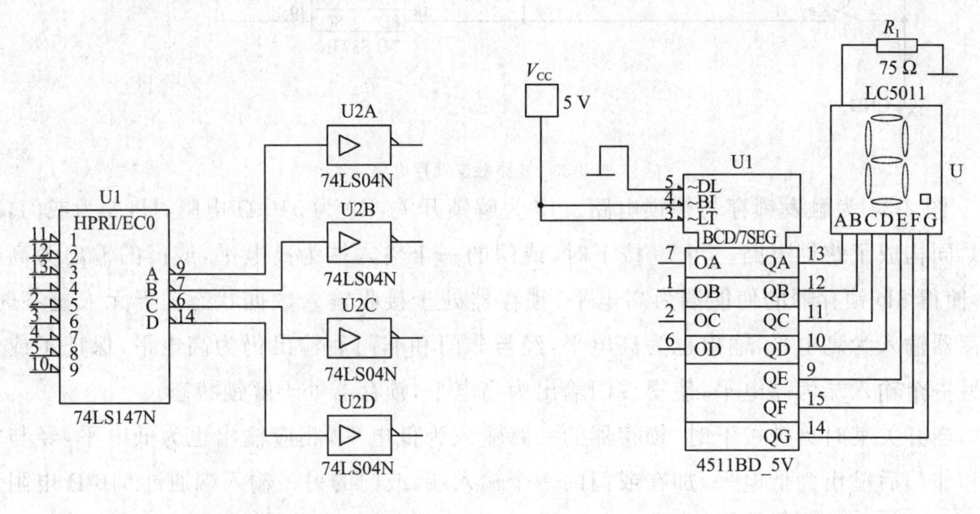

图 2-35　编码电路　　　　　　　　图 2-36　译码显示电路

4. 画出电路原理图(略,由读者自行完成)

5. 安装并调试(略)

6. 撰写设计报告(略)

【工作任务 2-4-1】八人抢答器电路设计与制作

设计工作任务书

任务名称	八人抢答器电路设计与制作
任务编码	SZS2-4
课时安排	2 课时(课外焊接,课内调试)
设计要求	设计并制作满足如下要求的八人抢答器电路: 1.8 路开关输入; 2.稳定显示与输入开关编号相对应的数字 1~8; 3.输出具有唯一性和时序第一的特征; 4.一轮抢答完成后通过解锁电路进行解锁,准备进入下一轮抢答;
制作要求	正确选择器件,按电路图正确连线、按布线规范要求进行布线、装焊并测试。
测试要求	1.正确记录测试结果; 2.与设计要求相比较,若不符合,请仔细查找原因。
设计报告	1.画出八人抢答器电路原理图; 2.列出元器件清单; 3.焊接、安装(可用 Protel 99 SE 绘制印制板布线图); 4.调试、检测电路功能是否达到要求; 5.分析数据、写学习体会等。

知识小结

1.本项目中介绍的中规模集成电路有 LED 数码显示器、显示译码驱动器、变量译码器、优先编码器、锁存器等。

2.常用的数码显示器件有 LCD 液晶显示器和 LED 数码显示器。LC5011 是共阴极七段 LED 数码显示器。它必须与输出高电平有效的显示译码器连接,才能正确显示。

3.显示译码器分为变量译码器和显示译码驱动器。CD4511 是输出高电平有效的 8421BCD 码显示译码驱动器,它应跟共阴极 LED 数码管相连。

4.74LS139 是 2-4 线译码器,74LS138 是 3-8 线译码器。利用它们的使能端可以进行译码器功能扩展。译码器可以实现组合逻辑函数功能。

5.常用的编码器是优先编码器。优先编码器分为二进制优先编码器(74LS148)和二-十进制优先编码器(74LS147)。这两种编码器的编码特点是:①输入低电平有效,编码器对低电平输入编码。②输入是有优先级的,编码器只对优先级高的输入编码。③编码器输出为 8421BCD 码的反码。

6.74LS373 是 8D 锁存器。它属于时序电路,有记忆的功能,可以对数据进行锁存。

7. 8 人抢答器由开关阵列电路、触发锁存电路、解锁电路、编码电路、译码显示电路等五部分构成。

8. 数字电路的设计步骤：①根据设计要求，确定方案，画出框图。②选择具体电路并合理选择器件。③画出电路原理图，列出元器件清单。④按工艺要求装焊电路（本教材为便于教学而采用 Multisim 9.0 仿真）。⑤按步骤测试电路并排错、修改电路。⑥整理设计文件，并撰写设计报告。

思考与练习

1. 当 74LS147 输入端上同时有几个有效电平时，只对其中优先权最高的一个进行编码，在输出端 $\overline{Y_3}\,\overline{Y_2}\,\overline{Y_1}\,\overline{Y_0}$ 上得到（　　）（原/反）码形式的 8421BCD 码，经过反相器后，被转换为（　　）（原/反）码形式的 8421BCD 码，再经过 LED 显示译码驱动 CD4511 后，可在 LC5011 上显示出相应的十进制数。

2. 分析题图 2-1 中的组合逻辑电路，此时数码管的显示为（　　）。

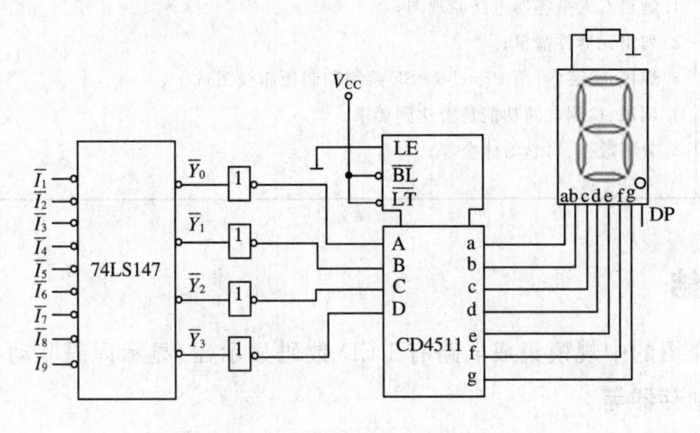

题图 2-1　题 2 图

3. 分析题 2-2 中的组合逻辑电路，输出表达式为（　　　　　　　　　　　　）。

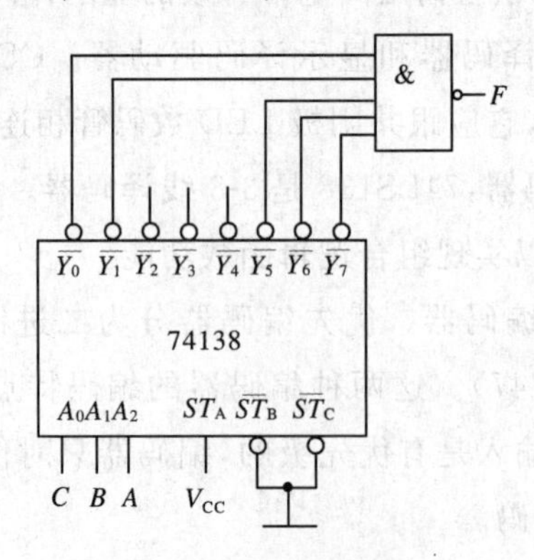

题图 2-2　题 3 图

4. 试用中规模集成电路 74LS138(3-8 线译码器)、74LS139(2-4 线译码器)实现三人表决器的逻辑功能，并仿真验证。

5. 用 74LS139 及门电路实现四位二进制变量译码器的逻辑功能。

6. 用 74LS138 及门电路实现下列函数的逻辑功能，并仿真验证。

$$F(A,B,C)=(A+B+C)(A+B+\overline{C})(\overline{A}+B+C)$$

$$F(A,B,C,D)=\sum m(0,3,6,8,12,14)$$

$$F(A,B,C,D)=A\overline{B}\,\overline{C}+\overline{A}\,\overline{B}+\overline{A}D+C+BD$$

项目3 计数器电路的设计与测试

引　言

数字电路通常分为两部分：组合逻辑电路和时序逻辑电路。在项目1和项目2中，重点学习了组合逻辑电路的分析和设计方法。在本项目中，重点学习时序逻辑电路的分析和设计方法。本项目通过计数器电路的设计与测试，学习时序逻辑电路的基本单元——触发器的功能及特点，学习由触发器构成的时序逻辑电路的分析和设计方法，学习常用集成计数器和寄存器的逻辑功能和使用方法。

学习目标

1. 掌握基本RS触发器、边沿D触发器、边沿JK触发器的逻辑功能和测试方法，掌握触发器逻辑功能的描述方法；

2. 掌握时序逻辑电路的特点，掌握同步时序电路和异步时序电路的区别；

3. 掌握时序逻辑电路的分析和设计方法，并会利用数字电路实验装置或Multisim 9.0软件进行仿真验证；

4. 掌握集成计数器的逻辑功能和使用方法，会设计任意模数的计数器，掌握同步置数和异步清零的概念；

5. 掌握寄存器的逻辑功能和使用方法；

6. 掌握Multisim 9.0软件仿真测试方法，正确验证各芯片的逻辑功能；

7. 正确撰写设计报告，分析测试数据，得出正确结论。

工作任务

任务3-1　触发器逻辑功能测试

　　工作任务3-1-1　基本RS触发器逻辑功能测试

　　工作任务3-1-2　边沿D触发器逻辑功能测试

　　工作任务3-1-3　边沿JK触发器逻辑功能测试

任务3-2　计数器逻辑功能测试

　　工作任务3-2-1　D触发器构成的同步模4计数器逻辑功能测试

　　工作任务3-2-2　同步时序电路的设计与仿真测试

任务 3-3　集成计数器逻辑功能测试

　　工作任务 3-3-1　集成计数器 74161 逻辑功能测试

　　工作任务 3-3-2　集成计数器 74390 逻辑功能测试

任务 3-4　任意模数计数器的设计与测试

　　工作任务 3-4-1　用 74160 及简单门电路构成八进制计数器(0～7)

　　工作任务 3-4-2　用集成计数器设计数字钟中秒计数指示电路

应用示例>>>

日常生活中用到的数字钟是典型的时序逻辑电路，图 3-1 为收音机中的时钟显示器实物。图 3-2 是学生设计和制作的数字钟电路实验板，其中包括：时钟电路、校时电路、复位电路、计数电路、显示译码电路和数码显示电路。图 3-2 中数码管共有六位，两个一组分别显示时、分、秒。图 3-3 是数字钟电路组成框图。

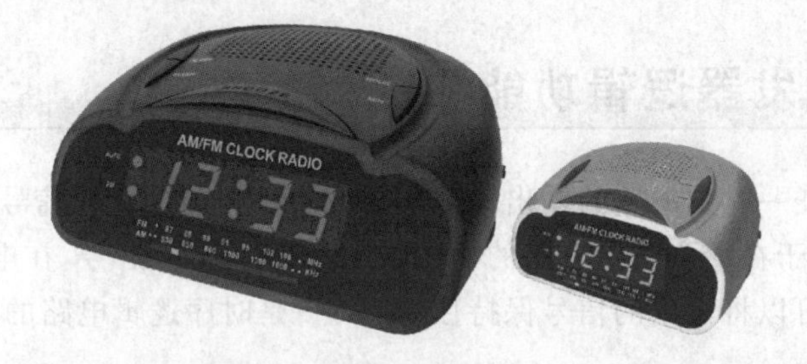

图 3-1　收音机中的时钟显示器实物

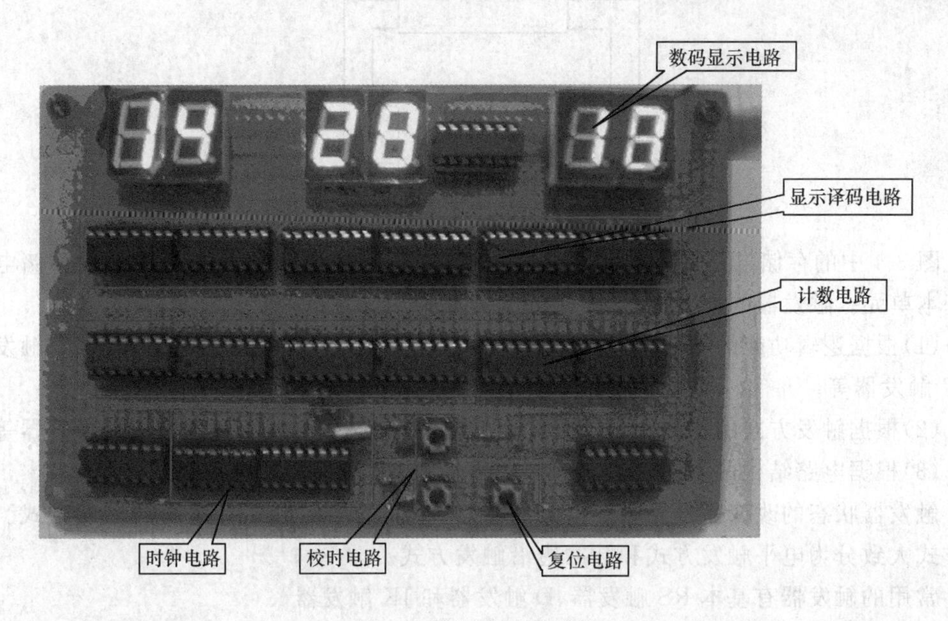

图 3-2　数字钟电路实验板

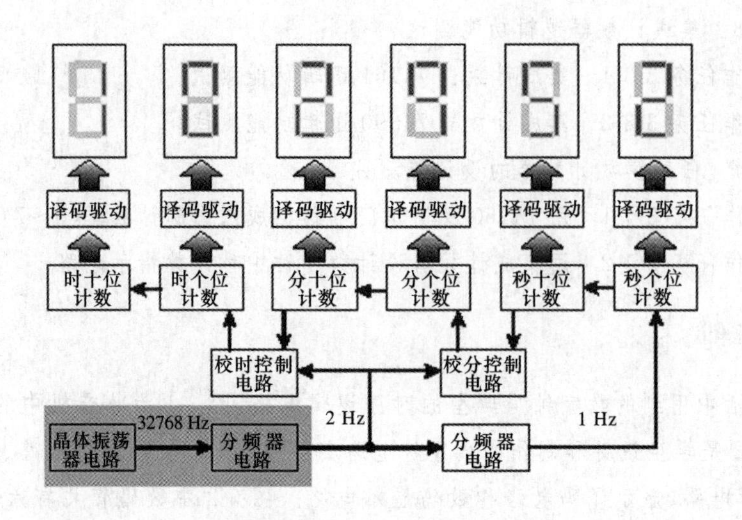

图 3-3　数字钟电路组成框图

任务3-1　触发器逻辑功能测试

时序电路中，任一时刻电路的输出信号不仅取决于当前的输入信号，而且与电路原来的状态有关。相当于在组合逻辑电路的输入端加了一个反馈信号，在电路中有一个存储电路，该存储电路可以将输出的信号保持住。图 3-4 是时序逻辑电路的组成框图。

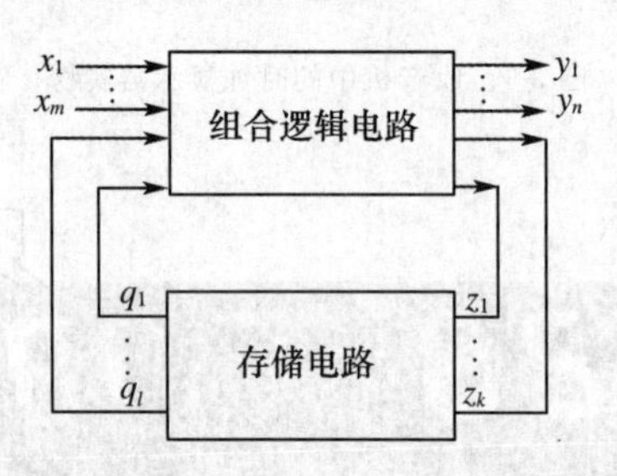

图 3-4　时序逻辑电路组成框图

图 3-4 中的存储电路是由触发器电路构成的，也就是说触发器电路是构成存储电路的基本单元。触发器的种类很多，常用的分类方式大致为：

(1)根据逻辑功能的不同，触发器可分为：RS 触发器、D 触发器、JK 触发器、T 触发器和 T′触发器等。

(2)根据触发方式的不同，触发器可分为：电平触发器、主从触发器和边沿触发器等。

(3)根据电路结构的不同，触发器可分为：基本 RS 触发器和钟控触发器等。

触发器状态的改变受外界触发信号的控制，不同的结构形式有不同的触发方式。触发方式大致分为电平触发方式和脉冲边沿触发方式。

常用的触发器有基本 RS 触发器、D 触发器和 JK 触发器。

本任务主要学习基本 RS 触发器、边沿 D 触发器和边沿 JK 触发器。

3-1-1 基本 RS 触发器逻辑功能测试

【工作任务 3-1-1】基本 RS 触发器逻辑功能测试

测试工作任务书

<table>
<tr><td>测试名称</td><td colspan="3">基本 RS 触发器逻辑功能测试</td></tr>
<tr><td>任务编码</td><td>SZC3-1-1</td><td>课时安排</td><td>0.5</td></tr>
<tr><td>任务内容</td><td colspan="3">测试基本 RS 触发器的逻辑功能</td></tr>
<tr><td>任务要求</td><td colspan="3">1. 按测试电路正确连线，如图 3-5 所示；
2. 按要求送入输入电平，测试输出电平的状态；
3. 描述基本 RS 触发器的逻辑功能；
4. 撰写测试报告。</td></tr>
<tr><td rowspan="4">测试设备</td><td>设备名称</td><td>型号或规格</td><td>数量</td></tr>
<tr><td>数字电路实验装置</td><td></td><td>1 套</td></tr>
<tr><td>数字万用表</td><td></td><td>1 块</td></tr>
<tr><td>集成电路 74LS00</td><td></td><td>1 只</td></tr>
<tr><td>测试电路</td><td colspan="3">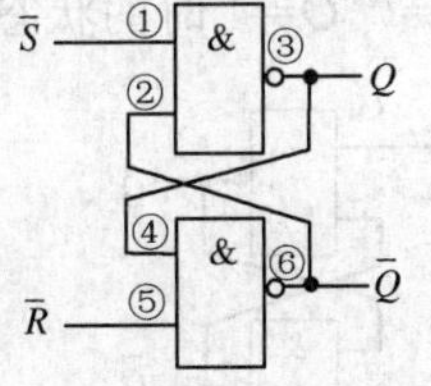
图 3-5 基本 RS 触发器功能测试电路</td></tr>
<tr><td>测试步骤</td><td colspan="3">(1)取 74LS00 插于数字电路实验装置的 14 脚插座上，注意集成电路的方向(表面缺口向上)，14 脚接 +5 V，7 脚接 GND；
(2)按图 3-5 连接测试电路。$\overline{R}$、$\overline{S}$ 为输入端，Q、$\overline{Q}$为输出端；
(3)检查无误后，接通数字电路实验装置电源；
(4)将 $\overline{R}$ 端接低电平，$\overline{S}$ 端接低电平，此时输出 Q=______(0/1)，$\overline{Q}$=______(0/1)；
(5)将 $\overline{R}$ 端接低电平，$\overline{S}$ 端接高电平，此时输出 Q=______(0/1)，$\overline{Q}$=______(0/1)；
(6)将 $\overline{R}$ 端接高电平，$\overline{S}$ 端接高电平，此时输出 Q=______(0/1)，$\overline{Q}$=______(0/1)；
(7)将 $\overline{R}$ 端接高电平，$\overline{S}$ 端接低电平，此时输出 Q=______(0/1)，$\overline{Q}$=______(0/1)；
(8)测试完毕，关闭电源。</td></tr>
</table>

续表

结论与体会	思考： (1)当 $\overline{R}=0,\overline{S}=0$ 时，$Q=$______(0/1)，$\overline{Q}=$______(0/1)，此时为不允许状态。 (2)当 $\overline{R}=0,\overline{S}=1$ 时，$Q=$______(0/1)，$\overline{Q}=$______(0/1)。 (3)当 $\overline{R}=1,\overline{S}=0$ 时，$Q=$______(0/1)，$\overline{Q}=$______(0/1)。 (4)当 $\overline{R}=1,\overline{S}=1$ 时，$Q=$______(0/1)，$\overline{Q}=$______(保持或 0/1)。

完成日期		完成人	

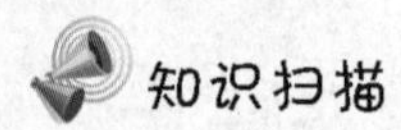

知识扫描

基本 RS 触发器逻辑功能

基本 RS 触发器逻辑电路如图 3-6(a)所示，逻辑符号如图 3-6(b)所示。电路由两个与非门交叉连接而成，$\overline{R}$ 和 $\overline{S}$ 是两个输入端，分别称为复位端和置位端，或者称为置 0 端和置 1 端。Q 和 $\overline{Q}$ 为两个互补的输出端，正常情况下，Q 和 $\overline{Q}$ 的状态相反，是一种互补的逻辑状态。在触发器电路中，一般规定 Q 的状态为触发器的状态，把 $Q=1,\overline{Q}=0$ 时的状态称为触发器的 1 状态，把 $Q=0,\overline{Q}=1$ 时的状态称为触发器的 0 状态。

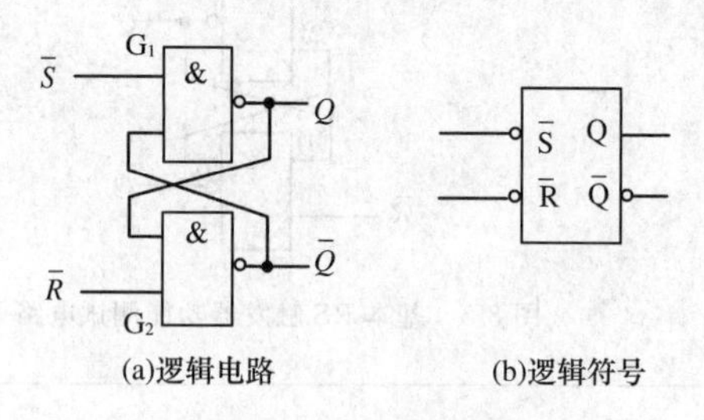

(a)逻辑电路　　(b)逻辑符号

图 3-6　基本 RS 触发器

从图 3-6(a)可以看出：

(1)当 $\overline{R}=0,\overline{S}=1$ 时，无论触发器原来的状态是什么，与非门 G_2 的输出都为 1，所以 $\overline{Q}=1$，这样与非门 G_1 的输入都为高电平，其输出为低电平，即 $Q=0$。触发器此时为 0 状态。

(2)当 $\overline{R}=1,\overline{S}=0$ 时，由于电路的对称性，$Q=1,\overline{Q}=0$。触发器为 1 状态。

(3)当 $\overline{R}=1,\overline{S}=1$ 时，触发器保持原来的状态不变。当原来的状态为 0 时，即 $Q=0$ 反馈到 G_2 的输入端，使 $\overline{Q}=1$。$\overline{Q}=1$ 又反馈到 G_1 的输入端，和 $\overline{S}=1$ 一起作用使 G_1 的输出为 0，即 $Q=0$，触发器保持 0 状态不变。当触发器原来的状态为 1 时，同理，触发器仍然保持 1 状态不变。此时，触发器处于保持状态。

(4)当 $\overline{R}=0,\overline{S}=0$ 时，与非门 G_1 和 G_2 的输入端皆有一个为 0 电平，输出 $Q=\overline{Q}=1$。由此破坏了触发器的输出 Q 和 $\overline{Q}$ 应为互补的逻辑关系。称这样的状态为不允许状态。

从以上分析可以看出：基本 RS 触发器的输出状态随输入状态的变化而变化，状态的变化是直接以电平的方式触发的。该方式为直接低电平触发方式。逻辑符号中输入端靠近矩形框处的小圆圈表明它是用低电平触发的。

在触发器电路中,用 Q^n 表示触发器原来的状态,称为现态。用 Q^{n+1} 表示在 $\overline{R}$、$\overline{S}$ 输入信号触发下触发器的新状态,称为次态。将触发器的输入、现态、次态列在表中,称为触发器的功能真值表,见表 3-1。

表 3-1　　RS 触发器功能真值表

$\overline{R}$	$\overline{S}$	Q^n	Q^{n+1}	$\overline{Q^{n+1}}$	功能
0	0	0	1	1	不允许
		1	1	1	
0	1	0	0	1	置 0
		1	0	1	
1	0	0	1	0	置 1
		1	1	0	
1	1	0	0	1	保持
		1	1	0	

根据 RS 触发器功能真值表画出卡诺图,如图 3-7 所示。

根据 RS 触发器卡诺图,写出 RS 触发器的状态方程:

$$Q^{n+1}=\overline{\overline{S}}+\overline{R}\cdot Q^n$$

其约束条件为:$\overline{R}+\overline{S}=1$,也就是说 $\overline{R}$ 和 $\overline{S}$ 不能同时为 0。

状态方程又称为特征方程,它以逻辑表达式的形式表示触发信号作用下次态 Q^{n+1}、现态 Q^n 与输入信号之间的关系。

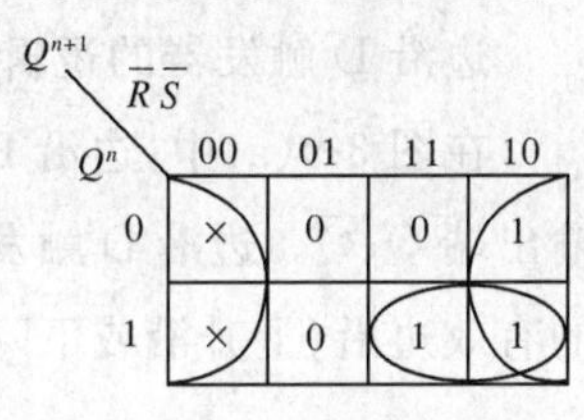

图 3-7　RS 触发器的卡诺图

思维拓展

基本 RS 触发器应用——消抖动开关电路

基本 RS 触发器虽然电路简单,但具有广泛的用途。图 3-8(a)是在时序电路中广泛应用的消抖动开关电路的电路原理图。

开关一般通过机械接触实现闭合和断开。开关的机械触点存在弹性,这就决定了当它闭合时会产生反弹,反映在电信号上将产生不规则的脉冲信号,如图 3-8(b)所示。

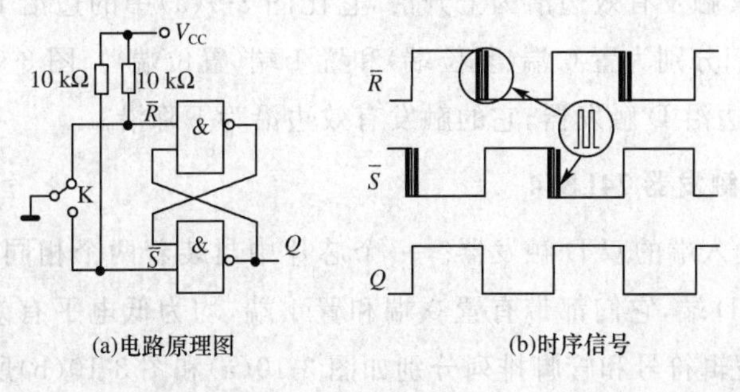

图 3-8　消抖动开关电路

消抖动开关电路的工作原理如下：当开关拨下时，$\overline{R}$ 为高电平，$\overline{S}$ 通过开关触点接地，但由于机械触点存在抖动现象，$\overline{S}$ 不是一个稳定的低电平，而是有一段时高时低的不规则脉冲出现。在开关拨下的瞬间，$\overline{S}$ 为低电平，此时 $\overline{R}=1$，$\overline{S}=0$，触发器置 1，输出 $Q=1$。开关的抖动使得开关又迅速地弹起，$\overline{S}$ 立刻变为高电平，即 $\overline{R}=1$，$\overline{S}=1$，此时触发器为保持状态，保持前一时刻的输出高电平状态，即 $Q=1$。所以尽管开关的抖动使输入信号产生了不稳定的脉冲，但输出波形却为稳定的无瞬时抖动的脉冲信号。

3-1-2　边沿 D 触发器逻辑功能测试

边沿 D 触发器的逻辑符号和集成边沿 D 触发器 74LS74

1. 边沿 D 触发器的逻辑符号

边沿 D 触发器的逻辑符号如图 3-9 所示。

在图 3-9(a)中，边沿 D 触发器有一个输入端 1D，一个时钟信号输入端 CI，两个互补输出端 Q、$\overline{\text{Q}}$。边沿 D 触发器的输出状态不仅与输入信号 D 的当前状态及 CP 时钟信号的有效边沿（上升沿或下降沿）有关，还与 CP 脉冲到来之前的电路状态有关。

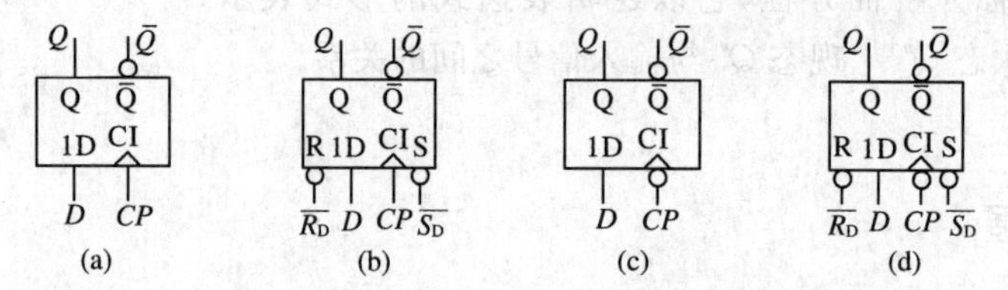

图 3-9　边沿 D 触发器的逻辑符号

在图 3-9(a)中，其触发有效边沿为上升沿（CI 端没有标小圆圈），也就是说触发器的输出状态在 CP 脉冲的上升沿才会变化。在图 3-9(c)中，其触发有效边沿为下降沿（CI 端标有小圆圈），即触发器的输出状态在 CP 脉冲的下降沿才会发生变化。图 3-9(b)所示边沿 D 触发器中，其触发有效边沿为上升沿，它比图 3-9(a)中的边沿 D 触发器多了两个输入端R和S，称它们分别为置 0 端（复位端）和置 1 端（置位端）。图 3-9(d)所示也是具有置 0 端和置 1 端的边沿 D 触发器，它的触发有效边沿为下降沿。

2. 集成边沿 D 触发器 74LS74

74LS74 为单输入端的双 D 触发器。一个芯片中封装着两个相同的 D 触发器，每个 D 触发器只有一个 D 端，它们都带有置 0 端和置 1 端，均为低电平有效，CP 脉冲上升沿触发。74LS74 的逻辑符号和管脚排列分别如图 3-10(a)和图 3-10(b)所示。

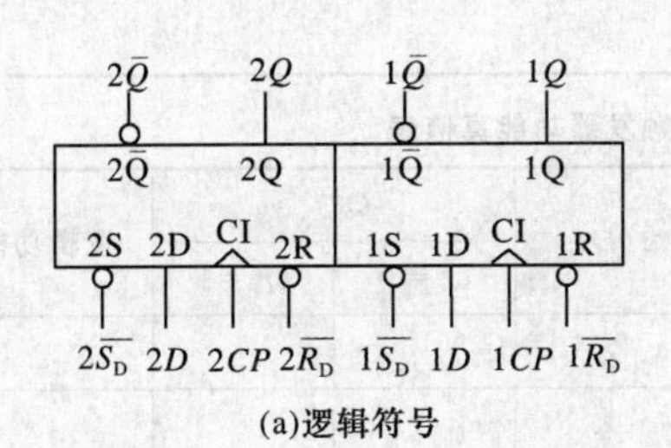

(a)逻辑符号

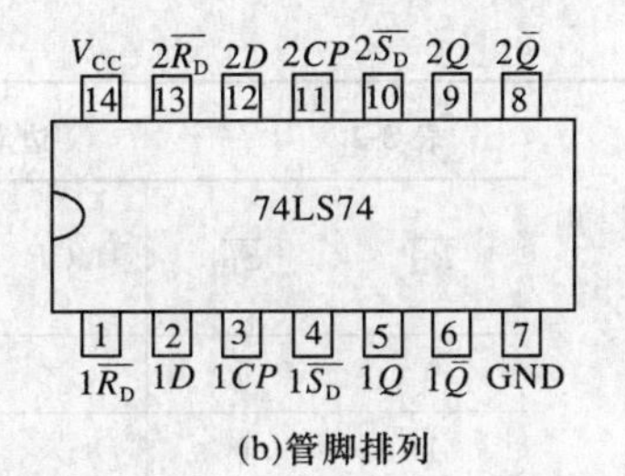

(b)管脚排列

图 3-10 集成边沿 D 触发器 74LS74

【工作任务 3-1-2】边沿 D 触发器逻辑功能测试

测试工作任务书

测试名称	边沿 D 触发器逻辑功能测试		
任务编码	SZC3-1-2	课时安排	0.5
任务内容	测试边沿 D 触发器 74LS74 的逻辑功能		
任务要求	1. 按测试电路正确连线,如图 3-11 所示; 2. 按要求在 1D 端、1S 端、1R 端送入输入信号(0/1)和高电平/低电平,在 CI 端送入手动脉冲信号,测试输出状态 1Q 和 1$\overline{Q}$ 的变化; 3. 描述边沿 D 触发器的逻辑功能; 4. 撰写测试报告。		
测试设备	设备名称	型号或规格	数量
	数字电路实验装置		1 套
	数字万用表		1 块
	集成电路 74LS74		1 只
测试电路	高电平/低电平 1$\overline{S_D}$ ④ 1S; 输入信号(0/1) 1D ② 1D; CP脉冲信号 1CP ③ CI; 高电平/低电平 1$\overline{R_D}$ ① 1R; 1$\overline{Q}$ ⑥ 1$\overline{Q}$; 1Q ⑤ 1Q 图 3-11 边沿 D 触发器 74LS74 逻辑功能测试电路		
测试步骤	(1)按图 3-11 接好测试电路(14 脚接+5 V,7 脚接 GND),检查接线无误后,打开电源(请注意该电路中的 *CP* 脉冲信号端接数字电路实验装置的 *CP* 输出端)。 (2)将置 0 端 1R①脚接低电平,置 1 端 1S④脚接高电平。测试输出 1Q⑤脚、1$\overline{Q}$⑥脚状态;再分别将 1D②脚接高电平和低电平,CI③脚先由高电平变成低电平(下降沿),再由低电平变为高电平(上升沿),观察输出状态有无变化,并测试其输出状态,填入表 3-2 中。 结论:当 1 $\overline{R_D}$=0,1 $\overline{S_D}$=1 时,不管 1*D* 是高电平还是低电平,1*CP* 脉冲是上升沿还是下降沿,输出状态总为______状态(填 0 或 1),所以置 0 端 1R 是______(填高电平/低电平)有效。		

续表

表 3-2 边沿 D 触发器功能真值表

$\overline{R_D}$	$\overline{S_D}$	CP	D	Q^{n+1}		逻辑功能
				$Q^n=0$	$Q^n=1$	
0	1	×	×			
1	0	×	×			
1	1	1→0	1			
1	1	0→1	1			
1	1	1→0	0			
1	1	0→1	0			

(3)将置 0 端 1R①脚接高电平，置 1 端 1S④脚接低电平。重复步骤(2)的测试。

结论：当 $1\overline{R_D}=1$，$1\overline{S_D}=0$ 时，不管 $1D$ 是高电平还是低电平，$1CP$ 脉冲是上升沿还是下降沿，输出状态总为________状态(填 0 或 1)。所以置 1 端 1S 是________(填高电平/低电平)有效。

(4)依据步骤(2)将触发器的输出端 1Q 置为 0 状态，再恢复置 0 端 1R①脚为高电平，置 1 端 1S④脚为高电平。将触发器输入端 1D②脚接高电平，测试触发器输出端 1Q⑤脚及 $1\overline{Q}$⑥脚的状态。手动送入 $1CP$ 脉冲信号。当 $1CP$ 脉冲由高电平变为低电平(下降沿)时，观察输出端 1Q⑤脚、$1\overline{Q}$⑥脚的状态，记入表 3-2 中；再将 $1CP$ 脉冲由低电平变为高电平(上升沿)，测试输出状态，记入表 3-2 中。

(5)依据步骤(3)将触发器的输出端 1Q 置为 1 状态，重复步骤(4)。

结论：若输入端 1D 为高电平，则当 $1CP$ 脉冲上升沿到来时，无论触发器原来的输出状态是 0 状态还是 1 状态(记为 0 或 1)，其输出状态总为________(填 0 或 1)状态，即 $1D=1$ 时，$1Q^{n+1}=$________。

(6)将触发器输入端 1D②脚接低电平，重复步骤(4)、步骤(5)。

结论：若输入端 1D 为低电平，则当 $1CP$ 脉冲上升沿到来时，无论触发器原来的输出状态是 0 状态还是 1 状态(记为 $Q^n=0$ 或 $Q^n=1$)，其输出状态总为________(填 0 或 1)状态。即 $1D=0$ 时，$1Q^{n+1}=$________。

将步骤(5)和步骤(6)的结论综合，可以写出边沿 D 触发器的特征方程为 $Q^{n+1}=$________。列出边沿 D 触发器功能真值表，见表 3-2。

结论与体会

思考：

试画出图 3-12 中边沿 D 触发器输出信号 Q 的波形(设触发器输出的初始状态为 0)。

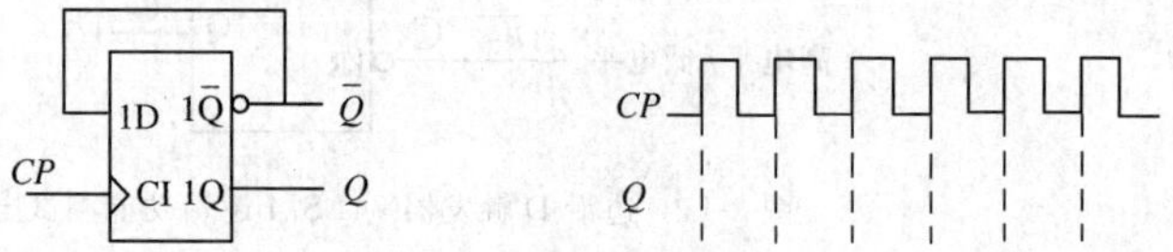

图 3-12 边沿 D 触发器应用

完成日期		完成人	

知识扫描

边沿 D 触发器的逻辑功能及描述方式

在触发器及其所构成的时序电路中，对其逻辑功能有不同的描述方式，下面以边沿 D 触发器为例加以介绍：

(1)特征方程

将触发器的次态、现态与输入之间的关系用逻辑函数表达式的方式表示：

$$Q^{n+1}=D$$

(2)功能真值表

将触发器的次态、现态与输入之间的关系用功能真值表的方式表示，见表 3-3。

表 3-3　边沿 D 触发器功能真值表

CP	D	Q^n	Q^{n+1}
×	×	×	Q^n
0→1	0	0	0
0→1	0	1	0
0→1	1	0	1
0→1	1	1	1

(3)状态转移图

图 3-13 是边沿 D 触发器的状态转移图。用 0 外加一个圈表示 0 状态，用 1 外加一个圈表示 1 状态，用有箭头的曲线表示 CP 脉冲有效边沿到来之后的状态转移方向，箭头上方或下方是状态转移的条件。

(4)波形图(时序图)

将 CP 时钟信号、输入信号、输出信号用波形的方式表示，如图 3-14 所示。

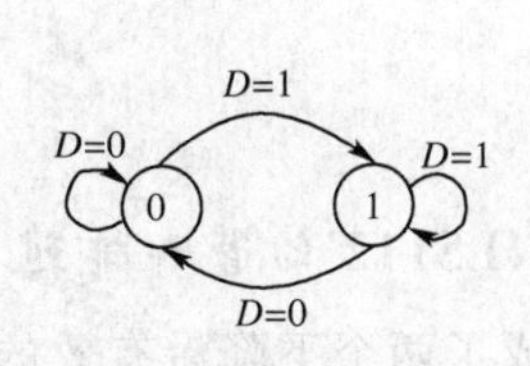

图 3-13　边沿 D 触发器的状态转移图

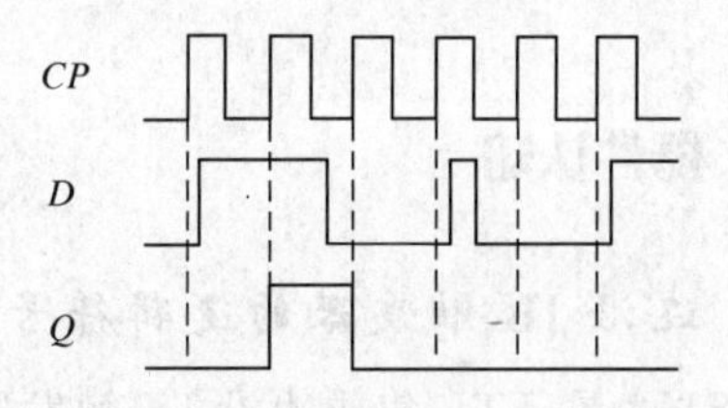

图 3-14　边沿 D 触发器的波形图(时序图)

注：图 3-14 中设边沿 D 触发器的初始状态为 0，CP 时钟信号上升沿有效。

以上几种方法根据分析和设计需要选择使用。它们之间可以相互转换。

思维拓展

D 触发器构成分频电路

图 3-15(a)为 D 触发器构成的二分频电路。分析可得，图 3-15(a)中的波形如图 3-15(b)所示。

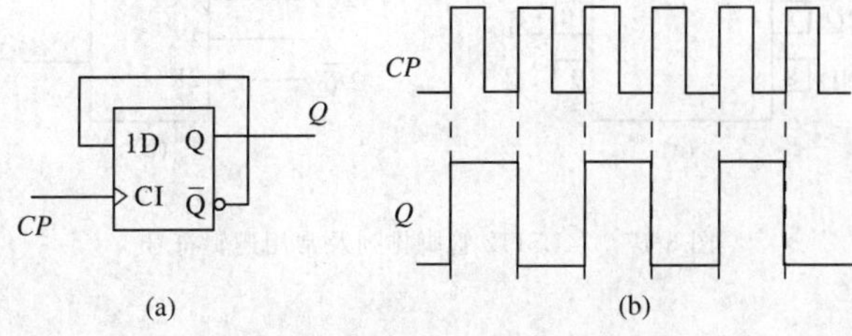

图 3-15　D 触发器构成的二分频电路

从图 3-15 中可以看出：当 CP 时钟信号的频率为 f_0 时，D 触发器的输出信号 Q 的频率为 $f_0/2$，也就是将输入的方波信号 CP 进行了二分频。若将图 3-15(a)中的电路级联一级相同的电路，如图 3-16(a)所示，则输出信号 Q_2 的频率就是 CP 时钟信号频率的 1/4，四分频电路波形图如图 3-16(b)所示。

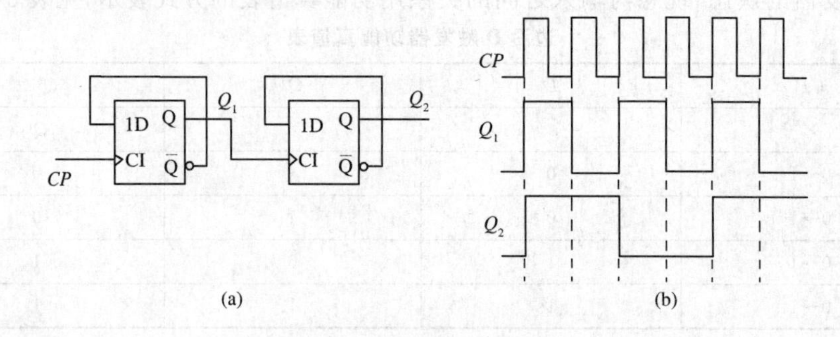

图 3-16　D 触发器构成的四分频电路

实际上从图 3-16(b)中可以看出：Q_2Q_1 随着 CP 时钟信号上升沿的到来其状态变化为：00→11→10→01→00，称该电路为四进制减法计数器电路。

3-1-3　边沿 JK 触发器逻辑功能测试

边沿 JK 触发器的逻辑符号和集成电路 74LS112 的管脚排列

74LS112 是 TTL 集成边沿 JK 触发器，它的内部集成了两个下降沿有效的 JK 触发器，每个触发器都有直接置 0 端、置 1 端、时钟输入端，其管脚排列及常用逻辑符号如图 3-17所示。

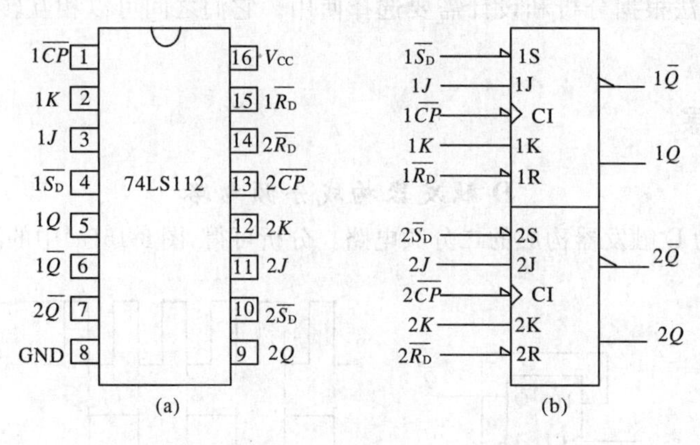

图 3-17　74LS112 管脚排列及常用逻辑符号

【工作任务 3-1-3】边沿 JK 触发器逻辑功能测试

测试工作任务书

测试名称	边沿 JK 触发器逻辑功能测试		
任务编码	SZC3-1-3	课时安排	1
任务内容	测试边沿 JK 触发器 74LS112 的逻辑功能		
任务要求	1. 按测试电路正确连线,如图 3-18 所示; 2. 按要求在 1J、1K、1S、1R 端送入输入信号(0/1)和高电平/低电平。在 CI 端送入手动脉冲信号,测试输出端 1Q 和 $1\overline{Q}$ 的变化; 3. 描述边沿 JK 触发器的逻辑功能; 4. 撰写测试报告。		

测试设备

设备名称	型号或规格	数量
数字电路实验装置		1套
数字万用表		1块
集成电路 74LS112		1只

测试电路

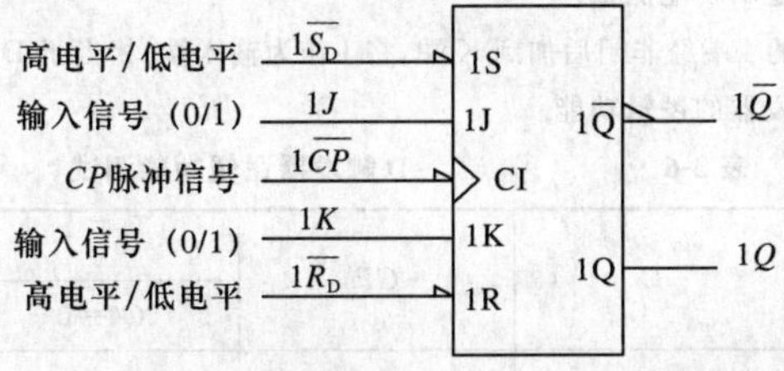

图 3-18 边沿 JK 触发器 74LS112 逻辑功能测试电路

测试步骤

(1)根据图 3-17(a)标注图 3-18 中各管脚号,按图 3-18 连接电路;

(2)检查接线无误后,打开电源;

(3)1S 端接低电平,1R 端接高电平,改变 $1J$、$1K$、$1\ \overline{CP}$(分别置高电平或低电平),观察输出端 1Q 和 $1\overline{Q}$ 的变化,并将观察结果记入表 3-4 中;

表 3-4 **74LS112 使能端测试**

$1\ \overline{S_D}$	$1\ \overline{R_D}$	$1J$	$1K$	$1CP$	$1Q$	$1\overline{Q}$
0	1	×	×	×		
1	0	×	×	×		

(4)1R 端接低电平,1S 端接高电平,改变 $1J$、$1K$、$1\ \overline{CP}$ 的状态(分别置高电平或低电平),观察输出端 1Q 和 $1\overline{Q}$ 的变化,并将观察结果记入表 3-4 中;

结论:1R 为________(置 0/置 1)端,________(高电平/低电平)有效。1S 为________(置 0/置 1)端,________(高电平/低电平)有效。为了使输出为 0 状态($1Q=0,1\overline{Q}=1$),则 1R 应接________(高/低)电平,1S 应接________(高/低)电平。为了使输出为 1 状态($1Q=1,1\overline{Q}=0$),则 1R 应接________(高/低)电平,1S 应接________(高/低)电平。

(5)1R 和 1S 接高电平,按照表 3-5,测试其逻辑功能;

续表

表 3-5　74LS112 逻辑功能测试

J	K	CP	Q^{n+1}	
			$Q^n=0$	$Q^n=1$
0	0	0→1		
		1→0		
0	1	0→1		
		1→0		
1	0	0→1		
		1→0		
1	1	0→1		
		1→0		

结论：当 $J=0,K=0$ 时，JK 触发器具有＿＿＿＿（置 0/置 1/保持/翻转）功能；当 $J=0,K=1$ 时，JK 触发器具有＿＿＿＿（置 0/置 1/保持/翻转）功能；当 $J=1,K=0$ 时，JK 触发器具有＿＿＿＿（置 0/置 1/保持/翻转）功能；当 $J=1,K=1$ 时，JK 触发器具有＿＿＿＿（置 0/置 1/保持/翻转）功能。JK 触发器 74LS112 是＿＿＿＿（填上升沿/下降沿）有效的触发器。

(6) D 触发器逻辑功能测试。

将 JK 触发器的 J 端经非门后加到 K 端，将 J 作为输入端(相当于 D)，这样就构成了 D 触发器，根据表 3-6 测试 D 触发器的逻辑功能。

表 3-6　D 触发器逻辑功能测试

D	CP	Q^{n+1}	
		$Q^n=0$	$Q^n=1$
0	0→1		
	1→0		
1	0→1		
	1→0		

结论：JK 触发器＿＿＿＿（可以/不可以）转换为 D 触发器。

结论与体会

分析与思考：

已知边沿 JK 触发器接成图 3-19(a)所示的形式，画出在图 3-19(b)所示输入波形情况下的输出波形。设触发器的初始状态为 0 状态。

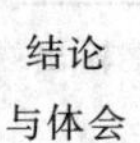

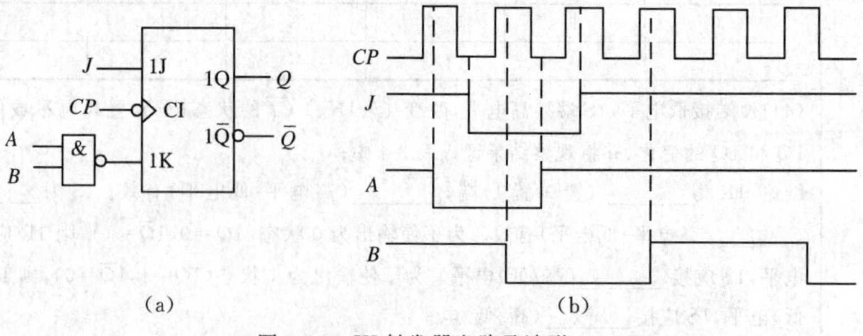

图 3-19　JK 触发器电路及波形

完成日期		完成人	

知识扫描

边沿 JK 触发器

边沿 JK 触发器逻辑功能及描述方式

边沿 JK 触发器的特征方程是：$Q^{n+1}=J\overline{Q^n}+\overline{K}Q^n$。

边沿 JK 触发器功能真值表见表 3-7。

表 3-7　边沿 JK 触发器功能真值表

J	K	Q^n	$\overline{Q^n}$
0	0	0	0
0	0	1	1
0	1	0	0
0	1	1	0
1	0	0	1
1	0	1	1
1	1	0	1
1	1	1	0

边沿 JK 触发器状态转移图如图 3-20 所示。

边沿 JK 触发器波形图（时序图）如图 3-21 所示（设初始状态为 0，CP 时钟脉冲下降沿有效）。

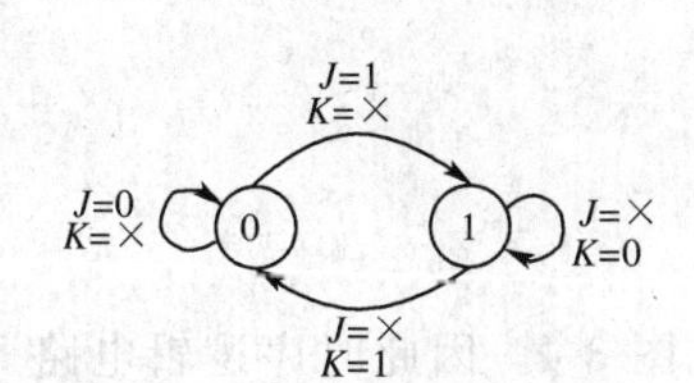

图 3-20　边沿 JK 触发器状态转移图

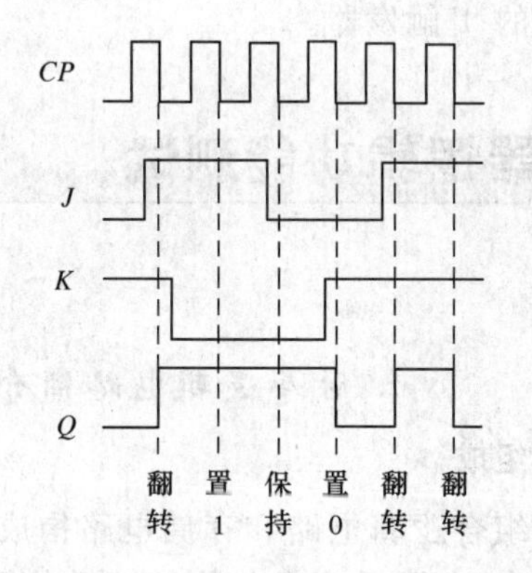

图 3-21　边沿 JK 触发器波形图（时序图）

拓展：同步 JK 触发器工作原理

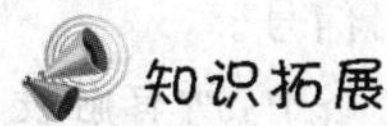

知识拓展

T 触发器及 T′触发器

在某些应用场合，需要这样一种逻辑功能的触发器，当控制信号 $T=1$ 时，每到来一次 CP 信号它的状态就翻转一次；而当 $T=0$ 时，即使 CP 信号到来，它的状态也保持不变。具备这种逻辑功能的触发器，叫作 T 触发器，它的功能真值表见表 3-8。

表 3-8　　T 触发器功能真值表

T	Q^n	$\overline{Q^n}$
0	0	0
0	1	1
1	0	1
1	1	0

T 触发器的特征方程为：$Q^{n+1}=T\overline{Q^n}+\overline{T}Q^n$。

T 触发器状态转移图和逻辑符号如图 3-22 所示。

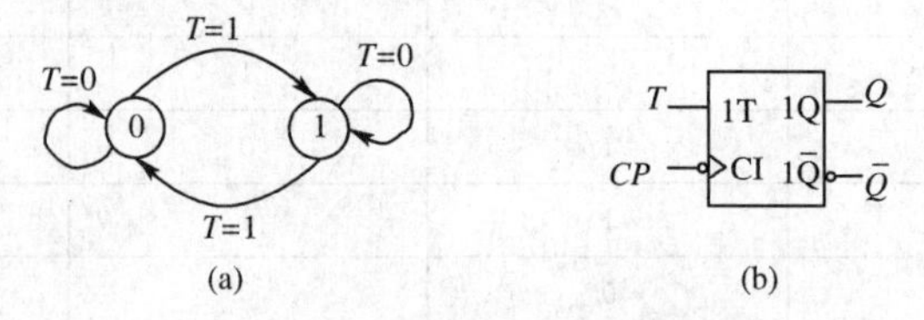

图 3-22　T 触发器状态转移图和逻辑符号

实际上将 JK 触发器的两个输入端连在一起，作为 T 端，就可以构成 T 触发器。

将 T 触发器的 T 端接于固定的高电平“1”时，T 触发器就成了 T′触发器，T′触发器的特征方程为：

$$Q^{n+1}=\overline{Q^n}$$

即每次 CP 信号作用后，触发器的状态必须翻转成跟初态相反的状态。所以说 T′触发器是特定工作状态下的 T 触发器。

任务3-2　计数器逻辑功能测试

知识扫描

时序逻辑电路简介

1. 时序逻辑电路的组成

时序逻辑电路是由组合逻辑电路和存储电路构成的，见图 3-4。因此时序逻辑电路在结构上具有反馈的特点，在逻辑功能上具有记忆功能。

图 3-4 中，$X(x_1,x_2,\cdots,x_m)$代表输入信号；$Y(y_1,y_2,\cdots,y_n)$代表输出信号；$Z(z_1,z_2,\cdots,z_k)$代表存储电路的输入信号；$Q(q_1,q_2,\cdots,q_l)$代表存储电路的输出信号。

时序逻辑电路可分为同步时序电路和异步时序电路。在同步时序电路中，所有触发器的 CP 时钟端都接在一起，电路中的触发器在统一时钟的作用下同时翻转，而异步时序电路的触发器不是同时翻转的。由于同步时序电路的触发器同时翻转，所以同步时序电路的速度比异步时序电路快，应用也比异步时序电路广泛。本书中只讨论同步时序电路的分析和设计方法，对异步时序电路的分析和设计方法不做介绍。

2. 由触发器构成的简单计数器电路

计数器是应用较广泛的时序逻辑电路。计数器有很多种：

按计数器中触发器翻转是否与计数脉冲同步，可分为同步计数器和异步计数器。

按计数进制，可分为二进制计数器和非二进制计数器。非二进制计数器有十进制计数器、六十进制计数器等。

按数字的增减趋势，可分为加法计数器、减法计数器和可逆计数器。

下面以计数器为例，学习如何正确分析由触发器和组合逻辑电路构成的时序逻辑电路的逻辑功能。

拓展：由 JK 触发器构成加法计数器

3-2-1　D 触发器构成的同步模 4 计数器逻辑功能测试

【工作任务 3-2-1】D 触发器构成的同步模 4 计数器逻辑功能测试

测试工作任务书

测试名称	D 触发器构成的同步模 4 计数器逻辑功能测试		
任务编码	SZF3-2-1	课时安排	1
任务内容	D 触发器构成的同步模 4 加法计数器的逻辑功能仿真测试		
任务要求	1. 打开 Multisim 9.0 软件，按测试电路正确连线，图 3-23 为参考电路； 2. 观察随着 CP 脉冲上升沿的到来，Q_2Q_1 状态的变化； 3. 描述此时序逻辑电路的逻辑功能； 4. 撰写测试报告。		
测试设备	设备名称	型号或规格	数量
	装有 Multisim 9.0 软件的计算机		1 台
测试电路	图 3-23　同步模 4 加法计数器（四分频电路）的功能测试电路		
测试步骤	(1)打开 Multisim 9.0 软件，按照图 3-23 所示的参考电路，连接电路； (2)首先将两个 D 触发器 FF_1、FF_2 置零（将置 0 端 1R 接低电平，置 1 端 1S 接高电平，图中未画出）； (3)将 CP 时钟输入端用手动脉冲模拟输入，观察连续 4 个脉冲上升沿到来时输出 Q_2Q_1 及输出 C 的状态变化，画出状态转移图。 结论：此电路是______（同步/异步）______（二进制/非二进制）______（加法/减法）计数器，输出 C 在 Q_2Q_1 从______状态转换到______状态时为 1，称输出 C 为加法计数器的进位信号。		

续表

结论与体会	分析图 3-24 同步时序电路的逻辑功能。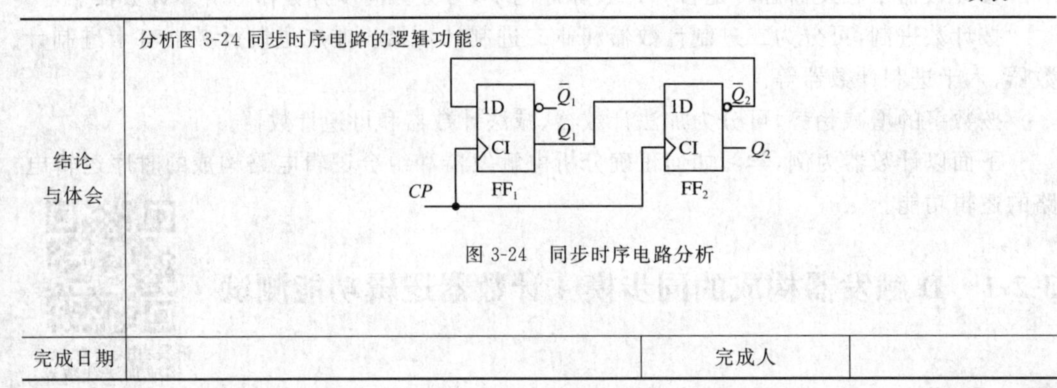 图 3-24　同步时序电路分析		
完成日期		完成人	

知识扫描

同步时序电路分析方法

计数器是最常用的时序逻辑电路之一。图 3-16(a)中的四分频电路(异步计数器)属于异步时序电路,图 3-23 中的同步模 4 加法计数器属于同步时序电路。下面通过对图 3-23 中同步模 4 加法计数器的分析,介绍同步时序电路的分析方法:

分析一个时序电路,就是要找出给定的时序逻辑电路的逻辑功能。具体地说,就是要找出电路的输入状态和输出状态在输入变量及时钟信号作用下的变化规律。

分析同步时序电路时一般按如下步骤进行:

(1)从给定的逻辑图中写出每个触发器的输入方程(驱动方程)(即:存储电路中每个触发器输入信号的逻辑表达式);

(2)把得到的输入方程代入相应触发器的特征方程,得出每个触发器的状态方程,进而得到整个时序电路的状态方程;

(3)根据逻辑图写出电路的输出方程;

(4)根据电路的状态方程、输出方程列出电路各触发器现态、次态、输入、输出的功能真值表;

(5)根据功能真值表,画出状态转移图;

(6)根据状态转移图判断其逻辑功能。

下面我们通过具体例子详细介绍同步时序电路的分析方法。

【例 3-1】 分析图 3-23 所示同步时序电路的逻辑功能。

解:(1)写出各个触发器的输入方程(驱动方程):

$$D_1=\overline{Q_1^n} \tag{3-1}$$

$$D_2=Q_1^n \oplus Q_2^n \tag{3-2}$$

(2)将式(3-1)和式(3-2)分别代入 D 触发器的特征方程 $Q^{n+1}=D$ 中,于是得到电路的状态方程:

$$Q_1^{n+1}=D_1=\overline{Q_1^n} \qquad Q_1^{n+1}=\overline{Q_1^n}$$

$$Q_2^{n+1}=D_2=Q_1^n\oplus Q_2^n \quad Q_2^{n+1}=Q_1^n\oplus Q_2^n$$

(3)写出图 3-23 中电路的输出方程：

$$C=Q_1^n \cdot Q_2^n$$

(4)根据电路的状态方程、输出方程列出电路各触发器现态、次态、输入、输出的功能真值表，见表 3-9。

表 3-9　　功能真值表

Q_2^n	Q_1^n	Q_2^{n+1}	Q_1^{n+1}	C
0	0	0	1	0
0	1	1	0	0
1	0	1	1	0
1	1	0	0	1

(5)根据功能真值表，画出状态转移图，如图 3-25 所示。

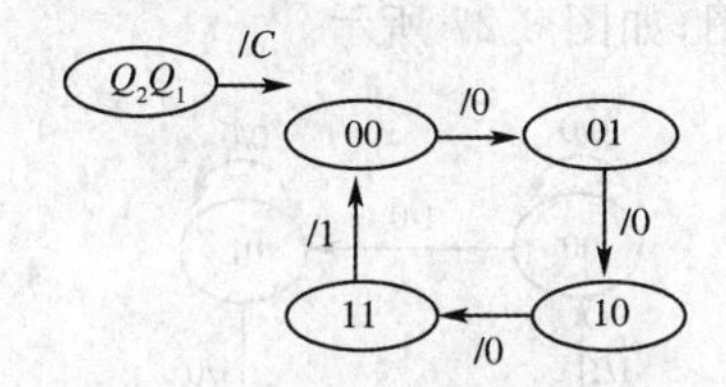

图 3-25　同步时序电路状态转移图

(6)根据状态转移图判断其逻辑功能。

从状态转移图可以看出：图 3-23 中的同步时序电路是同步四进制加法计数器。输出 C 是计数器的进位。

请读者将此结论和【工作任务 3-2-1】的测试结果进行比较，逻辑功能是否一致？

【例 3-2】　说明图 3-26 所示电路的时序电路功能，写出电路的输入方程、状态方程和输出方程，画出电路的状态转移图，并判断电路的逻辑功能。

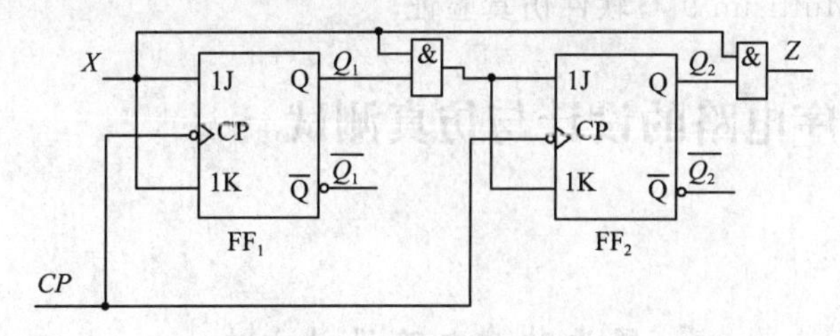

图 3-26　【例 3-2】电路图

解：(1)写出该电路触发器的输入方程和电路的输出方程：

$$J_1=X, K_1=X$$

$$J_2=XQ_1^n, K_2=XQ_1^n$$

$$Z=XQ_2^n$$

(2)由触发器的特征方程 $Q^{n+1}=J\overline{Q^n}+\overline{K}Q^n$，求出各触发器的次态方程：

$$Q_1^{n+1}=J_1\overline{Q_1^n}+\overline{K}_1Q_1^n=X\overline{Q_1^n}+\overline{X}Q_1^n=X\oplus Q_1^n$$

$$Q_2^{n+1}=J_2\overline{Q_2^n}+\overline{K_2}Q_2^n=XQ_1^n\overline{Q_2^n}+\overline{XQ_1^n}Q_2^n=(XQ_1^n)\oplus Q_2^n$$

(3)列出电路输入、现态、次态及输出的功能真值表,见表 3-10。

表 3-10　【例 3-2】功能真值表

X	Q_2^n	Q_1^n	Q_2^{n+1}	Q_1^{n+1}	Z
0	0	0	0	0	0
0	0	1	0	1	0
0	1	0	1	0	0
0	1	1	1	1	0
1	0	0	0	1	0
1	0	1	1	0	0
1	1	0	1	1	1
1	1	1	0	0	1

(4)画出电路的状态转移图,如图 3-27 所示。

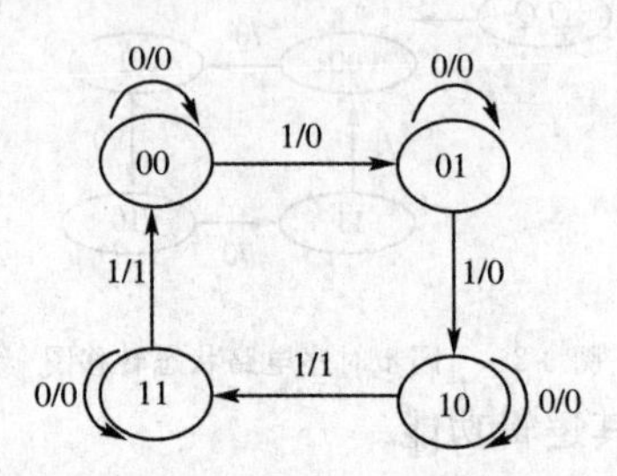

图 3-27　【例 3-2】状态转移图

(5)写出所实现的逻辑功能。

当 X 为 1 时,该时序电路为模 4 计数器;当 X 为 0 时,该电路保持原有状态不变。X 称为控制端,控制计数器进入计数状态或者保持状态。

(6)请读者用 Multisim 9.0 软件仿真验证。

3-2-2　同步时序电路的设计与仿真测试

知识扫描

同步时序电路设计方法

工作任务 3-2-1 测试了由边沿 D 触发器构成的同步模 4 加法计数器。在实际应用中,常常会要求根据实际需要设计一个符合要求的计数器或其他功能的时序逻辑电路。例如:要求我们设计一个模 6 计数器,即:每计数 6 个脉冲,计数器就回到初始状态,不断循环往复。我们列出其状态转移图如图 3-28 所示。

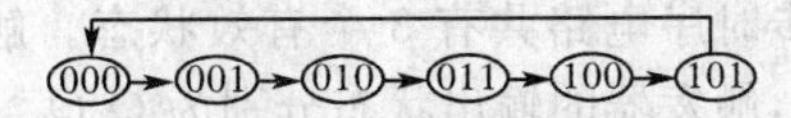

图 3-28　模 6 计数器状态转移图

在图 3-28 的状态转移图中，共用了 3 个触发器，每个触发器表示两种状态，3 个触发器共表示 $2^3=8$ 种状态，分别为 000、001、010、011、100、101、110、111。其中 110 和 111 这两种状态不在状态转移图中出现，通常称它们为无效状态。若计数器由于某些原因进入了无效状态，但经过若干个时钟周期后，可以进入计数器的计数循环中，称计数器(时序逻辑电路)可以自启动；若无法进入计数循环，则称此计数器(时序逻辑电路)不能自启动。在设计中我们应尽量避免电路不能自启动的情况发生。如图 3-29 所示，在经过一两个时钟周期后，电路能够进入主循环，也就是说该电路能够实现自启动。

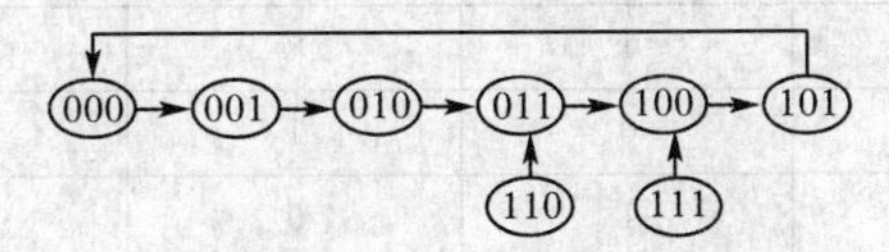

图 3-29　具有自启动功能的模 6 计数器状态转移图

同步时序电路的一般设计方法如下：

(1)根据设计要求，画出状态转移图。

(2)确定触发器的个数。首先根据状态数确定所需的触发器的个数，例如：给定触发器的状态数为 n，则 $2^{k-1}<n\leqslant 2^k$，k 为触发器的个数。

(3)列出状态转移真值表。

(4)选择触发器的类型，通常我们选用 JK 触发器或 D 触发器。根据状态转移图和触发器类型列出次态方程，写出输入方程。

(5)求出输出方程，若有些电路没有独立的输出，这一步可以省略。

(6)根据输入方程、输出方程画出逻辑图。

(7)检查电路能否自启动，即检查电路中的无效状态经过若干个脉冲后能否进入主循环中。

【例 3-3】　要求：(1)按照图 3-30 状态转移图设计满足功能要求的同步时序电路；(2)用 JK 触发器实现上述逻辑功能。

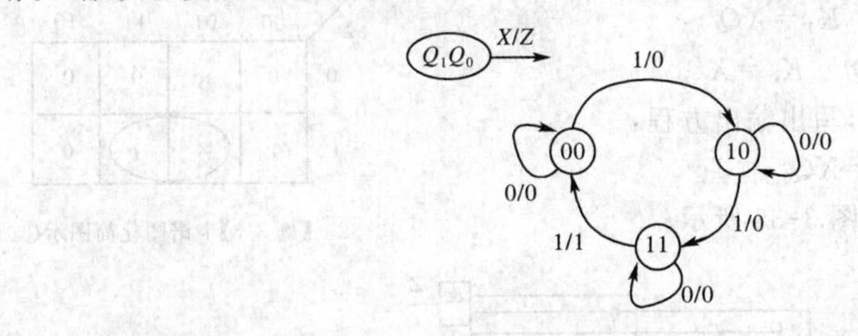

图 3-30　同步时序电路状态转移图

解：(1)根据设计要求，画出状态转移图。由于题目已经给出状态转移图，这一步可以省略。

(2)确定触发器的个数。

根据状态转移图，本同步时序电路共有 3 个有效状态。触发器的个数取 2。用两个触发器实现此同步时序电路，触发器的输出状态分别为 Q_1Q_0。

(3)列出状态转移真值表。(输入、现态、次态、输出之间的关系)

表 3-11　　图 3-30 中同步时序电路的状态转移真值表

X	Q_1^n	Q_0^n	Q_1^{n+1}	Q_0^{n+1}	Z
0	0	0	0	0	0
0	0	1	×	×	×
0	1	0	1	0	0
0	1	1	1	1	0
1	0	0	1	0	0
1	0	1	×	×	×
1	1	0	1	1	0
1	1	1	0	0	1

上面的状态转移真值表中，$Q_1^nQ_0^n=01$ 的状态是状态转移图中没有的状态，真值表中把它的次态设置为任意状态。

(4)选择触发器。根据题意选用 JK 触发器。根据图 3-31 中的卡诺图，写出次态方程，列出输入方程。

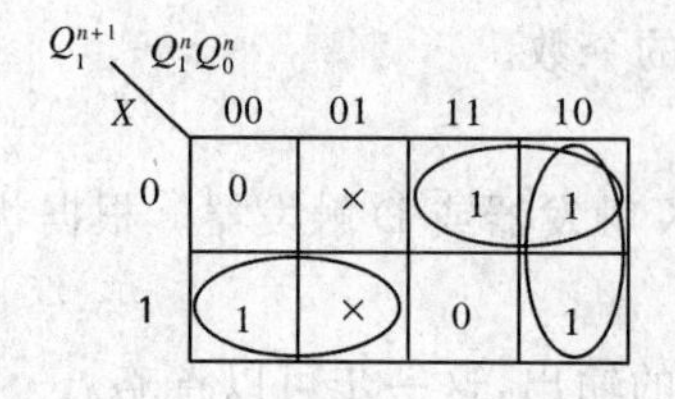

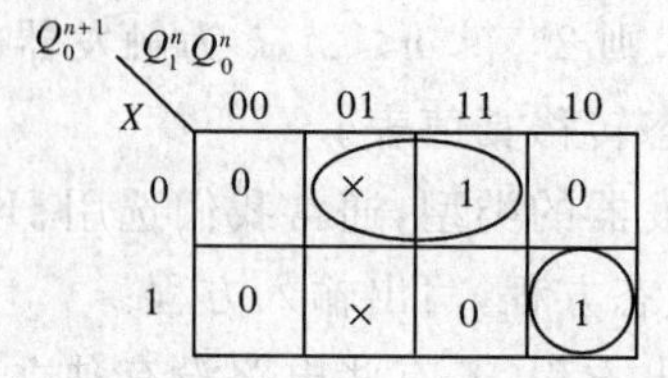

图 3-31　【例 3-3】卡诺图化简图示(一)

根据图 3-31 卡诺图写出次态方程：

$$Q_1^{n+1}=\overline{X}Q_1^n+X\overline{Q_1^n}+Q_1^n\overline{Q_0^n}=X\overline{Q_1^n}+(\overline{X}+\overline{Q_0^n})Q_1^n=X\overline{Q_1^n}+\overline{XQ_0^n}Q_1^n \tag{3-3}$$

$$Q_0^{n+1}=\overline{X}Q_0^n+XQ_1^n\overline{Q_0^n} \tag{3-4}$$

由式(3-3)和式(3-4)写出输入方程：

$$J_1=X \quad K_1=XQ_0^n$$

$$J_0=XQ_1^n \quad K_0=X$$

(5)根据图 3-32 卡诺图，写出输出方程：

$$Z=XQ_0^n$$

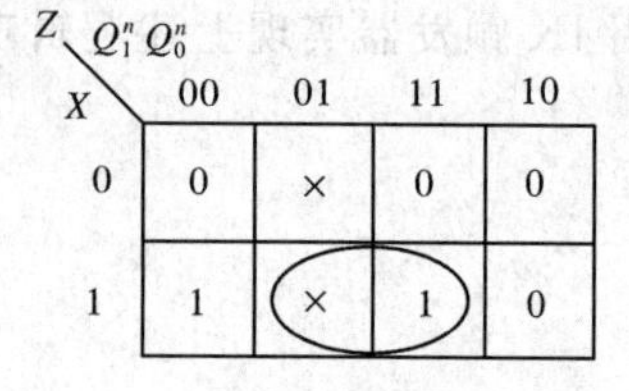

3-32　【例 3-3】卡诺图化简图示(二)

(6)画出逻辑电路图，如图 3-33 所示。

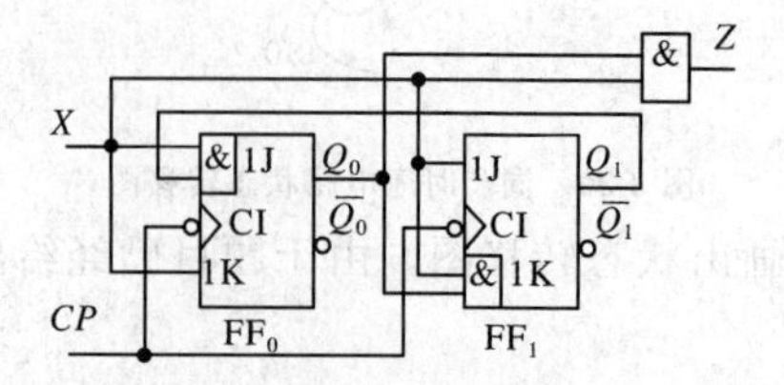

图 3-33　设计完成的同步时序电路

(7)根据图 3-33,重新画出状态转移图,如图 3-34 所示,并检验是否可以自启动。

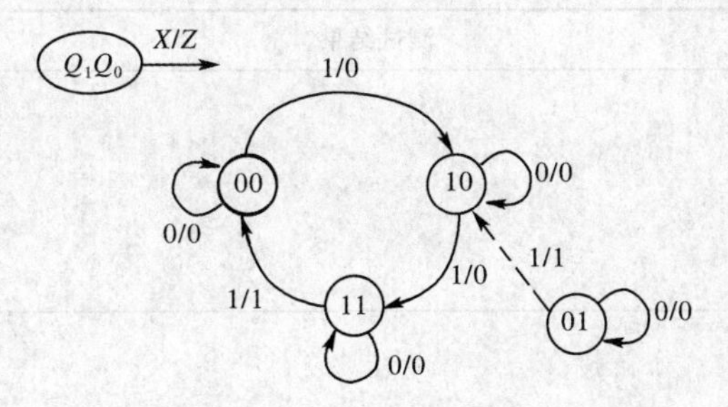

图 3-34　设计完成的同步时序电路状态转移图

从图 3-34 可以看出,该电路若由于干扰等原因进入无效状态 01,则经过 1 个时钟周期后,可以进入主循环,所以该电路具有自启动功能。

【工作任务 3-2-2】同步时序电路的设计与仿真测试

设计工作任务书

<table>
<tr><td>任务名称</td><td colspan="3">同步时序电路的设计与仿真测试</td></tr>
<tr><td>任务编码</td><td>SZF3-2-2</td><td>课时安排</td><td>1</td></tr>
<tr><td>任务内容</td><td colspan="3">1. 根据题目要求设计同步时序电路　2. 对所设计的电路进行仿真验证</td></tr>
<tr><td>任务要求</td><td colspan="3">一、设计功能指标
(1)按照图 3-35 状态转移图设计满足功能要求的同步时序电路;
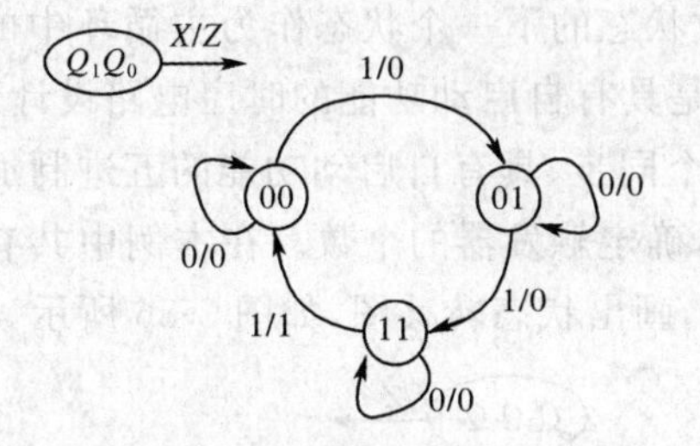

图 3-35　同步时序电路状态转移图
(2)用 D 触发器构成的同步时序电路实现上述逻辑功能。
二、任务要求
完成原理图的设计,用 Multisim 9.0 软件仿真验证,撰写设计报告。</td></tr>
<tr><td rowspan="2">测试设备</td><td>设备名称</td><td>型号或规格</td><td>数量</td></tr>
<tr><td>装有 Multisim 9.0 软件的计算机</td><td></td><td>1 台</td></tr>
<tr><td>设计步骤及设计电路</td><td colspan="3"></td></tr>
</table>

续表

测试结果			
仿真测试电路及测试数据			
结论与体会			
完成日期		完成人	

知识拓展

具有自启动功能的同步时序电路设计

实际应用中会遇到这样的情况,由于外界干扰等因素使电路进入无效状态。我们希望经过一个或几个时钟周期之后能回到主循环中去(即具有自启动功能),在上述时序电路设计过程中,所采取的方法是:假设这些无效状态的下一个状态为任意状态,设计完毕,再验证电路是否可以自启动,若不能自启动,则必须修改原设计。这样设计的电路其自启动功能具有偶然性,有时需要进行反复修改和验证。下面的例子中介绍了一种方法,在设计过程中就将这些无效状态的下一个状态作为主循环中的一个状态,这样所设计的电路一定可以自启动,这就是具有自启动功能的时序电路设计。

【例 3-4】 设计一个同步、具有自启动功能的五进制加法计数器(0～4)。

(1)根据设计要求,确定触发器的个数。在本例中共有 5 个状态,因为 $2^2<5<2^3$,所以取触发器的个数为 3,画出状态转移图,如图 3-36 所示。

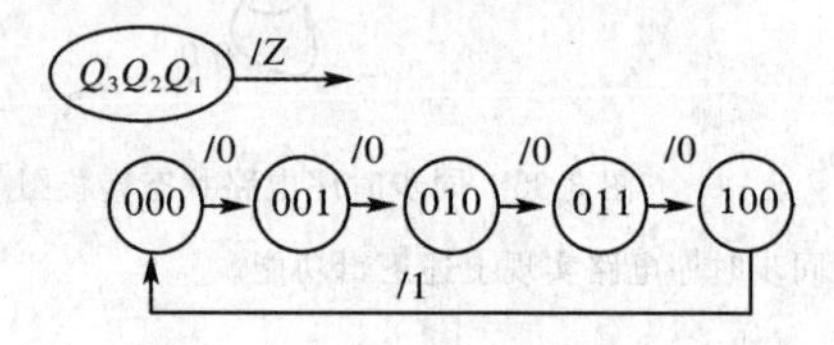

图 3-36　五进制加法计数器状态转移图

(2)列出状态转移真值表,见表 3-12。

表 3-12　　五进制加法计数器状态转移真值表

Q_3^n	Q_2^n	Q_1^n	Q_3^{n+1}	Q_2^{n+1}	Q_1^{n+1}	Z
0	0	0	0	0	1	0
0	0	1	0	1	0	0
0	1	0	0	1	1	0
0	1	1	1	0	0	0

续表

Q_3^n	Q_2^n	Q_1^n	Q_3^{n+1}	Q_2^{n+1}	Q_1^{n+1}	Z
1	0	0	0	0	0	1
1	0	1	×(0)	×(1)	×(0)	×(1)
1	1	0	×(0)	×(1)	×(0)	×(1)
1	1	1	×(0)	×(0)	×(0)	×(1)

(3)选择触发器。选用 JK 触发器。根据表 3-12 真值表画出卡诺图，如图 3-37 所示，写出状态方程，列出输入方程。

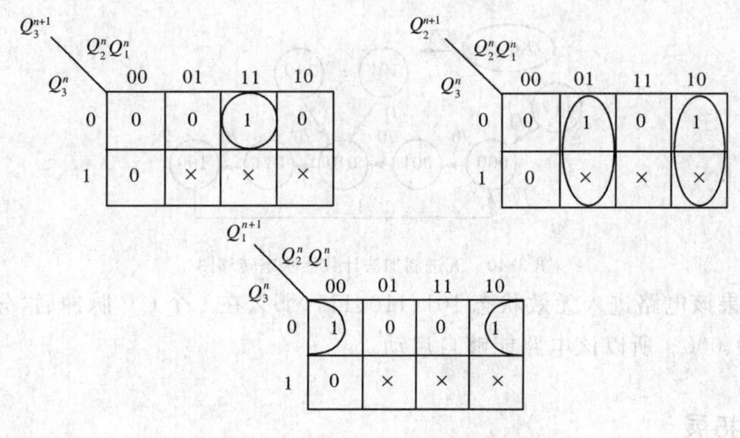

图 3-37　五进制加法计数器卡诺图化简

$$Q_3^{n+1}=Q_2^nQ_1^n\,\overline{Q_3^n}\qquad J_3=Q_2^nQ_1^n\qquad K_3=1$$

$$Q_2^{n+1}=Q_1^n\,\overline{Q_2^n}+\overline{Q_1^n}\,Q_2^n\qquad J_2=K_2=Q_1^n$$

$$Q_1^{n+1}=\overline{Q_3^n}\,\overline{Q_1^n}\qquad J_1=\overline{Q_3^n}\qquad K_1=1$$

注意：在图 3-37 卡诺图中的×若被圈，则代表取值为 1；若没被圈，则代表取值为 0。因此在卡诺图化简过程中，表 3-12 中的三个无效状态的取值根据卡诺图化简的简繁做了适当调整，实际上调整完毕后无效状态的下一个状态就已经确定了。从表 3-12 真值表中可以看出：101 和 110 的下一个状态为 010，111 的下一个状态为 000。因此该电路一定是可以自启动的。

(4)概括表 3-12 真值表，画出输出信号卡诺图，如图 3-38 所示，写出输出方程。

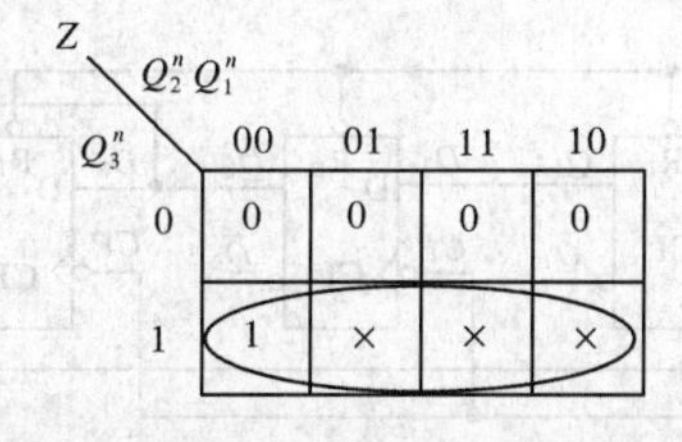

图 3-38　五进制加法计数器输出信号卡诺图化简

根据图 3-38，写出进位输出方程为：

$$Z=Q_3^n$$

(5)画出逻辑图，如图 3-39 所示。

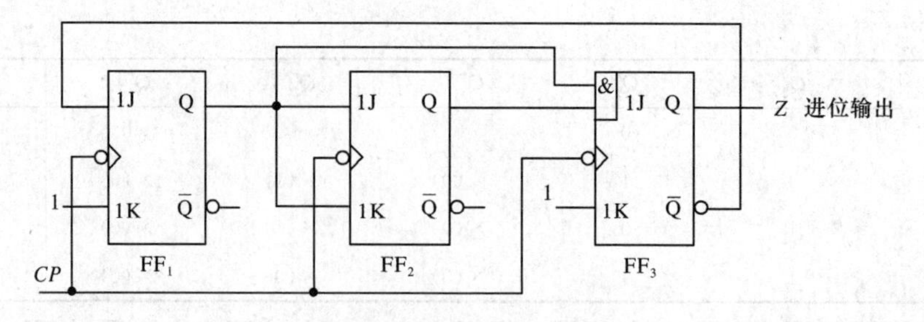

图 3-39　五进制加法计数器逻辑图

(6)画出状态转移图如图 3-40 所示,验证是否可以自启动。

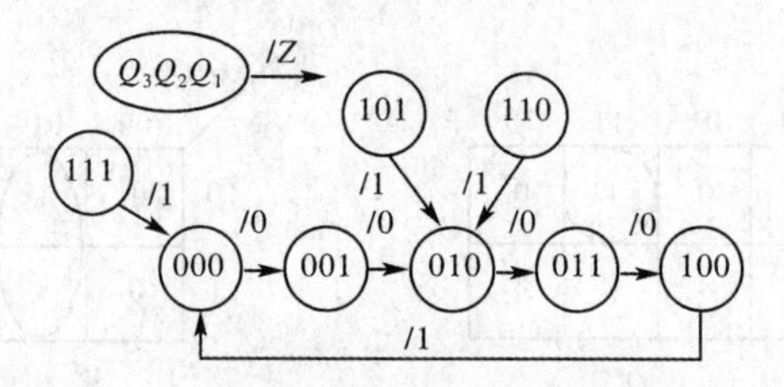

图 3-40　五进制加法计数器状态转移图

可见,如果该电路进入无效状态 101、110、111,那么在 1 个 CP 脉冲后,分别进入有效状态 010、010、000。所以该电路能够自启动。

上电复位电路

若所设计的电路不能自启动,则必须修改原设计,有时需要进行反复修改和验证。因此在实际应用中通常采用以下方法解决时序逻辑电路设计中的自启动问题:

(1)通过修改逻辑来实现,即通过重新设计电路的结构来解决。

在上述【知识拓展】例子(具有自启动功能的同步时序电路设计)中,在设计的过程中就已经考虑了自启动功能的设计,让电路的无效状态经过一两个时钟周期后进入电路的正常计数循环状态。但这种方法可能会使所设计的电路较为复杂。

(2)通过上电复位电路来实现,电路图如图 3-41 所示。

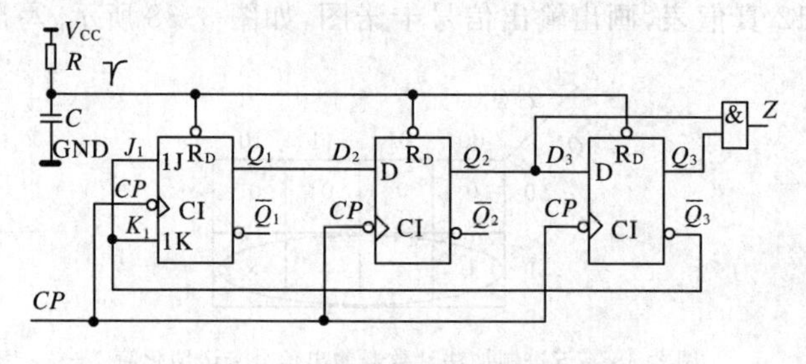

图 3-41　通过上电复位解决不能自启动问题

在图 3-41 电路中,打开电源的一瞬间,电容 C 上的电压不能突变,U_C 为 0 V。V_{CC} 通过电阻 R 对 C 充电,电容上的电压逐渐增大。这样,在打开电源的瞬间,就产生了一个负脉冲，这个负脉冲加在触发器的清零端，使得在打开电源时，各个触发器输出为 0 状态，则计数器的状态强迫进入 000 状态，而不会进入无效状态。但是上电复位电路只能解决电路打开电源瞬间不能自启动的问题。若电路在运行过程中进入死循环，则可用手动复位按键 AJ，强迫进入 000 初始状态，进而进入正常循环中，如图 3-42 所示。

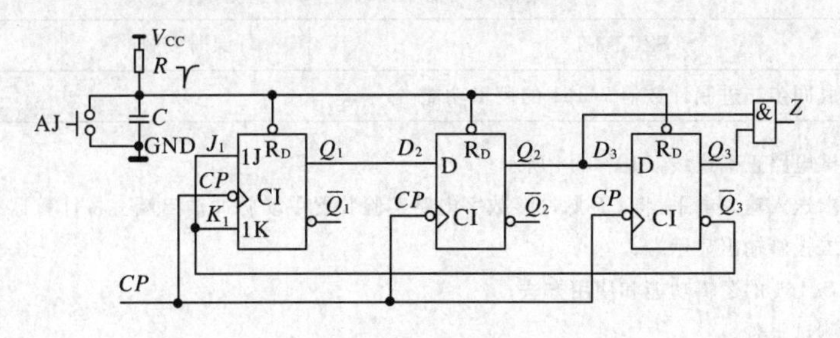

图 3-42 具有上电复位、手动复位功能的时序电路

任务3-3 集成计数器逻辑功能测试

3-3-1 集成计数器 74161 逻辑功能测试

集成计数器 74161 的逻辑符号和集成电路管脚排列

随着集成电路技术的飞速发展，集成计数器电路已普遍使用，其中集成二进制计数器的使用较为广泛。所谓二进制计数器，它的模并不是 2，而是 2^n，n 是构成二进制计数器的触发器的个数。下面以 74161 为例说明集成二进制计数器的功能及使用方法。图3-43(a)为 74161 的管脚排列，图 3-43(b)为 74161 的逻辑符号，图 3-43(c)为 74161 的惯用符号。

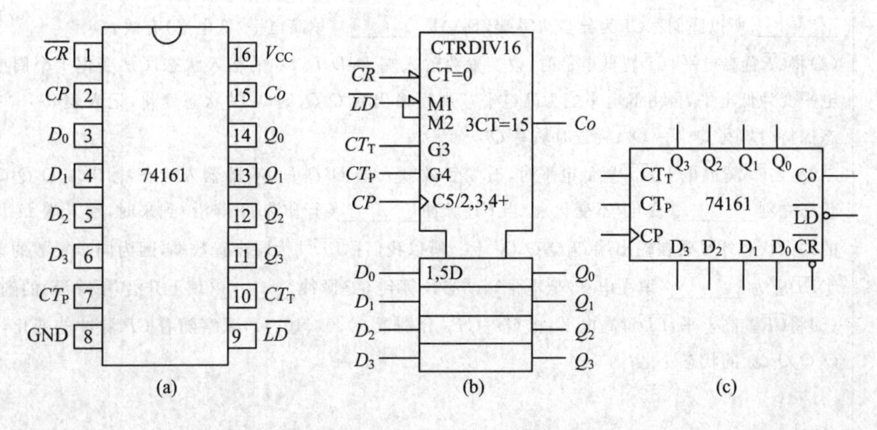

图 3-43 74161 管脚排列、逻辑符号、惯用符号

【工作任务 3-3-1】集成计数器 74161 逻辑功能测试

测试工作任务书

<table>
<tr><td>测试名称</td><td colspan="3">集成计数器 74161 逻辑功能测试</td></tr>
<tr><td>任务编码</td><td>SZC3-3-1</td><td>课时安排</td><td>1</td></tr>
<tr><td>任务内容</td><td colspan="3">测试集成同步二进制计数器 74161 的逻辑功能</td></tr>
<tr><td>任务要求</td><td colspan="3">1. 按测试电路正确连线，如图 3-44 所示；
2. 按要求送入输入电平，将 CP 脉冲接数字电路实验装置手动脉冲输出端。将计数器的输出端接实验装置的二极管输出显示端；
3. 描述 74161 的逻辑功能和使用方法；
4. 撰写测试报告。</td></tr>
<tr><td rowspan="4">测试设备</td><td>设备名称</td><td>型号或规格</td><td>数量</td></tr>
<tr><td>数字电路实验装置</td><td></td><td>1 套</td></tr>
<tr><td>数字万用表</td><td></td><td>1 块</td></tr>
<tr><td>集成电路 74161</td><td></td><td>1 只</td></tr>
<tr><td>测试电路</td><td colspan="3">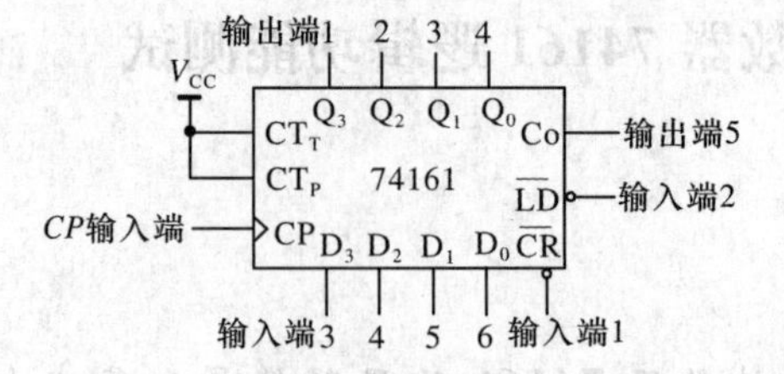
图 3-44　74161 逻辑功能测试电路图</td></tr>
<tr><td>测试步骤</td><td colspan="3">(1)按图 3-44 及图 3-43(a)管脚图接好测试电路；
(2)检查接线无误后，打开电源；
(3)将$\overline{CR}$置低电平，改变CT_T、CT_P、$\overline{LD}$和 CP 的状态，观察 Q_3、Q_2、Q_1、Q_0 的变化，将结果记入表 3-13；
结论：当$\overline{CR}$置低电平时，无论 CT_T、CT_P、$\overline{LD}$和 CP 的状态如何变化，输出 $Q_3Q_2Q_1Q_0$ 的状态始终为________，所以我们称$\overline{CR}$为异步清零端，且它是________(填高电平/低电平)有效。
(4)将$\overline{CR}$置高电平，$\overline{LD}$置低电平时，改变置数输入端 $D_3D_2D_1D_0$ 的输入状态，CP 变化 1 个周期(由高电平变为低电平，再由低电平变为高电平)，观察输出端 $Q_3Q_2Q_1Q_0$ 的状态变化，记入表 3-13 中。(状态保持时填写 $Q^{n+1}=Q^n$；置数时填写 $Q^{n+1}=D$)；
结论：当$\overline{CR}$置高电平，$\overline{LD}$置低电平时，改变置数输入端 $D_3D_2D_1D_0$ 的输入状态，输出端 $Q_3Q_2Q_1Q_0$ 的状态立刻________(变化/不变化)。当 CP 脉冲________(上升沿/下降沿)到来时，输入端 $D_3D_2D_1D_0$ 的输入状态才反映在输出端 $Q_3Q_2Q_1Q_0$ 上。所以我们称$\overline{LD}$端为同步置数端，因为同步置数的条件是：①$\overline{LD}$应为________(填高电平/低电平)，②必须等到 CP 脉冲________(填上升沿/下降沿)的到来。
(5)将$\overline{CR}$置高电平，$\overline{LD}$置高电平，将 CT_TCT_P 分别置 00、01、10、11，观察随着 CP 脉冲的变化，输出端 $Q_3Q_2Q_1Q_0$ 的状态变化；</td></tr>
</table>

续表

结论：当$\overline{CR}$置高电平，$\overline{LD}$置高电平时，随着 CP 脉冲的变化，若 CT_TCT_P 置 00 或 01，则输出端 $Q_3Q_2Q_1Q_0$ 的状态________（变化/不变化）；若 CT_TCT_P 置 10，则输出端 $Q_3Q_2Q_1Q_0$ 的状态________（变化/不变化）；若 CT_TCT_P 置 11，则输出端 $Q_3Q_2Q_1Q_0$ 的状态________（变化/不变化），且呈现计数状态，每计满________个时钟，输出状态循环，所以 74161 是________（2/4）位二进制计数器，又称为模________（2/4/8/16）计数器。

表 3-13　　74161 功能测试表

CP	$\overline{CR}$	$\overline{LD}$	CT_T	CT_P	Q_3^{n+1}	Q_2^{n+1}	Q_1^{n+1}	Q_0^{n+1}
×	0	×	×	×				
↑	1	0	×	×				
↓	1	0	×	×				
↑↓	1	1	0	0				
↑↓	1	1	0	1				
↑↓	1	1	1	0				
↑↓	1	1	1	1				

（6）根据测试结果，理解 74161 的工作时序图。

结论与体会			
完成日期		完成人	

知识扫描

同步 4 位二进制计数器 74161

四位集成同步加法计数器

1. 四位集成二进制加法计数器 74161

四位集成二进制加法计数器 74161 的逻辑符号、管脚排列见图 3-43，下面详细说明 74161 各个输入/输出端的作用：

$\overline{CR}$：异步清零端，低电平有效，为异步方式清零，即当$\overline{CR}$为低电平时，无论当时的时钟状态和其他输入端状态如何，计数器的输出端全为 0，即 $Q_3Q_2Q_1Q_0=0000$。

$\overline{LD}$：同步置数端，低电平有效，为同步方式置数。置数的作用是当满足一定的条件时，将输入端数据 $D_3D_2D_1D_0$ 置入输出端 $Q_3Q_2Q_1Q_0$。同步置数，即当$\overline{LD}$为低电平时，输入端的数据并不立刻反映到输出端，而是等到 CP 上升沿到来时，才将输入端数据 $D_3D_2D_1D_0$ 置入输出端 $Q_3Q_2Q_1Q_0$。所以，要成功地将输入端 $D_3D_2D_1D_0$ 的数据置入输出端 $Q_3Q_2Q_1Q_0$，必须满足两个条件：①$\overline{LD}$必须为低电平；②必须等到 CP 上升沿到来的时刻。

Q_3, Q_2, Q_1, Q_0:计数器的输出端,其中 Q_3 为最高位,Q_0 为最低位。

D_3, D_2, D_1, Q_0:计数器预置输入端,通过同步置数端的作用可将此数据置入输出端。

Co:进位输出端,此输出端平时为低电平,当计数器计满一个周期时,输出一个高电平,即第 16 个时钟脉冲输出一个高电平脉冲。

CP:时钟输入端,上升沿有效。

CT_T, CT_P:功能扩展使能端,合理设置这两个输入端的状态,可实现各种计数器功能的扩展。其功能真值表见表 3-14。图 3-45 是 74161 的工作时序图。

表 3-14　　74161 功能真值表

CP	$\overline{CR}$	$\overline{LD}$	CT_T	CT_P	功能
×	0	×	×	×	异步清零
↑	1	0	×	×	同步置数
×	1	1	0	×	保持,但 $Co=0$
×	1	1	1	0	保持
↑	1	1	1	1	正常计数

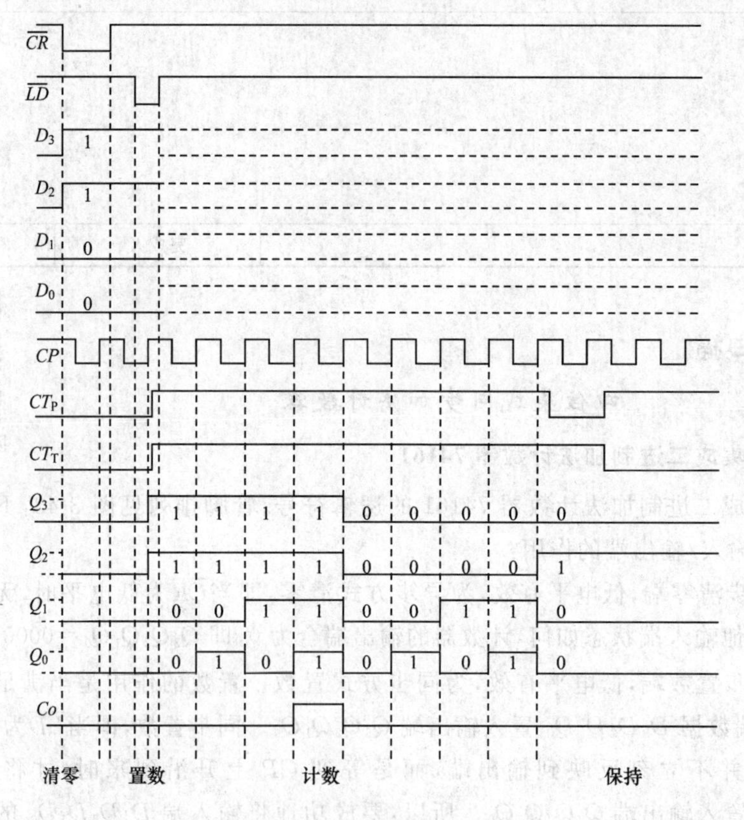

图 3-45　74161 工作时序图

2. 四位集成二进制同步加法计数器 74163

74163 的管脚排列与 74161 基本相同，逻辑符号与 74161 也基本相同，区别在于其清零端为同步清零，即当$\overline{CR}$置低电平时，并不是立刻清零，而是要等到 CP 上升沿到来时，才将输出端清零。它的工作时序图如图 3-46 所示。请读者仔细分析图 3-45 和图 3-46 的不同点。

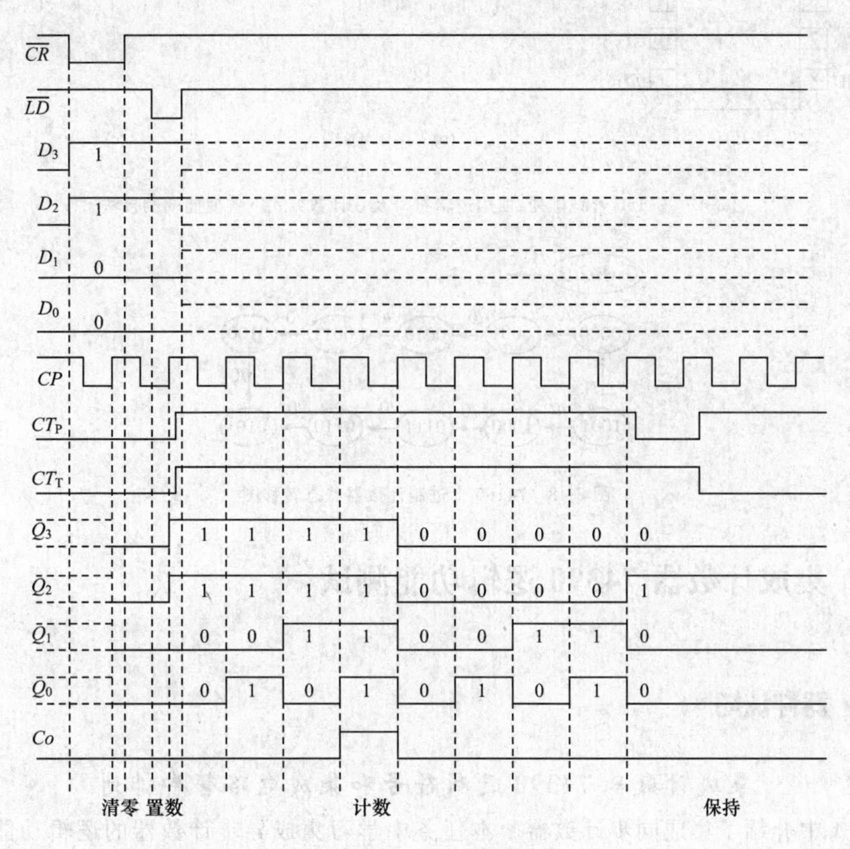

图 3-46 74163 工作时序图

3. 集成十进制同步加法计数器 74160、74162

74160 是 4 位 BCD 十进制加法计数器，预置工作时在 CP 时钟的上升沿段同步，异步清零。它的管脚排列及惯用逻辑符号如图 3-47(a)、图 3-37(b)所示。图 3-47(c)为 74160 在计数方式下各使能端的接法。

按图 3-47(c)的方式连线，则输出端 $Q_3Q_2Q_1Q_0$ 的状态转移图如图 3-48 所示。

另外，74162 和 74160 类似，也是 4 位 BCD 十进制加法计数器，预置和清零工作时在 CP 时钟的上升沿段同步。它与 74160 的差别仅在于：74160 是异步清零，而 74162 是同步清零。

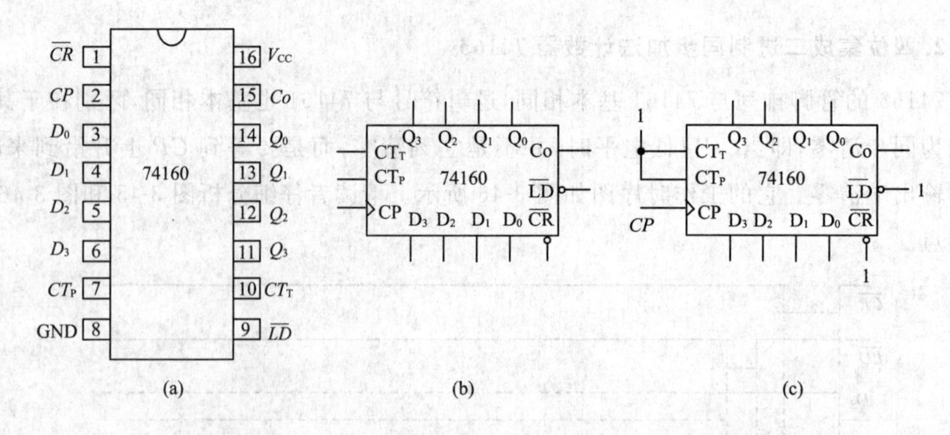

图 3-47　74160 管脚排列、惯用逻辑符号及在计数方式下各使能端的接法

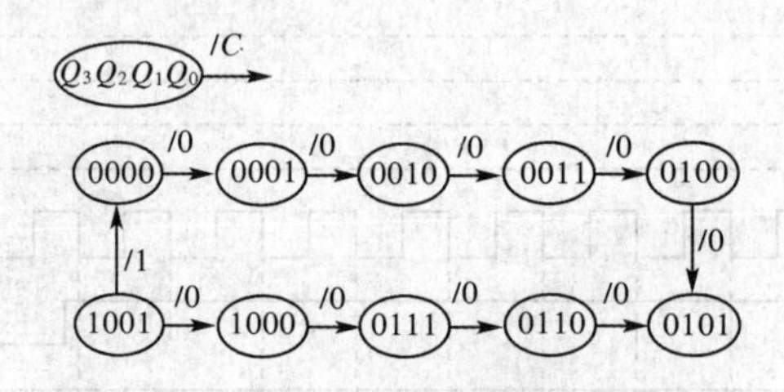

图 3-48　74160 十进制计数器状态转移图

3-3-2　集成计数器 74390 逻辑功能测试

集成计数器 74390 逻辑符号和集成电路管脚排列

3-3-1 中介绍了集成同步计数器。本任务中学习集成异步计数器的逻辑功能和使用方法。图 3-49 中的计数器为二-五-十进制异步计数器，在一片 74390 集成芯片中封装了两个二-五-十进制异步计数器。所谓二-五-十进制异步计数器是由一个二进制计数器和一个五进制计数器组合而成的，它们分别有各自的清零端 *CLR*。图 3-49(a)、(b)分别是 74390 的管脚图和惯用逻辑符号。

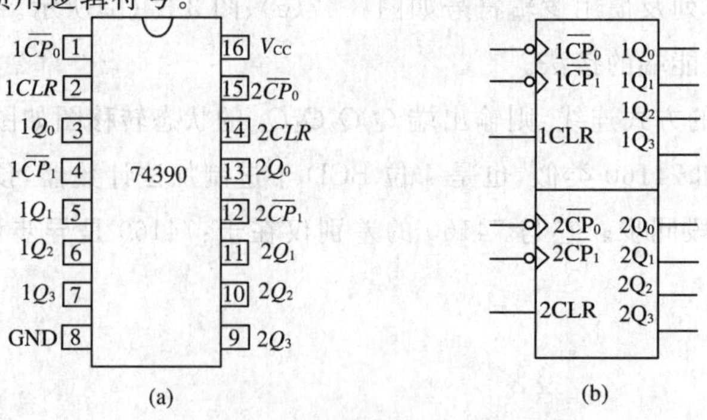

图 3-49　74390 的管脚图和惯用逻辑符号

【工作任务 3-3-2】集成计数器 74390 逻辑功能测试

测试工作任务书

<table>
<tr><td>测试名称</td><td colspan="3">集成计数器 74390 逻辑功能测试</td></tr>
<tr><td>任务编码</td><td>SZC3-3-2</td><td>课时安排</td><td>1</td></tr>
<tr><td>任务内容</td><td colspan="3">测试集成二-五-十进制计数器 74390 的逻辑功能</td></tr>
<tr><td>任务要求</td><td colspan="3">1. 按图 3-50 测试电路正确连线；
2. 按要求送入输入电平，将 CP 脉冲输入端接数字电路实验装置手动脉冲输出端。将计数器的输出端接数字电路实验装置的显示电路；
3. 描述 74390 的逻辑功能；
4. 撰写测试报告。</td></tr>
<tr><td rowspan="4">测试设备</td><td>设备名称</td><td>型号或规格</td><td>数量</td></tr>
<tr><td>数字电路实验装置</td><td></td><td>1 套</td></tr>
<tr><td>数字万用表</td><td></td><td>1 块</td></tr>
<tr><td>集成电路</td><td>74390</td><td>1 只</td></tr>
<tr><td>测试电路</td><td colspan="3">CP脉冲信号输入 → $1\overline{CP_0}$ $1Q_0$ → 二进制计数器输出
CP脉冲信号输入 → $1\overline{CP_1}$ $1Q_1$、$1Q_2$、$1Q_3$ → 五进制计数器输出
清零信号输入 → 1CLR
(个位)
图 3-50　74390 逻辑功能测试电路</td></tr>
<tr><td>测试步骤</td><td colspan="3">(1)按图 3-50 及图 3-49(a)管脚图接好测试电路；(16 脚接+5 V，8 脚接 GND)
(2)检查接线无误后，打开电源；
(3)将清零信号输入端 $1CLR$ 接高电平，$1CP_0$、$1CP_1$ 分别接手动脉冲信号，此时，计数器的输出 $1Q_3 1Q_2 1Q_1 1Q_0$ 的状态为______，与 $1CP_0$、$1CP_1$ 脉冲信号的输入______(有关/无关)。所以 74390 的 CLR 清零信号是______(高电平/低电平)有效；
结论：74390 中 CLR 为______(同步/异步)清零端，______(高电平/低电平)有效。
(4)将 $1CLR$ 清零信号输入端接地，将 $1CP_0$ 接手动 CP 脉冲，当 CP 脉冲的______(上升沿/下降沿)到来时，二进制计数器的输出 $1Q_0$ 的状态发生变化，从______(填 0/1)到______(填 0/1)回到______(填 0/1)，画出其状态转移图及波形图；
结论：74390 中含有一个______(二/五/十)进制的计数器。
(5)将 $1CLR$ 清零信号端接地，将 $1CP_1$ 接手动 CP 脉冲，当 CP 脉冲的______(上升沿/下降沿)到来时，二进制计数器的输出 $1Q_3 1Q_2 1Q_1$ 的状态发生变化，状态变化为______→______→______→______→______→______，画出其状态转移图及波形图。
分析与思考：74390 中含有一个______(二/五/十)进制的计数器。
(6)将 $1Q_0$ 和 $1CP_1$ 相连，将 $1CP_0$ 接手动 CP 脉冲，当 CP 脉冲的______(上升沿/下降沿)到来时，计数器的输出 $1Q_3 1Q_2 1Q_1 1Q_0$ 的状态发生变化，状态变化为______→______→______→______→______→______→______→______→______→______→______，画出其状态转移图及波形图。
结论：74390 中的二进制计数器和五进制计数器可以构成一个十进制计数器，所构成的十进制计数器是______(异步/同步)计数器。</td></tr>
</table>

续表

结论与体会			
完成日期		完成人	

知识扫描

集成异步二-五-十计数器逻辑功能

1. 二-五-十进制异步计数器 74390 逻辑功能

74390 内部含有两个二-五-十进制计数器，它们有各自的清零端 CLR。

74390 各个输入/输出端的作用：

$1CP_0$：二进制计数器时钟输入端，下降沿有效。

$1CP_1$：五进制计数器时钟输入端，下降沿有效。

$1CLR$：清零端，高电平有效。当 $CLR=1$ 时，输出 $1Q_3 1Q_2 1Q_1 1Q_0=0000$。

$1Q_3$、$1Q_2$、$1Q_1$、$1Q_0$：计数器的输出端，其中 $1Q_0$ 是独立的，是二进制计数器的输出端；$1Q_3$、$1Q_2$、$1Q_1$ 是五进制计数器的输出端。如需实现十进制计数器功能，应将 $1Q_0$ 与 $1CP_1$ 相连或将 $1Q_3$ 与 $1CP_0$ 相连。采用这两种连接方式构成的十进制计数器的计数结果相同，但其编码结果不同，如图 3-51 所示，CP 为计数器时钟输入，Q_0、Q_1、Q_2、Q_3 为其输出。

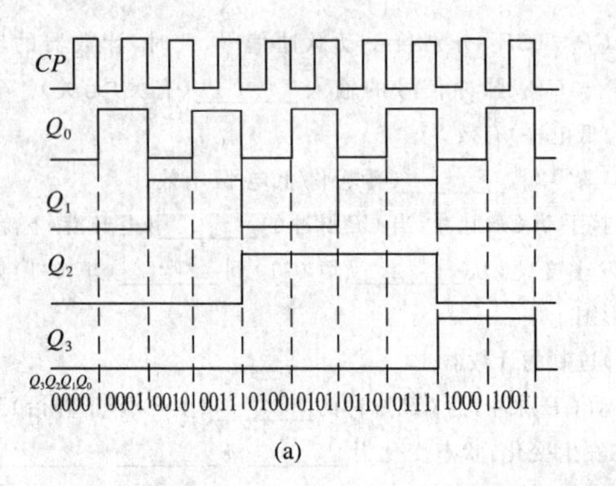

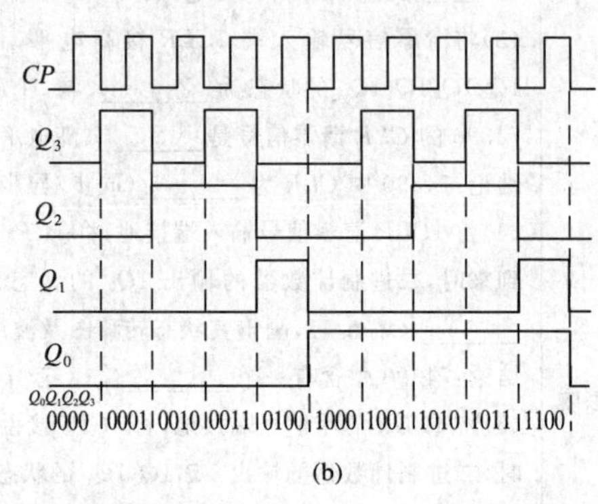

图 3-51 74390 两种连接方式的工作时序图

2. 二-五-十进制异步计数器 74290 逻辑功能

74290 内部含有一个二-五-十进制计数器。74290 的逻辑符号如图 3-52 所示。各输入/输出端的功能为：

CP_0、CP_1：分别为二进制计数器和五进制计数器的时钟输入端，下降沿有效。

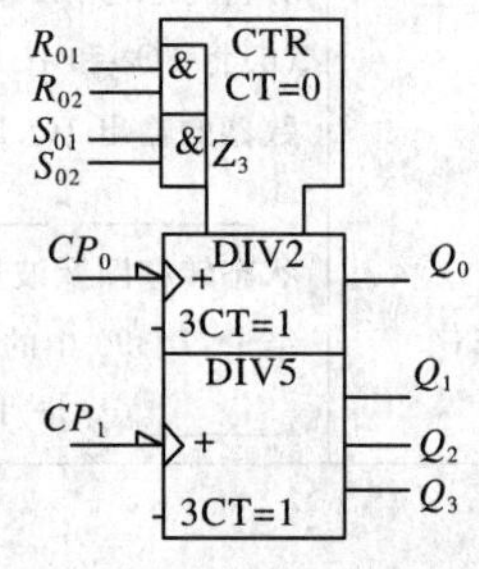

图 3-52 74290 的逻辑符号

R_{01}、R_{02}:异步清零输入端,从图 3-52 中可以看出,R_{01}、R_{02}是“与”逻辑关系,只有当$R_{01}=R_{02}=1$时,输出对应的十进制数才被清零,即 $Q_3Q_2Q_1Q_0$ 被清零。正常计数时 R_{01}、R_{02}中至少有一个为 0。

S_{01}、S_{02}:异步置数端,这两个输入端的关系为“与”逻辑关系。当 $S_{01}S_{02}=11$ 时,输出对应的十进制数为 9,即 $Q_3Q_2Q_1Q_0=1001$。正常计数时 S_{01}、S_{02}中至少有一个为 0。

Q_3、Q_2、Q_1、Q_0:计数器的输出端。同样可以将二进制和五进制计数器串接构成异步十进制计数器。

任务3-4 任意模数计数器的设计与测试

3-4-1 用 74160 及简单门电路构成八进制计数器(0~7)

知识扫描

任意模数计数器的设计

前面介绍的大部分计数器为二进制计数器(如模 16 计数器)、十进制计数器等,而其他进制的计数器相对少见,如十二进制计数器、六十进制计数器等。要实现这样进制的计数器,就必须对常见的计数器进行模数(容量)转换。通常计数器模数的转换有以下几种方式:

1. 串接法:就是将若干个计数器串接,其结果是每个计数器的模的乘积,故又称为乘数法。如 74390 构成的十进制计数器采用的就是两个计数器串接的方法。实际上就是将二进制计数器和五进制计数器进行串接,构成了十进制计数器。

2. 反馈清零法:图 3-53(a)中利用反馈清零法将计数器的模数变为十进制,其状态转移图如图 3-54 所示。

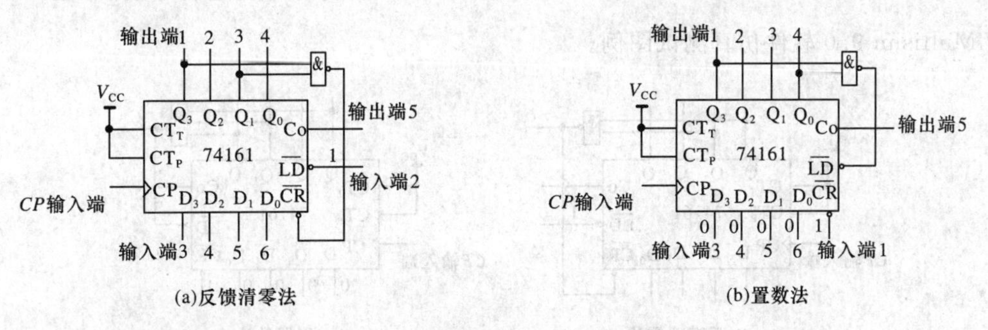

图 3-53 74161 构成十进制计数器的接线图

在图 3-53(a)中,因为 74161 的清零端为异步清零,所以当输出 $Q_3Q_2Q_1Q_0=1010$ 时,$\overline{Q_3Q_1}$输出一个低电平并送入异步清零端,立刻将输出清零,即 $Q_3Q_2Q_1Q_0=0000$。计数器立刻从 1010 状态进入 0000 状态,因此 1010 存在于一个瞬间,计数器几乎立刻从 1001 状态进入 0000 状态,实现了十进制计数器的逻辑功能,实现了计数器模数的转换。

3. 置数法：图 3-53(b)所示为利用置数法将计数器的模数变为十进制。

利用反馈清零法进行模数转换时，计数器必须从 0000 开始计数。而在某些情况下不希望计数器的计数从零开始，如电梯的楼层显示、电视预置台号等，若使用反馈清零法就无法实现，所以我们采用置数法。图 3-54(b)中，当输出状态为 1001 时，将数 0000 置入输出端。

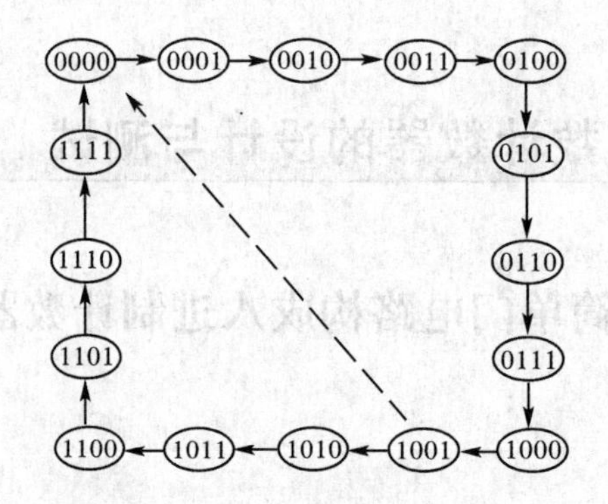

图 3-54　利用置数法转换计数器模数的方法

【例 3-5】　分别用反馈清零法和置数法，利用集成计数器 74161 设计一个十二进制计数器(0～11)。

解：电路设计如图 3-55 所示。图 3-55(a)利用 74161 的异步清零端，当计数器计数至 $Q_3Q_2Q_1Q_0=1100$ 时反馈得到清零信号“0”，计数器立刻从 1011 回到 0000 状态，而 1100 只存在于非常短暂的时刻；图 3-55(b)利用 74161 的同步置数端，当计数器计数至 $Q_3Q_2Q_1Q_0=1011$ 时，反馈得到置数信号“0”，但计数器不是立刻置数，而是等到下一个周期的上升沿到来，所以 1011 状态结束后，回到 0000 状态，构成十二进制计数器。图 3-56 为 Multisim 9.0 软件仿真测试图例。

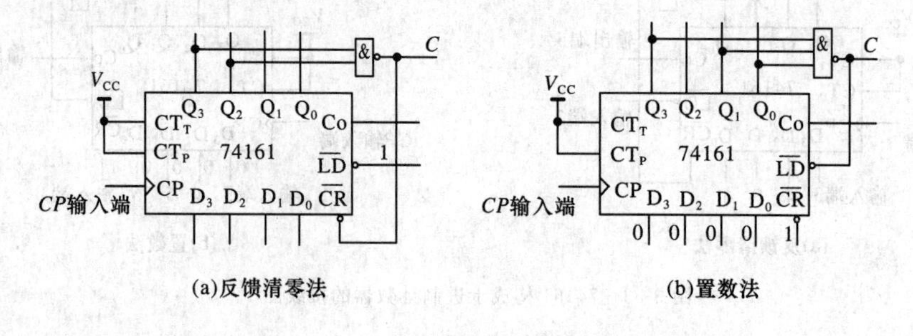

图 3-55　74161 构成十二进制计数器

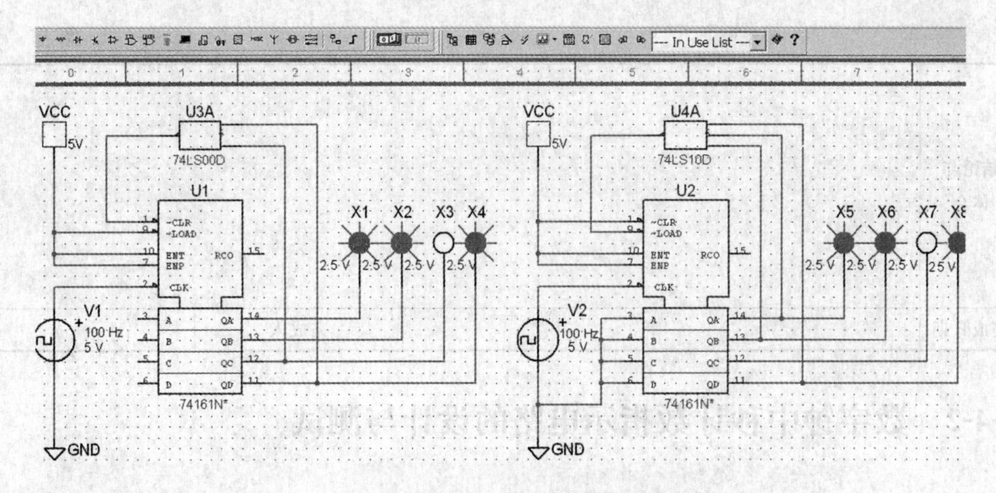

图 3-56　74161 构成十二进制计数器仿真测试图例

【工作任务 3-4-1】用 74160 及简单门电路构成八进制计数器(0～7)

设计工作任务书

任务名称	用 74160 及简单门电路构成八进制计数器(0～7)		
任务编码	SZS3-4-1	课时安排	1 课时
任务内容	1. 根据题目要求设计八进制计数器　2. 对设计电路进行仿真验证		
任务要求	1. 用 74160 及简单门电路构成八进制计数器(0～7)； 2. 在数字电路实验装置上完成设计和测试，输出用发光二极管显示； 3. 画出实现功能的逻辑电路图； 4. 撰写设计报告。		
测试设备	设备名称	型号或规格	数量
	装有 Multisim 9.0 软件的计算机		1 台
设计电路			
测试结果			
仿真测试电路			

续表

结论与体会			
完成日期		完成人	

3-4-2 数字钟中秒计数指示电路的设计与测试

知识扫描

用于 8421BCD 码显示的计数器的设计

【例 3-5】 十二进制计数器电路中，输出 $Q_3Q_2Q_1Q_0$ 的状态从 0000 开始加 1 递增，递增到 1011 再回到 0000。若将此计数值送入 CD4511 译码，驱动共阴极 LED 数码管显示，则当其数值大于 1001(十进制数 9)时，LED 数码管熄灭。若选用其他译码显示器，则会显示"A""B""C""D"等字样；若将其用于计时器显示，则非常不直观，不符合人们的习惯。因此，希望用于计时器的计数器其输出为 8421BCD 码。这样，一个十二进制计数器的输出必须用两个 LED 数码管显示，其显示从"00"加 1 递增到"09"再到"10""11"，最后回到"00"。图 3-57 是用 74161 构成的输出为 8421BCD 码的十二进制小时计时器电路，图3-58 是用 74161 构成的输出为 8421BCD 码的十二进制小时计时器仿真测试图例；图 3-59 是用 74160 构成的输出为 8421BCD 码的十二进制小时计时器电路，图 3-60 是用 74160 构成的输出为 8421BCD 码的十二进制小时计时器仿真测试图例；图 3-61 是用 74390 构成的输出为 8421BCD 码的十二进制小时计时器电路，图 3-62 是用 74390 构成的输出为 8421BCD 码的十二进制小时计时器仿真测试图例。从仿真测试图例可以看出：将此计数器的输出 $Q_3Q_2Q_1Q_0$ 接于译码显示器的输入端，则输出端会随着 CP 脉冲的到来，有相应的"00"到"11"的显示。

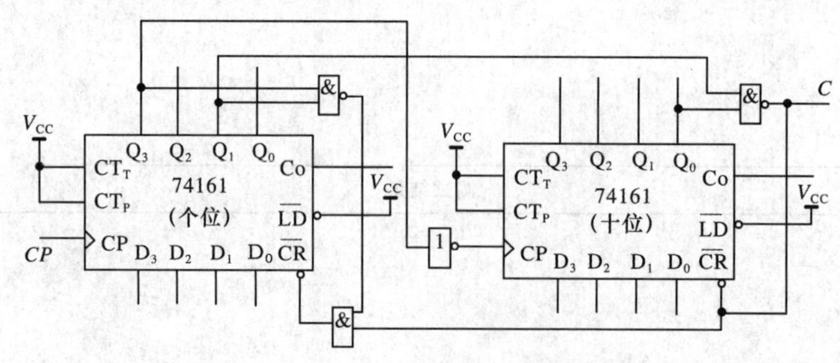

图 3-57 74161 构成十二进制计数器(用于 8421BCD 码显示)

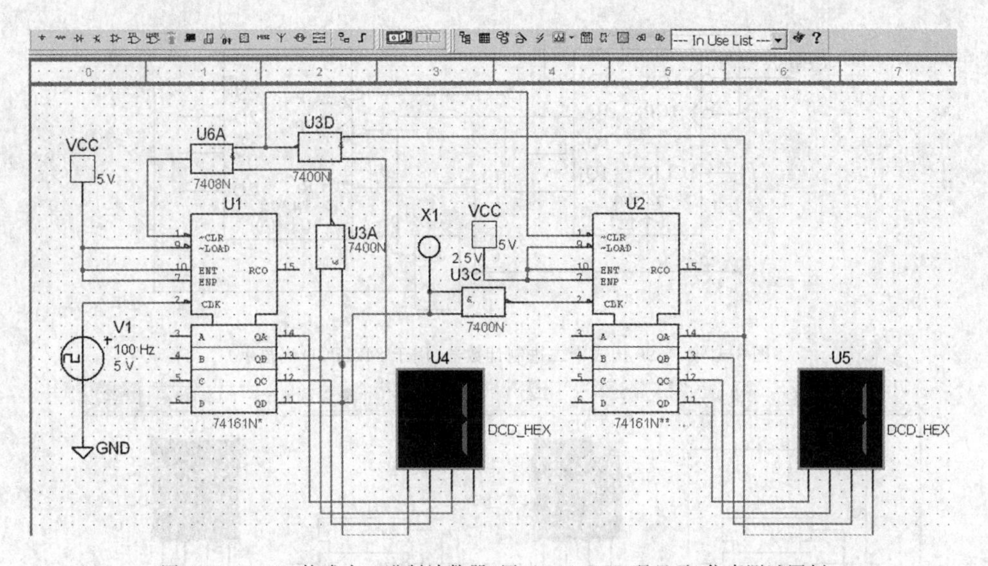

图 3-58　74161 构成十二进制计数器(用于 8421BCD 码显示)仿真测试图例

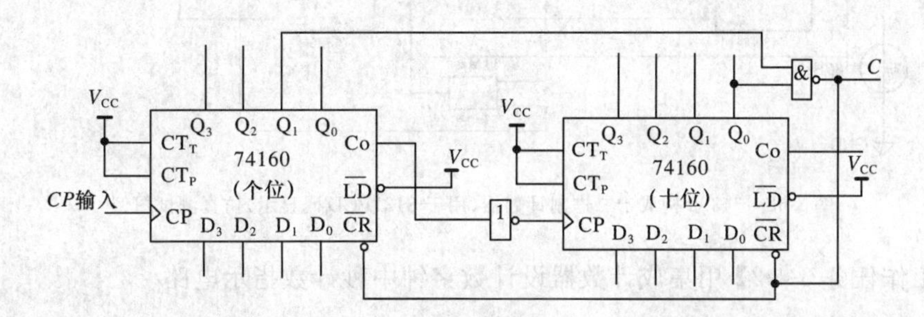

图 3-59　74160 构成十二进制计数器(用于 8421BCD 码显示)

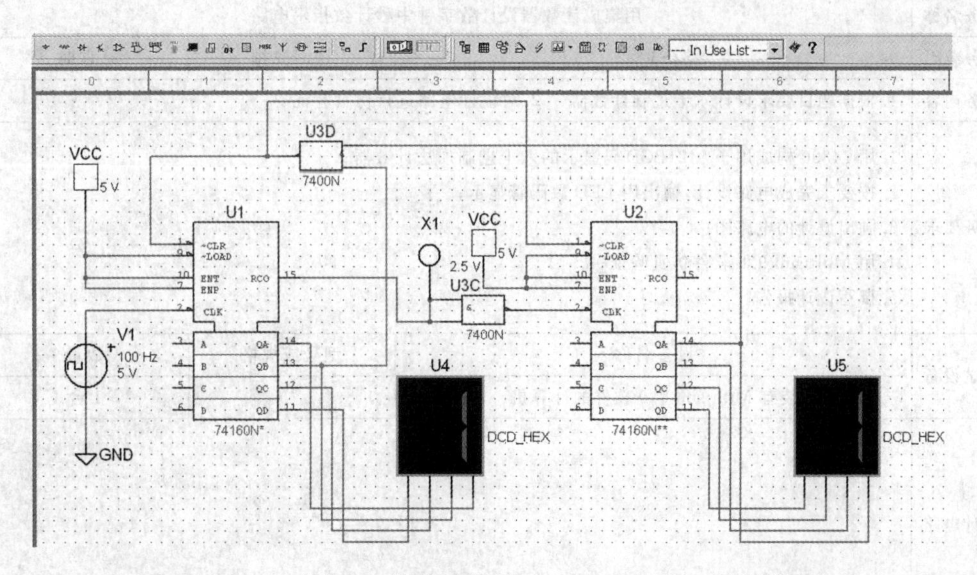

图 3-60　74160 构成十二进制计数器(用于 8421BCD 码显示)仿真测试图例

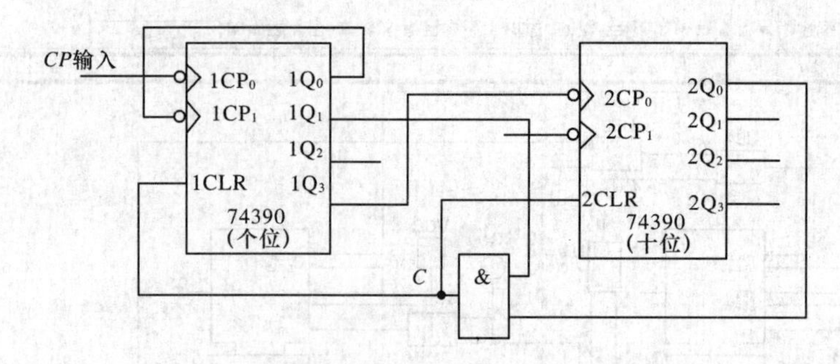

图 3-61　74390 构成十二进制计数器(用于 8421BCD 码显示)

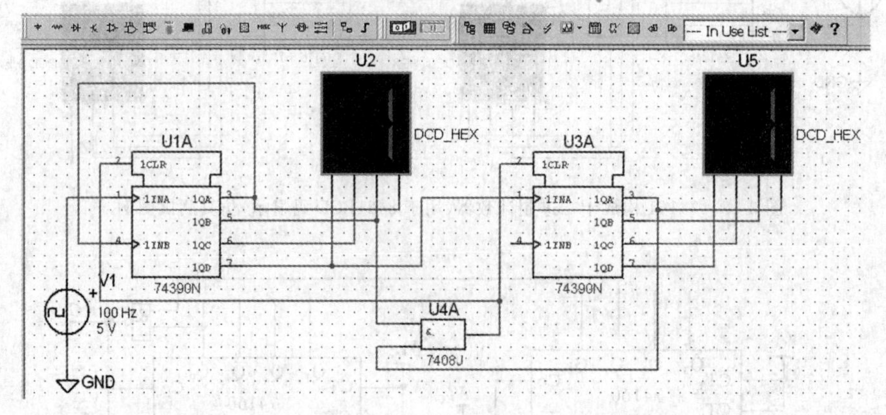

图 3-62　74390 构成十二进制计数器(用于 8421BCD 码显示)仿真测试图例

【工作任务 3-4-2】用集成计数器设计数字钟中秒计数指示电路

设计工作任务书

任务名称	用集成计数器设计数字钟中秒计数指示电路		
任务编码	SZS3-4-2	课时安排	2 课时
任务内容	1. 根据题目要求设计六十进制计数器　2. 对设计电路进行仿真验证		
任务要求	1. 用 74390 构成用于 8421BCD 码显示的六十进制加法计数器； 2. 按要求完成电路设计，输出用 LED 数码管显示； 3. 画出设计的电路图； 4. 用 Multisim 9.0 软件仿真验证； 5. 撰写设计报告。		
测试设备	设备名称	型号或规格	数量
	装有 Multisim 9.0 软件的计算机		1 台
设计电路			

仿真测试电路			
结论与体会			
完成日期		完成人	

知识拓展

方波信号的产生

在数字系统中，常需要上升沿和下降沿十分陡峭的各种不同频率、不同幅度的脉冲信号(如 CP 时钟脉冲信号)。获得这些脉冲信号，通常有两种方法：一种是用多谐振荡器直接产生，另一种是对已有信号进行整形。以下简述产生时钟脉冲信号的不同方法，着重介绍由 555 时基电路构成的多谐振荡器产生脉冲信号的方法。

1. 时钟脉冲信号的产生方法

产生时钟脉冲信号的电路通常称为振荡器(或多谐振荡器)，下面介绍几种振荡器的类型。

(1)石英晶体振荡器

由石英晶体 JT、CMOS 非门、RC 所构成的石英晶体振荡器电路如图 3-63 所示。石英晶体(Crystal)是一种具有较好频率稳定性及准确性的选频器件，图 3-63 中输出波形的振荡频率取决于 JT 的谐振频率，经过第二级非门的整形，输出 32.768 kHz 的方波信号。

(2)RC 振荡器

①环形振荡器

任意奇数个反相器头尾相连环接起来，都可构成环形振荡器。假设构成环形振荡器的级数为 n，且一级反相器的传输延迟时间为 T_P，则一个振荡周期 $T=2nT_P$。

图 3-64 所示的环形振荡器电路的频率主要取决于每一级反相器的传输延迟时间。当电源电压、工作温度及负载条件发生变化时，其振荡频率也随之变化。

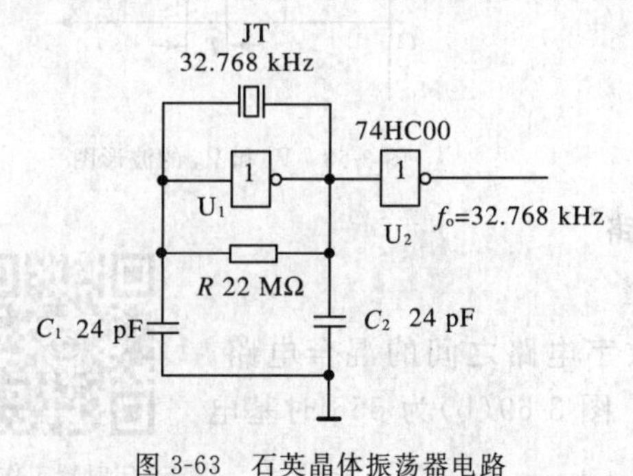

图 3-63　石英晶体振荡器电路

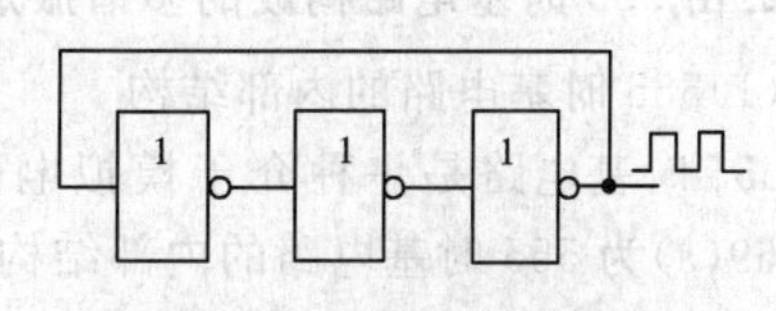

图 3-64　环形振荡器电路

②三级反相器 RC 振荡器

图 3-65 中，当 $R_2 \gg R_1$ 且 CMOS 非门的阈值电平 $V_T = 1/2V_{DD}$ 时，$T = 2.2R_1C$，$f = 0.455/R_1C$。这种电路输出信号较稳定，适用于低频。

③二级反相器 RC 振荡器

图 3-66 所示振荡器电路的优点是：可以少用一级反相器，电路成本低，但有一个缺点：电阻、电容值小到一定程度后，电路就不能起振，这种振荡器的最高频率一般在 2 MHz 之内。而三级反相器 RC 振荡器不管电阻、电容值多小，都能起振。

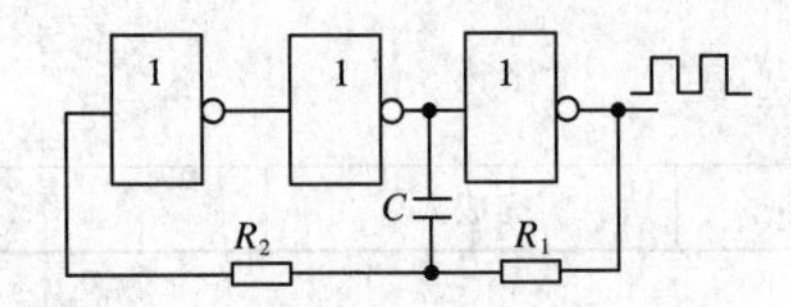

图 3-65　三级非门构成的 RC 振荡器电路

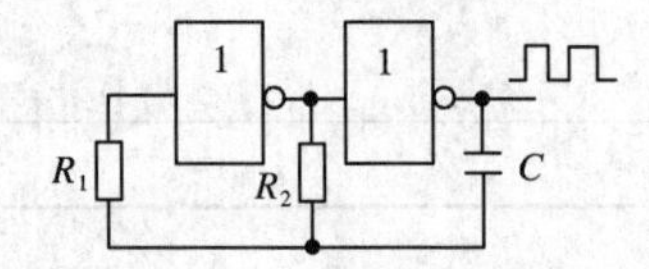

图 3-66　两级非门构成的 RC 振荡器电路

④由施密特触发器组成的多谐振荡器

施密特触发器(Schmitt Trigger)是脉冲波形变化中经常使用的一种电路，它在性能上有两个重要的特点：

▲在输入信号从低电平上升的过程中，电路状态转换时的输入电平与在输入信号从高电平下降的过程中对应的输入转换电平不同。也就是说，施密特触发器有两个阈值电平。

▲在电路状态转换时，通过电路内部的正反馈过程使输出电压波形的边沿变得更陡。

图 3-67 是由施密特触发器构成的振荡器电路，振荡器工作的原理是：接通电源瞬间，电容 C 上的电压为 0 V，输出 V_o 为高电平，V_o 通过电阻 R 对电容 C 充电，当 V_i 大于 V_{T+} 时，输出 V_o 翻转为低电平，输出 $V_o \approx 0$ V，此时电容 C 通过电阻 R 放电，当电容上电压即 $V_i < V_{T-}$ 时，V_o 又翻转为高电平。如此周而复始，形成了图 3-68 所示的振荡波形。此电路的最大的可能的振荡频率为 10 MHz。

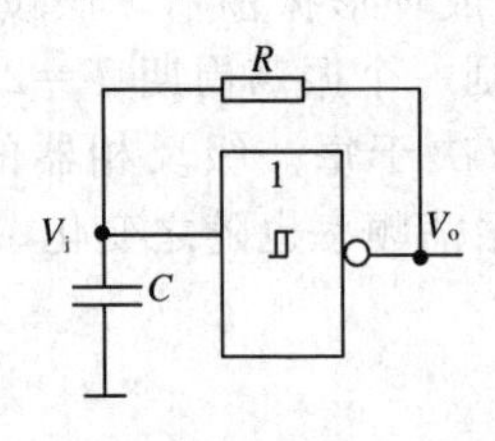

图 3-67　施密特触发器构成的振荡器电路

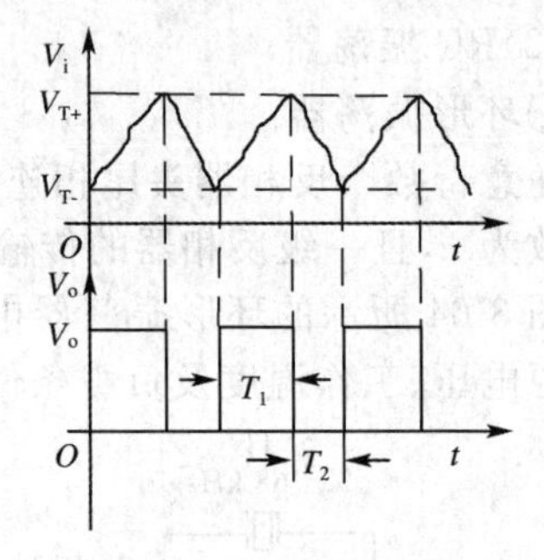

图 3-68　V_i 和 V_o 的波形图

2. 由 555 时基电路构成的多谐振荡器电路

(1)555 时基电路的内部结构

555 时基电路是一种介于模拟电路与数字电路之间的混合电路。图 3-69(a)为 555 时基电路的内部结构框图。图 3-69(b)为 555 时基电路管脚排列。

555 定时器工作原理

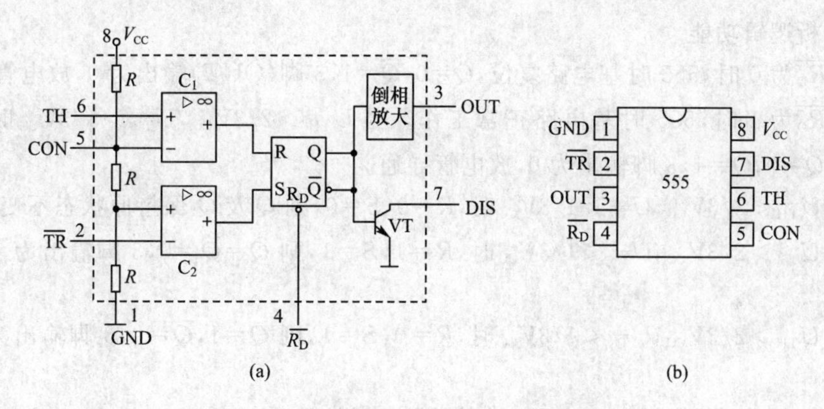

图 3-69　555 时基电路内部结构及管脚排列

从图 3-69(a)可以看出，555 时基电路由 2 个比较器(C_1、C_2)、1 个 RS 触发器、1 个倒相放大模块、1 个放电管(VT)和分压电阻组成。由于比较器属于模拟电路，触发器属于数字电路，所以 555 时基电路通常称为混合电路。

555 时基电路可分为双极型和 CMOS 型两类。它们的管脚排列、功能是相同的，双极型通常用 3 位数字“555”表示，而 CMOS 型通常用 4 位数字“7555”表示。

555 时基电路为 8 脚双列直插式封装(DIP)，其各管脚的功能见表 3-15。

表 3-15　　555 时基电路各管脚功能一览表

管脚号	字母代号	管脚说明	管脚号	字母代号	管脚说明
1	GND	公共接地端	5	CON	控制信号输入端
2	$\overline{TR}$	触发信号输入端	6	TH	阈值信号输入端
3	OUT	信号输出端	7	DIS	放电控制端
4	$\overline{R_D}$	复位信号输入端	8	V_{CC}	电源电压输入端

①比较器电路

当 $V_+ > V_-$ 时，输出电压接近 $+V_{CC}$，所以 V_o=“1”；

当 $V_+ < V_-$ 时，输出电压接近 GND，所以 V_o=“0”。

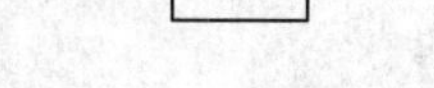

图 3-70　比较器电路

②基本 RS 触发器(输入高电平有效)

电路中基本 RS 触发器是由或非门构成的，其逻辑功能见表 3-16。

表 3-16　　高电平有效的基本 RS 触发器功能真值表

R	S	Q	$\overline{Q}$
0	0	保持	保持
0	1	1	0
1	0	0	1
1	1	0	0

③分压电路

将电压三等分，电源电压为 V_{CC} 时，比较器 C_1 的反向输入电压为 $2/3V_{CC}$，比较器 C_2 的正向输入电压为 $1/3V_{CC}$。

④分析逻辑功能

▲当$\overline{R_D}$为 0 时,555 时基电路复位,$Q=0$,$\overline{Q}=1$,3 脚(OUT)输出为 0,放电管导通。

▲当$\overline{R_D}$为 1 时,555 时基电路正常工作。当 $U_{TH}>2/3V_{CC}$,$U_{\overline{TR}}>1/3V_{CC}$时,$R=1$,$S=0$,则 $Q=0$,$\overline{Q}=1$,3 脚输出为 0,放电管导通。

▲当 $U_{TH}<2/3V_{CC}$,$U_{\overline{TR}}>1/3V_{CC}$时,$R=0$,$S=0$,则 Q 及 $\overline{Q}$ 保持原状态不变。

▲当 $U_{TH}>2/3V_{CC}$,$U_{\overline{TR}}<1/3V_{CC}$时,$R=1$,$S=1$,则 $Q=\overline{Q}=0$,3 脚输出为 1,放电管截止。

▲当 $U_{TH}>2/3V_{CC}$,$U_{\overline{TR}}<1/3V_{CC}$时,$R=0$,$S=1$,则 $Q=1$,$\overline{Q}=0$,3 脚输出为 1,放电管截止。

通过以上分析,列出 555 时基电路的功能真值表表 3-17。

表 3-17　555 时基电路功能真值表

U_{TH}	$U_{\overline{TR}}$	$\overline{R_D}$	OUT	放电管状态
×	×	0	0	导通
$>2/3V_{CC}$	$>1/3V_{CC}$	1	0	导通
$<2/3V_{CC}$	$>1/3V_{CC}$	1	保持	保持
$>2/3V_{CC}$	$<1/3V_{CC}$	1	1	截止
$<2/3V_{CC}$	$<1/3V_{CC}$	1	1	截止

(2)由 555 时基电路构成的多谐振荡器的工作原理

由 555 定时器构成多谐振荡器

如图 3-71 所示电路:本电路是 555 时基电路的典型应用电路。555 和外围定时元件组成了无稳态多谐振荡器电路。电路中的 R_1、R_P、R_2、C 为定时元件,它们和 555 时基电路共同确定了振荡电路的振荡频率,调节电路中的 R_P 即可改变电路的振荡频率。电路中的 3 脚为振荡电路的输出端,当定时元件的参数确定之后,输出端会产生一定频率的输出信号。R_3 为限流电阻,VD 是发光二极管。随着电路振荡频率的不同,发光二极管闪烁的频率也发生着变化。

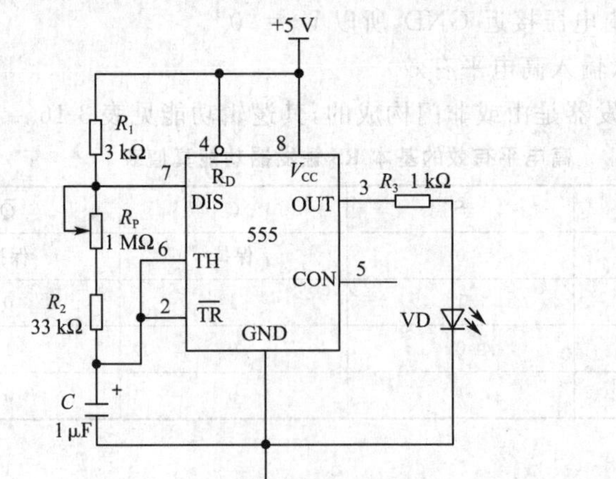

图 3-71　555 时基电路构成的多谐振荡器

拓展:由 555 定时器构成施密特触发器

拓展:由 555 定时器构成单稳态触发器

打开电源瞬间,电容 C 上的电压不能突变,所以电容两端的电压为 0 V, TH 和$\overline{TR}$端都为低电平，555 时基电路的 3 脚输出高电平。此时，电源通过 R_1、R_P、R_2 对 C 充电，当充电到 TH 和 $\overline{TR}$ 端电压皆大于 $2/3V_{CC}$ 时，555 时基电路的 3 脚输出低电平，此时放电管导通，DIS 端为低电平，电容上的电压通过 R_2、R_P 对地放电。如此周而复始，产生了方波信号。

输出的方波信号的周期计算如下：

充电时间：$T_1=0.7(R_1+R_2+R_P)C$

放电时间：$T_2=0.7(R_1+R_2+R_P)C$

所以方波信号的周期为：$T=T_1+T_2=0.7[R_1+2(R_2+R_P)]C$

输出的方波信号的最大振荡周期为：

$$T_{max}=0.7[R_1+2(R_2+R_P)]C$$
$$=0.7[3\times10^3+2(33\times10^3+1\times10^6)]\times1\times10^{-6}$$
$$\approx1.4\ s$$

所以：$f_{min}=1/1.4\approx0.714\ Hz$

输出的方波信号的最小振荡周期为：

$$T_{min}=0.7[R_1+2(R_2+R_P)]C$$
$$=0.7[3\times10^3+2(33\times10^3+0)]\times1\times10^{-6}$$
$$\approx0.048\ s$$

所以：$f_{max}=1/0.048\approx20.8\ Hz$

因此，调节电位器可以改变此电路输出信号的频率，其最大值为 20.8 Hz，最小值为 0.714 Hz。

555 时基电路的频率主要取决于外围电阻和电容元件，因此只要改变外围电阻和电容就能改变输出信号的振荡频率。实际上，555 时基电路的应用非常广泛，它不仅可以构成多谐振荡器，还可以构成单稳态电路、双稳态电路。

知识拓展

寄存器及其应用

在数字电路中，用来存放二进制数据或代码的电路称为寄存器。寄存器是由具有存储功能的触发器组合起来构成的。一个触发器可以存储一位二进制代码，存放 n 位二进制代码的寄存器需由 n 个触发器来构成。

按功能可分为：基本寄存器和移位寄存器。

移位寄存器中的数据可以在移位脉冲作用下依次逐位右移或左移，数据既可以并行输入、并行输出，也可以串行输入、串行输出，还可以并行输入、串行输出，串行输入、并行输出，十分灵活，用途也很广泛。

目前常用的集成移位寄存器种类很多，如 74164、74165、74166 均为八位单向移位寄存器，74195 为四位单向移位寄存器，74194 为四位双向移位寄存器，74198 为八位双向移位寄存器。

1. 数据寄存器

图 3-72 所示为四位数据寄存器，它由四个 D 触发器构成，四个 D 触发器的 CP 端并

联接在一起，$D_3 \sim D_0$ 是数据输入端，$Q_3 \sim Q_0$ 是数据输出端。当 CP 上升沿到来时，$Q_3Q_2Q_1Q_0 = D_3D_2D_1D_0$，四位数据被锁存在四个 D 触发器的输出端。通常我们称电平触发方式的存储器为锁存器，而边沿触发方式的存储器为寄存器。

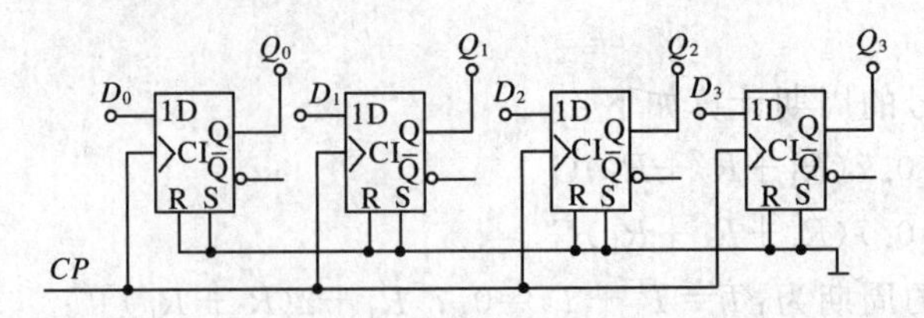

图 3-72　四位数据寄存器

74LS373 是常用的集成数据锁存器，它具有八位数据锁存功能。74LS374 为八位数据寄存器。图 3-73 为这两种集成电路的管脚图，表 3-18、表 3-19 为它们的功能真值表。从功能真值表可以看出：当输出使能端 $\overline{OE}$ 为高电平时，集成电路（无论是 74LS373 还是 74LS374）的输出皆为高阻态，也就是说它们都是可以挂于总线上的。当输出使能端 $\overline{OE}$ 为低电平时，74LS373 的输出取决于 LE，当 LE 为高电平时，输出端 $Q_7 \sim Q_0$ 等于 $D_7 \sim D_0$，而当 LE 为低电平时，输出端 $Q_7 \sim Q_0$ 锁存数据不变；74LS374 则不同，它的输出取决于 CP 脉冲，当 CP 上升沿到来时，输出 $Q_7 \sim Q_0$ 等于 $D_7 \sim D_0$，而 CP 的其余时间，输出皆不变。所以称 74LS373 为具有三态输出的 8 位数据锁存器，而 74LS374 为具有三态输出的 8 位数据寄存器。

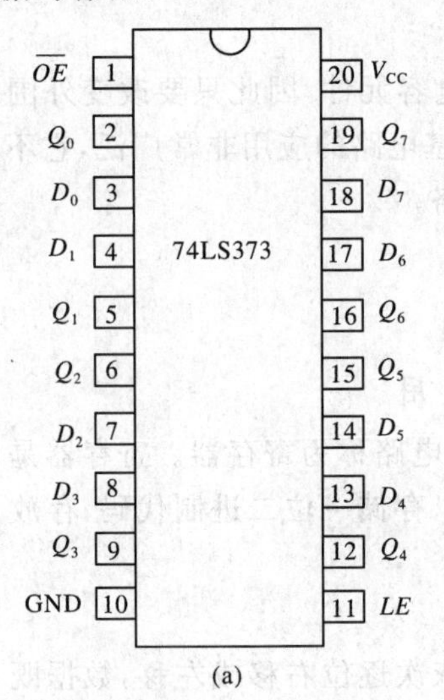

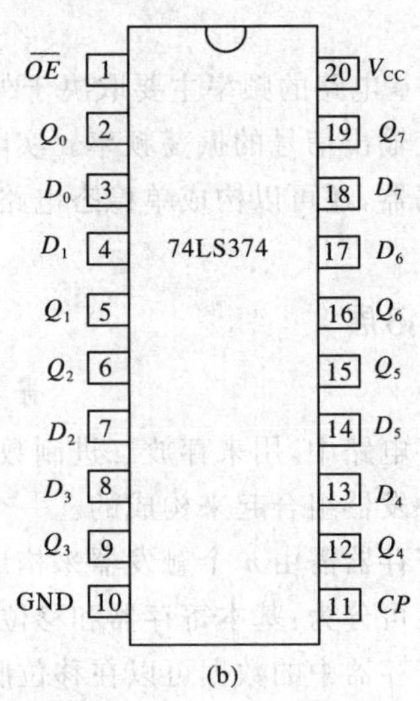

图 3-73　74LS373 和 74LS374 管脚图

表 3-18　74LS373 功能真值表

D_n	LE	$\overline{OE}$	Q^{n+1}
1	1	0	1
0	1	0	0
×	0	0	Q^n
×	×	1	Z^n

表 3-19　74LS374 功能真值表

D_n	CP	$\overline{OE}$	Q^{n+1}
1	↑	0	1
0	↑	0	0
×	×	1	Z^n

2. 移位寄存器

由 D 触发器构成左移寄存器

图 3-74 所示的右移寄存器由四个 D 触发器串联而成，D_{in} 为串行数据输入端，$Q_3Q_2Q_1Q_0$ 为并行数据输出端，Q_{out} 为串行数据输出端。若 D_{in} 的输入数据为“1”，当第一个 CP 上升沿到来时，D_{in} 上的“1”移到了 Q_0 上，随着第二个、第三个、第四个 CP 脉冲上升沿的到来，该数据“1”不断右移到 Q_1、Q_2、Q_3 上，当第四个脉冲到来时，Q_{out} 得到了 D_{in} 上的数据。若 D_{in} 上的串行数据是 1101，则数据随着 CP 上升沿的到来不断右移，见表 3-20，经过四个 CP 脉冲之后，串行数据输出端 Q_{out} 得到串行输入的第一位数据，同时，在寄存器的并行输出端 $Q_3Q_2Q_1Q_0$ 上得到了四位串行转并行的数据 1101，可以看出，在第八个 CP 脉冲结束后，在串行数据输出端 Q_{out} 上可以得到四位串行数据 1101。

图 3-75 是四位左移寄存器。输入端 D_{in} 上的数据随着 CP 脉冲的到来，以 $Q_3 \to Q_2 \to Q_1 \to Q_0$ 的顺序左移。

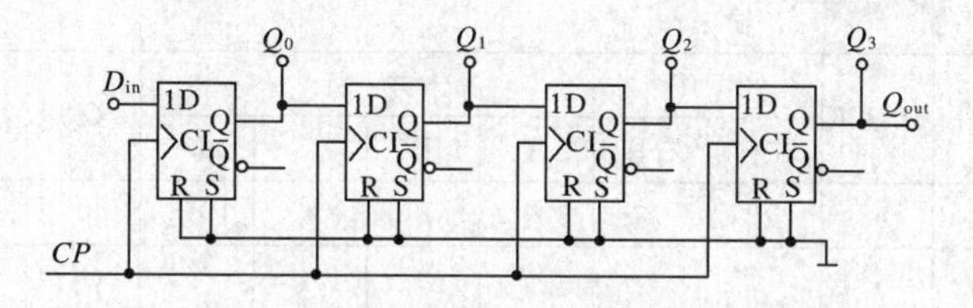

图 3-74　四位移位（右移）寄存器

表 3-20　　**四位移位（右移）寄存器工作过程**

CP	D_{in}	Q_0	Q_1	Q_2	Q_3（Q_{out}）
0	1101(1)	0	0	0	0
1	X101(1)	1	0	0	0
2	XX01(0)	1	1	0	0
3	XXX1(1)	0	1	1	0
4	XXXX(1)	1	0	1	1

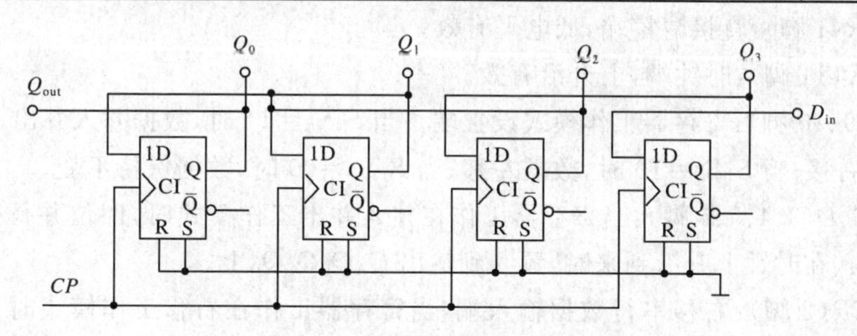

图 3-75　四位移位（左移）寄存器

3. 多功能四位并入并出（PIPO）集成移位寄存器 74194

双向移位寄存器工作原理

74194 是应用较广的移位寄存器，它的功能比较全面，有：(1) 数据并入并出；(2) 数据左移；(3) 数据右移；(4) 数据保持。图 3-76 是它的管脚分布和逻辑符号。真值表见表3-21。

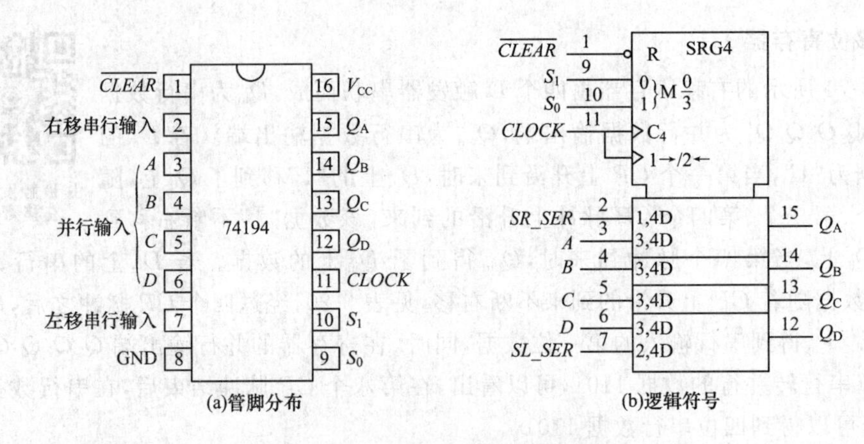

图 3-76　74194 管脚分布和逻辑符号

表 3-21　　　　集成移位寄存器 74194 真值表

输入										输出			
$\overline{CLEAR}$	工作模式		$CLOCK$	串行		并行				Q_A	Q_B	Q_C	Q_D
	S_1	S_0		左移	右移	A	B	C	D				
0	×	×	×	×	×	×	×	×	×	0	0	0	0
1	×	×	↓	×	×	×	×	×	×	Q_A^n	Q_B^n	Q_C^n	Q_D^n
1	1	1	↑	×	×	a	b	c	d	a	b	c	d
1	0	1	↑	×	1	×	×	×	×	1	Q_A^n	Q_B^n	Q_C^n
1	0	1	↑	×	0	×	×	×	×	0	Q_A^n	Q_B^n	Q_C^n
1	1	0	↑	1	×	×	×	×	×	Q_B^n	Q_C^n	Q_D^n	1
1	1	0	↑	0	×	×	×	×	×	Q_B^n	Q_C^n	Q_D^n	0
1	0	0	×	×	×	×	×	×	×	Q_A^n	Q_B^n	Q_C^n	Q_D^n

从图 3-76 和表 3-21 中我们可以看出，74194 是一款多功能的移位寄存器，它各管脚的作用及芯片功能如下：

$\overline{CLEAR}$(1 脚)：直接清零端，低电平有效。

$CLOCK$(11 脚)：时钟端，上升沿有效。

S_1、S_0(9、10 脚)：寄存器工作模式设置端。当 $S_1S_0=11$ 时，数据并入并出；当 $S_1S_0=01$ 时，数据右移；当 $S_1S_0=10$ 时，数据左移；当 $S_1S_0=00$ 时，数据保持不变。

A、B、C、D(3、4、5、6 脚)：当寄存器工作在并入并出工作模式时，四位并行数据从 A、B、C、D 输入，在时钟上升沿到来时，置入到输出 $Q_AQ_BQ_CQ_D$ 上。

SR_SER(2 脚)：右移串行数据输入端，当寄存器工作在右移工作模式时，串行数据从此端输入，每个时钟上升沿到来时，数据在 $Q_AQ_BQ_CQ_D$ 上依次右移，四个脉冲周期后，可以在 $Q_DQ_CQ_BQ_A$ 上并行取出四位右移的数据，也可以由 Q_D 依次串行输出。

SL_SER(7 脚)：左移串行数据输入端，当寄存器工作在左移工作模式时，串行数据从此端输入，每个时钟上升沿到来时，数据在 $Q_AQ_BQ_CQ_D$ 上依次左移，四个脉冲周期后，可以在 $Q_AQ_BQ_CQ_D$ 上并行取出四位左移的数据，也可以由 Q_A 依次串行输出。

Q_A、Q_B、Q_C、Q_D(15、14、13、12 脚):四位并行数据输出端。

【例 3-7】 将两片 74194 串接成八位左移寄存器

两片 74194 串接成八位左移流水灯仿真电路,如图 3-77 所示。

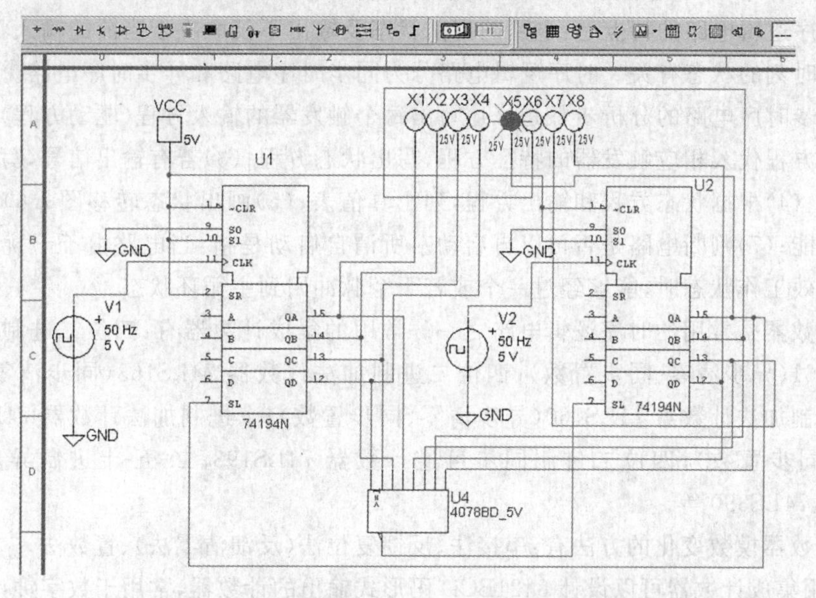

图 3-77 两片 74194 串接成八位左移流水灯仿真电路

从图 3-77 中可以看出,两片 74194 的$\overline{CLEAR}$(~CLR)端接+5 V,寄存器处于正常工作状态;S_1S_0 接 10,工作模式为数据左移。左移的数据从 U2 的 SL_SER(SL)左移数据输入端输入,在两片 74194 的输出全为零时(开始清零后),U4(4078BD_5V,CD4078 八输入或非门)的输出为高电平,输入到 U2 的左移数据输入端 SL,所以移动的数据是高电平"1",逐位点亮输出指示灯。观察发现,U1 的 SL 端与 U2 的 Q_A端相连。两片 74194 的时钟信号皆为50 Hz 方波信号,也就是左移的间隔时间为 20 ms。

思考:若要求该电路右移(间隔时间为 20 ms)轮流点亮各输出指示灯,则应该如何连接?画出具体电路,并仿真验证。

知识小结

1. 触发器是构成时序逻辑电路的基本逻辑单元。基本 RS 触发器是构成其他触发器的基础,由与非门构成的基本 RS 触发器的特征方程是 $Q^{n+1}=\overline{\overline{S}}+\overline{R}Q^n$,其约束条件是 $\overline{R}+\overline{S}=1$。最常用的边沿触发器有边沿 D 触发器和边沿 JK 触发器。D 触发器的特征方程是 $Q^{n+1}=D$;JK 触发器的特征方程是 $Q^{n+1}=J\overline{Q^n}+\overline{K}Q^n$。

2. 触发器功能的描述方式有:特征方程、功能真值表、状态转移图、时序(波形)图等多种。

3. D 触发器和 JK 触发器可以构成二分频电路,还可以串接构成异步模四(四分频)、模八(八分频)、模十六(十六分频)等模数的计数器。

4.D 触发器和 JK 触发器可以实现同步计数器等时序逻辑电路的逻辑功能。

5.JK 触发器将 J 端的信号通过非门接至 K 端，可实现 D 触发器的功能，从而将 JK 触发器转换为 D 触发器。

6.时序逻辑电路的特点是：电路的当前状态及输出不仅取决于当前的输入状态，还与电路前一时刻的状态有关。时序逻辑电路分为同步时序电路和异步时序电路。

7.同步时序电路的分析步骤是：(1)写出每个触发器的输入方程(驱动方程)；(2)把得到的输入方程代入相应触发器的特征方程，写出状态方程；(3)若有输出信号，写出电路的输出方程；(4)根据状态方程和输出方程，列出真值表；(5)画出状态转移图；(6)判断电路的逻辑功能；(7)判断电路是否可以自启动。所谓自启动是指：当电路由于干扰或其他因素进入无效工作状态时，能够经过一个或若干个脉冲回到主循环状态。

8.计数器是常用的时序逻辑电路之一。常用的集成计数器有：四位二进制加法计数器 74LS161(异步清零、同步置数)；四位二进制加法计数器 74LS163(同步清零、同步置数)；十进制加法计数器 74LS160(异步清零、同步置数)；十进制加法计数器 74LS162(同步清零、同步置数)；四位二进制同步可逆计数器 74LS193；二-五-十进制异步计数器 74LS290、74LS390 等。

9.计数器模数变化的方法有：串接法、反馈复位法(反馈清零法)、置数法。

10.用集成计数器可以设计 8421BCD 码形式输出的计数器，常用于数字钟计时器。

11.数据锁存器和数据寄存器也是常用的时序逻辑电路。常用的数据锁存器有 74LS373，而 74LS374 是同样具有三态的数据寄存器。74LS194 是一款多功能寄存器，它可以实现：(1)数据并入并出；(2)数据左移；(3)数据右移；(4)数据保持。移位寄存器合理连接后可以构成流水灯等实用电路。

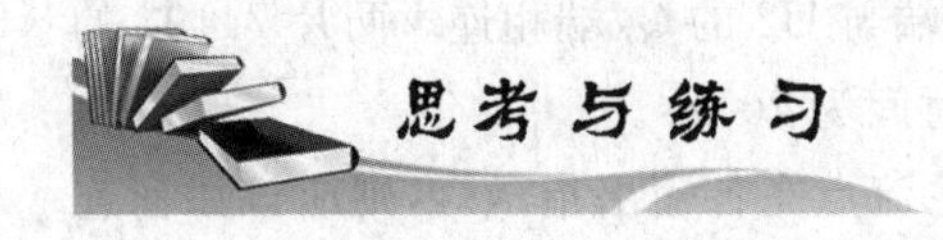

思考与练习

1.根据题图 3-1 中的波形分别画出上升沿和下降沿有效的 D 触发器的输出波形(设初始状态均为 0)。

2.根据题图 3-2 中的波形分别画出上升沿和下降沿有效的 JK 触发器的输出波形(设初始状态均为 0)。

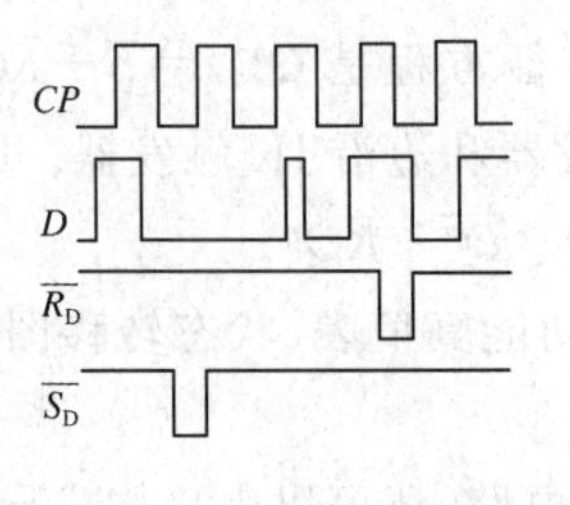

题图 3-1　题 1 图

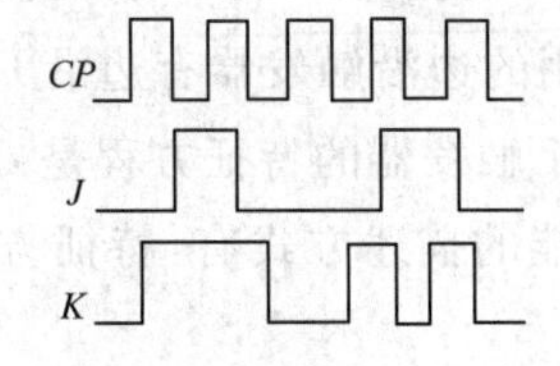

题图 3-2　题 2 图

3. 设题图 3-3 中各触发器的初始状态均为 0,根据 CP 的波形(设为矩形脉冲,可自拟)画出各触发器输出 Q 的波形(最少画 6 个时钟周期)。

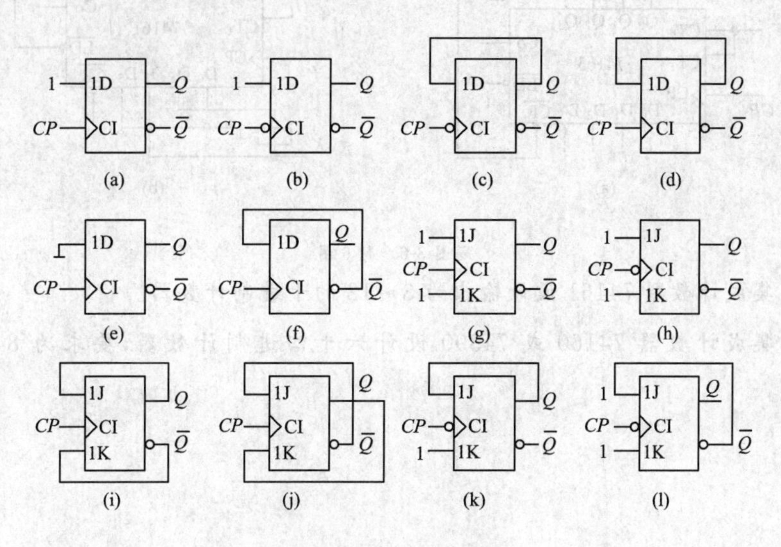

题图 3-3　题 3 图

4. 分析题图 3-4(a)、(b)中时序逻辑电路的逻辑功能。

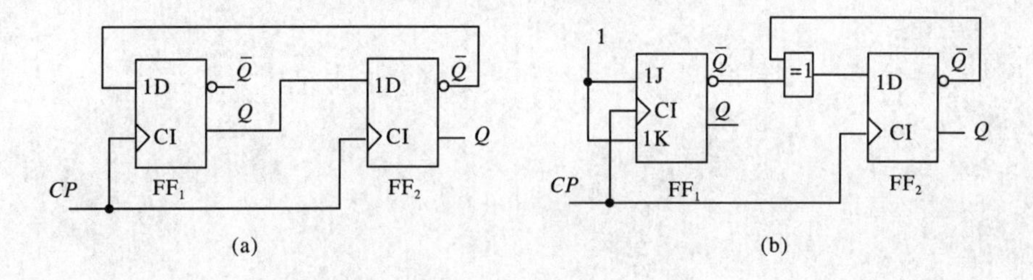

题图 3-4　题 4 图

5. 由 D 触发器组成的电路如题图 3-5(a)所示,输入波形如题图 3-5(b)所示。设各触发器的初始态为 0,画出 Q_1、Q_2 的波形。

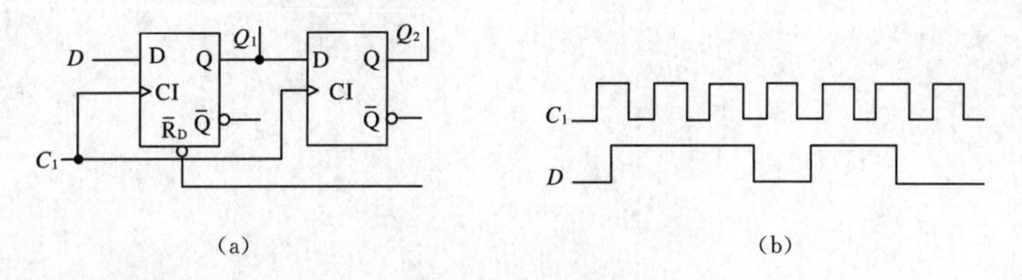

题图 3-5　题 5 图

6. 分析:题图 3-6(a)所示的计数器为几进制计数器?题图 3-6(b)所示的计数器在控制端 K 处分别为 0、1 时各为几进制计数器?

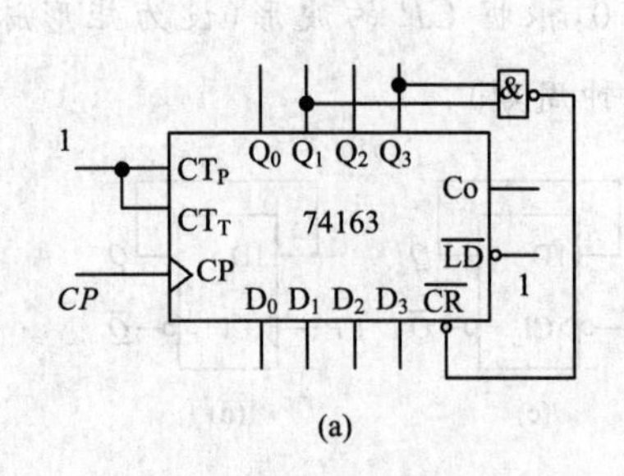

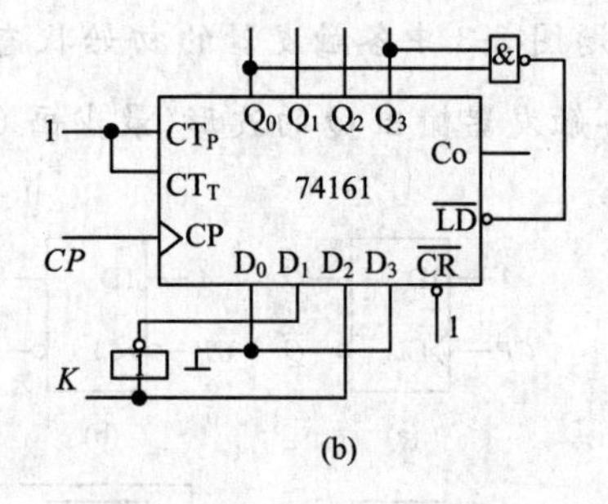

题图 3-6　题 6 图

7. 试用集成计数器 74161 设计输出为 3～12 的十进制计数器。

8. 试用集成计数器 74160 或 74390 设计六十四进制计数器，要求为 8421BCD 码输出。

项目4 基于CPLD的具有倒计时功能抢答器的设计与制作

引 言

进入21世纪的十几年来，随着计算机技术与微电子技术的持续发展，数字化社会的特征进一步彰显，以数字集成电路为代表的数字电路已进入社会生活的各个领域。数字电路应用领域扩大的同时，其相应的功能设计也越来越复杂，这就对数字电路的设计方法提出了更高的要求。

传统数字电路主要由功能固定的中小规模集成电路(SSI和MSI)、大规模集成电路(LSI)搭建而成。设计者在明确设计要求后，需要根据设计要求选择功能已知的SSI、MSI与LSI，然后根据所选择的芯片考虑整个系统的硬件设计方案，如前述三个项目的设计。概括起来说，传统的数字电路设计具有以下缺点：

(1)所选择的集成电路功能固定，因此一旦设计方案确定并交付制造，硬件电路便不能修改、升级。

(2)如果硬件电路经测试不能满足设计要求或者需要对逻辑功能进行调整、升级，那么必须重新设计并制造，而复杂逻辑功能的实现需要成百上千的SSI、MSI与大量的LSI，就需要消耗较多的人力和物力。

(3)数字电路的相应控制全部由连线完成，只要参照成品的连线即可仿制电路，电路的保密性低。

(4)由大量SSI、MSI、LSI搭建而成的电路，其芯片外围复杂的连线对电路工作速度及可靠性产生了不利影响：一方面其连线长度制约了所能达到的工作速度，另一方面过多的连线使电路容易受到外界的干扰。

鉴于上述缺点，传统的数字电路设计已经越来越不适应当下对电子设计的实时快速、易于检修、易于保密和升级的要求，而EDA技术与可编程逻辑器件的出现与发展弥补了传统数字电路设计方法的不足。EDA是电子设计自动化的简称，这里的“自动化”主要是指电子设计的关键工作由计算机自动完成。

可编程逻辑器件设计是EDA技术的重要应用领域。应用EDA技术设计可编程逻辑器件时，设计者只须正确描述所需的逻辑功能，就可由EDA软件平台根据设计者提供的逻辑功能描述完成对可编程逻辑器件内部指定目标的布局布线工作。由于主要逻辑功能由可编程逻辑器件内部电路实现，而可编程逻辑器件内部连线很短，所以基于可编程逻辑器件的数字电路可以达到较高的运行速度，具有较好的可靠性。EDA软件平台通常提供软件仿真功能，同时也可以使用专门的软件仿真工具对已有的设计结果进行功能仿真、时序仿真、驱动仿真甚至电磁兼容方面的验证。当仿真结果显示该设计不能达到设计要求时，一般只须修改设计者的设计描述而不需重新设计硬件电路，即使修改硬件电路，也只是修改软件中的部分语句，所消耗资源较少。

EDA技术已成为当今电子设计领域的重要技术。基于EDA技术，目前绝大多数数字电路可由CPU与可编程逻辑器件及必要的外围电路（如存储器等）配合实现。学会数字电路设计，掌握EDA技术，是21世纪相关专业人员掌握数字技术的重要环节。

学习目标

1. 掌握QuartusⅡ集成开发环境使用方法。
2. 理解QuartusⅡ软件设计流程。
3. 了解可编程逻辑器件的基本概念。
4. 了解可编程逻辑器件的基本结构。
5. 掌握EDA基本概念及现代数字系统设计方法。

工作任务

任务4-1　QuartusⅡ软件操作训练

　　工作任务4-1-1　基于QuartusⅡ原理图输入法的2输入与非门的设计与仿真

　　工作任务4-1-2　基于QuartusⅡ原理图输入法的2输入异或门的设计与仿真

　　工作任务4-1-3　4位全加器的设计及下载验证

　　工作任务4-1-4　8位全加器的设计及下载验证

任务4-2　用VHDL语言设计功能模块

　　工作任务4-2-1　基于VHDL语言的基本门电路的设计

　　工作任务4-2-2　基于VHDL语言的4位加法器的设计

　　工作任务4-2-3　基于VHDL语言的任意进制计数器的设计

任务4-3　基于可编程逻辑器件设计具有倒计时功能的八人抢答器

　　工作任务4-3-1　四人抢答器的设计及下载验证

　　工作任务4-3-2　具有倒计时功能的四人抢答器的设计及下载验证

　　工作任务4-3-3　具有倒计时功能的八人抢答器的设计及下载验证

应用示例>>>

无叶风扇控制器

此控制器通过对无叶风扇的气压测量来确定风扇的风量。用可编程逻辑器件产生PWM信号来驱动和控制风扇，可编程逻辑器件通过A/D转换模块测得气压值，以闭环的形式来控制风扇气压（风量）。无叶风扇控制器系统框图如图4-1所示，核心板实物如图4-2所示，产品实物如图4-3所示。

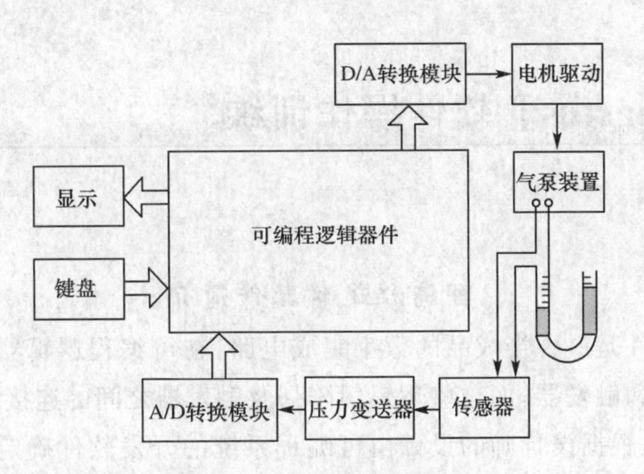

图 4-1 无叶风扇控制器系统框图

图 4-2 无叶风扇控制器核心板实物

图 4-3 无叶风扇控制器产品实物

任务4-1 QuartusⅡ软件操作训练

知识扫描

可编程逻辑器件简介

可编程逻辑器件是一种半成品的数字集成电路，在可编程逻辑器件的芯片内集成了大量的逻辑门阵列和触发器，而这些逻辑门阵列及触发器之间的连接关系，也就是可编程逻辑器件的功能，是根据设计师的设计由可编程系统的开发软件确定的。可编程逻辑器件在计算机、通信、自动控制、仪器仪表等领域得到广泛运用，大规模可编程逻辑器件已成为现代数字系统设计的基础。

自从19世纪70年代发明了可编程逻辑器件，它的规模、密度、性能有着惊人的变化。早期的可编程逻辑器件主要有可编程逻辑器件PAL(Programmable Logic Device)和通用门阵列GAL(Generic Array Logic)，它们都属于简单的PLD(Programmable Logic Device)，结构简单，设计灵活，对开发软件的要求低，但它们的规模小，寄存器、I/O管脚、时钟资源的数目有限，没有内部互连，难以实现复杂的逻辑功能。随着电子技术的发展，出现了复杂可编程逻辑器件CPLD(Complex Programmable Logic Device)、现场可编程门阵列FPGA(Field Programmable Gate Array)等复杂的可编程逻辑器件。

目前可编程逻辑器件主要有三大发展方向：向速度更快、密度更高、频带更宽的百万门系统级方向发展；向嵌入标准、通用功能方向发展，可编程片上系统或平台，即可编程SOC，就应运而生；向低电压、低功耗绿色元器件方向发展。

可编程应用系统的优点主要有：

1. 缩短了设计周期：可编程逻辑器件应用系统的设计，由于在设计之初就可以对设计进行仿真、发现设计中的错误，系统性能更能得到保证。相比传统的设计而言，设计质量有保障、设计周期短、设计成本低。

2. 减小了产品的体积：用大规模可编程逻辑器件取代多片通用集成电路，大大地减小了产品的体积。

3. 增加了设计的灵活性：多种形式的设计输入取代了传统的由通用器件组成的电路原理图形式，使设计更具有灵活性。

4. 增加了产品的技术保密性：CPLD提供芯片加密功能，使得芯片内部的设计得到了保护，防止了非法复制，保护了产品开发者的利益。而传统形式的设计，硬件电路能够轻易被仿制。

5. 提供产品在线升级的功能：当产品的设计存在缺陷时，可以修改可编程逻辑器件内部的设计，利用可编程逻辑器件的在线下载能力，修正设计，使产品具有在线升级功能。

可编程逻辑器件的主流生产厂商有：Lattice、Altera、Xilinx和Actel，其中Altera公司的CPLD和Xilinx的FPGL具有较大的市场占有率。可以说，Altera和Xilinx共同决定了可编程逻辑器件的发展方向。如图 4-4 所示是 Xilinx 和 Altera 公司的可编程逻辑器件的产品。各主流生产厂商都开发了其独特的可编程逻辑器件的设计软件:Xilinx 的开发软件为 Foundation 和 ISE;Altera 的开发软件为 Maxplus Ⅱ 和 Quartus Ⅱ;Lattice 的开发软件为 ispLEVER。此外,还有一些第三方的专门的可编程逻辑器件开发软件设计厂商。

图 4-4　Xilinx 和 Altera 公司产品

图 4-5(a)是早期的可编程逻辑器件 PAL,图 4-5(b)是 Altera 公司 FLEX10K 系列的可编程逻辑器件 CPLD,图 4-5(c)是 Altera 公司 Stratix II 系列的可编程逻辑器件 FPGA。早期的可编程逻辑器件根据芯片上的 GAL 或 PAL 字样,可以很容易地判断出是 GAL 还是 PAL;现在的可编程逻辑器件生产商均以系列的形式推出产品,如 Altera 公司的 MAXⅡ系列为 CPLD,CYCLONE 系列为 PFGA。一个系列的可编程逻辑器件又有着不同的规模,器件的外形尺寸一般与芯片的规模相应,并且提供不同的封装以适应不同的应用要求。所以现在单从可编程逻辑器件的外形和封装看不出该芯片是 CPLD 还是 FPGA。芯片的信息可从芯片表面的印字中得到一些,例如,图 4-5(b)中芯片上的第一排字是厂商 Altera 的商标,第二排字是芯片所属的系列,第三排字是芯片的具体型号,按照系列名或芯片型号可在互联网上查找芯片的资料,了解芯片的类型、规模、速度等信息。

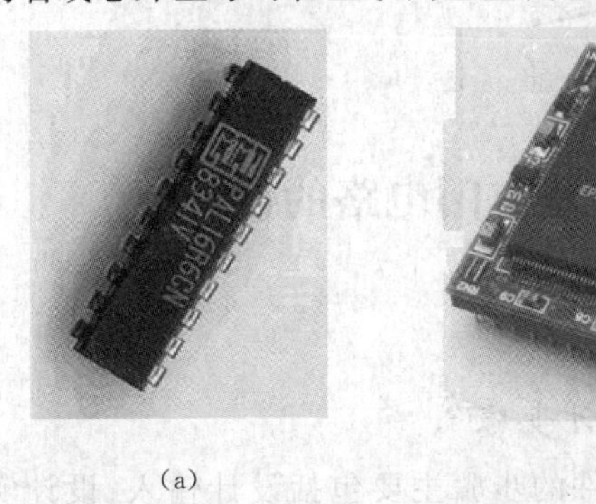

(a)　　(b)　　(c)

图 4-5　早期的可编程逻辑器件 PAL 和现在的可编程逻辑器件 CPLD、FPGA

图 4-6 是由 Altera 的 CPLD 组成的应用系统,印制板下方的方形芯片是 MAX7000S 系列的 EPM7128SLC84-15,它是属于 CPLD 类的可编程逻辑器件,该系列的芯片支持在

图 4-6　由 Altera MAX7000S 系列的 CPLD 组成的应用系统

线系统编程(In-System Programmability,ISP)。芯片的下方有一个 2×5 的双排插针,是可编程逻辑器件的 JTAG 口,计算机通过如图 4-7 所示的下载线缆与该口相连,实现可编程逻辑器件应用程序的在线编程,即在计算机上修改可编程逻辑器件内部的设计,再将修改过的程序通过下载线缆下载到芯片中(这个过程称为在线编程),可编程逻辑器件的功能就被修改了,只要在设计系统硬件时充分考虑到兼容性,就可做到同样一块系统板在下载了数字钟的程序时是一个数字钟,在下载了抢答器程序时是一个抢答器。

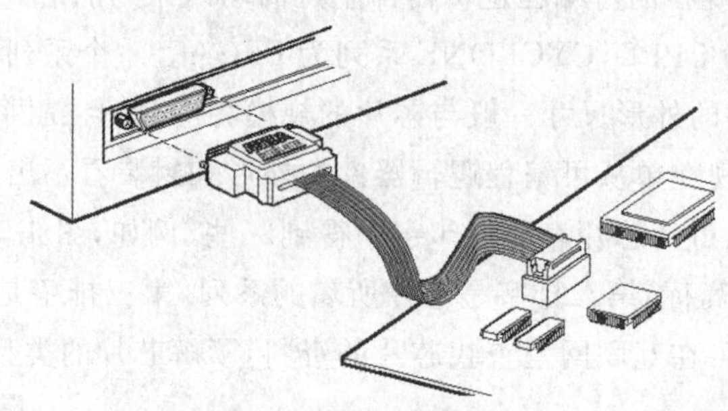

图 4-7　Altera 的下载线缆(Byte Blaster)

4-1-1　基于 Quartus Ⅱ 原理图输入法的基本门电路的设计

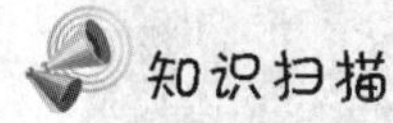

可编程逻辑器件设计步骤

利用 Quartus Ⅱ EDA 软件设计可编程逻辑器件的步骤主要包括设计输入、设计实现、设计验证与器件下载。

1. 设计输入

设计输入是指设计者采用某种描述工具描述出所需的电路逻辑功能,然后将描述结果交给 EDA 软件进行设计处理。设计输入的形式有硬件描述语言输入、原理图输入、状态图输入、波形输入或几种方式混合输入等，其中硬件描述语言输入是最重要的设计输入方法。目前业界常用的硬件描述语言有 VHDL、Verilog-HDL、ABEL-HDL，本节主要介绍原理图的设计输入方法。

2. 设计实现

设计实现的过程由 EDA 软件完成。设计实现是将设计输入转换为可下载至目标器件的数据文件的全过程。设计实现主要包括优化(Optimization)、合并(Merging)、映射(Mapping)、布局(Placement)、布线(Routing)、产生下载数据等步骤。

优化是指 EDA 软件对设计输入进行分析整理，使其逻辑最简，并将其转换为适合目标器件实现的形式。

合并是指将多个模块文件合并为一个网表文件。

映射是指根据具体的目标器件内部单元电路对设计进行调整，使逻辑功能的分割适于用指定的目标器件内部逻辑资源实现。映射之前软件产生的网表文件与器件无关，主要是以门电路和触发器为基本单元的表述；映射之后产生的网表文件是对应于具体的目标器件内部单元电路的表述。

布局是指映射将逻辑功能转换为适合于目标器件内部硬件资源实现的形式后，实施具体的逻辑功能分配，即用目标器件内不同的硬件资源实现各个逻辑功能。

布线是指在布局完成后，根据整体逻辑功能的需要，将各子功能模块用硬件连线连接起来的过程。

产生下载数据是指产生能够被目标器件识别的编程数据。对于 CPLD 而言，它的下载数据为熔丝图文件，即 JEDEC 文件。

3. 设计验证

设计验证包括功能仿真、时序仿真与硬件测试。这一步通过仿真器来完成，利用编译器产生的数据文件自动完成逻辑功能仿真和延时特性仿真。在仿真文件中加载不同的激励，可以观察中间结果以及输出波形。必要时可以返回设计输入阶段，修改设计输入，以满足最终的设计要求。

基于 EDA 软件强大的仿真功能，设计者可以在将数据下载至目标芯片之前或在制造出芯片之前通过软件对设计效果进行评估，这极大地节约了成本。高档的仿真软件还可以对整个设计系统的性能进行评估。仿真不消耗资源，仅消耗少许时间，而这些时间与设计成本相比完全值得。

功能仿真与时序仿真统称为软件仿真。二者的主要区别在于仿真时是否需要针对具体的目标器件考虑时序延迟。功能仿真主要验证设计结果在逻辑功能上是否满足设计要求，这种仿真不考虑逻辑信号实际运行时不可避免的延迟信息，可以在选择指定目标器件之前进行，或者在指定了目标器件但尚未进行布局、布线之前进行，因此有时也称之为前仿真。

时序仿真由仿真软件根据目标器件内部的结构与连线情况，在仿真时考虑信号的延迟，尽可能地模拟实际运行状况。时序仿真必须在指定了目标器件且已经实现了布局、布线后进行，因此有时也称为后仿真。显然，在需要评估设计结果的性能、分析时序关系、消除竞争冒险等情况下必须进行时序仿真。

硬件测试是指将下载数据下载至目标器件中，然后从硬件实际运行效果的角度验证设计是否达到预期要求。

4. 器件下载

器件下载也称为器件编程，是将设计实现阶段产生的下载数据通过下载电缆下载至目标器件的过程。该过程需使用器件厂商提供的专用下载电缆，该电缆一端与 PC 的 USB 口相连，另一端接 CPLD 器件所在 PCB（印制电路板）上的 10 芯插头。编程数据通过该电缆下载到 CPLD 器件中，这个过程称为在线系统编程（ISP）。在线系统编程过程示意图如图 4-8 所示。

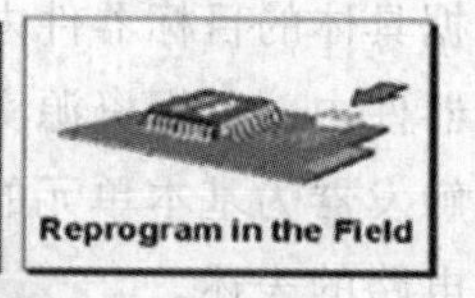

图 4-8　在线系统编程过程示意图

部分 CPLD 与 FPGA 不能进行 ISP 或 ICR，下载数据时需要将目标芯片放入专门的编程器进行数据下载，下载之后再将目标芯片焊到系统电路板上。

【工作任务 4-1-1】基于 QuartusⅡ原理图输入法的 2 输入与非门的设计与仿真

工作任务书

任务名称	基于 QuartusⅡ原理图输入法的 2 输入与非门的设计与仿真		
任务编码	SZA4-1-1	课时安排	2
任务内容	利用 QuartusⅡ软件设计 2 输入与非门并仿真验证		
任务要求	1. 正确使用 QuartusⅡ软件进行可编程逻辑器件设计； 2. 正确连接设计电路，仿真验证 2 输入与非门的逻辑功能； 3. 撰写设计报告。		
测试设备	设备及器件名称	型号或规格	数量
	+5 V 直流稳压电源	根据学校配备填写	1 台
	安装了 Quartus Ⅱ软件的计算机	根据学校配备填写	1 台
设计步骤（见后页内容）			
新建工程	（见后页内容）		
设计输入	（见后页内容）		
工程编译	（见后页内容）		
设计仿真	（见后页内容）		

总结与体会			
完成日期		完成人	

设计步骤如下：

1. 新建工程

QuartusⅡ是基于工程进行设计的，在设计开始前应建立工程，首先启动 QuartusⅡ软件，进入 QuartusⅡ的启动窗口，如图 4-9 所示。在 File 下拉菜单中选择“New Project Wizard”选项，出现如图 4-10 所示的工程向导对话框，在对话框中指定工程所在的工作目录、工程名称 gate_test 及顶层实体名称 gate_test，本工程建立的工作目录为 D:\quartus\project4_1。单击“Next”按钮，进入如图 4-11 所示的添加文件对话框，可以将已存在的输入文件添加到新建的工程中，该步骤也可以后续完成，这里直接单击“Next”按钮，出现如图 4-12 所示的选择器件对话框。

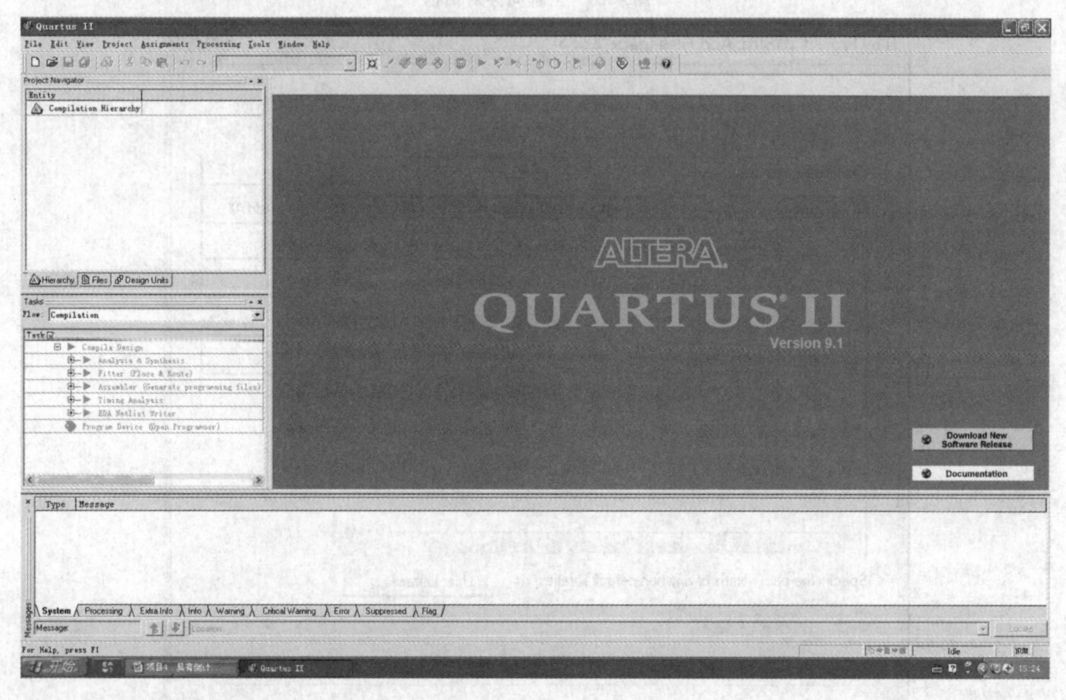

图 4-9　QuartusⅡ启动窗口

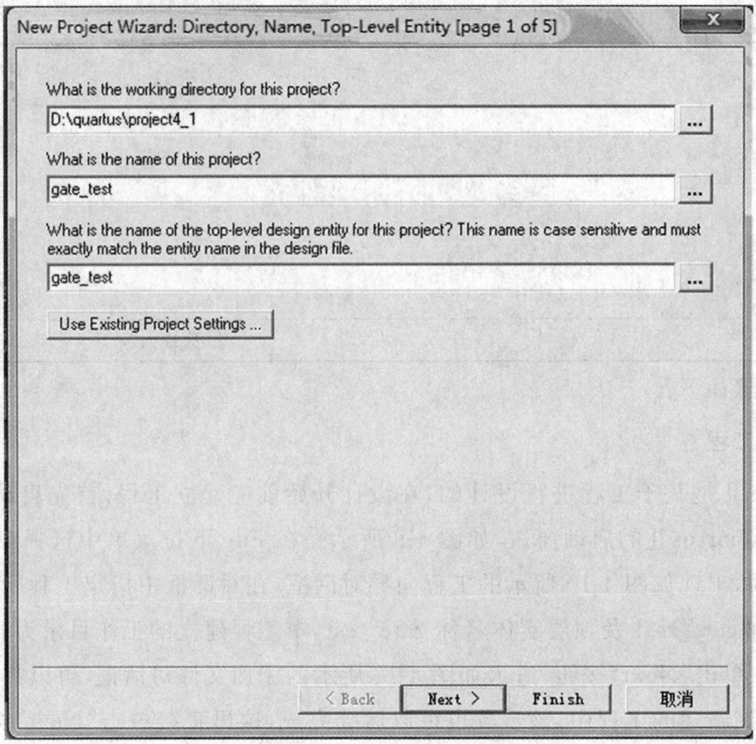

New Project Wizard: Directory, Name, Top-Level Entity [page 1 of 5]
What is the working directory for this project?
D:\quartus\project4_1
What is the name of this project?
gate_test
What is the name of the top-level design entity for this project? This name is case sensitive and must exactly match the entity name in the design file.
gate_test
Use Existing Project Settings ...
< Back
Next >
Finish
取消

图 4-10　工程向导对话框

New Project Wizard: Add Files [page 2 of 5]
Select the design files you want to include in the project. Click Add All to add all design files in the project directory to the project. Note: you can always add design files to the project later.
File name:
Add
Add All
Remove
Properties
Up
Down
File name
Type
Lib...
Design entr...
HDL version
Specify the path names of any non-default libraries.
User Libraries...
< Back
Next >
Finish
取消

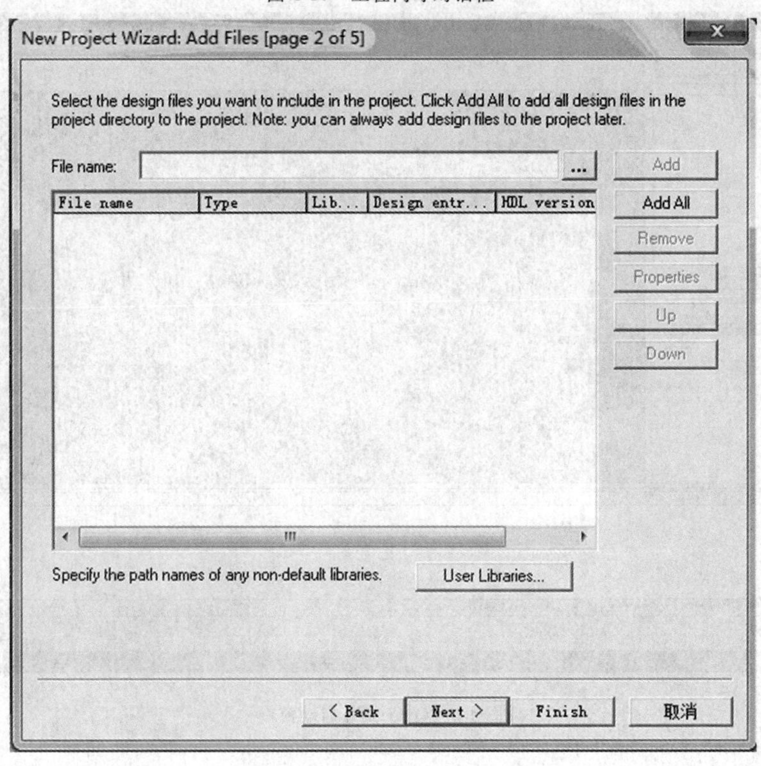

图 4-11　添加文件对话框

图 4-12 中选择了 MAXⅡ系列的 EPM1270T144C5 芯片。单击“Next”按钮，进入的对话框主要用来指定与 QuartusⅡ接口的第三方软件，本工程未使用第三方软件，因而这一对话框不用选任何选项，直接单击“Next”按钮进入下一个图 4-13 所示的工程建立完成对话框。

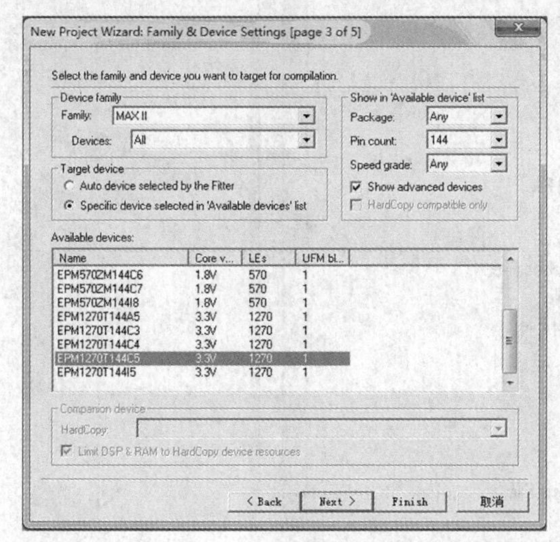

图 4-12 选择器件对话框

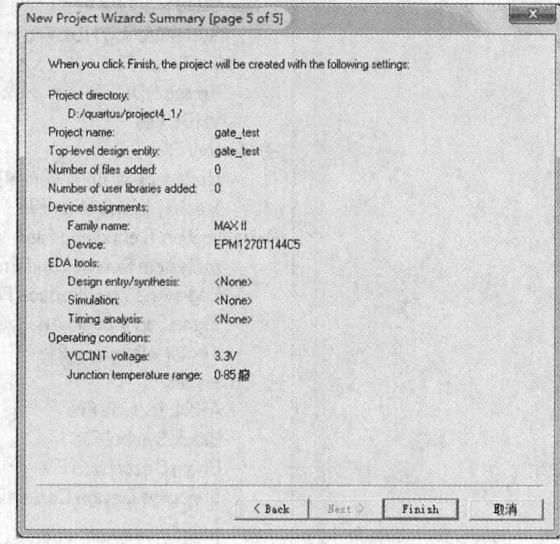

图 4-13 工程建立完成对话框

工程建立完成对话框主要显示新建立的工程概况，包括工程所在的文件夹、工程名称、顶层实体名称、已加入的文件与库的个数、所选择的目标器件的型号以及选用的第三方软件。在该对话框中单击“Finish”按钮即可建立一个工程。

2. 设计输入

在“File”下拉菜单中选择“New”选项，出现如图 4-14 所示的新建文件对话框，双击其中的“Block Diagram/Schematic File”，即可出现原理图编辑窗口。

在设计区域空白处双击鼠标左键，弹出“Symbol”对话框，如图 4-15 所示。在“Name”框中输入“nand2”，“Libraries”栏中出现所选择的器件名称，右边设计区域空白处出现 2 输入与非门的符号，单击“OK”按钮，将该符号引入原理图编辑窗口。用同样的方法，在原理图中引入两个输入端“INPUT”和一个输出端“OUTPUT”。在“pin_name”处双击鼠标左键，进行更名，两个输入管脚分别为 A 和 B，输出管脚为 F。单击左侧快捷工具栏中的直交节点连线工具⌝进行连线：将 A、B 脚连接到与非门的输入端，F 脚连接到与非门的输出端，如图 4-16 所示。

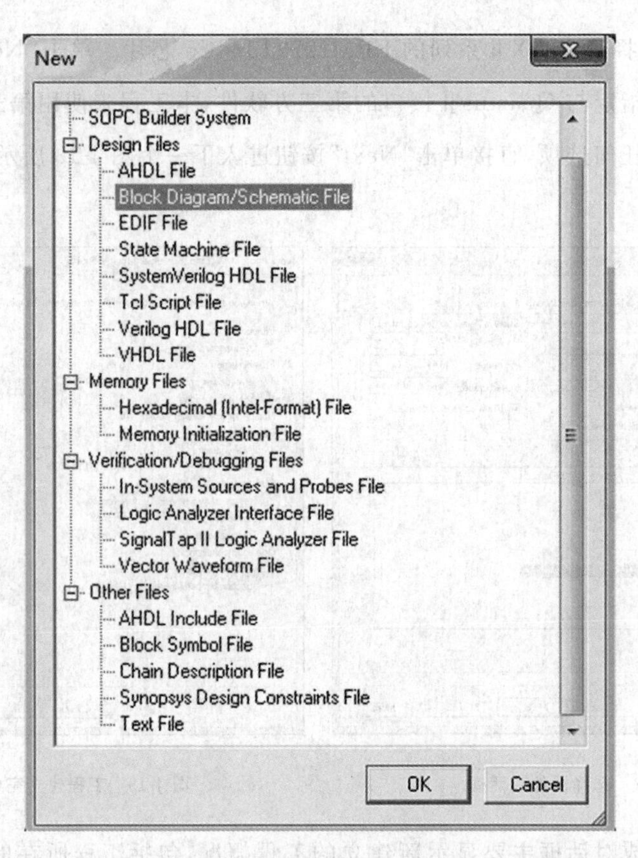

图 4-14　新建文件对话框

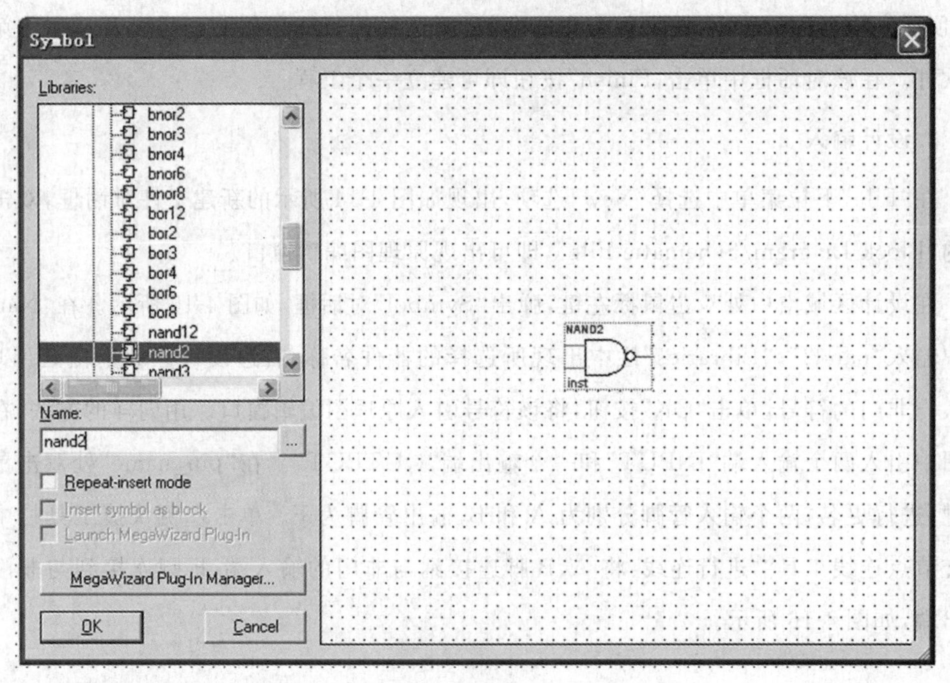

图 4-15　“Symbol”对话框

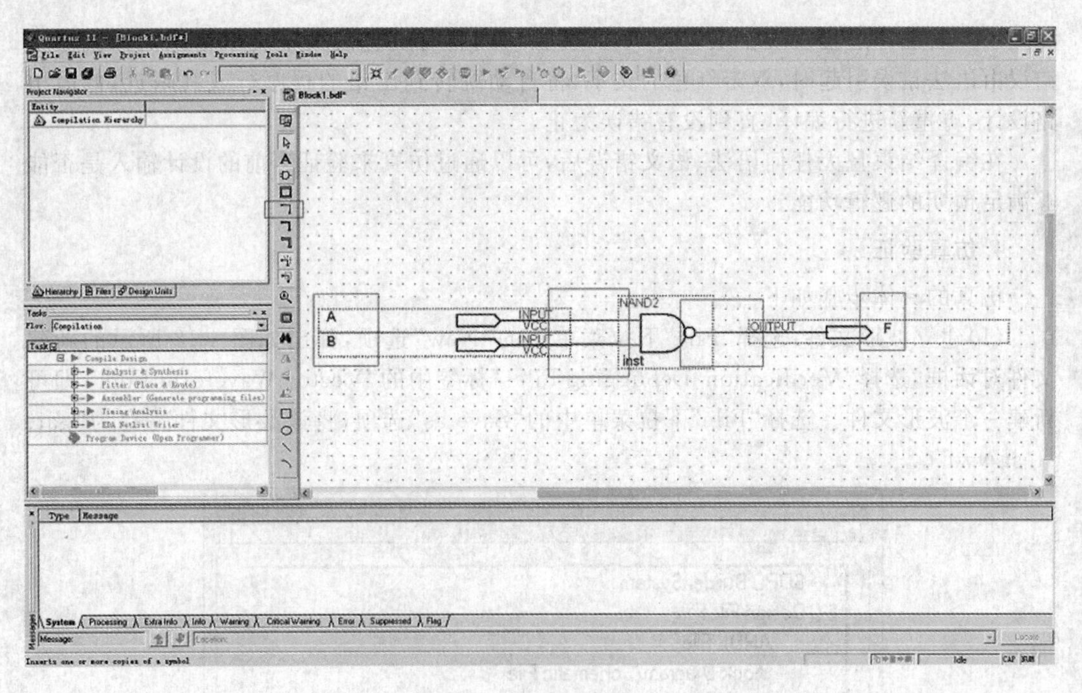

图 4-16　原理图编辑窗口

在“File”下拉菜单中选择“Save”选项将源文件以文件名“gate_test”存入文件夹 D:\quartus\project4_1。

3. 工程编译

如图 4-17 所示，完成了工程建立并加入了所需的源文件后，即可进行编译。

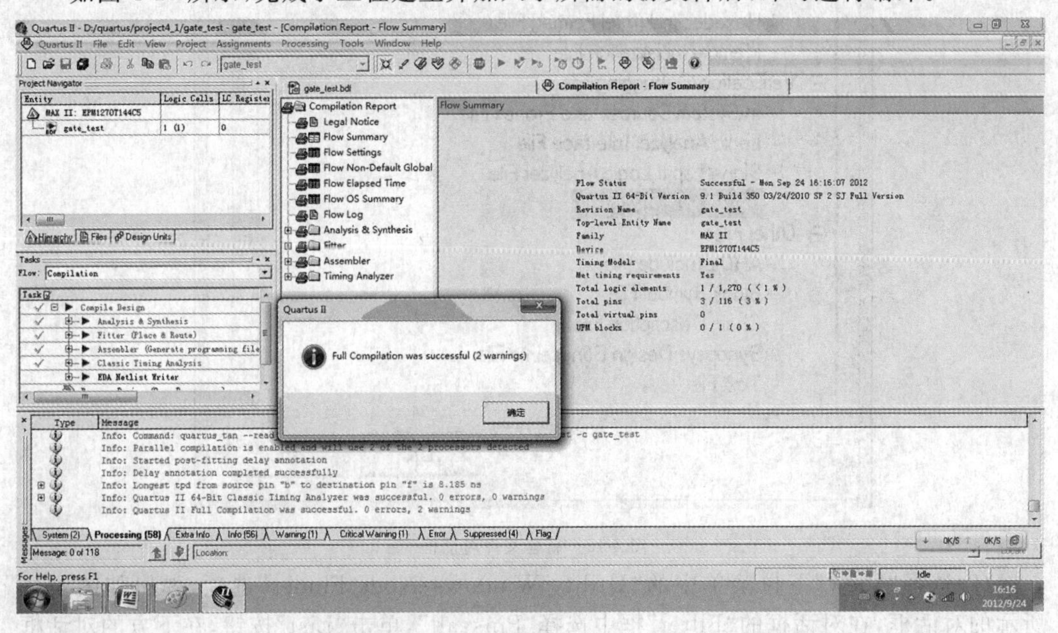

图 4-17　编译完成窗口

选择“Processing”下拉菜单中的“Start Compilation”选项开始编译，编译过程中有进度显示。若编译过程发现错误，在 Message 窗口内将有红色的文字提示错误的原因。当错误由语法错误引起时，双击红色的文字，将自动跳转到出错的程序行或其附近，修改电路设计，再重新进行编译，直到没有错误为止。

在编译结束且无任何语法、语义错误后，可以通过仿真来验证当前的设计输入是否能够满足预期的逻辑功能。

4. 仿真验证

仿真的具体步骤如下：

(1)建立波形文件：选择“File”下拉菜单中的“New”选项，弹出如图 4-18 所示的新建文件对话框，选择“Verification/Debugging Files”标签中的“Vector Waveform File”，即可新建一个波形文件。选择“File”下拉菜单中的“Save as”选项，将该波形文件另存为“gate_test.vwf”。

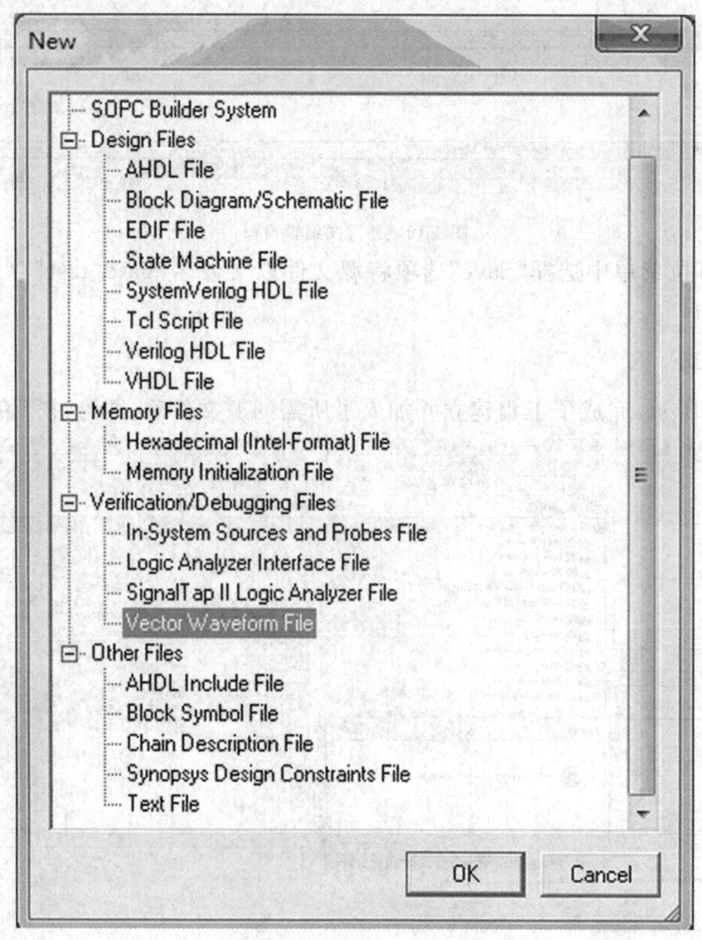

图 4-18　新建文件对话框

(2)选择“View”下拉菜单中的“Utility Windows/Node Finder”选项，弹出如图 4-19 所示的对话框，在对话框的“Filter”框中选择“Pins：all”，单击“List”按钮，在下方的对话框中将出现当前设计中所有的 I/O 管脚，选中要仿真观察的管脚，按住鼠标左键将其拖入刚才新建的波形文件中。

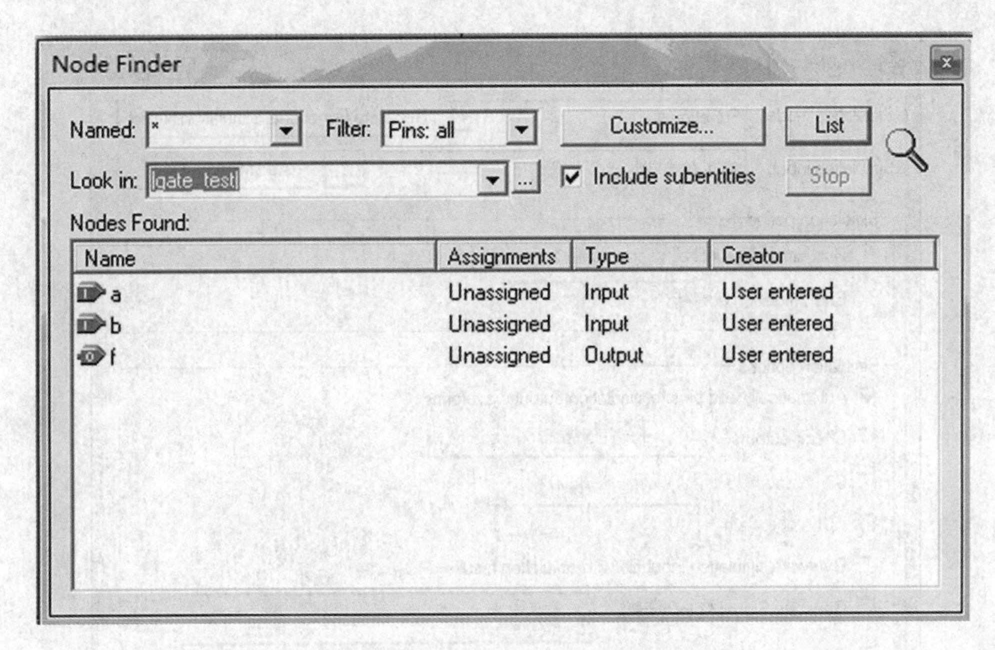

图 4-19 “Node Finder”对话框

(3)添加激励信号:通过拖拽选取波形,产生想要的激励信号。通过图 4-20 中左侧框内的波形控制工具条为波形图添加输入信号。添加激励信号时,对于组合逻辑电路,最好把输入信号的所有可能的组合都设置好,再进行仿真。对于 2 输入与非门,设置两个输入端 A、B 的四种组合:00、01、10、11,如图 4-20 所示。

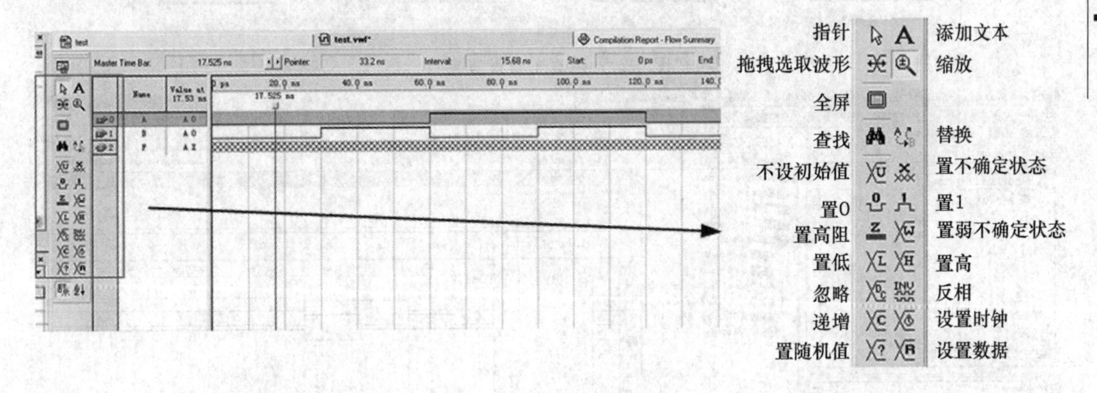

图 4-20 激励信号的设置

(4)设置完毕后,保存当前的波形文件,并选择“Processing”下拉菜单中的“Simulator Tool”选项,弹出如图 4-21 所示窗口。图 4-21 中的“Simulation mode”选项框,可以在功能仿真、时序仿真、快速时序仿真三种仿真模式之间切换。若要进行功能仿真,首先需要产生用于功能仿真的网表文件。选择按钮“Generate Functional Simulation Netlist”即可产生用于功能仿真的网表文件。时序仿真不需要这一步骤。

单击“Start”按钮即可进行仿真。仿真的结果可以单击“Report”按钮进行观察分析,图4-22所示即本例的仿真结果波形图。

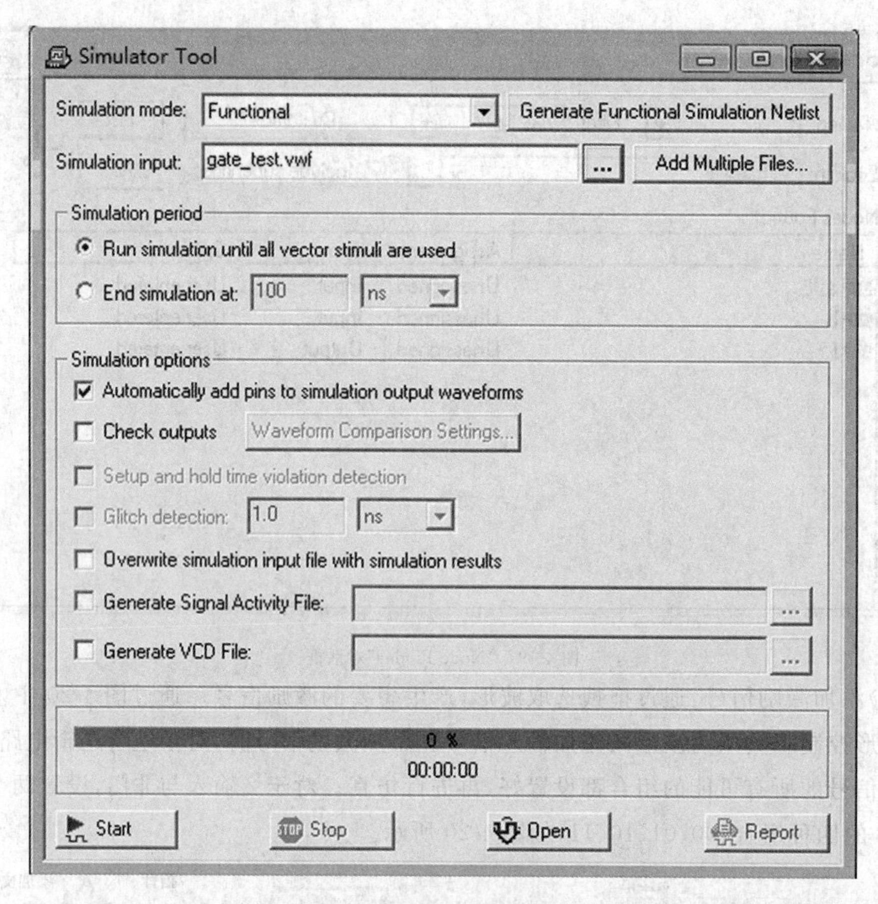

图 4-21　仿真工具设置窗口

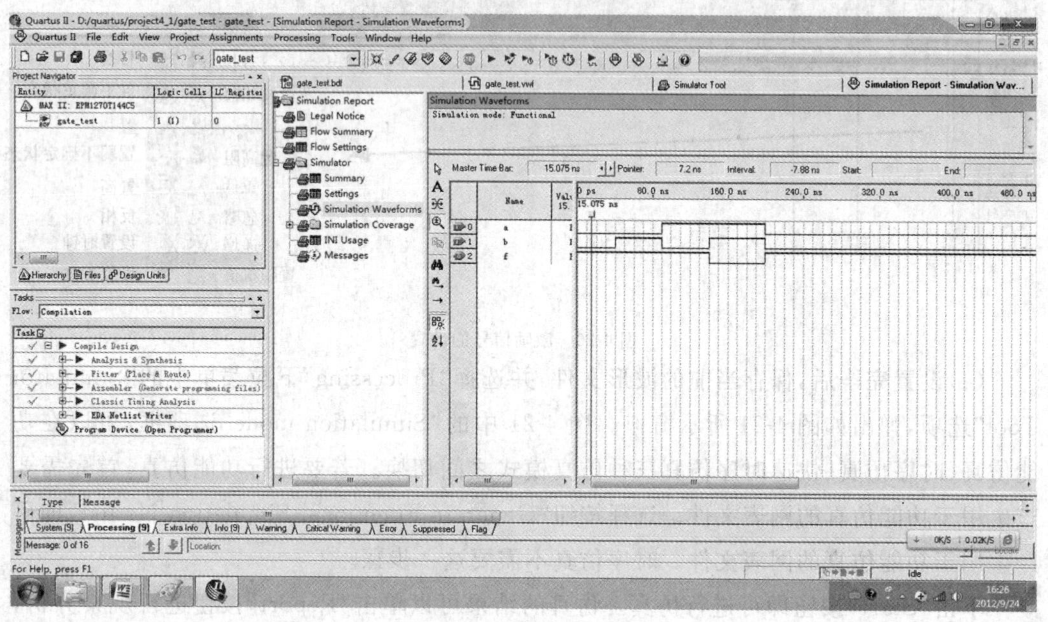

图 4-22　仿真结果波形图

【工作任务 4-1-2】基于 QuartusⅡ原理图输入法的 2 输入异或门的设计与仿真

设计工作任务书

任务名称	基于 QuartusⅡ原理图输入法的 2 输入异或门的设计与仿真		
任务编码	SZS4-1-2	课时安排	2
任务内容	利用 QuartusⅡ软件设计 2 输入异或门并仿真验证		
任务要求	1. 正确使用 QuartusⅡ软件进行可编程逻辑器件设计； 2. 正确连接设计电路，仿真验证 2 输入异或门的逻辑功能； 3. 撰写设计报告。		
测试设备	设备及器件名称	型号或规格	数量
	+5 V 直流稳压电源	根据学校配备填写	1 台
	安装了 Quartus Ⅱ软件的计算机	根据学校配备填写	1 台
设计步骤			
新建工程	根据实际操作，学生填写。		
设计输入	根据实际操作，学生填写。		
工程编译	根据实际操作，学生填写。		
设计仿真	根据实际操作，学生填写。		
总结与体会	1. 简述 Quartus Ⅱ的设计流程。 2. 波形仿真时，仿真时间如何设置？		
完成日期		完成人	

知识拓展

电子系统设计方法

随着可编程逻辑器件的不断发展，特别是 20 世纪 90 年代以后电子设计 EDA 技术的发展和普及，数字电子系统的设计方法和设计手段发生了革命性的变化，由传统的基于电路板的自底向上(Bottom-Up)的设计方法，逐渐转变成基于芯片的自顶向下(Top-Down)的设计方法。

1. 传统的电子系统设计方法

传统的电子系统设计一般基于电路板设计，采用自底向上的设计方法。系统硬件的设计从选择具体逻辑元器件开始，再用这些元器件进行逻辑电路设计，完成系统各独立功能模块设计，然后将各功能模块连接起来，完成整个系统的硬件设计，如图 4-23 所示。

从底层设计开始，到顶层设计完毕，因而称为自底向上的设计方法。这种设计方法的主要特征是：

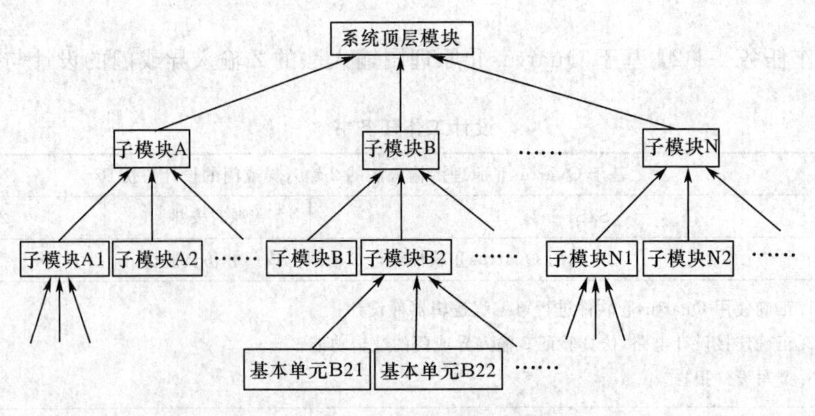

图 4-23　自底向上设计方法示意图

(1)采用通用的逻辑元器件;

(2)仿真和调试在系统设计后期进行;

(3)主要设计文件是电路原理图。

采用传统的设计方法,熟悉硬件的设计人员凭借其设计经验,可以在很短的时间内完成各个子模块的设计。而由于一般的设计人员对系统的整体功能把握不足,使得将各个子模块进行组合构建,完成系统调试,实现整个系统的功能所需的时间比较长,并且使用这种方法对设计人员之间相互协作能力有比较高的要求。

2. 现代电子系统设计方法

20 世纪 80 年代初,在硬件电路设计中开始采用计算机辅助设计技术 CAD(Computer Aided Design)。最初仅仅是利用计算机软件来实现印制板的布线,之后实现了插件板级规模的电子电路的设计和仿真。

随着大规模可编程逻辑器件 FPGA/CPLD 的发展,各种新兴 EDA 工具的出现,传统的电路板设计开始转向基于芯片的设计。基于芯片的设计不仅可以通过芯片设计实现多种数字逻辑系统功能,而且由于管脚定义的灵活性,大大减少了电路图设计和电路板设计的工作量,提高了设计效率,增强了设计的灵活性。同时减少了芯片的数量,缩小了系统的体积,提高了系统的可靠性。因此,基于芯片的设计目前正在成为现代电子系统设计的主流。

基于芯片的设计采用自顶向下的设计方法,就是从系统总体要求出发,自上而下地逐步将设计内容细化,最后完成系统硬件的整体设计,如图 4-24 所示。

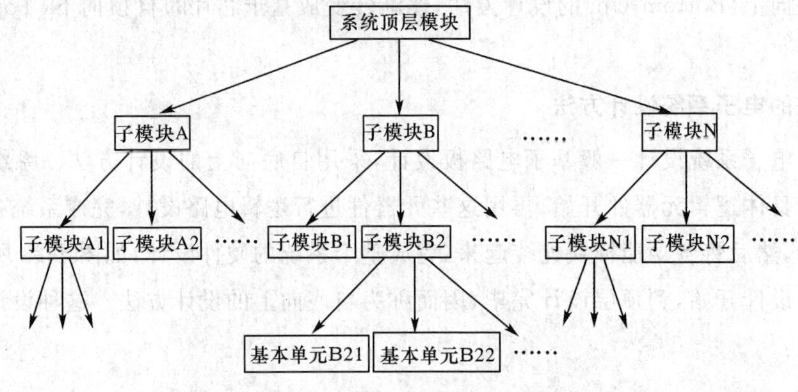

图 4-24　自顶向下设计方法示意图

这种设计方法的主要特征是：

(1)采用 FPGA/CPLD，电路设计更加合理，具有开放性和标准化特点；

(2)采用系统设计早期仿真；

(3)主要设计文件是用硬件描述语言 HDL(Hardware Description Language)编写的源程序。

采用这种设计方法，在设计周期伊始就做好了系统分析、系统方案的总体论证，将系统划分为若干个可操作模块，进行任务和指标分配，对较高层次模块进行功能仿真和调试，所以能够在早期发现结构设计上的错误，避免人力物力的浪费，避免不必要的重复设计，提高了设计的一次成功率。

4-1-2 基于QuartusⅡ原理图输入法的4位全加器的设计、仿真与编程下载

数字电路实验装置简介(二)

数字电路实验装置提供了8路开关量输入和8路开关量输出，按键与发光二极管原理图如图4-25所示。开关量输入由8个非自锁按键构成。按键按下时输入低电平信号，反之输入高电平信号。开关量输出由8个发光二极管构成，输出低电平时发光二极管点亮，输出高电平时发光二极管熄灭。开关量输入、输出管脚分配见表4-1。

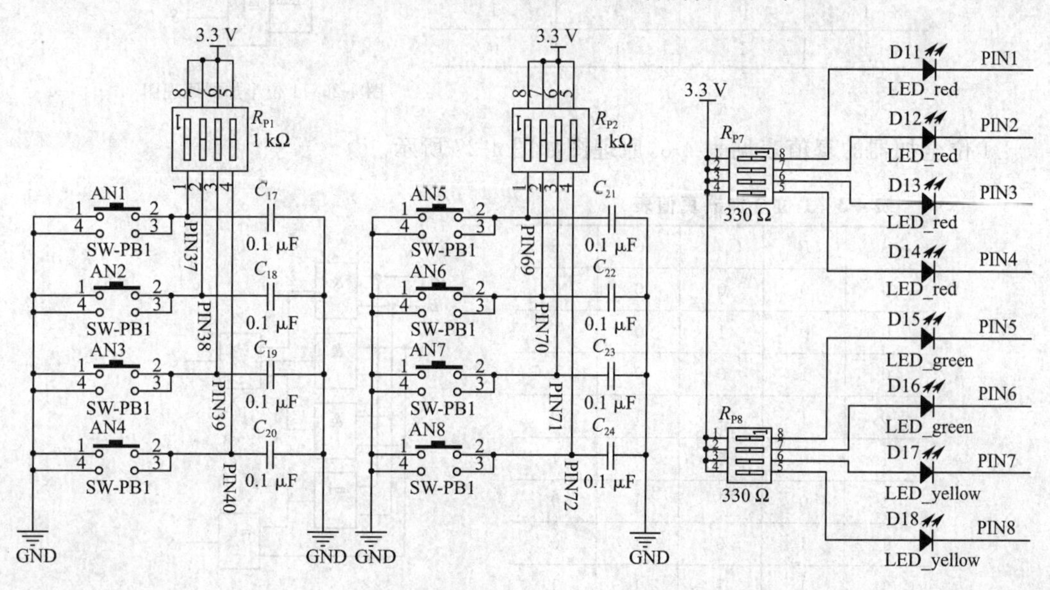

图4-25 按键与发光二极管原理图

表 4-1 开关量输入、输出管脚分配表

输入信号	分配管脚	输出信号	分配管脚
AN1	PIN37	D11	PIN1
AN2	PIN38	D12	PIN2
AN3	PIN39	D13	PIN3
AN4	PIN40	D14	PIN4
AN5	PIN69	D15	PIN5
AN6	PIN70	D16	PIN6
AN7	PIN71	D17	PIN7
AN8	PIN72	D18	PIN8

知识扫描

4 位全加器电路功能描述

4 位全加器可以采用 3 个 1 位全加器与 1 个 1 位半加器组合构成，在该任务中首先需要完成 1 位全加器的设计以及 1 位半加器的设计工作，再将其组合起来构成 4 位全加器。

1 位半加器的真值表见表 4-2，原理图如图 4-26 所示。

表 4-2 1 位半加器真值表

A	B	C	S
0	0	0	0
0	1	0	1
1	0	0	1
1	1	1	0

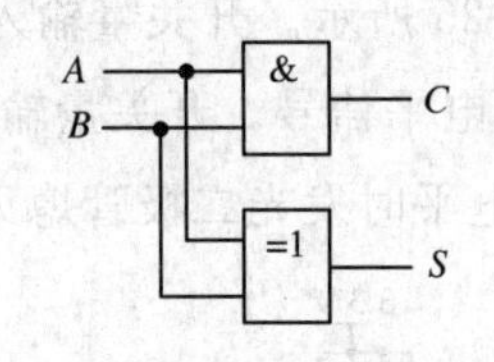

图 4-26 1 位半加器原理图

1 位全加器的真值表见表 4-3，原理图如图 4-27 所示。

表 4-3 1 位全加器真值表

A	B	C_{i-1}	C	S
0	0	0	0	0
0	0	1	0	1
0	1	0	0	1
0	1	1	1	0
1	0	0	0	1
1	0	1	1	0
1	1	0	1	0
1	1	1	1	1

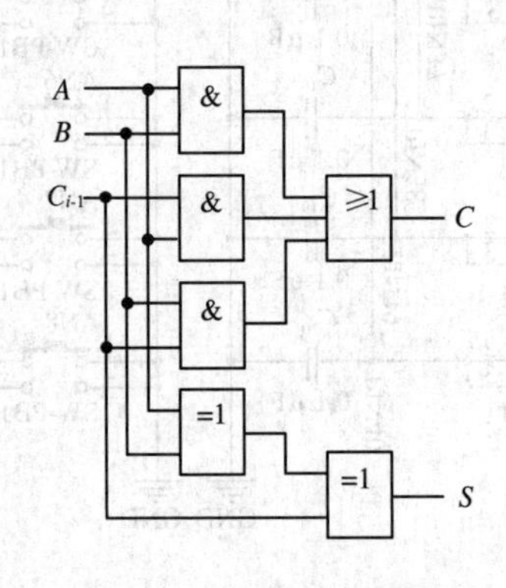

图 4-27 1 位全加器原理图

【工作任务 4-1-3】4 位全加器的设计及下载验证

工作任务书

任务名称	4 位全加器的设计及下载验证		
任务编码	SZA4-1-3	课时安排	2
任务内容	采用可编程逻辑器件进行 4 位全加器的设计		
任务要求	1. 使用 QuartusⅡ软件进行 4 位全加器设计； 2. 利用原理图编辑器正确连接电路，仿真验证并下载测试； 3. 撰写设计报告。		
测试设备	设备及器件名称	型号或规格	数量
	+5 V 直流稳压电源		1 台
	数字电路实验装置		1 套
	安装了 Quartus Ⅱ软件的计算机		1 台

设计步骤			
设计输入	(见后页内容)		
工程编译	(见后页内容)		
设计仿真	(见后页内容)		
器件编程与配置	(见后页内容)		
总结与体会			
完成日期		完成人	

1. 设计输入

(1)新建工程 add4，选择 MAXⅡ系列的 EPM1270T144C5 芯片；在工程中首先新建原理图文件 halfadd. bdf，选择命令 project－>set as top-level entity，将设计设定为顶层编译文件，并完成设计输入如图 4-28 所示。halfadd. bdf 编译成功后，选择 file－>creat/update－>creat symbol files for current file 命令生成 halfadd 元件。

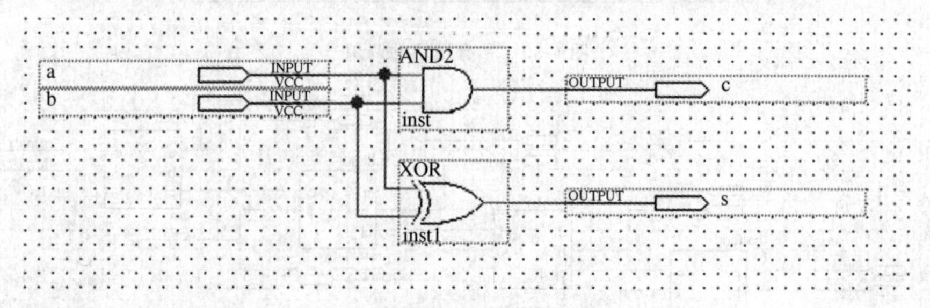

图 4-28　halfadd 模块设计输入

(2)新建原理图文件 fulladd. bdf：选择命令 project－>set as top-level entity，将设计设定为顶层编译文件，并完成设计输入如图 4-29 所示。fulladd. bdf 编译成功后选择 file－>creat/update－>creat symbol files for current file 命令生成 fulladd 元件。

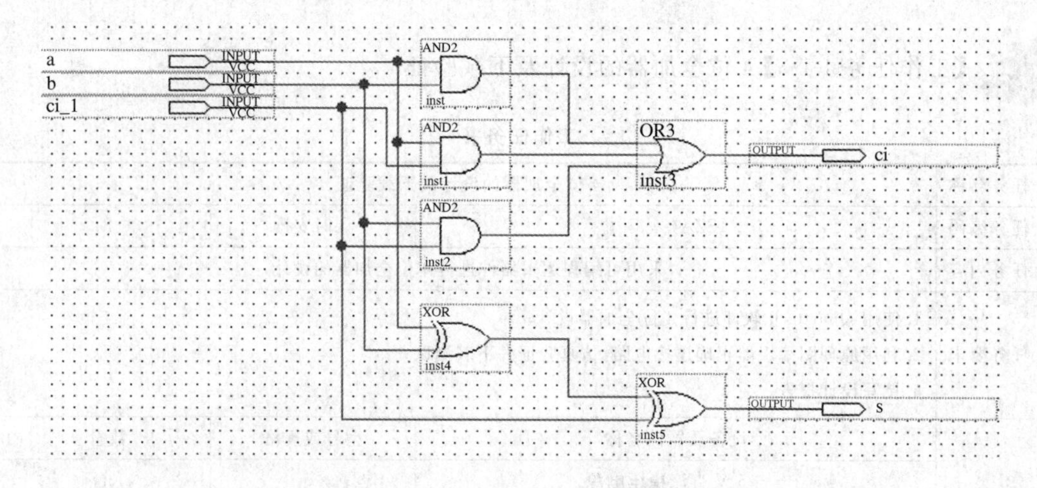

图 4-29　fulladd 模块设计输入

(3)新建顶层原理图文件 add4. bdf:选择命令 project—>set as top-level entity,将设计设定为顶层编译文件,当我们调入原理图库时,我们发现刚才设计的 halfadd 模块和 fulladd 模块已经添加到原理图库中了,如图 4-30 所示。选中 fulladd 模块和 halfadd 模块,并完成 4 位加法器的顶层设计输入,如图 4-31 所示。

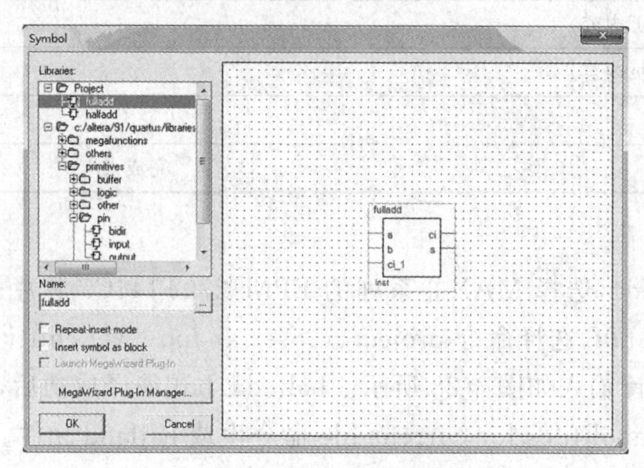

图 4-30　私有模块的调用

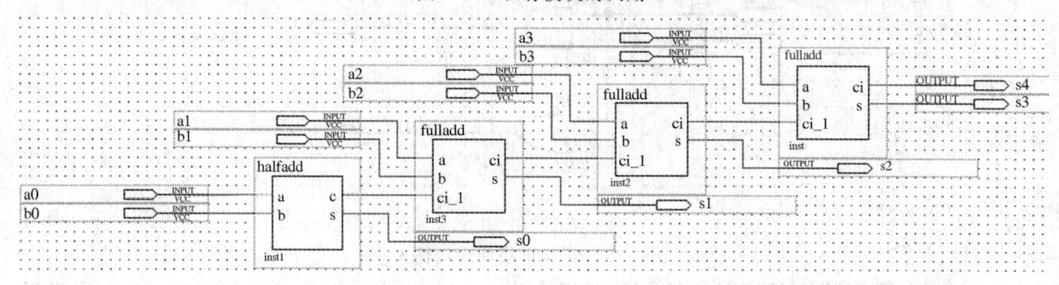

图 4-31　4 位加法器顶层设计输入

2. 工程编译

完成了工程建立并加入了所需的源文件后，即可进行编译。选择菜单 Processing/Start Compilation 即可开始编译，编译结果如图 4-32 所示。图 4-32 的黑色框中可以看到现在工程的结构：顶层是 add4，底层是 fulladd 和 halfadd。

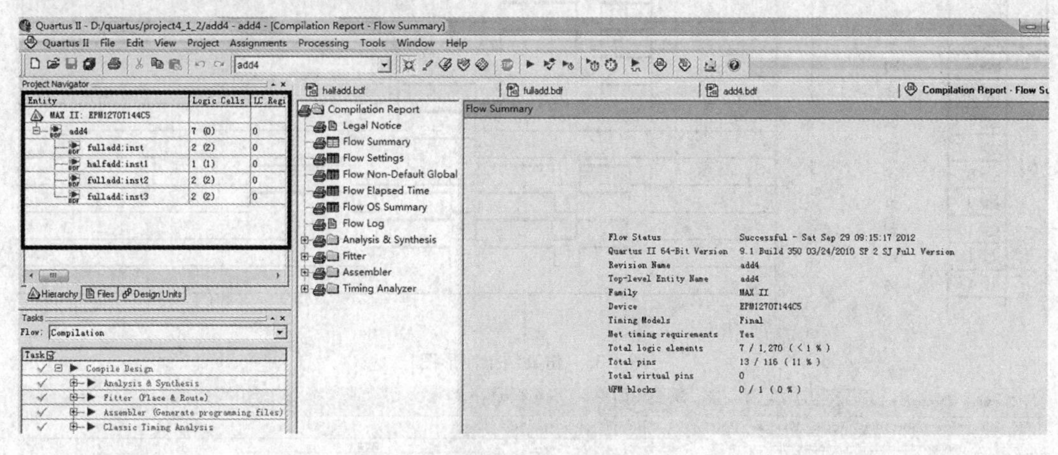

图 4-32　编译结果

3. 设计仿真

在编译结束且无任何语法、语义错误后，可以通过仿真来验证当前的设计输入是否能够满足预期的逻辑功能。

仿真的具体步骤如下：

(1)建立波形文件：选择菜单命令 File/New 打开新建文件对话框，选择 Verification/Debugging Files 标签中的 Vector Waveform File，即可新建一个波形文件。

(2)选择 View/Utility Windows/Node Finder，在对话框的 Filter 框中选择 Pins：all，单击"List"按钮，在下方的对话框中将出现当前设计中所有的 I/O 管脚，选中要仿真观察的管脚，按住鼠标左键将其拖入刚才新建的波形文件中。

(3)设置仿真前的输入信号：Quartus Ⅱ 提供了波形编辑工具栏，用来对输入信号的初始取值进行设置，如图 4-33 所示。本例需设计一个 8 位输入信号，可随意设计多个状态进行验证。

(4)设置完成后，保存当前波形文件为. vwf 文件，并选择菜单 Processing/Simulator Tool，单击"Start"按钮，即可进行仿真。仿真结果可以单击"Report"按钮进行观察分析，图 4-33 所示即本例的仿真结果波形图。

4. 编程与配置

当通过仿真确定能够满足预期的逻辑功能之后，可以将 Assembler 产生的编程文件下载至 FPGA/CPLD 芯片，但下载之前，应进行管脚的分配。

选择菜单 Assignments/Pins，打开图 4-34 所示的窗口。

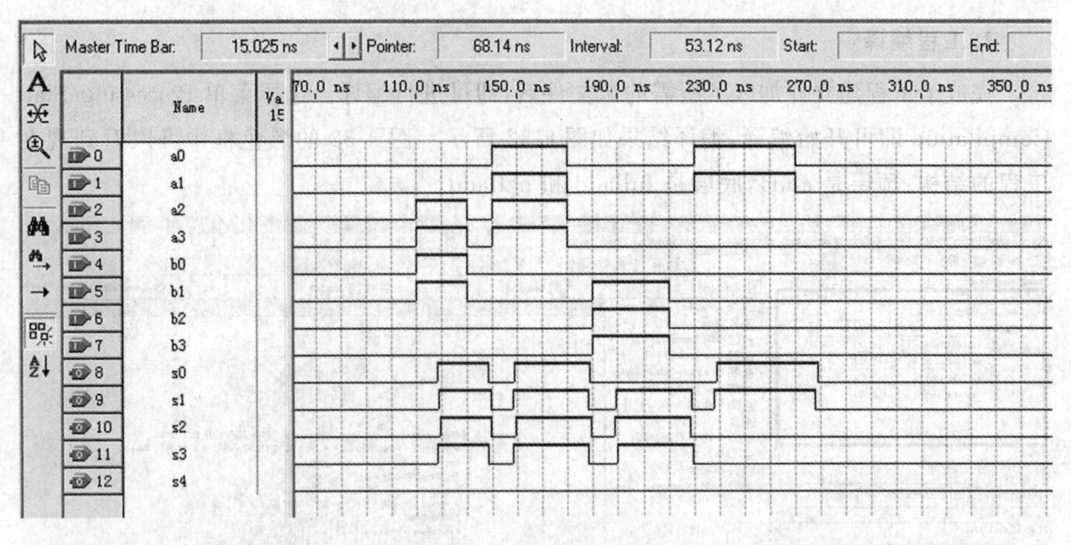

图 4-33　仿真结果波形图

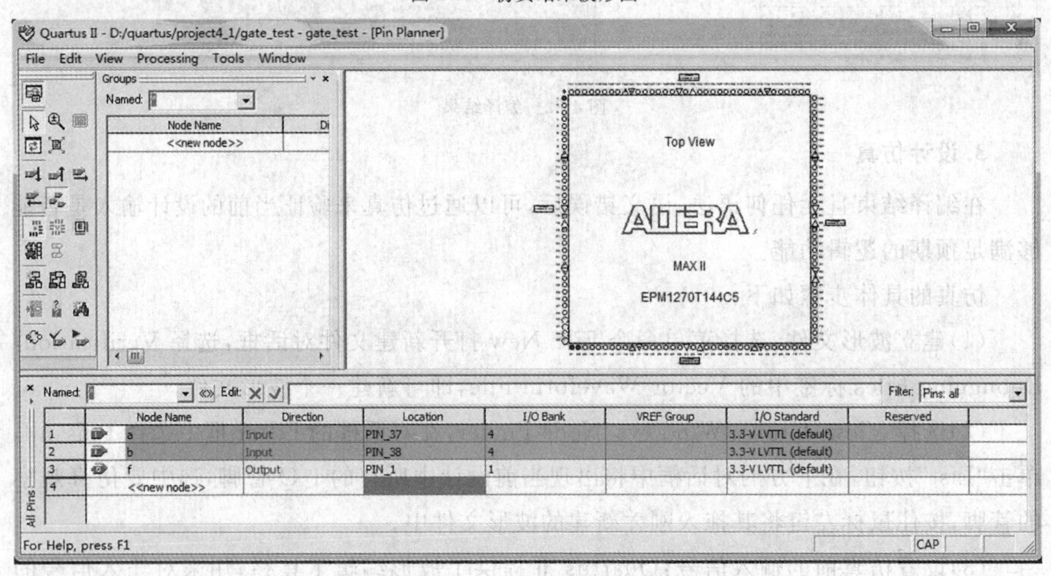

图 4-34　管脚分配窗口

图 4-34 中，Location 用来选择某信号要分配的管脚，I/O Standard 用来设置管脚的电平标准。

管脚分配后需重新编译才能产生所需的编程下载文件，可打开 Tools/Programmer 进行编程操作。如图 4-35 所示，模式(Mode)选择 JTAG，如果缺省没有选择(No Hardware)，单击"Hardware Setup..."按钮，将硬件设置为 USB blaster。注意图 4-35 中椭圆圈内编程的器件和文件是否已添加完毕。没有的话，单击"Add File ..."按钮手动添加。确认无误后，单击"Start"按钮开始编程。

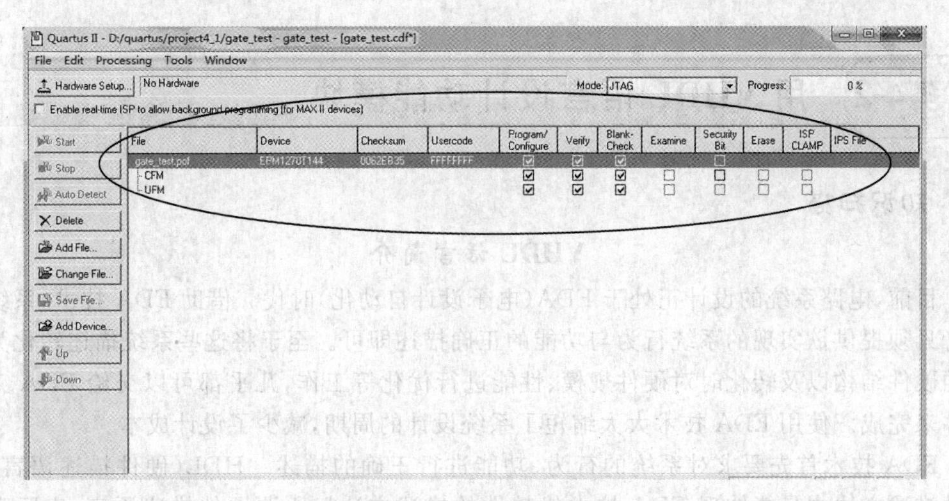

图 4-35　程序下载窗口

【工作任务 4-1-4】8 位全加器的设计及下载验证

设计工作任务书

任务名称	8 位全加器的设计及下载验证		
任务编码	SZS4-1-4	课时安排	2
任务内容	利用可编程逻辑器件设计一个 8 位全加器，并下载验证		
任务要求	1. 正确使用 QuartusⅡ软件进行 8 位全加器的设计； 2. 利用原理图编辑器正确连接电路，仿真验证并下载测试； 3. 撰写设计报告。		
测试设备	设备及器件名称	型号或规格	数量
	+5 V 直流稳压电源	根据学校配备填写	1 台
	数字电路实验装置	根据学校配备填写	1 套
	安装了 Quartus Ⅱ软件的计算机	根据学校配备填写	1 台
设计步骤			
新建工程	根据实际操作，学生填写。		
设计输入	根据实际操作，学生填写。		
工程编译	根据实际操作，学生填写。		
设计仿真	根据实际操作，学生填写。		
编程下载	根据实际操作，学生填写。		
总结与体会	思考： 1. 简述 Top-Down 的设计方法。 2. 设计好的底层文件怎样在顶层调用？ 3. 采用原理图输入法设计 3 人表决器，并仿真验证。 4. 采用原理图输入法设计 4 选 1 多路选择器，并仿真验证。		
完成日期		完成人	

任务4-2 用 VHDL 语言设计功能模块

知识扫描

VHDL 语言简介

目前，电路系统的设计正处于 EDA(电子设计自动化)时代。借助 EDA 技术，系统设计者只须提供欲实现的系统行为与功能的正确描述即可。至于将这些系统描述转化为实际的硬件结构以及转化时对硬件规模、性能进行优化等工作，几乎都可以交给 EDA 工具软件来完成。使用 EDA 技术大大缩短了系统设计的周期，减少了设计成本。

EDA 技术首先要求对系统的行为、功能进行正确的描述。HDL(硬件描述语言)是各种描述方法中最能体现 EDA 技术优越性的描述方法。所谓硬件描述语言，实际上就是一个描述工具，描述的对象是待设计电路系统的逻辑功能、实现该功能的算法以及选用的电路结构与其他约束条件等。通常要求 HDL 既能描述系统的行为，也能描述系统的结构。

HDL 的使用与普通的高级语言相似，编制的 HDL 程序也需要经过编译器进行语法、语义的检查，并转换为某种中间数据格式。但与其他高级语言不同的是，用硬件描述语言编制程序的最终目的是要生成实际的硬件，因此 HDL 中有与硬件实际情况相对应的并行处理语句。此外，用 HDL 编制程序时，还需注意硬件资源的消耗问题(如门、触发器、连线等的数量)，有的 HDL 程序虽然语法、语义上完全正确，但并不能生成与之对应的实际硬件，原因就是要实现这些程序所描述的逻辑功能，消耗的硬件资源十分巨大。

VHDL(Very-high-speed-integrated-circuits Hardware Description Language，超高速集成电路硬件描述语言)是最具推广前景的 HDL。VHDL 语言是美国国防部于 20 世纪 80 年代出于军事工业的需要开发的。1987 年 VHDL 被 IEEE(Institute of Electrical and Electronics Engineers)确定为标准化的硬件描述语言。1993 年 IEEE 对 VHDL 进行了修订，增加了部分新的 VHDL 命令与属性，增强了系统的描述能力，并发布了新版本的 VHDL，即 IEEE 1076—1993 版本。

VHDL 已经成为系统描述的国际公认标准，得到众多 EDA 公司的支持，越来越多的硬件设计者使用 VHDL 描述系统的行为。

VHDL 之所以被硬件设计者日趋重视，是因为它在进行工程设计时有如下优点：

(1)VHDL 行为描述能力明显强于其他 HDL 语言，用 VHDL 编程时不必考虑具体的器件工艺结构，能比较方便地从逻辑行为这一级别描述、设计电路系统，而对于已完成的设计，不改变源程序，只须改变某些参量，就能轻易地改变设计的规模和结构。

比如设计一个计数器，若要设计成 8 位，可以将其输出管脚定义为“BIT_VECTOR(7 DOWNTO 0);”，而要将该计数器改为 16 位时，只要将管脚定义中的数据 7 改为 15 即可。

(2)能在设计的各个阶段对电路系统进行仿真验证，使得在系统设计的早期就检查系统的设计功能，极大地减少了可能发生的错误，降低了开发成本。

(3)VHDL 的程序结构(如设计实体、程序包、设计库)决定了它在设计时可利用已有的设计成果,并能方便地将较大规模的设计项目分解为若干部分,从而实现多人多任务的并行工作方式,保证了较大规模系统的设计能被高效、高速地完成。

(4)EDA 工具和 VHDL 综合器的性能日益完善。经过逻辑综合,VHDL 语言描述能自动地被转变成某一芯片的门级网表;通过优化能使对应的结构更小、速度更快。同时设计者可根据 EDA 工具给出的综合和优化后的设计信息对 VHDL 设计描述进行改良,使之更加完善。

4-2-1 基于 VHDL 语言的基本门电路的设计

【工作任务 4-2-1】基于 VHDL 语言的基本门电路的设计

设计工作任务书

任务名称	基于 VHDL 语言的基本门电路的设计		
任务编码	SZS4-2-1	课时安排	2
任务内容	图 4-36 所示电路包含 6 个不同的逻辑门,采用可编程逻辑器件利用 VHDL 语言进行设计。 图 4-36 不同的逻辑门组成的电路		
任务要求	(1)利用 QuartusⅡ中的 VHDL 语言输入法实现设计输入; (2)利用 QuartusⅡ进行编译、综合、功能仿真及编程下载; (3)验证电路的逻辑功能; (4)撰写设计报告。		
测试设备	设备及器件名称	型号或规格	数量
	+5 V 直流稳压电源	根据学校配备填写	1 台
	数字电路实验装置	根据学校配备填写	1 套
	安装了 Quartus Ⅱ软件的计算机	根据学校配备填写	1 台

续表

<table>
<tr><th colspan="2">测试步骤</th></tr>
<tr><td>设计输入</td><td>(1)新建工程 gates2；
(2)在图 4-14 所示的新建文件对话框中，双击“VHDL File”即可出现 VHDL 语言编辑窗口。输入以下代码，完成设计输入。

```
library IEEE;                          --打开 IEEE 库
use IEEE. STD_LOGIC_1164. ALL;
--使用 IEEE 库内的 STD_LOGIC_1164 程序包中的所有资源
entity gates2 is                                --实体名为 gates2
    port(
        a: in STD_LOGIC;            --a、b 是两个输入管脚
        b: in STD_LOGIC;
        z: out STD_LOGIC_VECTOR(5 downto 0)
--z 为 6 位的输出管脚
        );
end gates2;
architecture gates2 of gates2 is  --构造体 gates2 是对实体 gates2 的内部描述
begin
    z(5) <= a and b;  --描述了 gates2 器件内部功能，该功能为实现 6 个不同的逻辑门
    z(4) <= a nand b;
    z(3) <= a or b;
    z(2) <= a nor b;
    z(1) <= a xor b;
    z(0) <= a xnor b;
end gates2;
```

</td></tr>
<tr><td>工程编译</td><td>完成了设计输入后，即可进行编译、综合。</td></tr>
<tr><td>设计仿真</td><td>在编译、综合结束且无任何错误后，可以通过功能仿真来验证当前的设计输入是否能够满足预期的逻辑功能。</td></tr>
<tr><td>器件编程与配置</td><td>当通过功能仿真确定能够满足预期的逻辑功能之后，可以将 Assembler 产生的编程文件下载至 FPGA/CPLD 芯片，下载之前，应进行管脚的分配。
选择菜单 Assignments/Pins，根据硬件原理图来分配管脚。
管脚分配后需重新编译才能产生所需的编程下载文件。可打开 Tools/Programmer 进行编程操作。</td></tr>
<tr><td>总结与体会</td><td>(1)简述 VHDL 语言的基本结构。
(2)利用 VHDL 语言设计可编程逻辑器件的步骤是什么？</td></tr>
<tr><td>完成日期</td><td>　　　　　　　　　　　　完成人</td></tr>
</table>

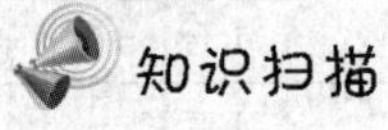

VHDL 基本结构

模块化和自顶向下、逐层分解的结构化设计思想贯穿于整个 VHDL 设计文件之中。

VHDL将所设计的任意复杂的电路系统均看作一个设计单元，可以用一个程序文件来表示。一个完整的VHDL语言程序通常包含实体(Entity)、构造体(Architecture)、配置(Configuration)、程序包(Package)与库(Library)五个部分。

首先我们对这五个部分的作用做一个简要的介绍，旨在让大家先有一个认识。实体是声明到其他实体或设计的接口，即定义本设计的输入/输出端口；构造体用来定义实体的实现，即电路的具体描述；配置为实体选定某个特定的构造体；程序包则用来声明在设计或实体中将用到的常数、数据类型、元件及子程序等；库用于存储预先完成的程序包和数据集合体。以上五个部分并不是每一个VHDL程序都必须具备的，其中一个实体和一个与之对应的构造体是必需的。在大型的设计中，往往需要编写很多个实体/构造体对，并把它们连接到一起从而形成一个完整的电路。

1. 实体说明

VHDL语言描述的对象称为实体。用实体来代表什么几乎没有限制，可以将任意复杂的系统、一块电路板、一个芯片、一个单元电路甚至一个门电路看作一个实体。如果设计时对设计系统自顶向下分层、划分模块，那么，各层的设计模块都可以看作实体。顶层的系统模块是顶级实体，低层次的设计模块是低级实体。描述时，高层次的实体可把低层次的实体当作元件来调用。至于该元件内部的具体结构或功能，则在低层次的实体描述中详细给出。

实体的书写格式如下所示：

```
ENTITY  实体名  IS
    GENERIC(类属参数说明)；
    PORT(端口说明)；
END  实体名；
```

在实体说明中应给出实体名称，并描述实体的外部端口情况。此时，实体被视为“黑盒”，不管其内部电路结构、规模如何，只描述它的输入/输出端口。

【例4-1】 2输入或非门的实体说明程序。

```
ENTITY nor2 IS
    PORT(     a，b：IN BIT；     --说明两个输入端口 a、b
              z：OUT BIT)；     --说明一个输出端口 z
END nor2；
```

(1)类属参数说明语句(GENERIC)

类属参数说明语句必须放在端口说明语句之前，用以设定实体或元件的内部电路结构和规模，实际上就是整个设计中所要使用的一个常数。参数的类属用来规定端口的大小、I/O管脚的指派、实体中子元件的数目和实体的定时特性。其书写格式如下：

```
GENERIC(  常数名：数据类型：=设定值；
          ……；
          ……；
          常数名：数据类型：=设定值)；
```

【例 4-2】 42 位信号的实体说明。

```
ENTITY exam IS
GENERIC(width：INTEGER：=42)；
PORT(     M：IN STD_LOGIC_VECTOR(width-1 DOWNTO 0)；
          Q：OUT STD_LOGIC_VECTOR(15 DOWNTO 0))；
```

类属参数定义了一个宽度常数 width，在端口定义部分用该常数定义了一个 42 位的信号，这句相当于如下语句：

M：IN STD_LOGIC_VECTOR(41 DOWNTO 0)；

若该实体内部大量使用 width 这个参数来表示数据宽度，则当设计者需要改变宽度时，只须一次性在语句中改变常数即可。

GENERIC(width：INTEGER：=某常数)；

从上述例子的综合结果来看，说明语句不是必需的，但类属参数的改变将影响设计结果的硬件规模，而从设计者角度来看，只须改变一个数字即可达到目的。应用类属参数说明语句进行 EDA 设计的优越性由此可见一斑。

(2)端口说明语句(PORT)

在电路图上，端口对应于元件符号的外部管脚。端口说明语句是对一个实体窗口的说明，也是对端口信号名、端口模式和端口类型的描述。端口说明语句的一般格式如下：

```
PORT(     端口信号名，{端口信号名}：端口模式  端口类型；
          … …；
          … …；
          端口信号名，{端口信号名}：端口模式  端口类型)；
```

①端口信号名

端口信号名是赋给每个外部管脚的名称，如例 4-1 中的 a、b、z。各端口信号名在实体中必须是唯一的，不能出现重复现象。

②端口模式

端口模式用来说明信号的方向，详细的端口方向说明见表 4-4。

表 4-4　　端口方向说明

方向定义	含　义
IN	输入端口：仅允许信号自该端口输入构造体，而构造体内部的信号不允许从该端口输出。输入端口主要用于时钟输入、控制输入(如复位信号)和单向的数据输入(如地址信号)。
OUT	输出端口：仅允许信号由构造体流向外部，而不允许信号经该端口流入构造体。输出端口被认为是不可读的。输出端口常用于计数输出、单项数据输出、联络信号输出等。
INOUT	双向端口：在设计实体的数据流中，有些数据是双向的，既可以流入实体，也可以从实体中流出，这时需要将端口设计为双向端口。双向端口的原理模型如图 4-37 所示，当 INcontrol 有效时，双向端口相当于输入端口；当 OUTcontrol 有效时，双向端口相当于输出端口；当两者均无效时，双向端口呈高阻状态。
BUFFER	缓冲端口：它与输出端口类似，不同之处在于缓冲端口既可用作输出，又允许实体引用该端口信号用于内部反馈。

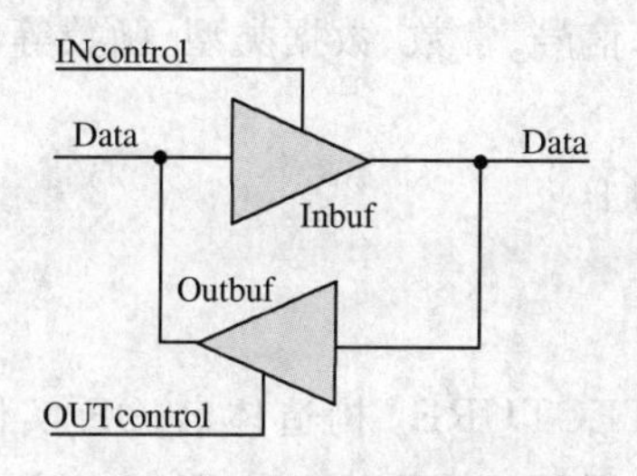

图 4-37　双向端口的原理模型

表 4-4 中，BUFFER 是 INOUT 的子集，它与 INOUT 的区别在于：INOUT 是双向信号，既可以输入，也可以输出；而 BUFFER 是实体的输出信号，但做输入用时，信号不是由外部驱动的，而是从输出反馈得到的，即 BUFFER 类的信号在向外部电路输出的同时，也可以被实体本身的结构体读入，这种类型的信号常用来描述带反馈的逻辑电路，如计数器等。

③端口类型

端口类型指的是端口信号的取值类型（数据类型），常见的有以下几种：

▲BIT：二进制位类型，取值只能是 0、1，由 STANDARD 程序包定义。

▲BIT_VECTOR：位向量类型，表示一组二进制数，常用来描述地址总线、数据总线等的端口，如“datain：IN BIT_VECTOR(7 downto 0)；”定义了一条 8 位位宽的输入数据总线。

▲STD_LOGIC：工业标准的逻辑类型，取值为 0、1、X、Z 等，由 STD_LOGIC_1164 程序包定义。

▲INTEGER：整数类型，可用作循环的指针或常数，通常不用作 I/O 信号。

▲STD_LOGIC_VECTOR：工业标准的逻辑向量类型，是 STD_LOGIC 的组合。

▲BOOLEAN：布尔类型，取值为 FALSE、TRUE。

在例 4-1 中，2 输入或非门作为实体，其端口有两个输入信号和一个输出信号，输入信号和输出信号的类型相同，都属于 BIT 类型。

2. 构造体说明

对一个电路系统而言，实体描述部分主要是对系统的外部接口描述，这一部分如同一个“黑盒”，描述时并不需要考虑实体内部的具体细节，因为描述实体内部结构与性能的工作是由构造体承担的。构造体对其基本设计单元的输入/输出关系可用三种方式描述：

(1)行为描述（数学模型描述）：采用进程语句，顺序描述设计实体的行为；

(2)数据流描述（寄存器传输描述）：采用进程语句，顺序描述数据流在控制流作用下被加工、处理、存储的全过程；

(3)结构描述（逻辑元件连接描述）：采用并行处理语句，描述设计实体内的结构组织和元件互联关系。

不同的描述方式只体现在描述语句上，而构造体的结构是完全一样的。

构造体的语法结构如下：

ARCHITECTURE　构造体名 OF 实体名 IS

```
[定义语句]；--内部信号、常数、数据类型、函数等的定义
BEGIN
    [并行处理语句]；
    [进程语句]；
END  构造体名；
```

一个构造体从“ARCHITECTURE 构造体名 OF 实体名 IS”开始到“END 构造体名”结束。构造体的内容放在保留字 BEGIN 和 END 之间，里面的所有语句都是同时执行的。

(1)构造体的命名

构造体的名称是对该构造体的命名，也是该构造体唯一的名称。OF 后面紧跟的实体名表明了该构造体所对应的是哪一个实体，用 IS 来结束构造体的命名。

构造体可以由设计者自由命名，但最好与其性质有关。在大多数文献和资料中，通常把构造体的名称命名为 behavioral(行为)、dataflow(数据流)、structural(结构)、bool(布尔)或 latch(锁存器)等。这样读者可以很容易地看出构造体的描述方式、表达方式或功能等。

(2)定义语句

定义语句位于 ARCHITECTURE 与 BEGIN 之间，用于对构造体的内部信号、常数、数据类型及函数进行定义。定义语句和端口说明语句类似，应有信号名和数据类型的说明，但它是内部连接用的信号，所以没有也不需要有传输方向的说明。例如：

```
ENTITY exam2 IS
    PORT(a, b, c, d:IN BIT;
              f:OUT BIT);
END exam2;
ARCHITECTURE structural OF exam2 IS
    SIGNAL temp1, temp2: BIT;              --定义了信号 temp1 和 temp2
    BEGIN
        f<=temp1 XOR temp2;        --f=temp1 ⊕ temp2=(a·b)⊕(c+d)
        temp1<=a AND b;            --temp1=a·b
        temp2<=c OR d;             --temp2=c+d
END structural;
```

(3)并行处理语句

由于硬件描述语言所描述的实际系统，其许多操作是并发的，所以在对系统进行仿真时，这些系统中的元件在定义的仿真时刻应该是并发工作，并行处理语句即并发语句，就是用来描述这种并发行为的。并发语句有两种状态，即激活态和空闲态。激活态是指语句被激活进而执行相关操作的状态；空闲态是指语句执行完毕之后转为挂起休眠并等待下一次激活的状态。

在 VHDL 程序中，只有一个区域可以放置并发语句，即构造体的 BEGIN 和 END 之间，称为并发域。并发域内的所有语句都具有相同的优先级和重要性。可以将 VHDL 并发语句想象成一种列表，其中各种各样的语句仅与不同的对象类型有联系。

①并行信号赋值语句

并行信号赋值语句就是对信号量的赋值操作，是最简单且最通用的并发语句。其基本的语法格式为：

信号名<=表达式时间量；--after 是表示延时的关键词

这里的“表达式”可以是一个运算表达式，也可以是数据对象（变量、信号或常量）。数据信息的传入可以设置延时量（即“时间量”），如 after 3 ns。因此目标信号被传入的数据并不是即时的。例如：

```
Q<= a or (b and c);
Y<= x + cnt after 10 ns;
```

当赋值号“<=”右边表达式中的信号发生变化时，语句被激活。可见，一条并行信号赋值语句实际相当于一个进程。

并行信号赋值语句有两个变形语句，即条件信号赋值语句和选择信号赋值语句，它们分别与顺序语句中的分支控制语句 IF 和 CASE 相对应。

②条件信号赋值语句

条件信号赋值语句可以根据不同条件将多个不同的表达式之一的值代入目标信号，其语法格式为：

```
目标信号<=表达式 1   WHEN  条件表达式 1  ELSE
          表达式 2   WHEN  条件表达式 2  ELSE
          ……
          表达式 n   WHEN  OTHERS;
```

在每个表达式后面都跟着用“WHEN”指定的条件，若满足该条件，将该表达式的值代入目标信号，否则再判别下一个表达式后面所跟的条件。最后一个表达式可以不跟条件，它表明在上述表达式所指明的条件都不满足时，将该表达式的值代入目标信号。最后一行也可以写作“表达式 *n*　WHEN　OTHERS”，这样可以确保 WHEN 子句能够覆盖所有可能的条件。

条件信号赋值语句所列出的条件有一个隐含的优先级，先列出的条件优先级高，最后列出的条件优先级最低。

③选择信号赋值语句

选择信号赋值语句类似于条件信号赋值语句，不同之处在于选择信号赋值语句没有隐含的优先级，其语法格式为：

```
WITH  选择表达式 SELECT
目标信号<=表达式 1   WHEN  选择条件 1,
          表达式 2   WHEN  选择条件 2,
          ……
          表达式 n   WHEN  选择条件 n;
```

【例 4-3】 四选一数据选择器程序。

```
LIBRARY IEEE;    --打开 IEEE 库
  USE IEEE. STD_LOGIC _1164. ALL;
```

```
                                  --使用 IEEE 库内的 STD_LOGIC_1164 程序包中的所有资源
    USE IEEE. STD_LOGIC _UNSIGNED. ALL;
                                  --使用 IEEE 库内的 STD_LOGIC_UNSIGNED 程序包中的所有资源
  ENTITY mux4 IS                    --实体定义部分
    PORT(input:IN STD_LOGIC _VECTOR(3 DOWNTO 0);
         sel: IN STD_LOGIC _VECTOR(1 DOWNTO 0);
          y: OUT STD_LOGIC );
  END mux4;
  ARCHITECTURE  rtl OF mux4  IS        --结构体定义部分
  BEGIN
  WITH sel SELECT
        y<=input(0)  WHEN "00",
           input(1)  WHEN "01",
           input(2)  WHEN "10",
           input(3)  WHEN "11",
           'X'       WHEN OTHERS;
  END rtl;
```

注意,用 WITH... SELECT... WHEN 语句赋值时,必须列出所有的输入取值,且各值不能重复。例 4-3 中的 WHEN OTHERS 包含了所有未列出的可能情况,此句必不可少。特别是对于 STD_LOGIC 类型的数据,由于该类型数据取值除了"1"和"0"外,还有可能是"U""X""Z""—"等情况,若不用 WHEN OTHERS 代表未列出的取值情况,编译器将指出"赋值涵盖不完整"。

(4)进程语句

PROCESS 是最常用的 VHDL 语句之一,极具 VHDL 特色。一个构造体中可以含有多个 PROCESS 结构,每一个 PROCESS 结构对应于其敏感信号参数表中定义的任一敏感参量的变化,该进程可以在任何时刻被激活。不仅所有被激活的进程是并发的,当 PROCESS 与其他并发语句(包括其他 PROCESS 语句)一起出现在构造体内时,它们之间也是并发的。不管它们的书写顺序如何,只要有相应的敏感信号的变化就能使 PROCESS 立刻执行,所以 PROCESS 本身属于并发语句。

进程虽归类为并发语句,但其内部的语句却是顺序执行的,当设计者需要以顺序执行的方式描述某个功能部件时,就可将该功能部件以进程的形式写出来。由于进程的顺序性,编写者不能像写并发语句那样随意安排 PROCESS 内部各语句的先后位置,必须密切关注所写语句的先后顺序,不同的语句顺序将导致不同的硬件设计结果。

进程的语法结构为:

```
[进程名]:PROCESS(敏感信号参数表)
[进程说明部分]
BEGIN
进程程序区(顺序描述语句部分)
    … …
```

```
END PROCESS;
```

进程名是进程的命名,并不是必需的。括号中的"敏感信号"是指进程的敏感信号,任一个敏感信号改变,进程中由顺序描述语句定义的行为就会重新执行一遍。进程说明部分对该进程所需的局部数据环境进行定义。BEGIN 和 END PROCESS 之间是由设计者输入的描述进程行为的顺序描述语句。进程行为的结果可以赋给信号,并通过信号被其他的 PROCESS 或 BLOCK 读取或赋值。当进程中最后一个语句执行完毕后,执行过程将返回到进程的第一个语句,以等待下一次敏感信号的变化。

如上所述,PROCESS 语句结构通常由三部分组成:进程说明部分、顺序描述语句部分和敏感信号参数表。进程说明部分主要是定义一些局部量,可包括数据类型、常数、变量、属性、子程序等,例如当 PROCESS 内部需要用到变量时,需首先在进程说明部分对该变量的名称、数据类型进行说明。顺序描述语句部分可包括赋值语句、进程启动语句、子程序调用语句、顺序描述语句和进程跳出语句等,在后续课程中将详细介绍。敏感信号参数表列出用于启动本进程的可读入的信号名。

在进行进程的设计时,需要注意以下几个方面的问题:

①同一构造体中的进程是并行的,但进程中的逻辑描述语句是顺序运行的。

②进程是由敏感信号的变化启动的,如果没有敏感信号,那么在进程中必须有一个显式的 WAIT 语句来激励。

【例 4-4】 WAIT 激励语句

```
St_change:PROCESS
BEGIN
    WAIT UNTIL clk ;                    --等待 clk 信号发生变化;
    IF (clk' EVENT AND clk='1') THEN
    … …
END PROCESS;
```

可以说,WAIT 语句是一种隐式的敏感信号参数表,事实上,对于任何一个进程来说,敏感信号参数表与 WAIT 语句必具其一,而一旦有了敏感信号参数表就决不允许再使用 WAIT 语句。

③构造体中多个进程之间的通信是通过信号和共享变量值来实现的。也就是说,对于构造体而言,信号具有全局特性,是进程间进行并行联系的重要途径,所以进程的说明部分不允许定义信号和共享变量。

(5)元件例化语句

我们常把已设计好的实体称为一个元件或一个模块。VHDL 中基本的设计层次是元件,它可以作为其他模块或者高层模块引用的低层模块。

元件声明是对 VHDL 模块的说明,使之可以在其他模块中被调用。元件声明可以放在程序包中,也可以放在某个设计的构造体的声明区域内(关键字 BEGIN 之前)。

元件例化是设计中与低级元件有关的语句,其实就是创建元件的唯一拷贝或范例,通俗地讲就是对元件的调用。如果用原理图的方式来类比,元件就相当于一个模块电路,可以被上层模块调用。

元件例化语句通常分元件声明部分与元件例化部分，格式如下：

元件声明部分：

COMPONENT 元件名 IS

GENERIC (参数表)；

PORT(端口名表)；

END COMPONENT；

元件例化部分：

例化名：元件名 PORT MAP (端口名=> 连接端口名,…)；

对整个系统自顶向下逐级分层细化的描述，也离不开元件例化语句。分层描述时可以将子模块看作上一层模块的元件，运用元件例化语句来描述高层模块中的子模块。而每个子模块作为一个实体仍然要进行实体的全部描述，同时它又可将下一层子模块当作元件来调用，如此下去，直至底层模块。

【工作任务 4-2-2】基于 VHDL 语言的 4 位加法器的设计

设计工作任务书

<table>
<tr><td>任务名称</td><td colspan="3">基于 VHDL 语言的 4 位加法器的设计</td></tr>
<tr><td>任务编码</td><td>SZS4-2-2</td><td>课时安排</td><td>2</td></tr>
<tr><td>任务内容</td><td colspan="3">采用可编程逻辑器件，利用 VHDL 语言进行 4 位加法器的设计。</td></tr>
<tr><td>任务要求</td><td colspan="3">(1)利用 QuartusⅡ中的 VHDL 语言输入法实现设计输入；
(2)利用 QuartusⅡ进行编译、综合、功能仿真及编程下载；
(3)验证 4 位加法器的逻辑功能；
(4)撰写设计报告。</td></tr>
<tr><td rowspan="4">测试设备</td><td>设备及器件名称</td><td>型号或规格</td><td>数量</td></tr>
<tr><td>+5 V 直流稳压电源</td><td>根据学校配备填写</td><td>1 台</td></tr>
<tr><td>数字电路实验装置</td><td>根据学校配备填写</td><td>1 套</td></tr>
<tr><td>安装了 Quartus Ⅱ软件的计算机</td><td>根据学校配备填写</td><td>1 台</td></tr>
</table>

设计步骤

<table>
<tr><td>设计输入</td><td>任务提示：4 位加法器由 3 个全加器和 1 个半加器组成。全加器又由 2 个半加器和 1 个或门组成。将 4 位加法器自顶向下分层设计，可分为三层：顶层实体是 4 位加法器 add4，第二层实体是全加器 fulladd，底层实体是半加器 halfadd 和或门 gateor。利用 VHDL 语言实现元件例化和层次化调用。
(1)新建工程 mux4；
(2)新建 VHDL 设计文件 halfadd. VHD，选择命令 project－>set as top-level entity，将设计设定为顶层编译文件，半加器的逻辑功能如图 4-38 所示，根据逻辑功能编写 VHDL 语言，输入并编译，实现半加器的功能模块。
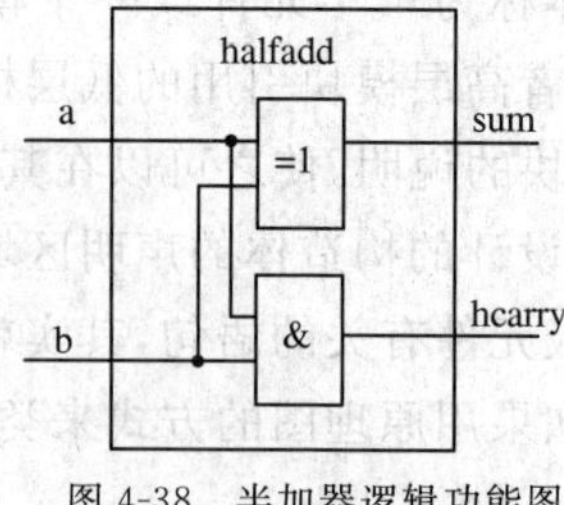

图 4-38　半加器逻辑功能图</td></tr>
</table>

```
library IEEE;
    use IEEE.STD_LOGIC_1164.ALL;
entity halfadd is
    port( a,b:in std_logic;
            sum,hcarry:out std_logic);
end halfadd;
architecture Behavioral of halfadd is
begin
     sum<=a XOR b;
     hcarry<=a and b;
end Behavioral;
```

(3)新建 VHDL 设计文件 gateor. VHD，选择命令 project－>set as top-level entity，将设计设定为顶层编译文件，或门的逻辑功能如图 4-39 所示，根据逻辑功能编写 VHDL 语言，输入并编译，实现或门的功能模块。

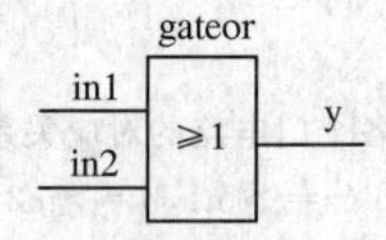

图 4-39　或门逻辑功能图

```
LIBRARY IEEE;
USE IEEE.STD_LOGIC_1164.ALL;
entity gateor is
     port(in1,in2:in std_logic;
              y:out std_logic);
end gateor;
architecture Behavioral of gateor is
begin
     y<=in1 or in2;
end Behavioral;
```

(4)新建 VHDL 设计文件 fulladd. VHD，选择命令 project－>set as top-level entity，将设计设定为顶层编译文件，全加器的逻辑功能如图 4-40 所示，根据逻辑功能编写 VHDL 语言，输入并编译，实现全加器的功能。

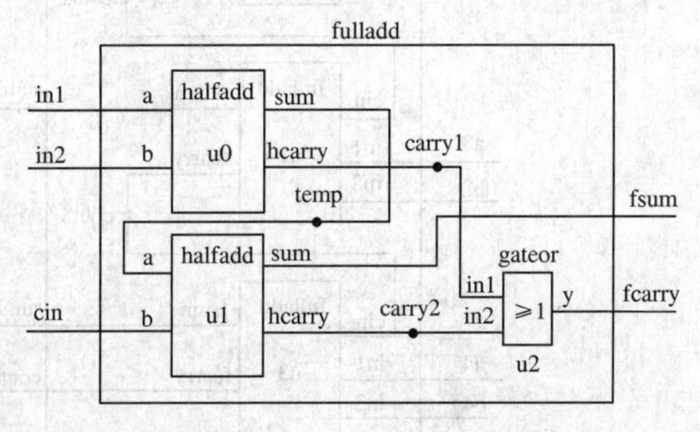

图 4-40　全加器逻辑功能图

```
LIBRARY IEEE;
    USE IEEE.STD_LOGIC_1164.ALL;
entity fulladd is
    port(in1,in2,cin:in std_logic;
        fsum,fcarry:out std_logic);
end fulladd;
architecture Behavioral of fulladd is
    signal temp,carry1,carry2:std_logic;
    component halfadd      --半加器的例化
    port(a,b:in std_logic;
        sum,hcarry:out std_logic);
    end component;
    component gateor       --或门的例化
    port(in1,in2:in std_logic;
            y:out std_logic);
    end component;
begin      --将图 4-39 中各个门电路的对应关系转换为如下程序
    u0:halfadd port map (a=>in1,b=>in2,sum=>temp,hcarry=>carry1);
    u1:halfadd port map (a=>temp,b=>cin,sum=>fsum,hcarry=>carry2);
    u2:gateor port map (in1=>carry1,in2=>carry2,y=>fcarry);
end Behavioral;
```

(5)新建顶层 VHDL 设计文件 add4.VHD,选择命令 project－>set as top-level entity,将设计设定为顶层编译文件,4 位加法器的逻辑功能如图 4-41 所示,根据逻辑功能编写 VHDL 语言,输入并编译,实现 4 位加法器的功能模块。

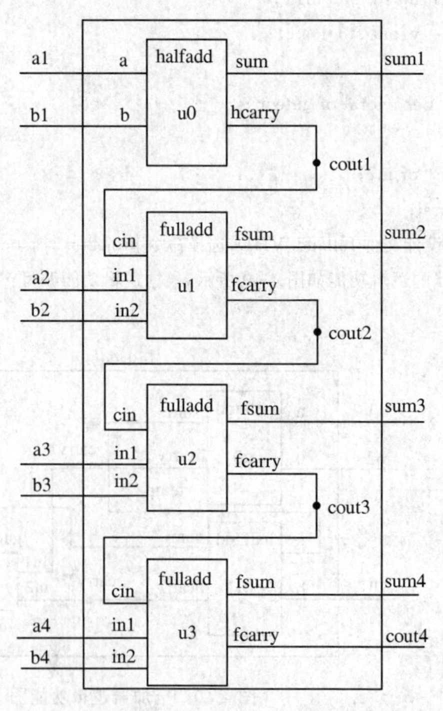

图 4-41　4 位加法器逻辑功能图

续表

```
LIBRARY IEEE;
USE IEEE.STD_LOGIC_1164.ALL;

ENTITY add4 IS
PORT (a1,a2,a3,a4:IN STD_LOGIC;
        b1,b2,b3,b4:IN STD_LOGIC;
        sum1,sum2,sum3,sum4:OUT STD_LOGIC;
        cout4:OUT STD_LOGIC);
END add4;

ARCHITECTURE add_arc OF add4 IS
SIGNAL cout1,cout2,cout3:STD_LOGIC;
COMPONENT halfadd      --半加器例化
  PORT(a,b:IN STD_LOGIC;
        sum,hcarry:OUT STD_LOGIC);
END COMPONENT;

COMPONENT fulladd      --全加器例化
  PORT(in1,in2,cin:IN STD_LOGIC;
        fsum,fcarry:OUT STD_LOGIC);
END COMPONENT;

BEGIN      --以下程序按照图 4-41 的逻辑关系设计完成
u1:halfadd  PORT  MAP(a=>a1,b=>b1,sum=>sum1,hcarry=>cout1);
u2:fulladd  PORT  MAP(in1=>a2,in2=>b2,cin=>cout1,fsum=>sum2,fcarry=>
cout2);
u3:fulladd  PORT  MAP(in1=>a3,in2=>b3,cin=>cout2,fsum=>sum3,fcarry=>
cout3);
u4:fulladd  PORT  MAP(in1=>a4,in2=>b4,cin=>cout3,fsum=>sum4,fcarry=>
cout4);
END add_arc;
```

工程编译	完成了工程建立并加入了所需的源文件后，即可进行编译、综合。		
设计仿真	在编译、综合结束且无任何错误后，可以通过功能仿真来验证当前的设计输入是否能够满足预期的逻辑功能。		
器件编程与配置	(1)当通过功能仿真确定能够满足预期的逻辑功能之后，可以将 Assembler 产生的编程文件下载至 FPGA/CPLD 芯片，下载之前，应进行管脚的分配； (2)选择菜单 Assignments/Pins，根据硬件原理图来分配管脚； (3)管脚分配后需重新编译才能产生所需的编程下载文件。可打开 Tools/Programmer 进行编程操作。		
总结与体会			
完成日期		完成人	

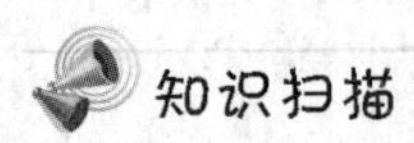

知识扫描

VHDL 语言要素

VHDL 是一门高级硬件描述语言，它有一套自身的、严格的语法规则。可编程逻辑器件的开发软件只能识别按照这些语法规则编写的 VHDL 程序，因此学好 VHDL 的基本格式和基本元素就显得十分重要了。

1. VHDL 文字规则

(1)关键字

在 VHDL 语句的开始、结尾或中间过程都要用到关键字，其被赋予编译器能识别的特殊含义。在编写程序时用户不能把关键字用作自己创建的标识符。为了便于阅读，一般用大写字母来写关键字。

(2)标识符

在 VHDL 中，用户必须遵循 VHDL 标识符的命名规则来创建标识符，否则就会因开发软件不能识别创建的标识符而导致 VHDL 程序无法运行。标识符中可使用的有效字符为：26 个英文字母的大小写（a～z 和 A～Z）、10 个数字（0～9）和下划线（_）。例如，2illegal%name 被视为不合法的标识符，因为%不是有效字符。标识符必须以英文字母开头。例如，2illegal_name 被视为不合法的标识符，因为它以数字 2 开头，而不是以英文字母开头。标识符中下划线(_)的前后都必须有英文字母或数字，在一个标识符中只能有一个下划线(_)。例如，illegal_和 illegal__name 被视为不合法的标识符，因为前者下划线(_)的后面没有英文字母或数字，后者有两个下划线(_)。标识符不区分大小写英文字母。例如，HALF_Adder 和 half_adder 被视为同一标识符。

2. VHDL 数据对象

VHDL 语言中凡是可以被赋予一个值的对象均称为客体。而我们知道，VHDL 语言是一种硬件描述语言，硬件电路的工作过程实际上是信号流经其发生变化并输出的过程，所以 VHDL 语言最基本的客体就是信号。为了便于描述，还定义了另外两类客体：变量和常量。在电子电路设计中，这三类客体通常都具有一定的物理含义。信号对应地代表物理设计中某一条硬件连线；常数对应地代表数字电路中的电源和地等。当然，变量的对应关系不太直接，通常只代表暂存某些值的载体。三类客体的含义和说明场合见表 4-5。

表 4-5　　VHDL 语言三类客体的含义和说明场合

客体类别	含 义	说明场合
信 号	说明全局量	实体、构造体、程序包
变 量	说明局部量	进程、函数、过程
常 数	说明全局量	以上场合均可存在

(1)常数

常数(Constant)是一个固定的值。所谓常数说明，就是对某一常数名赋予一个固定的值。通常赋值在程序开始前进行，该值的数据类型则在说明语句中指明。常数说明的一般格式如下：

CONSTANT 常数名：常数类型：＝表达式

例如下面这个语句定义了一个时间类型的常量，其初值为 15 ns：

CONSTANT delay1：TIME：＝15 ns；

常数一旦赋值就不能再改变。另外，常数所赋的值应和定义的数据类型一致。如下面格式的说明就是错误的：

CONSTANT Vcc：REAL：＝"0101"

其中 REAL 是实数，赋值时必须要包含小数部分，而所赋值"0101"显然不对。

(2)变量

变量(VARIABLE)只能在进程语句、函数语句和过程语句结构中定义和使用，它是一个局部变量，可以进行多次赋值。在仿真过程中，它不像信号，到了规定的仿真时间才进行赋值，变量的赋值是立即生效的。变量说明语句的格式为：

VARIABLE 变量名：数据类型 约束条件：＝初始表达式；

例如，定义一个 8 位的变量数组的说明语句如下所示：

VARIABLE temp：OUT STD_LOGIC_VECTOR (7 DOWNTO 0)；

变量的赋值符号是"：＝"，变量的赋值是立刻发生的，因而不允许产生附加时延。例如 a、b、c 都是变量，则使用下面的语句产生时延是不合法的。

a：＝b＋c AFTER 10 ns；

(3)信号

信号(SIGNAL)可看作硬件连线的一种抽象表示，它既能保持变化的数据，又可连接各元件作为元件之间数据传输的通路。信号通常在构造体、程序包和实体中说明。信号说明的格式如下：

SIGNAL 信号名：数据类型 约束条件 表达式

例如：

SIGNAL qout：STD_LOGIC_VECTOR (4 DOWNTO 0)；

在程序中，信号值的代入采用符号"＜＝"，信号代入时可以产生附加时延。

信号是一个全局变量，可以用来进行进程之间的通信。在 VHDL 语言中对信号赋值一般是按仿真时间来进行的，而且信号值的改变也需按仿真时间的计划表进行。

归纳起来，信号与变量的区别主要有以下几点：

①值的代入形式不同，信号值的代入采用符号"＜＝"，而变量的赋值符号为"：＝"。

②信号是全局量，是一个实体内部各部分之间以及实体之间(端口 PORT 被默认为信号)进行通信的手段；而变量是局部量，只允许定义并作用于进程和子程序中，变量需首先赋值给信号，然后由信号将其值带出进程或子程序。

③操作过程不同。变量的赋值语句一旦执行，该变量就立刻被赋予新值。在执行下一条语句时，该变量就用新赋的值参与运算。而信号的赋值语句虽然已被执行，但新的信号值并没有立即代入，因而下一条语句执行时，仍使用原来的信号值。在构造体的并行部分，信号被赋值一次以上时编译器将给出错误报告，指出同一信号出现了多个驱动源。进程中，对同一信号赋值超过两次时编译器将给出警告，指出只有最后一次赋值有效。

【例 4-5】 变量与信号的区别。

```
LIBRARY IEEE;
    USE IEEE. STD_LOGIC_1164. ALL;
    USE IEEE. STD_LOGIC_UNSIGNED;
ENTITY exam IS
    PORT(      clk:in STD_LOGIC;
               qa:out STD_LOGIC_VECTOR(3 downto 0);
               qb:out STD_LOGIC_VECTOR(3 downto 0) );
END exam;
ARCHITECTURE compar OF exam IS
    SIGNAL b:STD_LOGIC_VECTOR(3 DOWNTO 0):="0000";
BEGIN
    PROCESS (clk)
        VARIABLE a:STD_LOGIC_VECTOR(3 DOWNTO 0):="0000";
    BEGIN
        IF clk'event AND clk='1' THEN
            a:=a+1;
            a:=a+1;
            b<=b+1;                 --这条语句对程序运行结果无影响
            b<=b+1;
        END IF;
        qa<=a;              --变量的值可以传送给信号,信号将其值带出进程或子程序
        qb<=b;
    END PROCESS;
END compar;
```

图 4-42 是程序的仿真结果,从图中可清楚地看到,虽然变量 a 与信号 b 在语句上完全相同,但它们的运行效果却相差甚远。由于变量的赋值指令执行后,其赋值行为是立刻进行的,所以在每次 clk 启动进程后,变量 a 都要被连加两次 1。而信号 b 的运行结果相当于每次进程只执行了一次加 1 操作,这是因为当信号的赋值语句被执行后,赋值行为并不立刻发生,而需等进程执行结束,即退出进程后才根据最近一次对 b 赋值的语句将有关值代入 b。

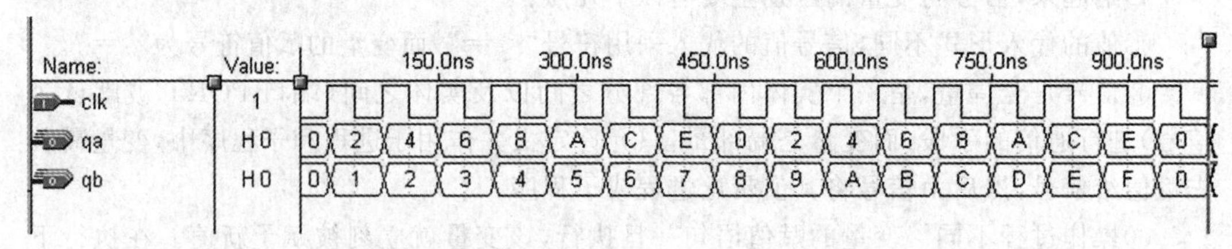

图 4-42　例 4-5 程序的仿真结果

正确认识信号与变量的区别对编程者正确表达其描述意图有重要作用,希望读者通过此例加深理解。

3. VHDL 数据类型

在 VHDL 语言中，每个对象都有特定的数据类型。为了能够描述各种硬件电路，创建高层次的系统和算法模型，VHDL 具有很多数据类型。除了很多预定义的数据类型可直接使用外，用户还可自定义数据类型，这给用户带来了较大的自由和方便。

下面介绍一些常用的数据类型。

(1)位

在数字系统中，信号值通常用一个位(bit)来表示。位用放在单引号中的字符和 1 来表示。'0'和'1'跟整数中的 0 和 1 不同，它们仅仅表示一个位的两种取值。

位数据可以用来描述数字系统中总线的值。位数据不同于布尔数据，它可以利用转换函数进行变换。

(2)位矢量

位矢量(Bit_vector)是用双引号引起来的一组位数据。例如："001100"，H"00BE"。其中位矢量前的 H 表示其是十六进制。位矢量可以表示十进制、二进制以及十六进制，表示时只要在前面加上相应的特征字符就可以了。

(3)布尔量

一个布尔量(Boolean)有两种状态："真"或者"假"。布尔量初值通常为 FALSE。虽然布尔量也是二值枚举量，但它和位不同，没有数值的含义，也不能进行算术运算，只能进行关系运算。例如，可以在 IF 语句中进行测试，测试结果产生一个布尔量 TRUE 或 FALSE，并以此结果控制其他语句的执行。如语句"IF clk＝'1'　THEN…"在信号 clk 确实为'1'情况下，表达式"clk＝'1'"的取值为 TRUE，此时将执行 THEN 后面的语句，否则 THEN 后面的语句不会被执行。

(4)整数

整数(Integer)类型的数包括正整数、负整数和零。VHDL 中，－2 147 483 647～2 147 483 647 是整数的表示范围，可用 32 位有符号的二进制数表示。在应用时，整数既不能看作位矢量，也不能按位进行访问，并且不能用逻辑操作符。当需要进行位操作时，可以使用转换函数，将整数转换成位矢量。在电子系统的开发过程中，整数也可以作为对信号总线状态的一种抽象表示手段，用以准确地表示总线的某一状态。

(5)实数

实数(Real)的定义值为－1.0E＋38～＋1.0E＋38。实数中的正数和负数，在书写时一定要有小数点。即使其小数部分为零，也要加上小数部分。例如，若 4.0 表示为 4，则会出现语法错误。

值得注意的是，虽然 VHDL 提供了实数这一数据类型，但仅在仿真时使用。综合过程中，综合器是不支持实数类型的，原因是综合的目标是硬件结构，而想要实现实数类型通常需要耗费过多的硬件资源，这在硬件规模上无法实现。

(6)字符

字符(Character)也是一种数据类型，所定义的字符量通常用单引号引起来，如'A'。一般情况下 VHDL 对字母的大小写不敏感，但是对于字符量中的大小写字符则认为是不一样的。字符可以是英文字母中的任一个大小写字母、0～9 中的任一个数字以及空格或特殊字符。

(7)字符串

字符串(String)是由双引号引起来的一个字符序列,也称为字符矢量或字符串数组。如"VHDL Programmer"。字符串常用于程序说明。

(8)时间

时间(Time)是一个物理量数据。完整的时间数据应包含整数和单位两部分,而且整数和单位之间至少应留一个空格的位置。如 10 ns、55 min 等。设计人员常用时间类型的数据在系统仿真时表示信号延时,从而使模型系统更逼近实际系统的运行环境。

(9)错误等级

错误等级(Severity Level)类型数据用来表示系统的状态,共有四种等级:NOTE(注意)、WARNING(警告)、ERROR(出错)和 FAILURE(失败)。在系统仿真过程中,操作人员可以根据这四种状态的提示,随时了解当前系统的工作情况并采取相应的对策。

【工作任务 4-2-3】基于 VHDL 语言的任意进制计数器的设计

设计工作任务书

设计名称	基于 VHDL 语言的任意进制计数器的设计		
任务编码	SZS4-2-3	课时安排	2
任务内容	采用可编程逻辑器件,利用 VHDL 语言进行任意进制计数器的设计。		
任务要求	(1)用 VHDL 语言进行任意进制计数器的设计; (2)对设计结果仿真验证; (3)下载计数器电路,并验证测试; (4)撰写设计报告。		
测试设备	设备及器件名称	型号或规格	数量
	+5 V 直流稳压电源	根据学校配备填写	1 台
	数字电路实验装置	根据学校配备填写	1 套
	安装了 Quartus Ⅱ 软件的计算机	根据学校配备填写	1 台

设计步骤

设计输入

设计提示:任意进制计数器实现过程中,只须选择计数器的模数和位数即可。这里采用了 generic 语句,以模 12 为例,模数 $N=12$,而对应的计数器位数 $M=4$,它们之间的关系应满足:$2^{M-1}<N<2^M$。

(1)新建工程 countrandom;

(2)在工程中新建 VHDL File,并输入以下代码,完成设计。

```
library IEEE;
use IEEE. STD_LOGIC_1164. ALL;
use IEEE. STD_LOGIC_UNSIGNED. ALL;
entity countrandom is
    generic(N:integer:=12;
            M:integer:= 4);
```

续表

```
        port(   clr: in STD_LOGIC;
                clk: in STD_LOGIC;
                q: out STD_LOGIC_VECTOR(M-1 downto 0) );
    end countrandom;
    architecture countrandom of countrandom is
    signal count: STD_LOGIC_VECTOR(M-1 downto 0);
    begin
        process(clk, clr)
        begin
            if clr = '1' then
                count <= (others=>'0');      --count 值清零
            elsif clk' event and clk = '1' then
                if count =N-1 then
                    count<=(others=>'0');
                else
                    count <= count + 1;
                end if;
            end if;
        end process;
        q <= count;
    end countrandom;
```

工程编译	完成了工程建立并加入了所需的源文件后,即可进行编译、综合。		
设计仿真	在编译、综合结束且无任何错误后,可以通过功能仿真来验证当前的设计输入是否能够满足预期的逻辑功能。		
器件编程与配置	(1)当通过功能仿真确定能够满足预期的逻辑功能之后,可以将 Assembler 产生的编程文件下载至 FPGA/CPLD 芯片,下载之前,应进行管脚的分配; (2)选择菜单 Assignments/Pins,根据硬件原理图来分配管脚; (3)管脚分配后需重新编译才能产生所需的编程下载文件。可打开 Tools/Programmer 进行编程操作。		
总结与体会			
完成日期		完成人	

VHDL 顺序语句

在用 VHDL 语言描述系统硬件行为时,按语句执行顺序对其进行分类,可分为顺序语句和并行语句。顺序语句的执行顺序与书写顺序基本一致,它们只能应用于进程和子程序中。顺序语句包括四类,即赋值语句、分支控制语句、循环控制语句和同步控制语句。

1. 赋值语句

赋值语句包括两种,即信号赋值和变量赋值。并行赋值语句的赋值目标只能是信号,而顺序赋值语句不但可对信号赋值,也可对变量赋值。在进程内,信号和变量具有根本的行为差别，即变量可以立即被赋予一个新值；而预定给信号的赋值却不能立即生效，直到相应的进程（或子程序）被挂起。因此，使用顺序语句描述复杂的组合逻辑电路时，必须谨慎使用对象类型，以防偏离设计意图。而且，变量值只能在进程（或子程序）内部使用，无法传递到进程（或子程序）之外，类似于一般高级语言的局部变量，只在局部范围内才有效。

对变量赋值时，其语句格式为：

变量赋值目标：＝赋值源；

对信号赋值时，其语句格式为：

信号赋值目标＜＝赋值源；

2. 分支控制语句

VHDL 语言包含多种控制语句，用来描述组合逻辑函数、指示运算优先级及其他高级行为。基本可分为三类：分支控制语句、循环控制语句和同步控制语句。其中分支控制语句包括 IF 语句和 CASE 语句；循环控制语句包括 LOOP 语句、EXIT 语句和 NEXT 语句；同步控制语句包括 WAIT 语句。

（1）IF 语句

IF 语句是使用最普遍的控制语句，根据所指定的条件来确定执行哪些语句，IF 语句有三种基本格式：简单 IF 语句、两分支 IF 语句与多分支 IF 语句，流程图如图 4-43 所示。

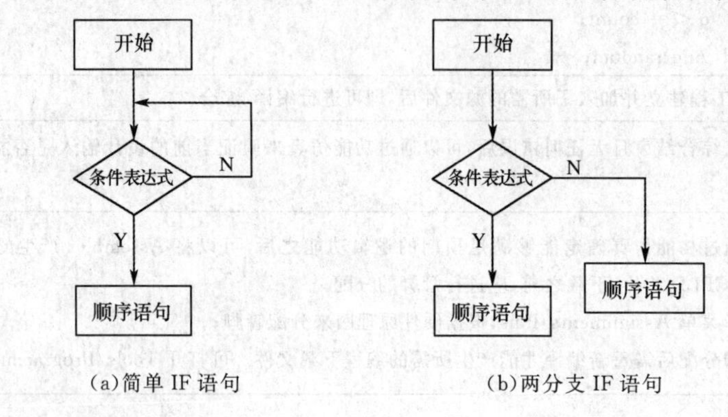

（a）简单 IF 语句　　（b）两分支 IF 语句

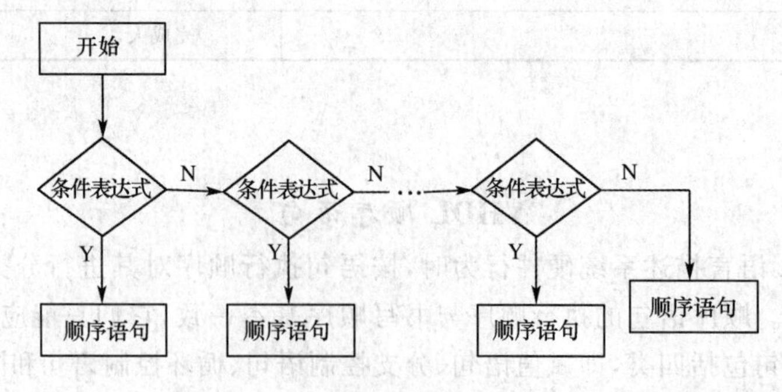

（c）多分支 IF 语句

图 4-43　IF 语句流程图

IF 语句格式如下：

简单 IF 语句：

```
    IF  条件表达式 THEN
        顺序语句；
    END IF；
```

两分支 IF 语句：

```
    IF  条件表达式 THEN
        顺序语句；
    ELSE
        顺序语句；
    END IF；
```

多分支 IF 语句：

```
    IF  条件表达式 THEN
        顺序语句；
    ELSIF  条件表达式 THEN
        顺序语句；
    ELSE
        顺序语句；
    END IF；
```

提醒读者：多分支 IF 语句中的“ELSIF”并不是“ELSE IF”，书写时需要注意。

【例 4-6】 描述一个带清零端 clrn 的 D 触发器。

```
……
SIGNAL   qout：STD_LOGIC；
IF clrn='0'
    THEN qout<='0'；                      --若清零端有效，则输出清 0
ELSIF clk' event and clk='1'
    THEN   qout<=d ；                    --若清零端无效，则时钟上升沿时输出为 d
END IF；
……
```

若要该 D 触发器再增加使能端 EN(要求高电平有效)，则语句改为

```
……
IF clrn='0'
    THEN qout<='0'；
ELSIF clk' event and clk='1' THEN            -- clk' event and clk='1'表示时钟上升沿
    IF en='1' THEN qout<=d ；                --若使能端有效，则输出为 d
    ELSE   qout<=qout ；                     --若使能端无效，则保持原值
    END IF；
END IF；
……
```

(2)CASE 语句

CASE 语句用来描述总线或编码、译码的行为，从许多不同语句的序列中选择其中之一执行。虽然 IF 语句也有类似的功能，但 CASE 语句的可读性比 IF 语句要好得多，当程序的分支比较多时，CASE 语句更适用。

CASE 语句的语句格式为：

```
CASE  表达式 IS
    WHEN  测试表达式 1 =>顺序语句 1;
    WHEN  测试表达式 2 =>顺序语句 2;
    ……
    WHEN  测试表达式 n =>顺序语句 n;
    WHEN OTHERS =>顺序语句 n+1;
END CASE;
```

用一个例子了解 CASE 语句的使用方法。例 4-7 描述了一个 4 选 1 数据选择器。

【例 4-7】 4 选 1 数据选择器的 CASE 语句描述。

```
library IEEE;
use IEEE.STD_LOGIC_1164.ALL;
entity mux41c is
   port(
            c: in STD_LOGIC_VECTOR(3 downto 0);
            s: in STD_LOGIC_VECTOR(1 downto 0);
            z: out STD_LOGIC
            );
end mux41c;
architecture mux41c of mux41c is
begin
   p1: process(c, s)
     begin
         case s is
         when "00" => z <= c(0);
         when "01" => z <= c(1);
         when "10" => z <= c(2);
         when "11" => z <= c(3);
         when others => z <='0';
         end case;
     end process;
end mux41c;
```

使用 CASE 语句需注意以下几点：

①当执行到 CASE 语句时，首先计算表达式的值，将计算结果与备选的常数值进行比较，并执行与表达式的值相同的常数值所对应的顺序语句。若某个常数值出现了两次，而两次所对应的顺序语句不相同，则编译器将无法判断究竟应该执行哪条语句，因此

CASE 语句要求 WHEN 后面所跟的备选常数值不能重复。

②注意到例 4-7 中 CASE 语句里有“WHEN OTHERS”，它代表已给的各常数值中未能列出的其他可能的取值。除非给出的常数值涵盖了所有可能的取值，否则最后一句取值语句必须加“OTHERS”。比如某信号是 STD_LOGIC 类型，则该信号的可能取值除了"1"和"0"外，还有可能是"u"(未初始化)、"x"(强未知)、"z"(高阻)、"—"(忽略)等其他取值，若不加该语句，编译器会给出错误信息，指出若干值没有指定(如有的编译器给出的错误信息为“choices 'u' to '—' not specified”)。

③CASE 的常数值部分的表达方法有：单个取值(如 7)、数值范围(5 TO 7，即取值为 5、6、7)、并列值(如 4 | 7 表示取 4 或取 7)。

④对于本身就有优先关系的逻辑关系(如优先编码器)，用 IF 语句比用 CASE 语句更合适。

3. 循环控制语句

循环控制语句包括 LOOP 语句、EXIT 语句和 NEXT 语句。本节将分别予以介绍。

(1)LOOP 语句

LOOP 语句即循环语句，与其他高级语言一样，循环语句使它所包含的语句重复执行若干次。VHDL 的循环语句有三种基本格式：

①[标号]:FOR 循环变量 IN 循环下限 TO 循环上限 LOOP

顺序语句；

END LOOP [标号]；

这种结构的循环语句，其循环次数由循环上下限决定，循环变量的值从循环下限开始，每循环一次自动指向下一个循环变量值，当循环变量值大于或等于循环上限时结束循环。循环变量不用事先声明，对于 FOR LOOP 结构，默认的循环变量为 i。

②[标号]:WHILE 条件表达式 LOOP

顺序语句；

END LOOP [标号]；

当条件表达式的值为真时，执行内部的顺序语句，否则结束循环。

③[标号]:LOOP

… …

EXIT WHEN 条件表达式；

END LOOP；

无限循环语句是指不包含关键字 FOR 或 WHILE 的特殊 LOOP 语句。通常，在无限循环语句中都包含一个可退出循环的条件。其中，EXIT 为循环终止语句的关键字，当括号中的条件表达式为真时，退出循环。

【例 4-8】 LOOP 语句应用示例。

```
    … …
FOR i IN 0 TO 7  LOOP
    Q[i]<=datin[i];
END LOOP;
    … …
```

例 4-8 相当于连续执行了 8 条赋值语句。

【例 4-9】 用 LOOP 语句设计累加过程。

```
… …
WHILE Q<255  LOOP
      Q<=Q+1;
END LOOP;
… …
```

例 4-9 表示一个累加的过程。但需注意,并不是所有的综合器都支持 WHILE 格式,多数综合器仅支持 FOR LOOP 循环语句。

(2)EXIT 语句

由于各种原因,有可能需要在循环终止条件还没有满足的情况下提前跳出循环。前面介绍的三种 LOOP 语句,都可以通过使用 EXIT 语句实现循环的提前结束。其语法格式有三种:

EXIT;

EXIT 标号;

EXIT 标号 WHEN 条件表达式;

【例 4-10】 EXIT 语句应用示例。

```
Process(x)
     Variable int_x : integer;
    Begin
         int_x := x;
         For i in 0 to max_limit loop
              If(int_x<=0) then
                   Exit;
              Else
                   int_x :=int_x -1;
                   Q(i) <= 3.14/real(x * i);
             End if;
         End loop;
         Y<=Q;
End process;
```

本例中 int_x 通常是大于 0 的整数值,如果 int_x 的取值为负或 0,将出现错误,算式无法计算,所以此时应跳出循环,执行 LOOP 之后的语句。

EXIT 语句是一条很有用的控制语句,当程序需要处理保护、出错和警告状态时,它能提供一个快捷、简便的方法。

(3)NEXT 语句

LOOP 语句中,NEXT 语句用于跳出本次循环,直接进入下一循环周期,书写格式为:

NEXT [标号] WHEN 条件表达式;

NEXT 语句执行时将停止本次循环，从而进入下一次新的循环。NEXT 后面跟的“标号”表明下一次迭代的起始位置，而“WHEN 条件表达式”则表明 NEXT 语句执行的条件。如果 NEXT 语句后面既无标号也无条件，那么只要执行到该语句就会立即无条件跳出本次循环，从 LOOP 语句的起始位置进入下一次循环。

【例 4-11】 NEXT 语句应用示例。

```
Process(table)
Begin
    lp1: for i in 10 downto 2 loop
        lp2: for j in 0 to i loop
            Next lp2 when i=j;
                Table(i,j) := i+j-7;
        End loop lp2;
    End loop lp1;
End process;
```

当满足条件 i=j 时，Table(i,j) := i+j-7 将不被执行，而是将 j 加 1，进入 lp2 语句的下一次循环。由此可知，NEXT 语句实际上用于 LOOP 语句的内部循环控制。

4. 同步控制语句

进程在仿真运行中总是处于下述两种状态之一：执行或挂起。进程状态的变化受同步控制语句——WAIT 语句的制约，当进程执行到等待语句时，被挂起，并设置好再次执行的条件。WAIT 语句根据条件的不同可以分为四类：

WAIT;　　　--无限等待(无条件等待)

WAIT ON;　　--敏感信号量变化

例如：y<=a and b;

　　Wait on a,b;

WAIT ON 语句不能被综合工具生成硬件描述，因为敏感信号量可能从 1 变为 0，也可能从 0 变为 1，而实际上不会有同时既接收上升沿信息又接收下降沿信息的硬件。WAIT ON 语句一般用来为仿真器设计相应的硬件描述。

WAIT UNTIL　条件表达式；　--条件满足

例如：wait until clk'event and clk='1';

它的含义是：当条件表达式的值为真时才结束当前的等待状态，继续执行 WAIT UNTIL 语句后面的语句。

WAIT FOR 时间表达式；　--等待时间到

例如：wait for 20 ns;

它的含义是：经过时间表达式指定的等待时间以后，程序就开始继续执行 WAIT FOR 语句后面的语句。

四类 WAIT 语句中比较常用的是后三种，并且可以混用。无条件等待一般不用。

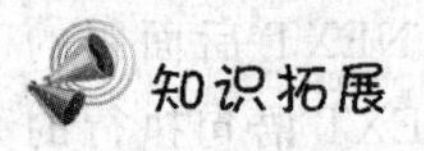

VHDL 操作符

在 VHDL 语言中共有四类操作符(运算符),可以分别进行逻辑运算、关系运算、算术运算和并置运算。需要提醒读者的是,被操作符所操作的操作数之间必须是同类型的,且操作数的类型应该和操作符所要求的类型相一致。但若某操作数和某些操作符要求的类型不符,而程序又需要该操作数必须使用这些操作符,此时应先对操作符进行重载,然后才可使用。例如,逻辑操作符(如 AND、XOR 等)要求的数据类型是 BIT 或 BOOLEAN,而 STD_LOGIC 型的数据是不可进行这些操作的,但在程序包 STD_LOGIC_1164 中重载了这些操作符,因此只要 VHDL 程序打开程序包 STD_LOGIC_1164,就可在随后的程序中使用逻辑操作符操作 STD_LOGIC 类型的数据。

另外,VHDL 操作符是有优先级的,例如 NOT 在所有操作符中的优先级最高。表 4-6 示出了 VHDL 操作符的优先级。

表 4-6　　VHDL 操作符的优先级

操作符	优先级
NOT,ABS,* *	高
*,/,MOD,REM	↑
+(正号),-(负号)	
+(加),-(减),&(并置)	
SLL,SLA,SRL,SRA,ROL,ROR	
=,/=,<,<=,>,>=	
AND,OR,NAND,NOR,XOR,XNOR	低

1. 逻辑运算符

VHDL 语言中的逻辑运算符共有七种,分别为:

NOT ——取反;

AND ——与;

OR ——或;

NAND ——与非;

NOR ——或非;

XOR ——异或;

XNOR ——同或(VHLD—94 新增逻辑运算符)。

这七种逻辑运算符可以对 STD_LOGIC 和 BIT 等逻辑型数据、STD_LOGIC_VECTOR 逻辑型数组及布尔型数据进行逻辑运算。必须注意的是,运算符的左边和右边以及代入的信号的数据类型必须是相同的,否则编译时会给出出错警告。

当一个语句中存在两个以上逻辑表达式时,在 C 语言运算中有自左至右的优先级顺序的规定,而在 VHDL 语言中,没有左右优先级差别,同一表达式中进行多个运算时需用括号表达先后差别。例如,在下例中,若去掉式中的括号,则从语法上来说是错误的。

X<=(a AND b) OR c;--去掉括号还是按照优先级进行运算

不过,如果一个逻辑表达式中只有一种逻辑运算符,例如只有“AND”或只有“OR”或只有“XOR”运算符时，改变运算的顺序才不会导致逻辑的改变，此时括号可以省略掉。例如：

a<=b OR c OR d OR e;

2. 算术运算符

VHDL 语言的算术运算符包括：

+ ——加；

- ——减；

* ——乘；

/ ——除；

& ——并置；

MOD ——求模；

REM ——取余；

+ ——正(一元运算)；

- ——负(一元运算)；

** ——指数；

ABS ——取绝对值；

SLL、SRL、SLA、SRA、ROL、ROR ——移位操作(VHDL-94 新增操作符)。

在算术运算中，一元运算的操作数可以为任何数据类型。加法和减法的操作数具有相同的整数类型，而且参加加、减运算的操作数的类型也必须相同。乘法、除法的操作数可以同为整数或实数。物理量可以被整数或实数相乘或相除，其结果仍为一个物理量。求模和取余的操作数必须是同一整数类型数据。一个指数运算符的左操作数可以是任意整数或实数，而右操作数应为一整数。

使用算术运算符时，要严格遵循赋值语句两边数据位长一致的原则，否则编译时将出错。比如，对“STD_LOGIC_VECTOR”进行加、减运算时，要求操作符两边的操作数和运算结果的位长相同，否则编译时会给出语法出错信息。另外，乘法运算符两边的位长相加后的值和乘法运算结果的位长不同时，同样也会给出语法出错信息。

此外，使用算术运算符还要考虑操作数的符号问题，IEEE 库内有两个程序包 STD_LOGIC_SIGNED 和 STD_LOGIC_UNSIGNED，这两个程序包都定义了“+”运算符，但程序包 STD_LOGIC_SIGNED 内的“+”运算符运算时会考虑操作数的符号，而程序包 STD_LOGIC_UNSIGNED 内的“+”运算符运算时却不考虑操作数的符号(请读者思考在什么情况下考虑)。

有一种特殊的运算，称为并置运算(或连接运算)，用符号“&”表示，它表示两部分的连接关系，并置运算符 & 不允许出现在赋值语句的左边。例如“JLE”&“-2”的结果为“JLE-2”。

【例 4-12】 & 运算符应用示例。

```
LIBRARY IEEE;
USE IEEE. STD_LOGIC_1164. ALL;
USE IEEE. STD_LOGIC_UNSIGNED. ALL;
ENTITY mux4 IS
```

```
        PORT (input:IN STD_LOGIC_VECTOR(4 DOWNTO 0);
              a,b:IN STD_LOGIC;
              y: OUT STD_LOGIC );
    END mux4;
    ARCHITECTURE rtl OF mux4 IS
        SIGNAL sel:STD_LOGIC_VECTOR(1 DOWNTO 0);
    BEGIN
        sel<=a&b;                                --使用了 & 运算符
    WITH sel SELECT
        y<=input(0) WHEN "00",
              input(1) WHEN "01",
              input(2) WHEN "10",
              input(4) WHEN "11",
                'x'   WHEN OTHERS;
    END rtl;
```

例 4-12 中的信号 sel 是两位数组，而作为选择信号输入的 a、b 都是一位数据，此时就可使用并置符号“&”将两个一位的 a、b 合并成两位，然后直接将 a、b 赋值给 sel。

VHDL－94 标准新增了六种移位操作符：SLL、SRL 是逻辑左移、右移操作符；SLA、SRA 是算术移位操作符；ROL、ROR 是向左、向右循环移位操作符，它们移出的位将用于依次填补移空的位。逻辑移位与算术移位的区别在于：逻辑移位是用“0”来填补移空的位，而算术移位把首位看作符号，移位时保持符号不变，移空的位用最初的首位来填补。如有变量定义为：

VARIABLE exam:STD_LOGIC_VECTOR(4 DOWNTO 0):＝ "11011";

则执行逻辑左移语句“exam SLL 1;”后，变量 exam 的值变为"10110"，而执行算术左移指令“exam SLA 1;”后，变量 exam 的值变为"10111"。注意到因为是左移，所以这里的首位是最右边的一位。

3. 关系运算符

VHDL 语言中有 6 种关系运算符，如下所示：

＝ ——等于；

/＝ ——不等于；

＜ ——小于；

＞ ——大于；

＜＝ ——小于等于；

＞＝ ——大于等于。

在关系运算符的左右两边是操作数，不同的关系运算符对两边的操作数的数据类型有不同的要求。其中等号和不等号可以适用于所有类型的数据。其他关系运算符则可用于整数、实数、位(枚举类型)以及位矢量(数组类型)等的关系运算。在进行关系运算时，左右两边操作数的类型必须相同，但是位长度不一定相同。在利用关系运算符对位矢量数据进行比较时，比较过程从最左边的位开始，自左至右按位进行比较。在位长不同的情况下，只能将自左至右的比较结果作为关系运算的结果。例如，对 2 位和 4 位的位矢量进行比较：

```
SIGNAL a:STD_LOGIC_VECTOR(4 DOWNTO 0);
SIGNAL b:STD_LOGIC_VECTOR(2 DOWNTO 0);
a<="11001";
b<="111";
IF (a<b)THEN
    … …
ELSE
    … …
END IF;
```

上例中 a 是 25，b 是 7，显然应该是 a>b，但由于 a 的第三位是“0”而 b 的第三位是“1”，因此从左往右比较时，判定 a 小于 b，这样的结果显然是错误的。然而这种情况通常不会在实际编程时产生错误，因为多数编译器在编译时会自动为位数少的数据增补 0，如本例中的 b 将被增补为“00111”以匹配 a，这样当从左往右比较时就会得到正确的结果。

思考：怎样将两个字符串“hello”和“world”组合为一个 10 位长的字符串？

任务4-3 基于可编程逻辑器件设计具有倒计时功能的八人抢答器

4-3-1 四人抢答器的设计及下载验证

【工作任务 4-3-1】四人抢答器的设计及下载验证

设计工作任务书

任务名称	四人抢答器的设计及下载验证		
任务编码	SZS4-3-1	课时安排	2
任务内容	用原理图输入法设计一个四人抢答器，满足下列要求： 1.四路开关输入； 2.稳定显示与输入开关编号相对应的数字 1～4； 3.输出具有唯一性和时序第一的特征； 4.一轮抢答完成后通过解锁电路进行解锁，准备进入下一轮抢答。		
任务要求	1.绘制四人抢答器原理图，如图 4-44 所示； 2.完成编译和仿真并下载到目标板进行测试； 3.写出四人抢答器的测试步骤，并按步骤对四人抢答器进行调测； 4.完成设计文档的编写。		
测试设备	设备及器件名称	型号或规格	数量
	+5 V 直流稳压电源		1 台
	数字电路实验装置		1 套
	数字万用表		1 块
	计算机		1 台

设计步骤	
设计输入	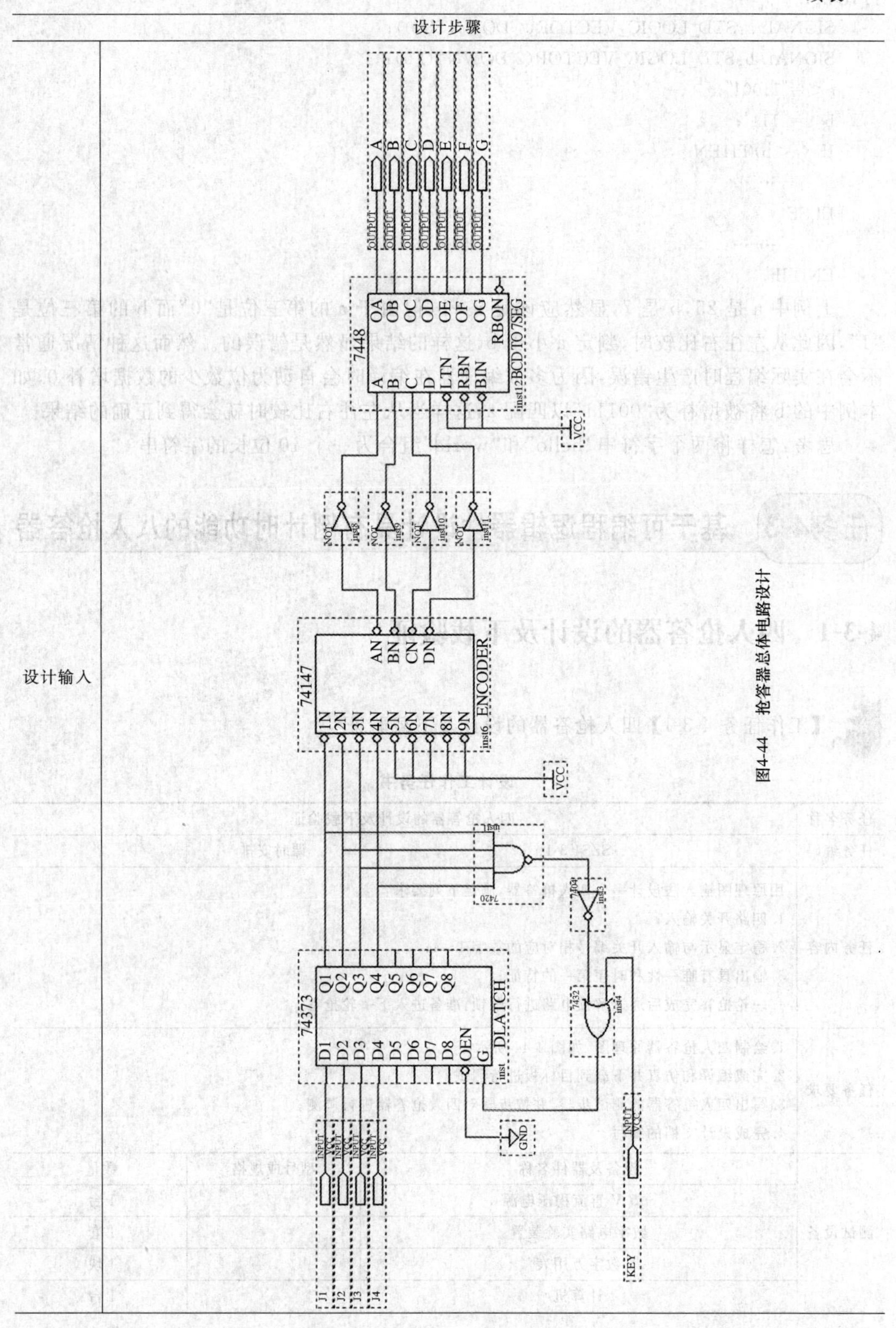图4-44　抢答器总体电路设计

续表

设计输入	1. 触发锁存电路的设计 图 4-44 中，74373 为 8D 锁存器，7420 为双 4 输入与非门，7404 为六反相器。J1、J2、J3、J4 开关阵列电路连接在锁存器 D0～D3 输入端，当 J1、J2、J3、J4 输入均为高电平时，锁存器输出全为高电平，Q0～Q3 的输出经 4 输入与非门和非门后的反馈信号为高电平，作用于锁存器使能端，使锁存器处于等待接收触发输入的状态；当 J1、J2、J3、J4 任一输入低电平时，输出信号 Q0～Q3 中相应一路为低电平，则反馈信号变为低电平，作用于锁存器使能端，锁存器被封锁，不再继续接收触发输入，输出保持在封锁前的状态。 2. 解锁电路的设计 图 4-44 中当 KEY 输入低电平时，Q1～Q4 中的低电平输出经 4 输入与非门和非门，再经过 2 输入或门后反馈至锁存器使能端，锁存器被封锁；当输入高电平后，2 输入或门的输出被强制设为高电平，送至锁存器使能端使得锁存器重新处于等待接收触发输入的状态。 3. 编码电路的设计 图 4-44 中 74147 为二-十进制优先编码器，当任意输入为低电平时，输出为相应输入编号的 8421BCD 码的反码，再经非门后被转换为 8421BCD 码。 4. 译码显示电路的设计 图 4-44 中 7448 为显示译码驱动器，接共阴极数码管，输出 A、B、C、D、E、F、G 七段信号。输入的 8421BCD 码经显示译码后驱动数码管，显示相应的十进制数码。
工程编译	完成了工程建立并加入了所需的源文件后，即可进行编译。
设计仿真	在编译结束且无任何语法、语义错误后，可以通过仿真来验证当前的设计输入是否能够满足预期的逻辑功能。
器件编程与配置	当通过仿真确定能够满足预期的逻辑功能之后，可以将 Assembler 产生的编程文件下载至 FPGA/CPLD 芯片，下载之前，首先要进行管脚的分配。 选择菜单 Assignments/Pins，打开图 4-45 所示的窗口。 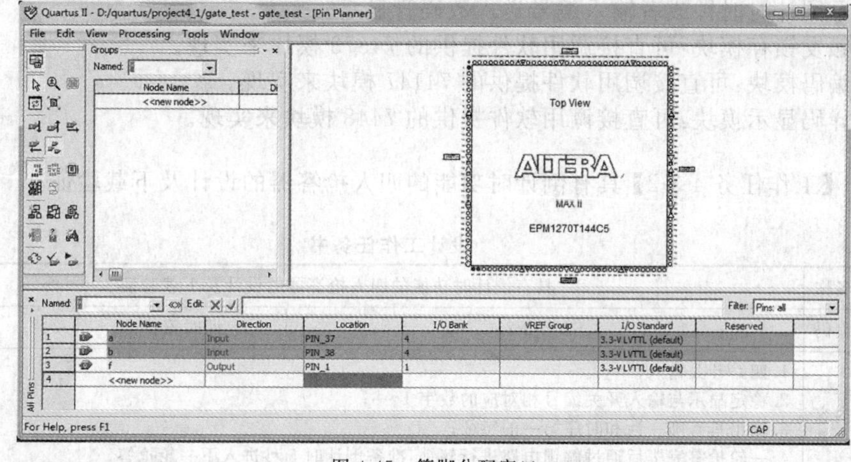 图 4-45　管脚分配窗口 根据硬件原理图来分配管脚。 管脚分配后需重新编译才能产生所需的编程下载文件。可打开 Tools/Programmer 进行编程操作。
总结与体会	
完成日期	完成人

4-3-2 具有倒计时功能的四人抢答器设计及下载验证

知识扫描

具有倒计时功能的四人抢答器的组成及工作原理

具有倒计时功能的四人抢答器,其主要功能为倒计时、抢答、数码显示。当抢答开始时,主持人按下开始抢答按钮,电路倒计时功能启动,计时器从 5 s 开始倒计时,并将倒计时的时间显示在数码管上。在倒计时过程中,任何人抢答均视为无效。在电路倒计时到 0 时抢答开始,有人抢答时,数码管就显示抢答的路数。如:1 号抢答显示 1,2 号抢答显示 2,3 号抢答显示 3,4 号抢答显示 4。

抢答器组成框图如图 4-46 所示。

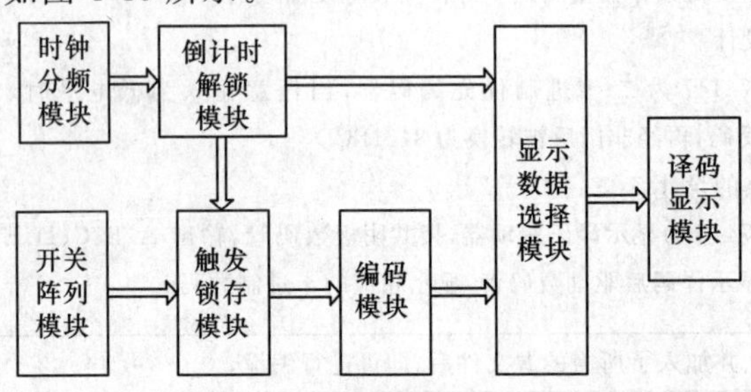

图 4-46 抢答器组成框图

时钟分频模块:将 50 MHz 系统时钟分频到 1 Hz,供倒计时使用。

倒计时解锁模块:由减法计数器构成,每来一个时钟脉冲计数器自动减 1,减到 0 时输出低电平,抢答器进入抢答状态,否则输出高电平,抢答器处于准备状态。

显示数据选择模块:由于本系统只有一位数码管作为显示窗口,所以可通过使能端选择显示倒计时时钟或者输入编号送入数码管显示。

触发锁存模块:可直接调用软件提供的 74373 模块来实现。

编码模块:可直接调用软件提供的 74147 模块来实现。

译码显示模块:可直接调用软件提供的 7448 模块来实现。

【工作任务 4-3-2】具有倒计时功能的四人抢答器的设计及下载验证

设计工作任务书

任务名称	具有倒计时功能的四人抢答器的设计及下载验证		
任务编码	SZS4-3-2	课时安排	2
任务内容	1. 四路开关输入; 2. 稳定显示与输入开关编号相对应的数字 1～8; 3. 输出具有唯一性和时序第一的特征; 4. 一轮抢答完毕后通过解锁电路进行解锁,准备倒计时 5 秒进入下一轮抢答。		
任务要求	1. 绘制具有倒计时功能的四人抢答器原理图; 2. 编写倒计时器的 VHDL 程序; 3. 设计具有倒计时功能的四人抢答器的原理图; 4. 完成编译和仿真并下载到目标板测试; 5. 写出四人抢答器的调试要求,并按步骤对四人抢答器进行调试; 6. 完成设计文档的编写。		

续表

	设备及器件名称	型号或规格	数量
设计设备	+5 V直流稳压电源	根据学校配备填写	1台
	数字电路实验装置	根据学校配备填写	1套
	数字万用表	根据学校配备填写	1块
	计算机	根据学校配备填写	1台

设计步骤

设计输入

1. 新建工程 Responder. qpf;

2. 在工程中新建一个 VHDL 设计文件 count4b. VHD,选择命令 project－＞set as top-level entity,将设计设定为顶层编译文件,根据图 4-47 所示倒计时解锁模块的流程图进行 VHDL 语言设计,并输入以下 VHDL 代码。

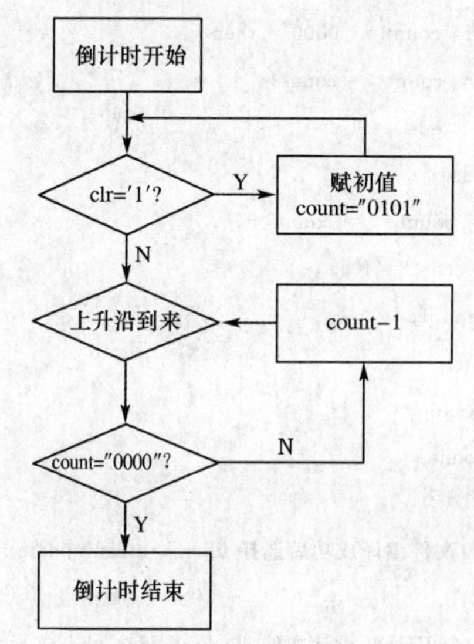

图 4-47　倒计时解锁模块流程图

```
library IEEE;                --库函数调用
use IEEE. STD_LOGIC_1164. ALL;
use IEEE. STD_LOGIC_UNSIGNED. ALL;

entity count4b is      --倒计时模块实体定义
    port(
            clr: in STD_LOGIC;      --模块工作使能端
            clk: in STD_LOGIC;      --秒脉冲输入
            en: out STD_LOGIC;      --触发信号输出
            q: out STD_LOGIC_VECTOR(3 downto 0)      --倒计时结果输出
        );
end count4b;
```

```
architecture count4b of count4b is
signal count: STD_LOGIC_VECTOR(3 downto 0);
begin
    -- 4-bit counter
    process(clk, clr)
    begin
        if clr = '1' then
            count <= "0101";  --设定倒计时时间为 5 s;
            en<='1';
         elsif clk' event and clk = '1' then
            if  count= "0000"  then
               count<=count;
               en<='0';
            else
              count <= count - 1;
              en<='1';
            end if;
         end if;
    end process;
    q <= count;
end count4b;
```

count4b. VHD 文件编译成功后选择 file－>creat/update－>creat symbol files for current file 命令生成 count4b 元件。

3. 在工程中新建一个 VHDL 设计文件 clock_divider. vhd，选择命令 project－>set as top-level entity，将设计设定为顶层编译文件，并输入以下 VHDL 代码。本模块的功能是对时钟信号进行任意分频比分频，本例中对 50 MHz 信号进行分频得到 1 Hz 信号，即分频比为 24999999。注意：常量 KILLCLK 对应的值即分频比(1011111010111100000－111111B＝24999999D)，而 KILLCLK 的位数决定了分频计数器的位数。

```
--时钟分频模块
library IEEE;
use IEEE. STD_LOGIC_1164. ALL;
use IEEE. STD_LOGIC_ARITH. ALL;
use IEEE. STD_LOGIC_UNSIGNED. ALL;

entity clock_divider is
    Port ( clk : in   STD_LOGIC;      --50 MHz 时钟输入管脚
           cclk : out   STD_LOGIC);      --1 Hz 时钟输出管脚
end clock_divider;
```

```
architecture Behavioral of clock_divider is
    constant KILLCLK : STD_LOGIC_VECTOR(24 downto 0):= "1011111010111100000111111";
                                    --分频比为 24999999

    signal dividedClk : STD_LOGIC;
    signal clkdiv : STD_LOGIC_VECTOR(24 downto 0);
    begin
        process (clk)
        begin
            if clk = '1' and clk'event then
                clkdiv <= clkdiv + 1;
                if(clkdiv = KILLCLK) then
                    dividedClk <= not dividedClk;
                    clkdiv <= (others=>'0');
                end if;
            end if;
        end process;
        cclk <= dividedClk;
    end Behavioral;
```

clock_divider.vhd 文件编译成功后选择 file－>creat/update－>creat symbol files for current file 命令生成 clock_divider 元件。

4.在工程中新建一个 VHDL 设计文件 datamux.vhd，选择命令 project－>set as top-level entity，将设计设定为顶层编译文件，并输入以下 VHDL 代码。由于系统硬件只有一位数码管作为输出显示，而本系统在功能上显示倒计时时间和抢答座位号。所以设计了一个显示数据选择器模块，该模块的功能是分时显示输出结果：在倒计时状态下选通倒计时时间数据并显示在数码管上，在抢答状态下选通抢答座位号并显示在数码管上。

```
--显示数据选择模块
library IEEE;
use IEEE.STD_LOGIC_1164.ALL;
use IEEE.STD_LOGIC_ARITH.ALL;
use IEEE.STD_LOGIC_UNSIGNED.ALL;

entity datamux is
    port(
            timedata : in STD_LOGIC_vector(3 downto 0);     --倒计时时间数据
            clk : in std_logic;
            da : in std_logic;      --抢答座位号数据
            db : in std_logic;      --抢答座位号数据
```

```
        dc : in std_logic;        --抢答座位号数据
        dd : in std_logic;        --抢答座位号数据
        en : in std_logic;
        douta : out std_logic;
        doutb : out std_logic;
        doutc : out std_logic;
        doutd : out std_logic
        );
end datamux;

architecture behave of datamux is
    begin
        process(clk,en)
            begin
              if clk'event and clk='1' then
                 if en='1' then
                     doutd<=timedata(3);
                     doutc<=timedata(2);
                     doutb<=timedata(1);
                     douta<=timedata(0);
                 else
                     doutd<=dd;
                     doutc<=dc;
                     doutb<=db;
                     douta<=da;
                 end if;
              end if;
        end process;
end behave;
```

datamux.vhd 文件编译成功后选择 file－＞creat/update－＞creat symbol files for current file 命令生成 datamux 元件。

5.新建顶层原理图 responder.bdf,选择命令 project－＞set as top-level entity,将设计设定为顶层编译文件,完成具有倒计时功能的四人抢答器的设计,如图 4-48 所示。

续表

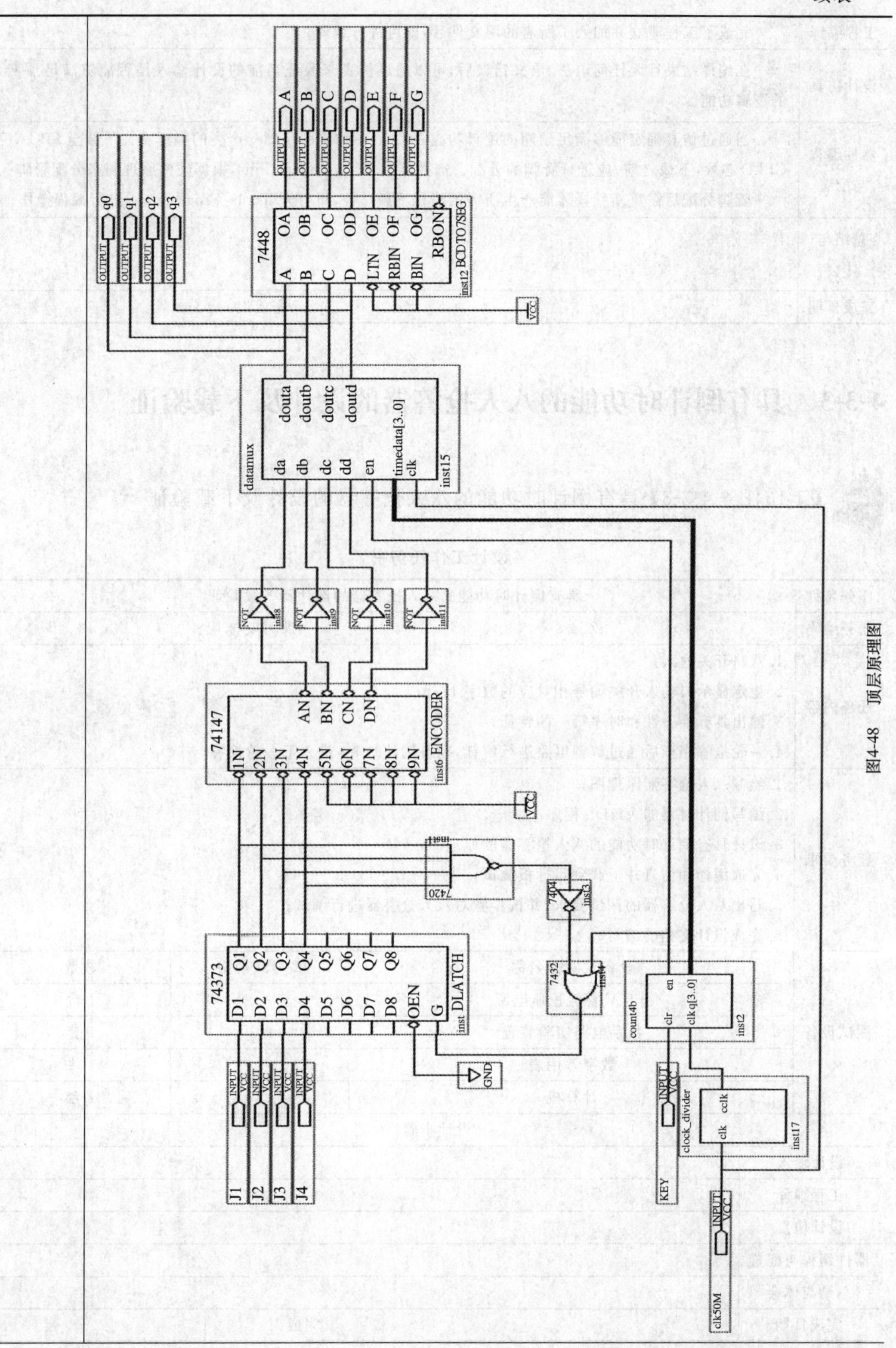

图4-48 顶层原理图

续表

工程编译	完成了工程建立并加入了所需的源文件后，即可进行编译。
设计仿真	在编译结束且无任何语法、语义错误后，可以通过仿真来验证当前的设计输入是否能够满足预期的逻辑功能。
器件编程与配置	当通过仿真确定能够满足预期的逻辑功能之后，可以将 Assembler 产生的编程文件下载至 FPGA/CPLD 芯片，下载之前，应进行管脚的分配。选择菜单 Assignments/Pins，根据硬件原理图来分配管脚。 管脚分配后需重新编译才能产生所需的编程下载文件，可打开 Tools/Programmer 进行编程操作。
总结与体会	
完成日期	完成人

4-3-3 具有倒计时功能的八人抢答器的设计及下载验证

【工作任务 4-3-3】具有倒计时功能的八人抢答器的设计及下载验证

设计工作任务书

任务名称	具有倒计时功能的八人抢答器的设计及下载验证		
任务编码	SZS4-3-4	课时安排	2
任务内容	1. 八路开关输入； 2. 稳定显示与输入开关编号相对应的数字 1～8； 3. 输出具有唯一性和时序第一的特征； 4. 一轮抢答完毕后通过解锁电路进行解锁，准备倒计时 3 s 进入下一轮抢答。		
任务要求	1. 绘制八人抢答器原理图； 2. 编写倒计时器的 VHDL 程序； 3. 设计具有倒计时功能的八人抢答器的原理图； 4. 完成编译和仿真并下载到目标板测试； 5. 写出八人抢答器的调试要求，并按步骤对八人抢答器进行调试； 6. 完成设计文档的编写。		
测试设备	设备及器件名称	型号或规格	数量
	+5 V 直流稳压电源		1台
	数字电路实验装置		1套
	数字万用表		1块
	计算机		1台

设计步骤			
设计输入			
工程编译			
设计仿真			
器件编程与配置			
总结与体会			
完成日期		完成人	

知识小结

本项目从简单的数字系统设计任务入手，介绍了现代数字系统设计的软硬件环境以及基本设计流程，并在实践中逐渐熟悉 QuartusⅡ软件的使用方法，对可编程逻辑器件建立了从外部到内部，从直观到抽象的认识过程。重点叙述了 VHDL 语言的基本概念、程序结构、数据类型、运算符，介绍了顺序语句和并行语句在数字电路建模过程中的使用方法。最后给出了具有倒计时功能的八人抢答器的综合任务，设计难度逐渐增加，但每个任务都不是孤立的，任务之间有一定的联系，提供一个实践平台，让读者对数字系统设计方法有一个完整的认识，从而提高设计能力。本项目知识的重、难点及必须掌握的理论知识和技能见表 4-7。

表 4-7　本项目知识的重、难点及必须掌握的理论知识和技能

知识重点	1. Quartus Ⅱ集成开发环境使用 2. Quartus Ⅱ软件设计流程 3. 可编程逻辑器件基本概念和结构 4. EDA 基本概念和现代数字系统设计方法 5. VHDL 硬件描述语言的基本概念 6. VHDL 硬件描述语言的基本结构 7. VHDL 硬件描述语言的顺序语句和并行语句 8. VHDL 硬件描述语言的层次化设计方法
知识难点	1. Quartus Ⅱ软件的使用 2. 可编程逻辑器件基本结构 3. VHDL 硬件描述语言的基本结构 4. VHDL 硬件描述语言的顺序语句和并行语句 5. VHDL 硬件描述语言的层次化设计方法
必须掌握的理论知识	1. VHDL 硬件描述语言的基本结构 2. VHDL 硬件描述语言的顺序语句和并行语句 3. VHDL 硬件描述语言的层次化设计方法
必须掌握的技能	1. Quartus Ⅱ集成开发环境使用 2. 使用 Quartus Ⅱ集成开发环境及 VHDL 设计简单电路的基本方法

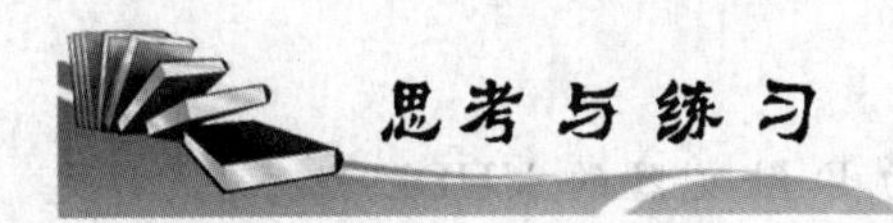

思考与练习

1. 选择题

(1)Quartus II 作为 FPGA/CPLD 主要开发工具，是由哪家公司推出的？(　　)

A. Altera　　B. Xilinx　　C. Lattice　　D. ATMEL

(2)基于 EDA 软件的 FPGA/CPLD 设计流程为：原理图/HDL 文本输入→(　　)→综合→适配→(　　)→编程下载→硬件测试。

①功能仿真　②时序仿真　③逻辑综合　④配置　⑤管脚锁定

A. ③①　　B. ①②　　C. ④⑤　　D. ④②

(3)芯片 EPM1270T144C5 属于以下哪个系列？(　　)

A. MAX7000　　　　B. Cyclone

C. Stratix　　　　D. MAX Ⅱ

(4)包含 STD_LOGIC_1164 程序包的库是(　　)。

A. IEEE　　B. ARITH　　C. WORK　　D. STD

(5)VHDL 程序中要求项目名必须与以下哪个相一致？(　　)

A. 实体名　　B. 结构体名　　C. 进程名　　D. 元件名

(6)A 的端口类型为 STD_LOGIC_VECTOR(3 downto 0)，以下赋值语句中正确的是(　　)。

A. A <='1001'　　　　B. A <= 9

C. A <= "1001"　　　　D. A <= 0x9

(7)设计完成之后，下载到芯片中的文件后缀为(　　)。

A. VHD　　B. VWF　　C. POF　　D. TDF

(8)VHDL 语言是一种结构化设计语言。一个设计实体(电路模块)包括实体与结构体两部分，结构体描述(　　)。

A. 器件外部特性　　　　B. 器件的综合约束

C. 器件外部特性与内部功能　　　　D. 器件的内部功能

(9)大规模可编程逻辑器件主要有 FPGA、CPLD 两类，下列对 CPLD 结构与工作原理的描述中，正确的是(　　)

A. CPLD 是基于查找表结构的可编程逻辑器件

B. CPLD 即现场可编程逻辑器件的英文简称

C. 早期的 CPLD 是从 FPGA 的结构扩展而来的

D. 在 Xilinx 公司生产的器件中，XC9500 系列属于 CPLD 结构

2. 简答题

(1)简述 Quartus Ⅱ 的设计流程。

(2)什么是硬件描述语言？它与一般的高级语言有哪些异同？

(3)怎样使用库及库内的程序包？列举三种常用的程序包。

(4)BUFFER 与 INOUT 有何异同？

3. 程序填空题

(1)以下为带异步复位/置位端、同步使能端的 D 触发器的 VHDL 程序，试补充完整。

```
LIBRARY IEEE;
USE ______________________ ;--使用 IEEE 库内的 1164 程序包
ENTITY ____________ IS  --填写实体名
    PORT( d ,clk ,clrn ,prn ,ena : IN STD_LOGIC;
                                        q : OUT STD_LOGIC );
END dffe2;
ARCHITECTURE a OF dffe2 IS
```

```
BEGIN
  PROCESS(clk,prn,clrn,ena,d)
  BEGIN
    IF ________________ THEN q<='1'; --如果置位端为0,那么D触发器输出置1
      ELSIF clrn='0' THEN q<='0';
      ELSIF ________________ THEN    --CLK信号上升沿检测
        IF ena='1' then
            q<=d;
        END IF;
    ________________
  END PROCESS;
END a;
```

(2)以下是带使能、清零端的计数器的VHDL程序,试补充完整。

```
LIBRARY IEEE;
USE IEEE. STD_LOGIC_1164. ALL;
USE ____________________; --使用IEEE库内的unsigned程序包
ENTITY cnt_e_c_p IS
PORT(clk : IN STD_LOGIC;
    clr, ena: IN STD_LOGIC;
    qout : BUFFER ____________________(7 DOWNTO 0));
 END cnt_e_c_p;
 ARCHITECTURE a OF ________________ IS
 BEGIN
   PROCESS(clk)
    BEGIN
      IF clk'event AND clk='1' THEN
      IF clr='0' THEN
            qout<= ________________; --输出端被清零
      ELSIF ena='1' THEN
          ________________;  --输出值自动加1
      END IF;
    END IF;
   END PROCESS;
 END a;
```

4. 程序分析题

(1)下列程序实现的功能:________________

```
library ieee;
use ieee. std_logic_1164. all;

entity test is
port(   sel : in integer range 0 to 3;
```

```
        input : in std_logic_vector(0 to 3);
        y : out std_logic);
end test;

architecture a of test is
begin
y<= input(0) when sel=0 else
      input(1) when sel=1 else
      input(2) when sel=2 else
      input(3);
end a;
```

(2)下列程序实现的功能：________________

```
LIBRARY IEEE;
USE IEEE.STD_LOGIC_1164.ALL;

ENTITY coder IS
      PORT(      d:IN STD_LOGIC_VECTOR(0 to 9);
                 b:OUT STD_LOGIC_VECTOR(3 downto 0));
END coder;

ARCHITECTURE one OF coder IS
BEGIN
      WITH d select
       b<="0000" WHEN "0111111111",
          "0001" WHEN "1011111111",
          "0010" WHEN "1101111111",
          "0011" WHEN "1110111111",
          "0100" WHEN "1111011111",
          "0101" WHEN "1111101111",
          "0110" WHEN "1111110111",
          "0111" WHEN "1111111011",
          "1000" WHEN "1111111101",
          "1001" WHEN "1111111110",
          "1111" WHEN others;
END one;
```

5. 程序设计题

(1)已知数字系统的系统时钟为 50 MHz，为了产生 1 s 和 10 ms 这两种周期的时钟信号，需要分别对系统时钟进行分频。程序要求首先对系统时钟分频取得 10 ms 的时钟信号，然后再针对 10 ms 的时钟信号进行分频，最终获得 1 s 的时钟信号。

(2)设计一个循环移位寄存器，该循环移位寄存器具备的端口包括串行数据输入端 din、并行数据输入端 data、脉冲输入端 clk、并行加载数据端 load 以及移位输出端 dout。

该程序的功能是将预置入该寄存器的数据进行循环移位，移位方向为由低位到高位移，而最高位移向最低位，其仿真结果如题图 4-1 所示。

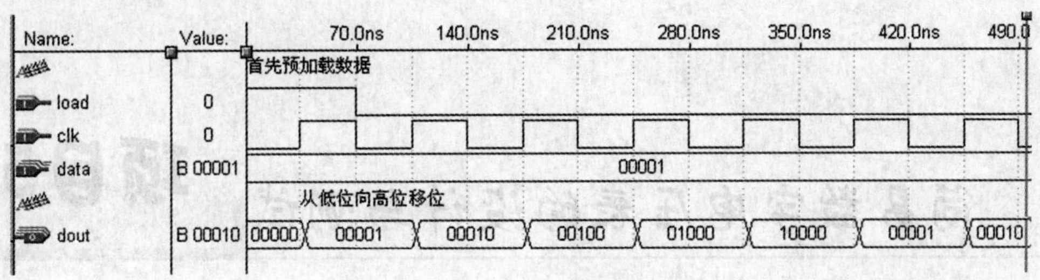

题图 4-1　题 5(2)图

项目5 简易数字电压表的设计与测试

引　言

随着数字技术，特别是计算机技术的飞速发展与普及，在现代控制、通信及检测领域中，为提高系统的性能指标，对信号的处理广泛采用了电子计算机技术。由于系统实际处理的对象往往是一些模拟量（如温度、压力、位移、图像等），要使计算机或数字仪表能识别和处理这些信号，必须先将这些模拟信号转换成数字信号；而经计算机分析、处理后输出的数字信号往往也需要转换成模拟信号才能为执行机构所接收。这样，就需要一种能在模拟信号与数字信号之间起桥梁作用的电路——模数转换电路和数模转换电路。

将模拟信号转换为数字信号的过程，简称 A/D 转换（Analog to Digital），完成模数转换的电路称之为模数转换器，简称 ADC（Analog to Digital Converter）。将数字信号转换为模拟信号的过程，简称 D/A 转换（Digital to Analog），完成数模转换的电路称之为数模转换器，简称 DAC（Digital to Analog Converter）。

本项目以 DAC0832 和 ADC0804 为例，介绍数模转换和模数转换的原理以及相关芯片的使用方法，并通过简易数字电压表的设计，帮助读者掌握模数转换的应用方法和技巧。

学习目标

数模转换和模数转换是构建数字系统时十分重要的部分，在信号测量、数据采集、数字控制等领域中都有非常广泛的应用。

通过本课程的学习，主要掌握如下基本知识：

1. 了解数模（D/A）转换的基本工作概念和工作原理以及数模转换器的基本结构；
2. 掌握 DAC0832 数模转换器的结构、原理和使用方法等；
3. 了解模数（A/D）转换的基本工作概念和工作原理以及模数转换器的基本结构；
4. 掌握 ADC0804 模数转换器的结构、原理和使用方法等；
5. 应用可编程逻辑器件和 ADC 转换器件设计简易数字电压表。

工作任务

任务 5-1　DAC 转换器件逻辑功能测试

　　工作任务 5-1-1　DAC0832 器件逻辑功能测试

任务 5-2　ADC 转换器件逻辑功能测试

　　工作任务 5-2-1　DAC0804 器件逻辑功能测试

任务 5-3　简易数字电压表的设计与制作

　　工作任务 5-3-1　两位显示简易数字电压表的设计与制作

　　工作任务 5-3-2　三位显示简易数字电压表的设计与制作

应用示例>>>

随着数字电子技术的迅速发展，尤其是计算机在各领域的广泛应用，用数字电路处理模拟信号的情况也更加普遍了。如图 5-1 所示为一个典型的计算机控制系统原理框图。

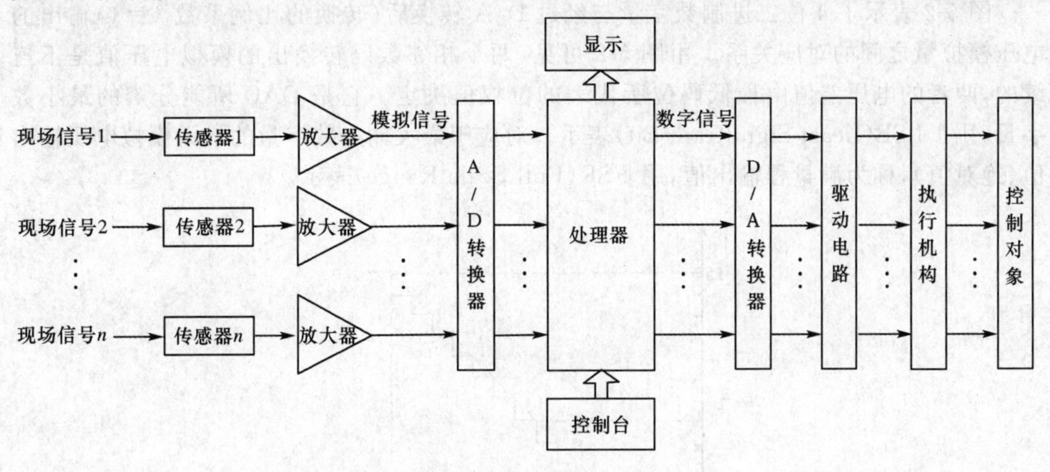

图 5-1　典型的计算机控制系统原理框图

图 5-1 中，传感器测量各种现场信号并将其转化成电信号，通过放大器将这些微弱的电信号放大。由于通常采用的处理器均为数字电路，而来自传感器的信号通常为模拟信号，所以经放大器放大的模拟信号，必须通过 A/D 转换器转换为数字信号才能被处理器计算和处理。

处理器将采集到的信号处理后，产生相应的控制信号。这些控制信号通常为数字信号，无法直接用来控制执行机构，因此必须通过 D/A 转换器转化为模拟信号，并通过驱动电路驱动执行机构，实现对控制对象的控制。通常处理器部分还会加入控制台和显示部分，实现对整个系统的操控和监控，由此就构成了最简单的计算机控制系统。

任务5-1　DAC 转换器件逻辑功能测试

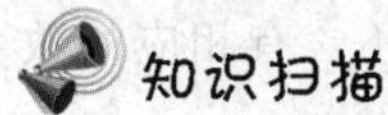

知识扫描

D/A 转换工作原理

集成数模转换器(DAC)的基本功能是将 N 位的数字量 D 转换成与之相对应的模拟量 A 输出(模拟电流或模拟电压)。

1. D/A 转换的工作原理

数字系统中实际参加运算的数字量是以二进制数码的形式表示的，这就要求 DAC 输入的是二进制数字量，通过转换将输入的数字量以模拟量的形式输出，而且输出的电压模拟量大小一定与输入的数字量大小成正比。现假设 DAC 转换的比例系数为 k，则输出的模拟电压

$$V_O = k\sum_{i=0}^{n-1}(D_i \times 2^i)$$

其中$\sum_{i=0}^{n-1}(D_i \times 2^i)$为输入的二进制数按位展开得到的十进制数值。

图 5-2 表示了 4 位二进制数字量与经过 D/A 转换后(转换的比例系数 $k=1$)输出的电压模拟量之间的对应关系。由图 5-2 可见,两个相邻数码转换出的模拟电压值是不连续的,两者的电压差值由最低码位所代表的位权值决定。它是 DAC 所能分辨的最小数字量,用 1 LSB(Least Significant Bit)表示。对应于最大输入数字量的最大模拟电压输出值(绝对值),称为满量程输出值,用 FSR(Full Scale Range)表示。

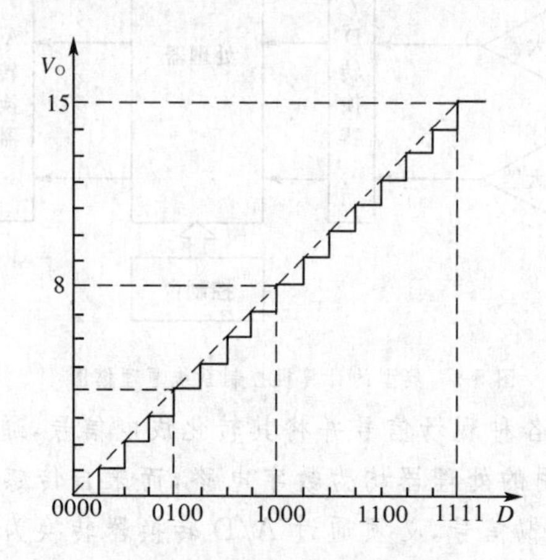

图 5-2 DAC 输入与输出关系

数模转换器的分类如图 5-3 所示。

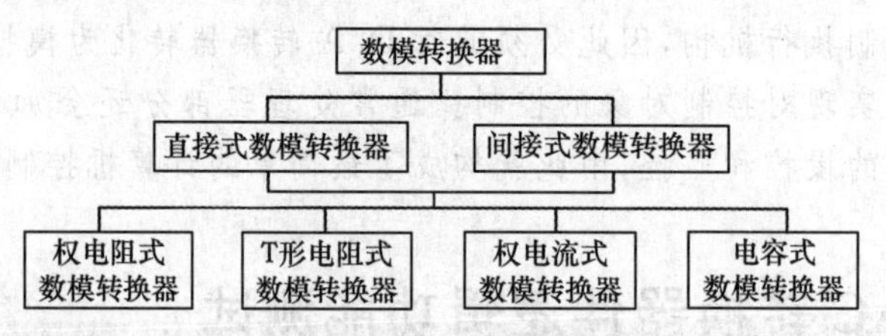

图 5-3 数模转换器分类

在集成电路的数模转换器中,很少采用间接式数模转换器。一般来说,数模转换器的工作原理比模数转换器的工作原理要简单。有些模数转换器的电路中,还含有相应的数模转换器电路,作为反馈部件来使用。一般电阻式 DAC 的结构如图 5-4 所示。

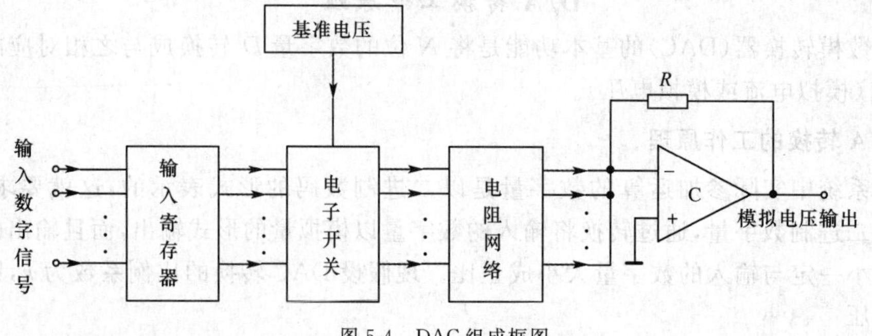

图 5-4 DAC 组成框图

根据电阻网络的不同，可分为权电阻网络 D/A 转换器、倒 T 形电阻网络 D/A 转换器等形式。在单片集成 D/A 转换芯片中采用最多的是倒 T 形电阻网络 D/A 转换器。下面以 4 位倒 T 形电阻网络 D/A 转换器为例阐述 D/A 转换的原理，如图 5-5 所示。

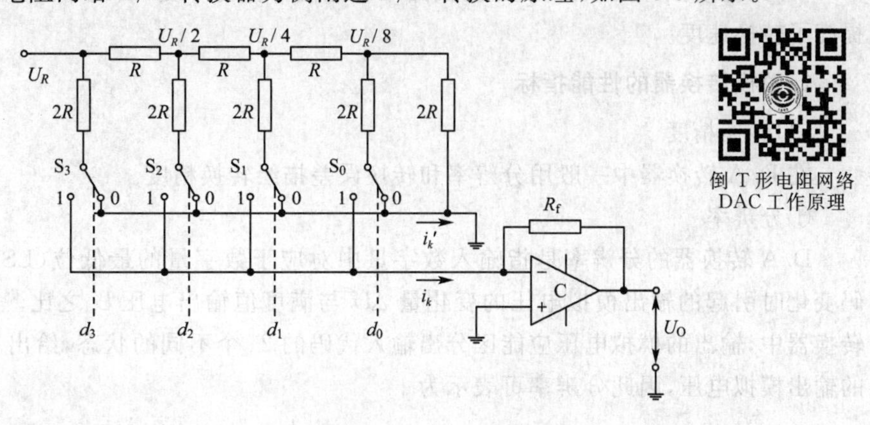

图 5-5　4 位倒 T 形电阻网络 D/A 转换器

以上电路由三个部分组成：

(1)模拟开关 S_3、S_2、S_1、S_0。输入的数字信号 d_3、d_2、d_1、d_0 控制模拟开关的位置，当输入数字信号为“0”时，开关拨向右边，将图中的 $2R$ 电阻与地相连；当输入数字信号为“1”时，开关拨向左边，将图中的 $2R$ 电阻接入运算放大器的反相输入端。但是开关无论是拨向左边还是拨向右边都是接地的，因为运算放大器的反相输入端为“虚地”。

(2)R-$2R$ 电阻倒 T 形网络。倒 T 形网络的基本单元是电阻分压，无论从哪个节点看进去都是 $2R$ 的电阻值，电阻网络中电阻种类只有两种，R 和 $2R$。

(3)运算放大器将电阻网络中流进它的电流相加并转换成电压的形式输出。

所以：

$$\begin{aligned} i_k &= \frac{U_R}{2R}d_3 + \frac{U_R/2}{2R}d_2 + \frac{U_R/4}{2R}d_1 + \frac{U_R/8}{2R}d_0 \\ &= \frac{U_R}{2^4 R}(d_3 \times 2^3 + d_2 \times 2^2 + d_1 \times 2^1 + d_0 \times 2^0) \end{aligned}$$

转换器的输出电压 U_O 为：

$$\begin{aligned} U_O = -i_k \cdot R_f &= -\frac{U_R R_f}{2^4 R}(d_3 \times 2^3 + d_2 \times 2^2 + d_1 \times 2^1 + d_0 \times 2^0) \\ &= -\frac{U_R R_f}{2^4 R} D_4 \end{aligned}$$

上式表明：输入的数字量转换成了与其成正比的模拟量输出。

如果是 n 位数字量输入，那么上式可改写为如下形式：

$$\begin{aligned} U_O &= -i_k \cdot R_f = -\frac{U_R R_f}{2^n R}(d_{n-1} \times 2^{n-1} + d_{n-2} \times 2^{n-2} + d_{n-3} \times 2^{n-3} + \cdots + d_0 \times 2^0) \\ &= -\frac{U_R R_f}{2^n R} D_n \end{aligned}$$

式中，n 为二进制位数，$D_n = \sum_{i=0}^{n-1} d_i \times 2^i$。

倒T形电阻网络是目前集成D/A芯片中使用最多的一种,它有如下特点:

(1)电路中电阻的种类很少,便于集成和提高精度。

(2)无论模拟开关如何变换,各支路中的电流都保持不变,因此不需要电流建立时间,提高了转换速度。

2.数模转换器的性能指标

(1)转换精度

在D/A转换器中一般用分辨率和转换误差描绘转换精度。

①分辨率

D/A转换器的分辨率是指输入数字量中对应于数字量的最低位(LSB)发生单位数码变化时引起的输出模拟电压的变化量 ΔU 与满度值输出电压 U 之比。在 n 位的D/A转换器中,输出的模拟电压应能区分出输入代码的 2^n 个不同的状态,给出 2^n 个不同等级的输出模拟电压,因此分辨率可表示为

$$分辨率=\frac{1}{2^n-1}$$

式中 n 为D/A转换器中输入数字量的位数。

例如:8位D/A转换器的分辨率为

$$分辨率=\frac{1}{2^8-1}=\frac{1}{255}\approx 0.004$$

此分辨率若用百分比表示,为0.4%。

分辨率表示D/A转换器在理论上能够达到的精度。

可以看出,DAC的位数越多,分辨率的值越小,即在相同情况下输出的最小电压越小,分辨能力越强。在实际使用中,通常把 2^n 或 n 叫作分辨率,例如8位DAC的分辨率为 2^8 或8位。

②转换误差

DAC在实际使用中均存在误差,常见的误差主要包括以下三种:非线性误差、漂移误差和增益误差。

非线性误差:理想的DAC转换特性是一条通过原点和满量程输出理论值的一条直线。而实际的DAC会偏离理想直线,通常表现为一条曲线,如图5-6所示。产生该输出误差的原因主要是模拟电子开关的导通电阻和导通压降以及 R、$2R$ 电阻值的偏差,而且因这些偏差在电路的不同部分是不同的,是一种随机偏差,故以非线性误差的形式反映在输出电压上。

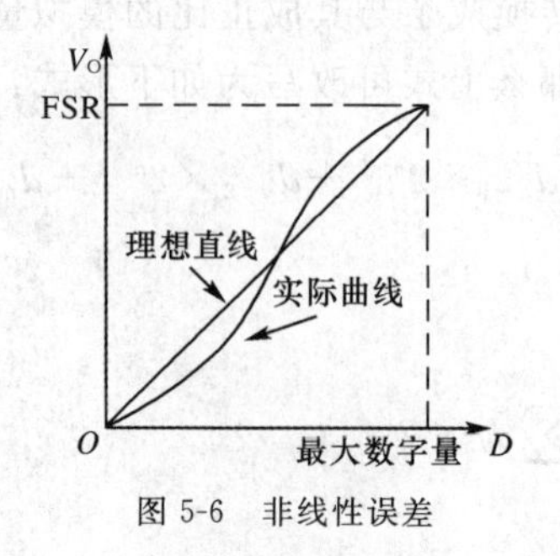

图5-6 非线性误差

漂移误差:误差电压与输入数字量的大小无关,输出电压的转换特性曲线将在竖直方向上进行上下平移,不改变转换特性的线性度,如图 5-7 所示。通常把这种性质的误差称作漂移误差或平移误差。产生该误差的主要原因是运算放大器的零点漂移。

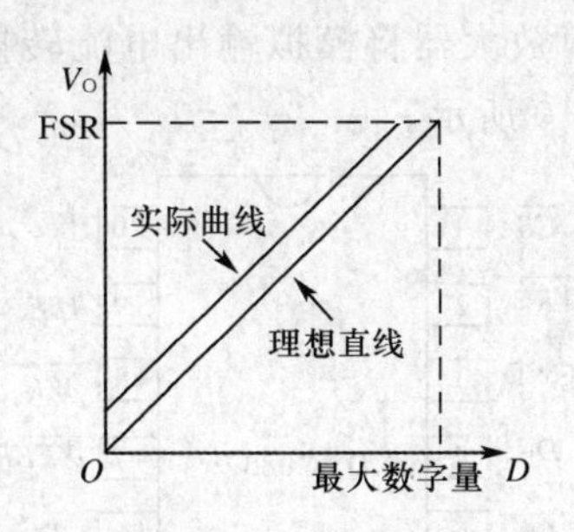

图 5-7　漂移误差

增益误差:只改变理想直线的斜率,并不破坏其线性,称作增益误差或比例系数误差,如图 5-8 所示。增益误差主要是由参考电压 V_{REF} 和 R_f/R 不稳定造成的,增益校准只能暂时消除该误差。

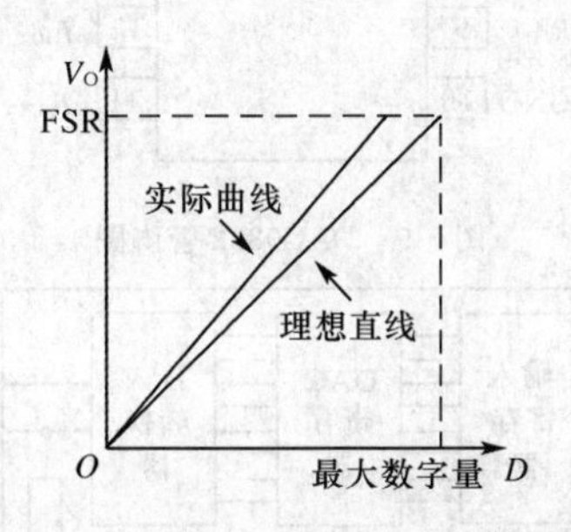

图 5-8　增益误差

(2)转换速度

通常以建立时间 t_s 表征 D/A 转换器的转换速度。建立时间 t_s 是指输入数字量从全"0"到全"1"(或反之,即输入变化为满度值)时起,到输出电压达到相对于最终值为 ±1/2LSB 范围内的数值为止所需的时间,建立时间又称为转换时间。DAC0832 的转换时间 t_s 小于 500 ns。

(3)电源抑制比

在高品质的转换器中,要求模拟开关电路和运算放大器的电源电压发生变化时,对输出电压的影响非常小,输出电压的变化与对应的电源电压的变化之比,称为电源抑制比。

此外,还有功耗、温度系数以及高低输入电平的数值、输入电阻、输入电容等指标,在此不一一介绍。

DAC 器件逻辑功能测试

1. D/A 转换芯片 DAC0832 简介

目前根据分辨率、转换速度、兼容性及接口特性的不同,集成 DAC 有多种不同类型和不同系列的产品。DAC0832 是 DAC0830 系列的 8 位倒 T 形电阻网络转换器。DAC0832 是 8 位数据输入，它与单片机、CPLD、FPGA 可直接连接，接口电路简单，转换控制容易且使用方便，在单片机及数字系统中得到广泛应用。值得注意的是，DAC0832 是电流输出型芯片，要外接运算放大器将模拟输出电流转换为模拟输出电压。其管脚图和逻辑图分别如图 5-9 和图 5-10 所示。

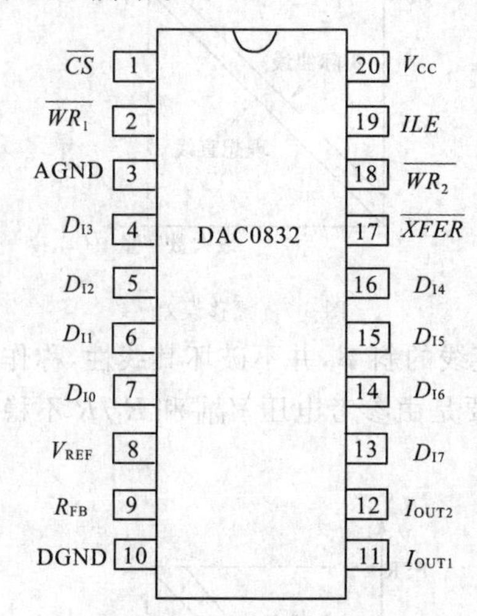

图 5-9　DAC0832 管脚图

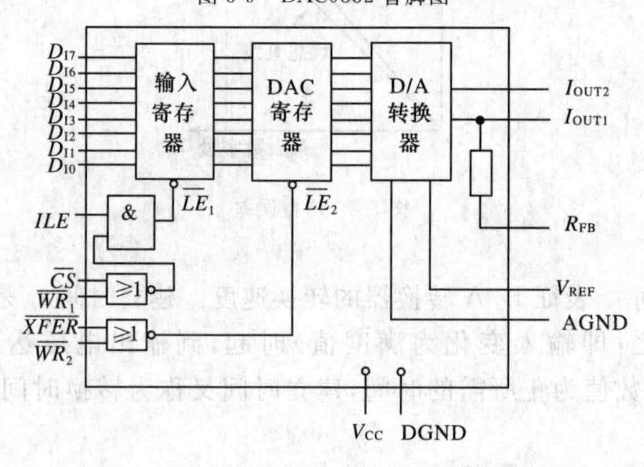

图 5-10　DAC0832 逻辑图

DAC0832 主要由两个 8 位寄存器（输入寄存器和 DAC 寄存器）和一个 8 位 D/A 转换器组成。使用两个寄存器的好处是能简化某些应用中硬件接口电路的设计。

此 D/A 转换芯片为二十脚双列直插式封装，各管脚含义如下：

①$D_{I0}\sim D_{I7}$：8 位数字量数据输入线。

②ILE：数字锁存允许信号，高电平有效。

③$\overline{CS}$：输入寄存器选通信号，低电平有效。

④$\overline{WR_1}$：输入寄存器的写选通信号，低电平有效。

由逻辑电路图可知：片内输入寄存器的选通信号$\overline{LE_1}=\overline{\overline{CS}+\overline{WR_1}}\cdot ILE$。当$\overline{LE_1}=1$时，输入寄存器的状态随数据输入状态变化；而$\overline{LE_1}=0$时，输入寄存器锁存输入数据。

⑤$\overline{XFER}$：数据传输信号，低电平有效；$\overline{WR_2}$为 DAC 寄存器的写选通信号，低电平有效。DAC 寄存器的选通信号$\overline{LE_2}=\overline{\overline{XFER}+\overline{WR_2}}$。当$\overline{LE_2}=1$时，DAC 寄存器的状态随输入状态变化；而$\overline{LE_2}=0$时，DAC 寄存器锁存输入状态。

⑥V_{REF}：基准电压输入端。

⑦R_{FB}：反馈信号输入端。芯片内已有反馈电阻。

⑧I_{OUT1}、I_{OUT2}：电流输出端。I_{OUT1}与I_{OUT2}的和为常数，I_{OUT1}、I_{OUT1}随 DAC 寄存器中的数据线性变化。

⑨V_{CC}：电源端。

⑩DGND：数字地。

⑪AGND：模拟地。

此 D/A 转换芯片输入的是数字量，输出的是模拟量。模拟信号很容易受到电源和数字信号等的干扰而引起波动。为提高输出的稳定性和减少误差，模拟信号部分必须采用高精度基准电源 V_R 和独立的地线，一般数字地和模拟地分开。

模拟地是指模拟信号及基准电源的参考地。其余信号的参考地包括工作电源地，时钟、数据、地址、控制等数字逻辑地，这些都是数字地。应用时应注意合理布线，两种地线在基准电源处一点共地比较恰当。

DAC0832 的特点是：它具有两个输入寄存器（所谓寄存器，即具有在时钟有效边沿的作用下暂时存放数据和取出数据功能的器件）。输入的 8 位数据首先存入输入寄存器，而输出的模拟量是由 DAC 寄存器中的数据决定的。当把数据从输入寄存器转入 DAC 寄存器后，输入寄存器就可以接收新的数据而不会影响模拟量的输出。集成 DAC0832 共有三种工作方式。

2. 集成 D/A 转换芯片 DAC0832 工作方式

（1）双缓冲工作方式

双缓冲工作方式接法如图 5-11(a)所示。这种工作方式是通过控制信号将输入数据锁存于输入寄存器中，当需要 D/A 转换时，再将输入寄存器的数据转入 DAC 寄存器中，并进行 D/A 转换。对于多路 D/A 转换接口要求并行输出时，必须采用双缓冲同步工作方式。

采用双缓冲工作方式的优点是：可以消除在输入数据更新时，输出模拟量的不稳定现象；可以在模拟量输出的同时，就将下一次要转换的数据输入到输入寄存器中，提高了转换速度；用这种工作方式可同时更新多个 D/A 输出，这样给多个 D/A 器件系统、多处理器系统中的 D/A 器件协调一致工作带来了方便。

（2）单缓冲工作方式

单缓冲工作方式接法如图 5-11(b)所示。这种工作方式是：在 DAC 两个寄存器中有一个是常通状态，或者使两个寄存器同时选通及锁存。

（3）直通工作方式

直通工作方式接法如图 5-11(c)所示。这种工作方式使两个寄存器一直处于选通状态，寄存器的输出随输入数据的变化而变化，输出模拟量也随输入数据变化。这种工作方式较为简单，因此也较为常用。

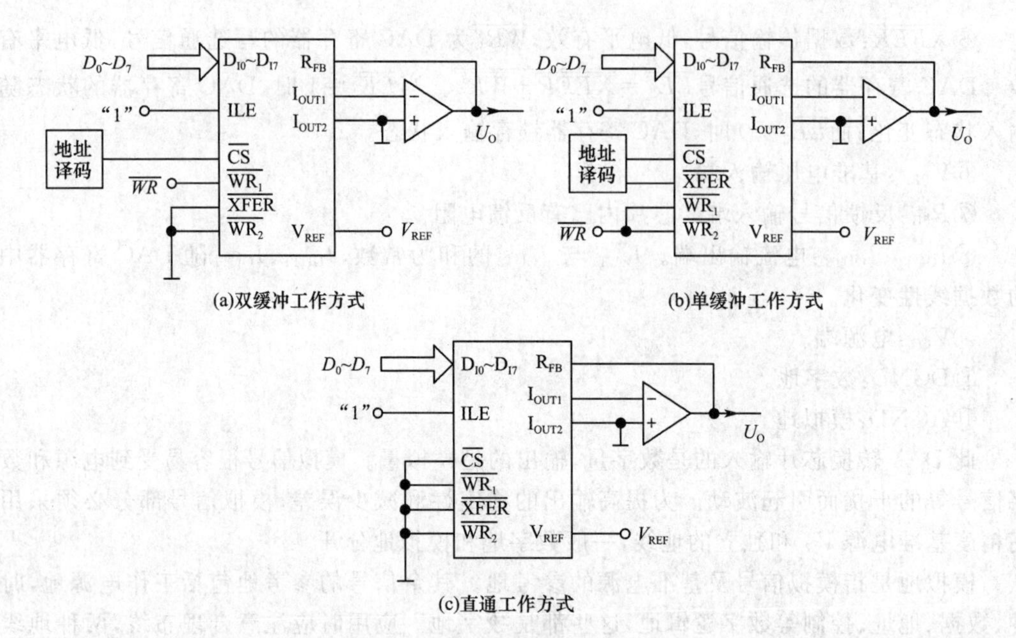

图 5-11　DAC0832 的三种工作方式

3. 集成 D/A 转换芯片 DAC0832 的应用

由于 DAC0832 的输出是电流型，所以必须用运放将模拟电流转换为模拟电压。输出有单极性输出和双极性输出两种形式。

(1)单极性输出应用电路

图 5-12(a)是 DAC0832 用于一路时单极性输出的电路原理图。由于$\overline{WR_2}$、$\overline{XFER}$同时接地，芯片内的两个寄存器直接接通，数据 $D_7 \sim D_0$ 可直接输入到 DAC 寄存器。由于 ILE 恒为高电平，输入由$\overline{CS}$和$\overline{WR_1}$控制，且要满足确定的时序关系，在$\overline{CS}$置低电平之后，再将$\overline{WR_1}$置低电平，将输入数据写入 DAC 寄存器。其时序如图 5-12(b)所示。

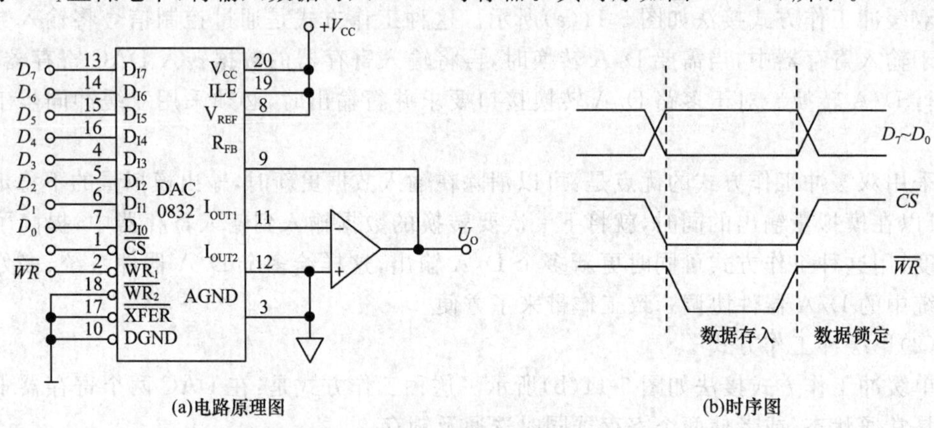

图 5-12　DAC0832 单极性输出应用电路

DAC0832 单极性输出时，输出模拟量和输入数字量之间的关系是：$U_O = \pm U_{REF}(\frac{D_n}{256})$，其中：$D_n = \sum_{i=0}^{n-1} 2^n$ 。当基准电压为＋5 V(或－5 V)时，输出电压 U_O 的范围是－5～0 V

(0～5 V)；当基准电压为＋15 V(或－15 V)时，输出电压 U_O 的范围是 0～－15 V(0～15 V)。

(2)双极性输出应用电路

前述 DAC 转换器的输入数据是不带符号的数字，若要求将带有符号的数字转换为相应的模拟量则应有正、负极性输出。在二进制算术运算中，通常将带符号的数字用 2 的补码表示，因此希望 DAC 转换器将输入的正、负补码分别转换成具有正、负极性的模拟电压。图 5-13 是 DAC0832 双极性输出应用电路。

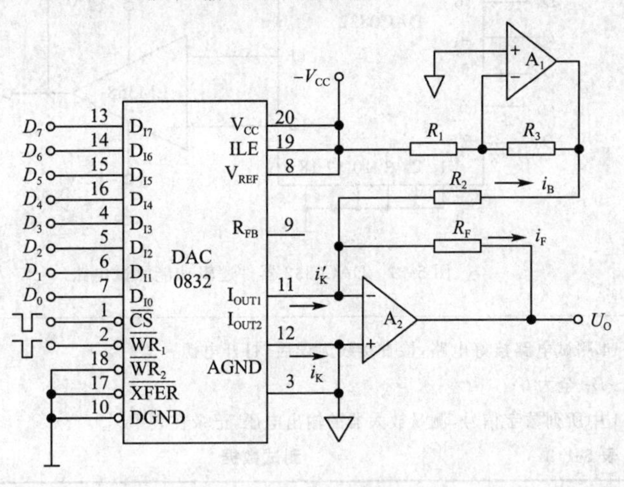

图 5-13　DAC0832 双极性输出应用电路

输出模拟电压的大小计算如下：

$$U_O = -\frac{V_{REF} R_F}{2^8 R_1} \cdot D_8$$

其中：D_8 为补码，当最高位为 0 时表示正数，直接代入 $D_7D_6D_5D_4D_3D_2D_1D_0$ 计算即可；当最高位为 1 时表示负数，后面各位按位取反且最低位加 1 才为补码，代入上式才能得到转换结果。

【工作任务 5-1-1】DAC0832 器件逻辑功能测试

测试工作任务书

测试名称	DAC0832 器件逻辑功能测试		
任务编码	SZC5-1-1	课时安排	2
任务内容	测试 DAC0832 在直通工作方式下单极性输出情况		
任务要求	1. 正确使用数字电路实验装置和数字万用表； 2. 正确连接测试电路； 3. 正确测试 DAC0832 数模转换电路的逻辑功能； 4. 撰写测试报告。		
测试设备	设备及器件名称	型号或规格	数量
	±12 V、＋5 V 直流稳压电源		1 台
	数字电路实验装置		1 套
	数字万用表		1 块
	双列直插式集成电路	DAC0832	1 只

续表

<table>
<tr><td>测试电路</td><td>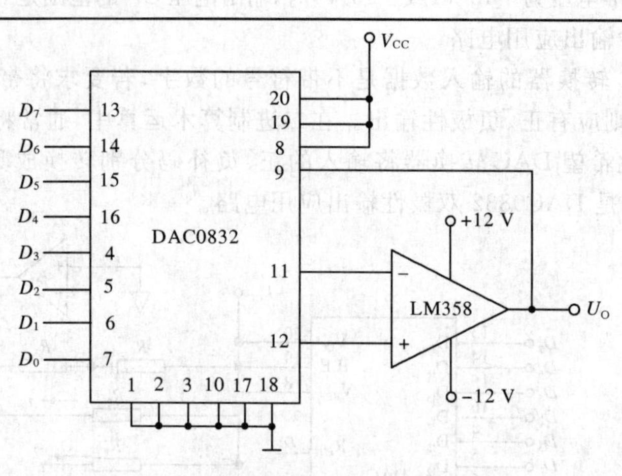

图 5-14　DAC0832 器件逻辑功能测试电路</td></tr>
<tr><td>测试步骤</td><td>(1)按图 5-14 测试电路接好电路,检查接线无误后,打开电源;
(2) 令 $D_0 \sim D_7$ 全为 0;
(3)按表 5-1 中所列数字信号,测量放大器的输出电压,记录在表中。

表 5-1　测试数据

(见下表)

分析与思考:
①DAC0832 可以将输入的________(填数字量/模拟量)转换为________(填数字量/模拟量);
②当输入的数字量 $D_7D_6D_5D_4D_3D_2D_1D_0$=00000000 时,输出模拟量电压值为________V;
③当输入的数字量 $D_7D_6D_5D_4D_3D_2D_1D_0$=10000000 时,若 V_{CC}=+5 V,则输出模拟量电压值为________V;
④当输入的数字量 $D_7D_6D_5D_4D_3D_2D_1D_0$=11111111 时,若 V_{CC}=+5 V,则输出模拟量电压值为________V;
以上测试可以看出输出模拟量电压值与输入数字量每一位的值直接相关。</td></tr>
</table>

输入数字量								输出模拟量
D_7	D_6	D_5	D_4	D_3	D_2	D_1	D_0	$V_{CC}=+5$ V
0	0	0	0	0	0	0	0	
0	0	0	0	0	0	0	1	
0	0	0	0	0	0	1	0	
0	0	0	0	0	1	0	0	
0	0	0	0	1	0	0	0	
0	0	0	1	0	0	0	0	
0	0	1	0	0	0	0	0	
0	1	0	0	0	0	0	0	
1	0	0	0	0	0	0	0	
1	1	1	1	1	1	1	1	

结论 与体会	思考： 1. 改变输入数字量每一位上的值，输出模拟量的变化是否一样？ 2. 如果输出模拟量为 $V_{CC}/2$，那么输入数字量的值是多少？ 3. 如果改变 V_{CC} 的值为 +15 V，保持输入数字量不变，那么输出模拟量是否变化？ 4. 数模转换的输出与参考电压 V_{CC} 有无关系？		
完成日期		完成人	

思维拓展

锯齿波产生电路简介

如图 5-15 所示为最简单的锯齿波产生电路。图中加入了十六进制集成计数器 74161，随时钟信号 CP（频率为 F）产生连续变化的 0000～1111 的二进制序列。由于 74161 的输出为 4 位二进制数，按高低位顺序与 DAC0832 的数字量输入端 D_{I7}～D_{I4} 相连，而将剩下的 D_{I3}～D_{I0} 直接接地。

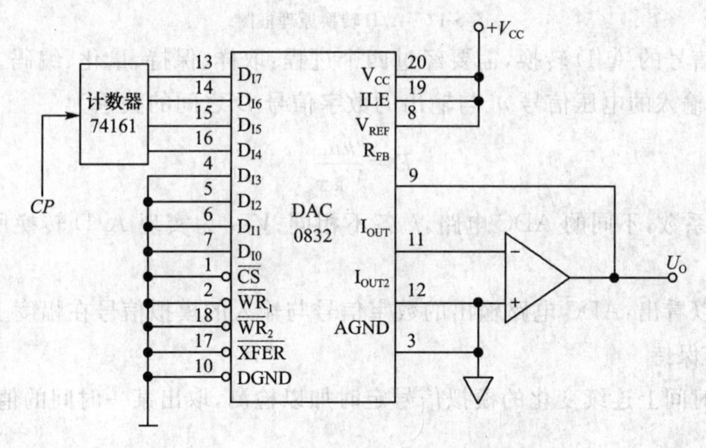

图 5-15　DAC0832 构成锯齿波产生电路

通过分析可知，实际输入 DAC0832 的数字量为 00000000→00010000→00100000→00110000→…→11110000→00000000，因此对应的电压输出为 0 V→0.3125 V→0.625 V→0.9375 V→…→4.6875 V→0 V（V_{REF} = 5 V），由此可得到 U_O 的波形，如图 5-16 所示。

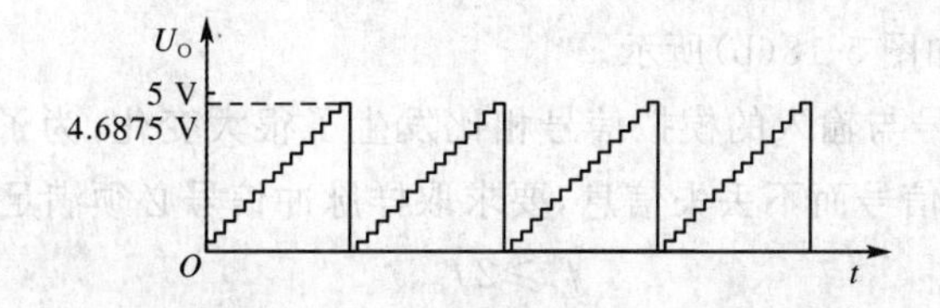

图 5-16　锯齿波波形图

从图 5-16 中可以看出，U_O 的波形为锯齿波，电压值为 0 V～4.6875 V（V_{REF} = 5 V），其频率为 F/16（F 为 CP 信号频率）。

任务5-2 ADC 转换器件逻辑功能测试

知识扫描

A/D 转换工作原理

1. A/D 转换的原理

A/D 转换是将时间和数值上连续变化的模拟量转换成时间上离散且数值大小变化也离散的数字量。

A/D 转换原理框图如图 5-17 所示。由于输入的模拟信号在时间上连续变化，输出的数字信号在时间上离散变化，所以在信号的转换过程中只能在选定的瞬间对模拟信号取样，并通过 A/D 转换电路将取样值转换成相应的数字量输出。

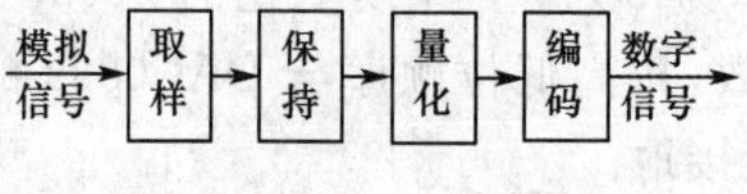

模拟信号 → 取样 → 保持 → 量化 → 编码 → 数字信号

图 5-17 A/D 转换原理框图

实现模拟信号的 A/D 转换，需要经过四个过程：取样、保持、量化、编码。

ADC 电路输入的电压信号 u_i 与输出的数字信号 D 之间的关系为

$$D=\frac{ku_i}{V_{REF}}$$

其中，k 为比例系数，不同的 ADC 电路，k 各不相同；V_{REF} 为实现 A/D 转换所需要的参考电压。

由上式可以看出：ADC 电路输出的数字信号与输入的模拟信号在幅度上成正比。

(1)取样与保持

取样是将时间上连续变化的模拟信号定时加以检测，取出某一时间的值，以获得时间上断续的信号。

取样的作用是将时间上、幅度上连续变化的模拟信号在时间上离散化。

取样的过程可以用一个受控开关形象表示，如图 5-18(a)所示。

图 5-18(a)中，u_i 为输入模拟电压信号，框内的开关 S 受脉冲宽度为 t_w、周期为 T_s 的矩形取样脉冲信号 $s(t)$控制。在 t_w时间段内，受控开关的输出电压 u_o 不为 0，在其余时间内 $u_o=0$。取样波形如图 5-18(b)所示。

由于取样后的信号与输入的模拟信号相比发生了很大变化，为了保证取样后的信号 u_o 能够正确反映输入信号而不丢失信息，要求取样脉冲信号必须满足取样定理：

$$f_s \geqslant 2f_{imax}$$

其中，f_s 为取样脉冲信号 $s(t)$的频率；f_{imax} 为输入模拟信号 u_i 中的最高频率分量的频率。一般取 $f_s=(3\sim5)f_{imax}$。

表 5-2 给出了 A/D 转换常用的基带信号(即原始信号)频率和取样频率。

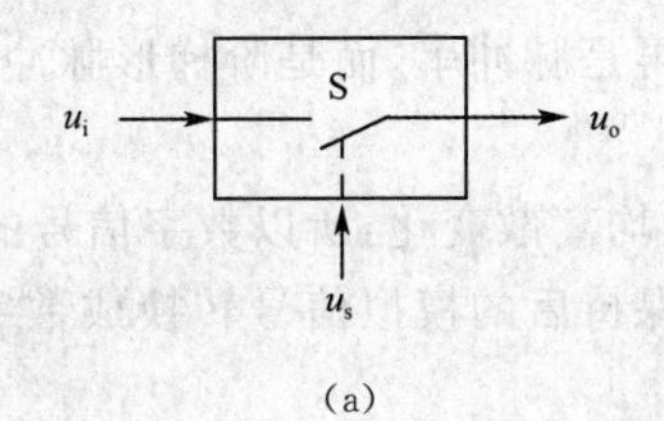

（a）

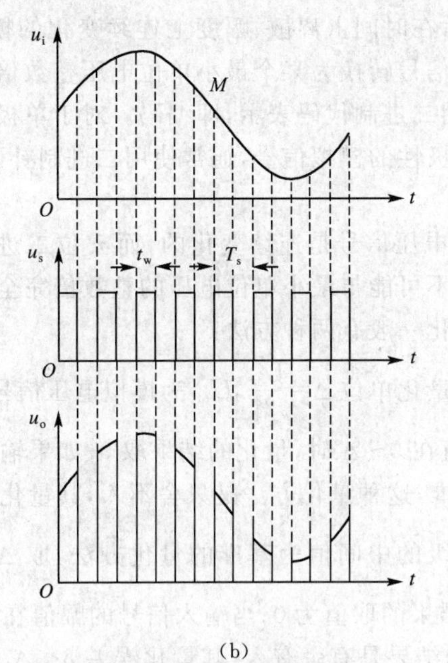

（b）

图 5-18　取样过程

表 5-2　　　　　　　　**A/D 转换常用的基带信号频率和取样频率**

应用场合	基带信号	基带信号频率/kHz	取样频率/kHz
语音通信	语音信号	0.3～3.4	8.0
调频广播	语音和音乐信号	0.02～10.0	22.0
CD 音乐	语音和音乐信号	0.02～20.0	44.1
高保真音响	音乐信号	0.02～20.0	48.0

为了获得一个稳定的取样值，以便进行 A/D 转化过程中的量化与编码工作，需要将取样后得到的模拟信号保留一段时间，直到下一个取样脉冲到来，这就是保持，如图 5-19 所示。

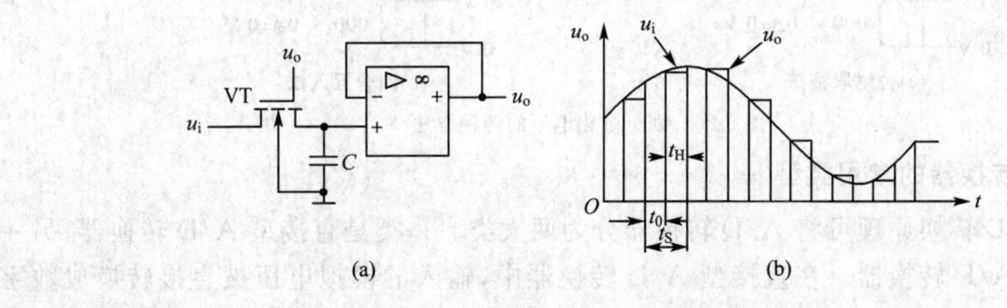

图 5-19　保持过程

经过保持后的信号波形不再是脉冲串，而是阶梯形脉冲。

(2)量化与编码

数字信号在时间上、幅度上均离散变化，所以数字信号的值必须是某个规定的最小数字单位的整数倍。为了将取样保持后的模拟信号转换成数字信号，还需对其进行量化与编码。

量化就是将取样保持后在时间上离散、幅度上连续变化的模拟信号取整变为离散量的过程，即将取样保持后的信号转换为某个最小单位电压整数倍的过程。

将量化后的信号数值用二进制代码表示，即编码。对于单极性的模拟信号，一般采用二进制自然码表示；对于双极性的模拟信号，通常使用二进制补码表示。经编码后的结果即 ADC 的输出。

由于 ADC 输入的模拟电压信号是连续变化的，而 n 位二进制代码只能表示 2^n 种状态，所以取样保持后的信号不可能与最小单位电压的整数倍完全相等，只能接近某一量化电平，这就是量化误差。量化一般有两种方法：

①舍尾取整法：取最小量化单位 $\Delta=\frac{U_m}{2^n}$，U_m 为模拟电压信号的最大值，n 为数字代码的位数。当输入信号的幅值在 0～Δ 时，量化的结果取 0；如果输入信号的幅值在 Δ～2Δ，那么量化结果取 Δ；以此类推，这种量化方法是只舍不入，其量化误差 $\delta<\Delta$。

②四舍五入法：以量化级的中间值为基准的量化方法，取 $\Delta=\frac{2U_m}{2^{n+1}-1}$。当输入信号的幅值在 0～$\Delta/2$ 时，量化结果的取值为 0；当输入信号的幅值在 $\Delta/2$～$3\Delta/2$ 时，量化取值为 Δ；以此类推，这种量化的结果是有舍有入，其量化误差 $\delta<\Delta/2$。基于减小量化误差考虑，选择四舍五入法为好。

0～1 V 模拟信号转换为 3 位二进制代码，划分量化电平的两种方法如图 5-20。

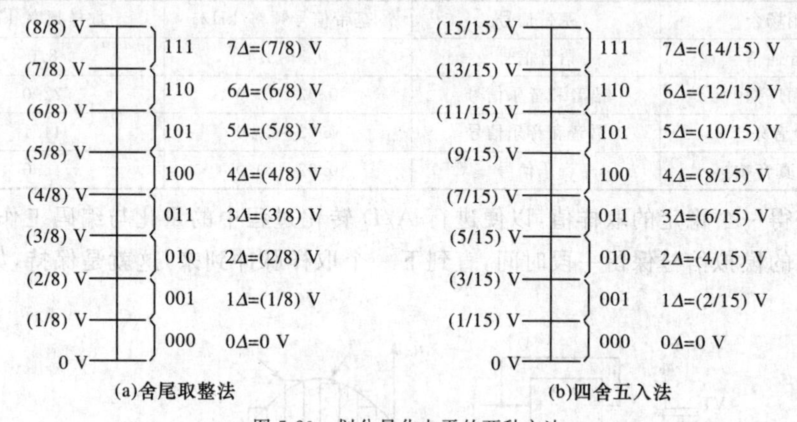

图 5-20　划分量化电平的两种方法

2. A/D 转换器的常用类型

根据 A/D 转换原理可将 A/D 转换器分为两大类。一类是直接型 A/D 转换器，另一类是间接型 A/D 转换器。在直接型 A/D 转换器中，输入的模拟电压被直接转换成数字代码，不经任何中间变量。而在间接型 A/D 转换器中，首先把输入的模拟电压转换成某种中间变量(时间、频率、脉冲宽度等)，然后再将这些中间变量转换为数字代码输出。

模数转换器(A/D 转换器)的分类如图 5-21 所示。

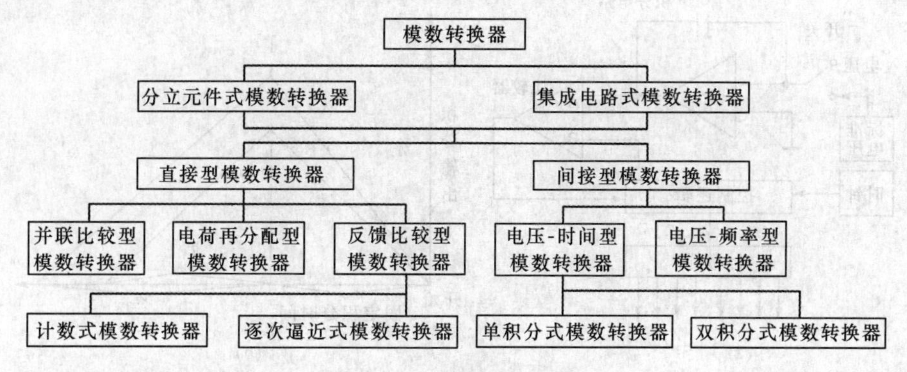

图 5-21　模数转换器分类

尽管 A/D 转换器的类型很多,但目前应用较广泛的主要有三种:逐次逼近式 A/D 转换器、双积分式 A/D 转换器和电压-频率型 A/D 转换器。下面简单介绍前两种 A/D 转换器的基本原理。

(1)逐次逼近式 A/D 转换器原理

图 5-22 是逐次逼近式 A/D 转换器的原理框图。从图中可以看出逐次逼近式 A/D 转换器由比较器、控制逻辑、逐次比较寄存器、电压输出 D/A 转换电路等几个部分组成。

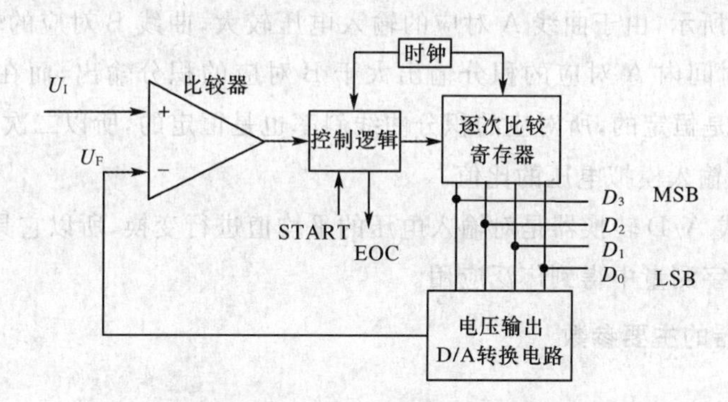

图 5-22　逐次逼近式 A/D 转换器原理框图

其主要原理是:将待转换的输入模拟信号 U_I 与一个推测信号 U_F 相比较,根据推测信号是大于还是小于输入信号来确定是增大还是减小该推测信号,以便向输入模拟信号逼近。推测信号由 D/A 转换器输出,当推测信号与输入模拟信号相等时,向 D/A 转换器输入的数值就是输入模拟信号对应的数字量。

逐次逼近式 A/D 转换器的速度较慢,转换时间 t 与 A/D 转换的位数 N 和时钟周期 T 有如下关系:

$$t=(N+1)T$$

逐次逼近式 A/D 转换器由于电路结构简单,所以得到广泛应用。一般用于中速的 A/D 转换场合。

(2)双积分式 A/D 转换器原理

图 5-23 是双积分式 A/D 转换器工作原理图。它由积分电路、比较器、控制逻辑、计数器等组成,如图 5-23(a)所示。

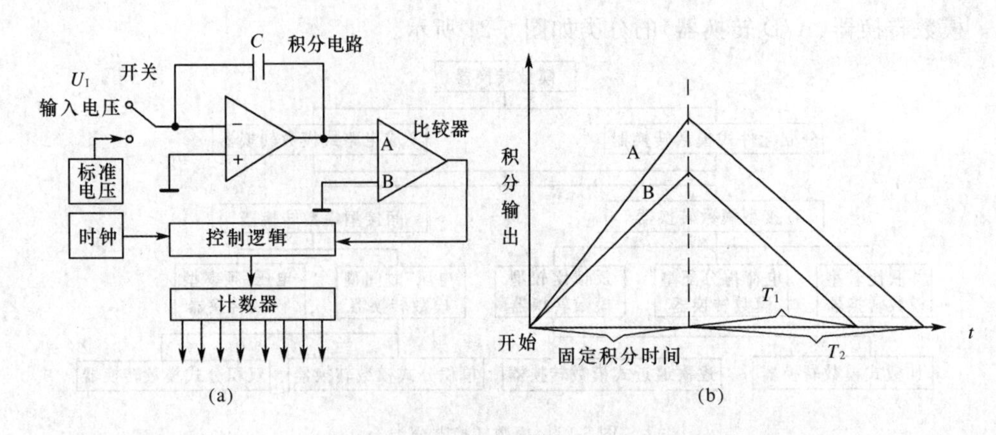

图 5-23 双积分式 A/D 转换器工作原理图

在进行模数转换过程中，首先将开关拨至输入电压端，对输入模拟电压 U_I 进行固定时间积分，称为一次积分；积分时间结束后，再将开关拨至标准电压输入端，进行反向积分，称为二次积分，在此过程中通过计数器进行计时，当积分输出回到 0 时，积分结束。由于标准电压是恒定的，所以可以通过一次积分时间、反向积分时间等参数计算出输入模拟电压值 U_I。

如图 5-23(b)所示，由于曲线 A 对应的输入电压较大，曲线 B 对应的输入电压较小，所以在固定积分时间内 A 对应的积分输出大于 B 对应的积分输出，而在二次积分过程中，由于标准电压是恒定的，所对应的积分曲线斜率也是恒定的，所以二次积分的时间 T_1 和 T_2 的比值等于输入模拟电压的比值。

由于双积分式 A/D 转换器是对输入电压的平均值进行变换，所以它具有很强的抗工频干扰能力，在数字测量中得到广泛应用。

3. A/D 转换器的主要参数

(1)转换精度

在 A/D 转换器中，也是用分辨率和转换误差来表示转换精度的。

①分辨率

A/D 转换器的分辨率是指输出数字量的最低位变化一个单位，输入模拟量的必须变化量(也可用 LSB 来表示)，即

$$\text{分辨率}=\frac{\text{输入模拟量满度值}}{2^n-1}$$

式中 n 为转换器的位数。例如 8 位 A/D 转换器，输入模拟电压的变化范围是 0～5 V，则其分辨率为 19.6 mV。分辨率也常用 A/D 转换器输出的二进制或十进制的位数来表示。

②转换误差

转换误差表示转换器输出的数字量和理想输出数字量之间的差别，并用最低有效位的倍数来表示。转换误差由系统中的量化误差和其他误差之和来确定。量化误差通常为

±1/2 LSB,其他误差包括基准电压不稳或设定不精确、比较器工作不够理想所带来的误差。

A/D 转换器的位数应满足所要求的转换误差。例如 A/D 转换器的输入模拟电压的范围是 0～5 V,要求其转换误差为 0.05%,则其允许最大误差为 2.5 mV,在此条件下,如果系统不考虑其他误差,选用 12 位的 A/D 转换芯片就能满足要求。如果考虑到系统还有其他误差,那么应相应地增加 A/D 转换器的位数,才能使转换误差不会超出所要求的范围。

(2)转换速度

A/D 转换器的转换速度应用 A/D 转换器的转换时间和转换频率来表示。

转换时间是指完成一次转换所需要的时间,即从接收到转换控制信号开始到得到稳定的数字量输出为止所需要的时间。转换速度是指单位时间内完成的转换次数。A/D 转换器的转换速度主要取决于 A/D 转换器的转换类型。例如:直接型 A/D 转换器中,并行 A/D 转换器的转换速度比逐次逼近式 A/D 转换器快得多;间接型 A/D 转换器比直接型 A/D 转换器慢得多。

此外,在组成高速 A/D 转换器时,还应将采样-保持电路中的采样时间计入转换时间内。

(3)电源抑制比

在输入模拟信号不变的情况下,转换电路的电源电压的变化对输出也会产生影响。这种影响可用输出数字量的绝对变化量来表示。电源抑制比是输入电源电压变化量(以伏为单位)与转换电路输出变化量(以伏为单位)的比值,常用分贝表示。

此外,还有功率消耗、稳定系数、输入模拟电压范围以及输出数字信号的逻辑电平等技术指标。

ADC 器件逻辑功能测试

集成 A/D 转换器的种类很多,ADC080X 系列 ADC 转换器如 ADC0801、ADC0802、ADC0803、ADC0804、ADC0805,是较流行的中速廉价型单通道 8 位 MOS A/D 转换器。该集成 A/D 转换器是美国国家半导体公司(National Semiconductor Corporation)的产品。这一系列的五个不同型号产品的结构原理基本相同,但非线性误差不同。这一系列的最大非线性误差中,ADC0801 为±1/4 LSB,ADC0802/0803 为±1/2 LSB,ADC0804/0805 为±1 LSB,显然 ADC0801 的精度最高,其市场售价也最高。

这个系列是 20 管脚双列直插式封装芯片。其特点是内含时钟电路,只要外接一个电阻和电容就可自身提供时钟信号;也可自行提供 $V_{REF}/2$ 端的参考电压,允许输入信号是差动的或不共地的电压信号。

图 5-24 是该系列的管脚图。

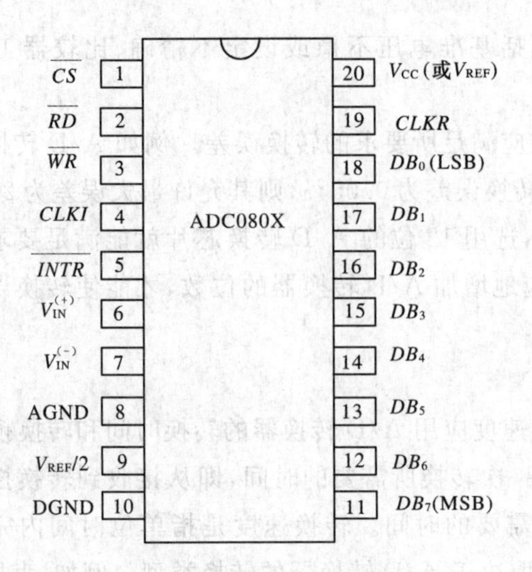

图 5-24　ADC080X 管脚图

各管脚功能介绍如下：

①$\overline{CS}$、$\overline{RD}$、$\overline{WR}$（管脚 1、2、3）：数字控制输入端，满足标准 TTL 电平。其中$\overline{CS}$、$\overline{WR}$用来控制 A/D 转换器的启动信号，$\overline{RD}$用来读 A/D 转换器的结果。当它们同时为低电平时，输出数字锁存器各端上出现 8 位并行二进制数。

②$CLKI$（管脚 4）和 $CLKR$（管脚 19）：ADC0801～ADC0805 内部有时钟电路，只要在 $CLKI$ 和 $CLKR$ 两端外接一对电阻 R、电容 C 即可产生 A/D 转换器所需要的时钟，其振荡频率为 $f_{CLK} \approx 1/1.1RC$。其典型应用参数为：$R=10\ \text{k}\Omega$，$C=150\ \text{pF}$，$f_{CLK} \approx 640\ \text{kHz}$，转换时间为 100 μs。若采用外部时钟，则外部时钟应从 $CLKI$ 端输入，此时不接 R、C，允许的时钟频率范围为 100～1460 kHz。

③$\overline{INTR}$（管脚 5）：转换结束信号输出端，输出转变为低电平表示本次转换已结束（可作为微处理器查询和中断信号）。如果将$\overline{CS}$和$\overline{WR}$端与$\overline{INTR}$端相连，那么 ADC0801～ADC0805 就处于自动循环转换状态。

ADC0801～ADC0805 转换器的工作时序如图 5-25 所示，$\overline{CS}$为 0 时，允许进行 A/D 转换。$\overline{WR}$由低电平跳到高电平时，8 位逐次比较需 $8\times 8=64$ 个时钟周期，再加上控制逻辑操作，一次转换需 66～73 个时钟周期。在典型应用 $f_{CLK} \approx 640$ kHz 时，转换时间为 103～114 μs。当 f_{CLK} 超过 640 kHz 时，转换精度下降，超过极限值 1460 kHz 时便不能正常工作。

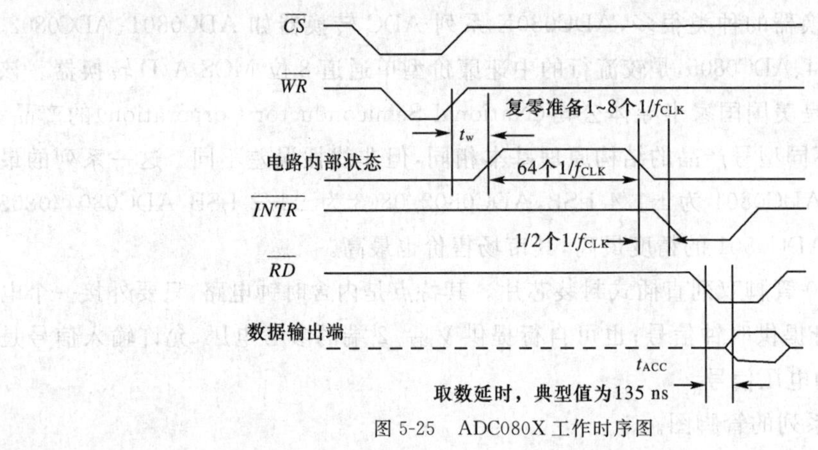

图 5-25　ADC080X 工作时序图

④$V_{IN}^{(+)}$（管脚 6）和 $V_{IN}^{(-)}$（管脚 7）：被转换的电压信号从 $V_{IN}^{(+)}$ 和 $V_{IN}^{(-)}$ 端输入，允许此信号是差动的或不共地的电压信号，如果输入电压信号 V_{IN} 的变化范围从 0 V～V_{max}，那么芯片的 $V_{IN}^{(-)}$ 端接地，输入电压信号加到 $V_{IN}^{(+)}$ 端。

⑤AGND（管脚 8）和 DGND（管脚 10）：AGND 为模拟地，DGND 为数字地，分别有输入端。数字电路的地电流不影响模拟信号回路，以防止寄生耦合产生的干扰。

⑥$V_{REF}/2$（管脚 9）：参考电压 $V_{REF}/2$ 可以由外部电路供给，从 $V_{REF}/2$ 端直接送入，电压应是输入电压的二分之一。所以输入电压的范围可以通过调整 $V_{REF}/2$ 管脚处的电压加以改变，转换器的零点无须调整。例如：输入电压范围是 0.5～3.5 V，在 $V_{REF}/2$ 处应加 2 V。当输入电压是 0～5 V 时，如 V_{CC} 电压准确、稳定，也可做参考基准。此时，ADC0801～ADC0805 芯片内部设置的分压电路可自行提供 $V_{REF}/2$ 参考电压，$V_{REF}/2$ 端不必外接电源，悬空即可。

【工作任务 5-2-1】ADC0804 器件逻辑功能测试

测试工作任务书

测试名称	ADC0804 器件逻辑功能测试		
任务编码	SZC5-2-1	课时安排	2
任务内容	测试 ADC0804 模数转换功能		
任务要求	1.正确使用数字电路实验装置和数字万用表； 2.正确连接测试电路； 3.正确测试 ADC0804 模数转换电路逻辑功能； 4.撰写测试报告。		
测试设备	设备及器件名称	型号或规格	数量
	±12 V、+5 V 直流稳压电源		1 台
	数字电路实验装置		1 套
	数字万用表		1 块
	双列直插式集成电路	ADC0804	1 只
	电阻 R	10 kΩ	1 只
	电容 C	150 pF	1 只
测试电路	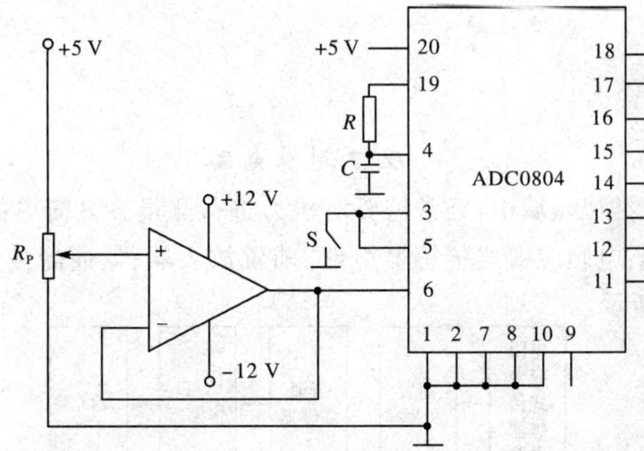 图 5-26 ADC0804 器件逻辑功能测试电路		

续表

测试步骤

①按测试电路图接好电路，检查接线无误后，打开电源；

②调节电位器，按表 5-3 送入不同电压值的模拟电压；

③将开关 S 闭合后再打开，由于图 5-26 中接法为循环转换模式，所以可以直接测试在相应的模拟输入电压下的数字量输出，并记录在表 5-3 中；

④与理论计算结果进行对比，验证其测试正确性。

表 5-3　测试数据

输入电压值/V	DB_7	DB_6	DB_5	DB_4	DB_3	DB_2	DB_1	DB_0	理论值
+5									
+4									
+2.5									
+1									
0									

分析与思考：

①ADC0804 可以将输入的________（填数字量/模拟量）转换成________（填数字量/模拟量）；

②当输入电压为+5 V时，模拟信号→取样→保持→量化→编码→数字信号______________（输出的数字量）；

③当输入电压为+2.5 V时，模拟信号→取样→保持→量化→编码→数字信号______________（输出的数字量）；

④当输入电压为 0 V时，模拟信号→取样→保持→量化→编码→数字信号______________（输出的数字量）；

⑤若模拟信号→取样→保持→量化→编码→数字信号00110000（测得的输出数字量），则其输入电压值应为________V。

结论与体会

思考：

1. DB_7～DB_0 哪一位是最高位？

2. ADC0804 的分辨率是多少？

3. 输入的参考电压能否超过+5 V？

4. 若 ADC0804 的 5 脚未与 3 脚相连，应如何保证其工作？

完成日期		完成人	

思维拓展

压力测量电路

在工业控制及类似领域中，经常需要对压力进行测量。最简单的压力测量仪通常由以下几个部分构成：电阻应变式传感器电路、前置放大器、低通滤波器、A/D 转换器和处理器。如图 5-27 所示。

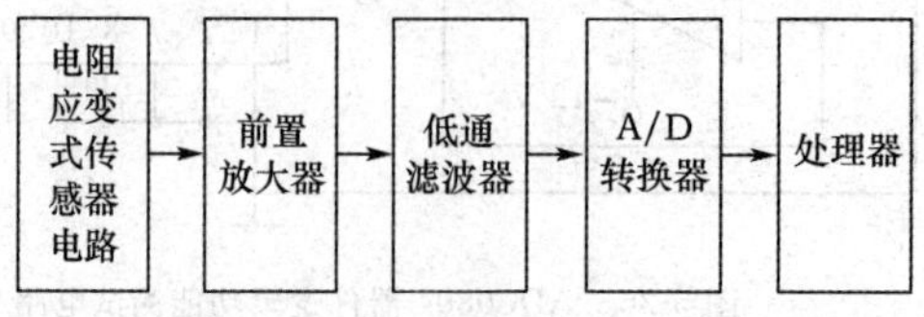

图 5-27　压力测量仪组成框图

其中电阻应变式传感器电路的作用是将压力的变化转换为电压的变化，通常采用惠斯通电桥测量电路来实现，如图5-28所示为应变片电桥电路。在应变片电桥电路中，可以加入一个或多个应变片，构成单臂、半桥或全桥形式，图中为单臂形式。其工作原理是当应变片所受压力发生变化时，其自身电阻发生变化，导致电桥不平衡，从而改变电桥的输出电压。

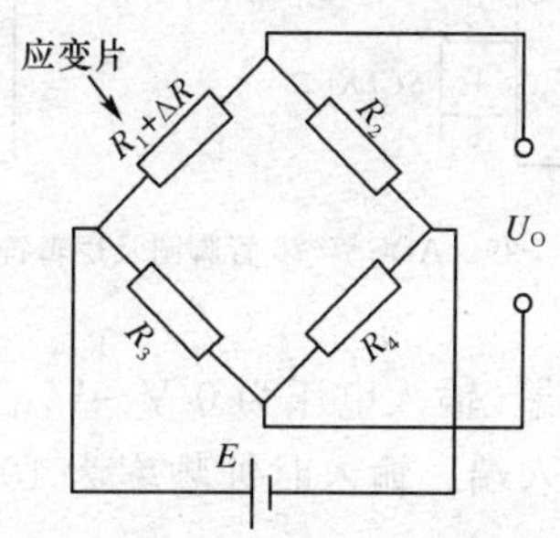

图5-28　应变片电桥电路

电阻应变式传感器电路输出的电压信号非常微弱，同时还伴有噪声。如果直接与A/D转换器相连将严重影响测量的精度。因此，通常在两者之间加入前置放大器和低通滤波器，将微弱的电压信号进行放大，并滤去高频噪声。在确定放大倍数时，应考虑测量时的量程和A/D转换器的参考电压值，进行合理选择。

A/D转换器的作用是将模拟信号转换成数字信号，提供给处理器进行处理。

任务5-3　简易数字电压表的设计与制作

器件认知

12位串行A/D转换器ADCS7476

ADCS7476是一种低功耗12位A/D转换器，采用CMOS工艺，采样率可达1 Msps。数字输出采用串行方式，兼容SPI、QSPI和MICROWIRE等串行接口。ADCS7476采用供电电压(V_{DD})作为A/D转换的参考电压，模拟输入电压范围为0 V～V_{DD}，转换速度由串行时钟频率决定。该芯片采用单电源供电，供电电压允许在+2.7 V和+5.25 V之间。在连续转换情况下，若采用+3 V供电则功耗为2 mW，若采用+5 V供电则功耗为10 mW。该A/D转换器有关断模式，适用于对功耗要求较高的场合。通过$\overline{CS}$端可以选择关断模式，如果采用+5 V供电，功耗仅为5 μW。该芯片采用6脚SOT-23或LLP封装方式，并提供超小型封装，适用于对空间要求严格的场合。该芯片的工作温度范围为−40 ℃～+125 ℃。ADCS7476的管脚图及逻辑符号如图5-29所示。

ADCS7476的管脚功能如下：

①1脚V_{DD}：供电电源输入端。输入电压为+2.7 V～+5.25 V，由于ADCS7476采用V_{DD}作为参考电压，所以在实际使用时，通常将1脚通过电容接地。

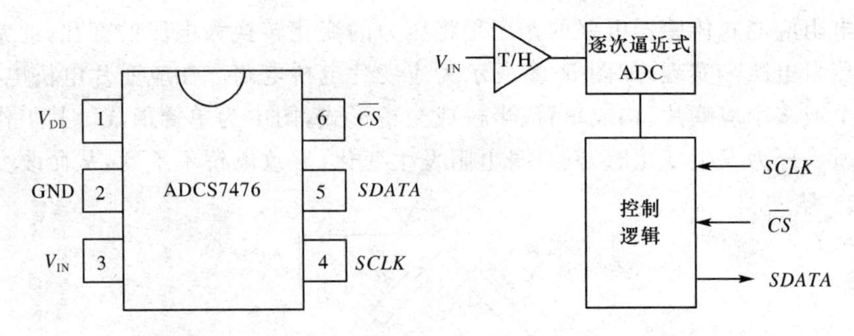

图 5-29　ADCS7476 管脚图及逻辑符号

②2 脚 GND：接地端。

③3 脚 V_{IN}：模拟电压输入端。输入电压为 0 V～V_{DD}。

④4 脚 $SCLK$：数字时钟输入端。输入时钟频率为 10 kHz～20 MHz，该频率决定了转换和读取数据的速率。

⑤5 脚 $SDATA$：数字数据输出端。采用串行方式输出。

⑥6 脚$\overline{CS}$：片选端。在$\overline{CS}$下降沿到来时开始 A/D 转换。

ADCS7476 工作时序图如图 5-30 所示。其中片选信号$\overline{CS}$和时钟信号 $SCLK$ 决定了 A/D 转换过程以及数字信号的串行传输，$SDATA$ 端串行输出 A/D 转换的结果。将$\overline{CS}$由高电平置低电平开始 A/D 转换和数据传输的过程，$SDATA$ 端从此刻开始不再为高阻状态，同时 A/D 转换器也由跟踪状态转为保持状态。一次转换和数据传输共包括 16 个时钟（$SCLK$）周期，其中在前 4 个时钟周期 $SDATA$ 端输出 4 个值为“0”的信号，之后输出 12 位 A/D 转换结果。16 个时钟周期后，需要将$\overline{CS}$再次置高电平，并保持若干时钟周期，确保有充分的时间让 A/D 转换器完成采样和跟踪工作。每位转换数据均在 $SCLK$ 时钟信号下降沿到来时输出。需要注意的是，当$\overline{CS}$下降沿到来时，如果 $SCLK$ 端正好迎来上升沿，那么可从 $SDATA$ 端完整读取 4 位“0”信号；如果 $SCLK$ 端正好迎来下降沿，那么很有可能无法完整读取第一个“0”信号，图 5-30 所示即该种情况。

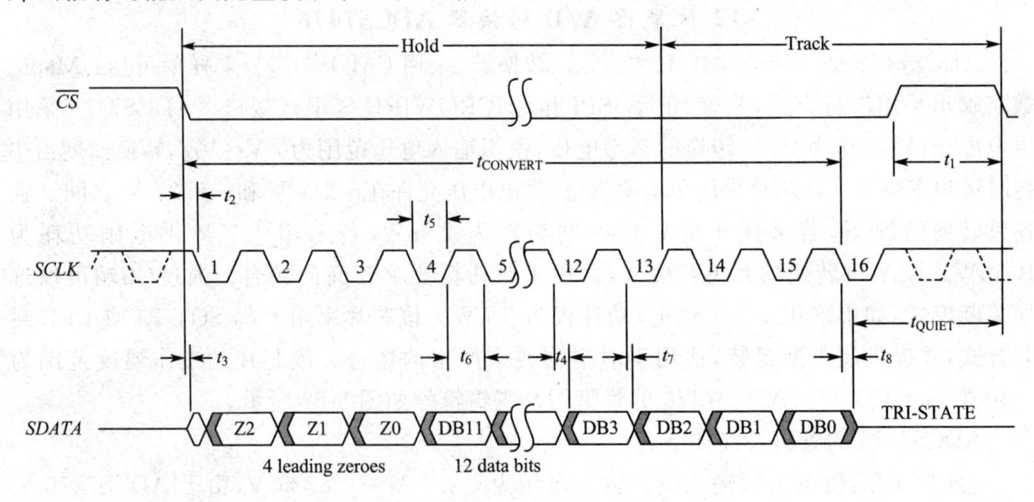

图 5-30　ADCS7476 工作时序图

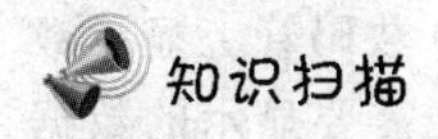

数码管动态扫描显示

数码管显示通常分为静态显示和动态显示两种方式。静态显示通常用在显示数字位数较少的场合，其优点是原理和电路较为简单，缺点是占用管脚较多。动态显示又称为动态扫描显示，通常用在显示数字位数较多的场合，其优点是占用管脚较少，缺点是原理和电路较为复杂，需提供扫描时钟信号。

在实际应用中，通常采用动态扫描显示的方式，其连接方式如图 5-31 所示。通常将 4 位七段 LED 数码管相应的段选控制端并联在一起，称为“段码”，即 CA～CG、DP。各位数码管的公共端，称为“位码”，即 AN0～AN3。为保证各数码管的导通电流满足要求，“位码”通常用三极管驱动。

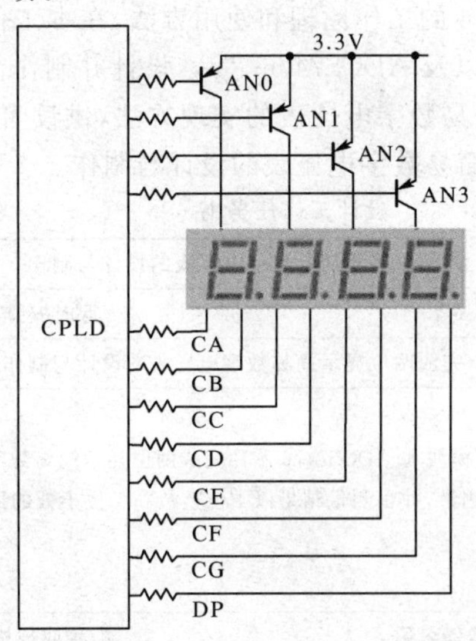

图 5-31　数码管动态扫描显示连线图

通常可以把 4 个“位码”看作 4 个按键开关，如果 AN0 打开，第 1 个 LED 数码管的 7 个段选控制端和 1 个小数点控制端就会连接到“段码”总线 CA～CG、DP 上；如果 AN0 关闭，第 1 个 LED 数码管的 7 个段选控制端和 1 个小数点控制端就会与“段码”总线 CA～CG、DP 断开；如果 AN0～AN3 都打开，相应的七段 LED 数码管就会同时打开，而且会同时显示总线 CA～CG、DP 上的内容，显示的效果也会相同。

那么如何让动态 LED 数码管的各位显示不同的内容呢？动态扫描显示是一种按位轮流点亮各个数码管的显示方式，即在某一时段，只让其中一个数码管的“位码”开关打开，使一位的“位码”有效，并送出相应的字形显示编码。此时，其他位的数码管因“位码”开关关闭而处于熄灭状态。下一时段按顺序选通另外一个数码管，并送出相应的字形显示编码。依此规律循环下去，即可使各个数码管分别间断地显示出相应的字符。这一过程称为动态扫描显示。

动态扫描显示切换的速度非常快，可以约 1 ms 切换一次，由于人眼的视觉暂留效应以及 LED 数码管本身的响应速度，可以感觉四个数码管是同时点亮的，并且显示四种不同的内容。

如何通过电路来具体实现动态扫描显示呢？如要在四位七段 LED 数码管上显示数字“1234”，需采用如下机制：将 AN0～AN3 循环打开，在相应的时候把需要显示的数据放到数据总线上。例如，在 AN0 有效时，需要把数字“1”对应的编码“10011111”放在总线 CA～CG、DP 上，而在 AN3 有效时需要把数字“4”对应的编码“10011001”放在总线 CA～CG、DP 上。这样就能够轮流打开四个数码管，轮流显示四个数码管的内容。注意：AN0～AN3 打开的时间间隙必须控制在 1 ms 左右，间隙过大会出现闪烁的情况，间隙过小则有可能出现显示不正常的现象。

【工作任务 5-3-1】两位显示简易数字电压表的设计与制作

在前文中介绍了 ADCS7476 的工作原理和使用方法，在本工作任务中要求读者结合实验装置上提供的 CPLD 模块以及 ADCS7476 芯片，设计并制作简易数字电压表。在本工作任务中，给出了两位显示简易数字电压表的实现方法，供读者作为设计参考，并要求读者在此基础上完成三位显示简易数字电压表的设计与制作。

设计工作任务书

设计名称	两位显示简易数字电压表的设计与制作		
任务编码	SZS5-3-1	课时安排	6
任务内容	完成两位显示简易数字电压表的设计与制作		
任务要求	任务要求： 1. 使用实验装置上的 CPLD 模块和 ADCS7476 芯片完成两位显示简易数字电压表的设计与制作，要求能对 0～3.3 V 的电压进行测量，并将测量结果以 1 位整数和 1 位小数的形式在数码管上显示出来； 2. 完成 VHDL 程序的编写； 3. 完成设计报告。		
测试设备	设备及器件名称	型号或规格	数量
	±12 V、+5 V 直流稳压电源		1 台
	数字电路实验装置		1 套
	数字万用表		1 块
	装了 Quartus II 软件或同类软件的计算机		1 台
设计步骤	详见后页叙述		
结论与体会			
完成日期		完成人	

设计原理如下：

数字电压表是诸多数字化仪表的核心与基础。以数字电压表为核心扩展而成的各种数字化仪表，几乎覆盖了电子电工测量、工业测量、自动化系统等各个领域。简易数字电压表的结构原理图如图 5-32 所示。它由三个部分组成：A/D 模块主要将模拟信号（电压信号）转换成数字信号；CPLD 模块是数字电压表的核心，主要对来自 A/D 模块的数字信号进行读取和处理；数码管模块（6 位）主要将来自 CPLD 模块的结果进行显示。

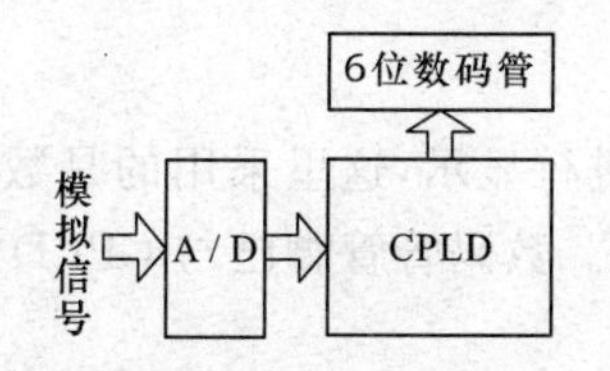

图 5-32 简易数字电压表的结构原理图

1. A/D 模块

在本设计中,A/D 模块采用的是实验装置上的 ADCS7476 芯片,该芯片为 12 位串行 A/D 转换器,其原理和工作方式前文已有较详细的介绍。实验装置上已将该芯片的 4、5 和 6 脚与 CPLD 芯片对应管脚相连,需要注意的是该芯片的 V_{DD} 在实验装置上已与 3.3 V 电源相连,因此电压的测量范围为 0～3.3 V。

2. CPLD 模块

CPLD 模块采用的芯片是 Altera 公司的 EPM1270T144C5。在进行两位显示简易数字电压表设计的过程中,可以将 CPLD 模块划分为几个独立的功能模块,其结构图如图 5-33 所示。

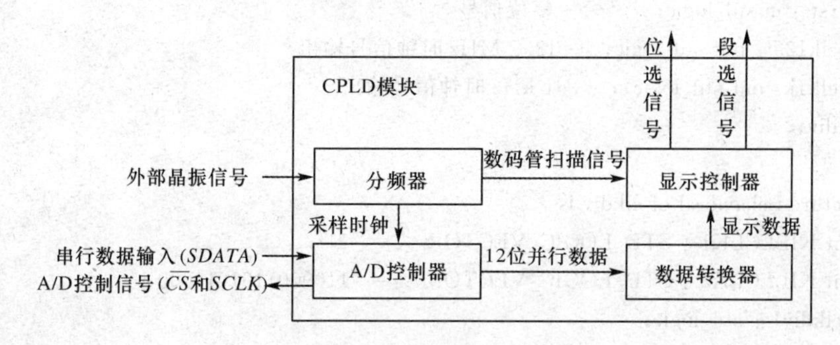

图 5-33 CPLD 功能模块结构图

(1)分频器模块,主要是将来自外部的时钟信号进行分频,提供给 A/D 控制器模块和显示控制器模块。实际中使用的晶振(已经焊于实验装置上)信号频率为 100 MHz,A/D 控制器模块中 *SCLK* 信号的频率选择为 12.5 MHz,显示控制器模块所需的数码管扫描信号频率为 500 Hz。

(2)A/D 控制器模块,主要是对 ADCS7476 芯片进行控制,并读取和处理来自该芯片的串行数字信号。对 ADCS7476 芯片的控制,主要是通过 $\overline{CS}$ 端和 *SCLK* 端实现的;同时读取来自 *SDATA* 端的串行数字信号,并将其转换为并行信号,传输给数据转换器模块。

(3)数据转换器模块,主要是将 12 位并行数据转换为电压值对应的 8421BCD 码,传输给显示控制器模块进行显示。ADCS7476 为 12 位 A/D 转换器,分辨率较高。在选取显示位数时应考虑实际情况,电压范围为 0～3.3 V 时最高分辨率可达 0.0008 V,但根据工程经验,通常小数点后 2 位以上就会有明显波动情况,因此显示过多位数并无意义。在该设计中仅保留 1 位小数。

(4)显示控制器模块,主要控制数字电路实验装置上的数码管,实现动态扫描显示。前文已有详细叙述。

3. 数码管模块

数码管模块主要对电压值进行显示，这里采用的是数字电路实验装置上的集成数码管，使用了其中的四位进行显示。数码管管脚已与CPLD对应管脚相连。

设计步骤如下：

(1)建立工程。

(2)完成各模块的程序编写。

①clkdiv模块(分频器模块：对外部时钟信号进行分频，提供输出数码管显示和A/D采样所需的时钟信号)：在工程中新建一个VHDL设计文件clkdiv.vhd，选择命令project－＞set as top-level entity，将设计设定为顶层编译文件，并输入以下VHDL代码：

```
library IEEE;
use IEEE.STD_LOGIC_1164.ALL;
use IEEE.STD_LOGIC_UNSIGNED.ALL;

entity clkdiv is
port( clk : in std_logic;          -- 外部时钟信号输入
      rst : in std_logic;          -- 复位信号
      clk125 : out std_logic;      -- 12.5 MHz时钟信号输出
      clk1k: out std_logic);       -- 1 kHz时钟信号输出
end clkdiv;

architecture Behavioral of clkdiv is
constant KILLCLK1 : STD_LOGIC_VECTOR  := "11";
constant KILLCLK2 : STD_LOGIC_VECTOR  := "1100001101010000";
signal clkdiv1 : std_logic;
signal clkdiv2 : std_logic;
signal clk_counter1 : std_logic_vector(1 downto 0);
signal clk_counter2 : std_logic_vector(15 downto 0);
begin

process (clk, rst)  -- 12.5 MHz
    begin
    if rst = '1' then clk_counter1 <= (others=>'0');clkdiv1 <= '1';
        elsif clk = '1' and clk'Event then
              clk_counter1 <= clk_counter1 + 1;
              if(KILLCLK1 = clk_counter1) then
                  clkdiv1 <= not clkdiv1;
                  clk_counter1 <= (others=>'0');
              end if;
        end if;
end process;
```

```
process (clk, rst)  -- 1 kHz
    begin
    if rst = '1' then clk_counter2 <= (others=>'0');clkdiv2 <= '1';
        elsif clk = '1' and clk'Event then
            clk_counter2 <= clk_counter2 + 1;
            if(KILLCLK2 = clk_counter2) then
                clkdiv2 <= not clkdiv2;
                clk_counter2 <= (others=>'0');
            end if;
        end if;
end process;

clk125 <= clkdiv1;
clk1k <= clkdiv2;

end Behavioral;
```

②AD1 模块(A/D 控制器模块:对 ADCS7476 芯片进行控制,并读取和处理来自该芯片的串行数字信号):在工程中新建一个 VHDL 设计文件 AD1. vhd,选择命令 project—>set as top-level entity,将设计设定为顶层编译文件,并输入以下 VHDL 代码:

```
library IEEE;
use IEEE.STD_LOGIC_1164.ALL;
use IEEE.STD_LOGIC_ARITH.ALL;
use IEEE.STD_LOGIC_UNSIGNED.ALL;

entity AD1 is
port(   CLK         : in std_logic;     -- 12.5 MHz 时钟信号输入
        RST         : in std_logic;  -- 复位信号

        SDATA       : in std_logic;    -- 串行数据输入
        SCLK        : out std_logic;   -- 时钟信号输出
        nCS        : out std_logic;  -- 使能信号

        DATA        : out std_logic_vector(11 downto 0); -- 12 位数字量输出
        START       : in std_logic);  -- 转换控制信号
end AD1;

architecture Behavioral of AD1 is
type states is (Idle,
               ShiftIn,
               SyncData);
      signal current_state : states;
```

```
            signal next_state       : states;
            signal temp             : std_logic_vector(15 downto 0);
            signal shiftCounter     : std_logic_vector(3 downto 0) := x"0";
            signal enShiftCounter: std_logic;
            signal enParalelLoad : std_logic;
begin
SCLK <= not clk;
-- 串行数据转换成并行数据
process(clk, enParalelLoad, enShiftCounter)
begin
    if (clk = '1' and clk'event) then
        if (enShiftCounter = '1') then
            temp <= temp(14 downto 0) & SDATA;
            shiftCounter <= shiftCounter + '1';
        elsif (enParalelLoad = '1') then
            shiftCounter <= "0000";
            DATA <= temp (11 downto 0);
        end if;
    end if;
end process;
-- A/D控制状态机
process (clk, rst)
    begin
        if (clk'event and clk = '1') then
            if (rst = '1') then
                current_state <= Idle;
            else
                current_state <= next_state;
            end if;
        end if;
 end process;

process (current_state)
begin
    if current_state = Idle then
            enShiftCounter <='0';
            nCS <='1';
            enParalelLoad <= '0';
        elsif current_state = ShiftIn then
            enShiftCounter <='1';
            nCS <='0';
            enParalelLoad <= '0';
```

```
        else
                enShiftCounter <='0';
                nCS <='1';
                enParalelLoad <= '1';
        end if;
    end process;

    process (current_state, START, shiftCounter)
    begin

      next_state <= current_state;  -- 默认保持当前状态

      case (current_state) is
       when Idle =>
                if START = '1' then
                    next_state <= ShiftIn;
                end if;
       when ShiftIn =>
                if shiftCounter = x"F" then
                    next_state <= SyncData;
                end if;
       when SyncData =>
                if START = '0' then
                next_state <= Idle;
                end if;
       when others =>
                next_state <= Idle;
      end case;
    end process;
    end Behavioral;
```

③AD2BCD 模块(数据转换器模块:将 12 位并行数据转换为电压值对应的 8421BCD 码,传输给显示控制器模块进行显示):在工程中新建一个 VHDL 设计文件 AD2BCD.vhd,选择命令 project—>set as top-level entity,将设计设定为顶层编译文件,并输入以下 VHDL 代码:

```
    library IEEE;
    use IEEE.STD_LOGIC_1164.ALL;

    entity AD2BCD is
    Port ( ADATA : in STD_LOGIC_VECTOR (11 downto 0);  -- 输入 12 位数字量
           BCDATA : out STD_LOGIC_VECTOR (11 downto 0)); -- 输出 3 位 8421BCD 码
    end AD2BCD;
```

```
architecture Behavioral of AD2BCD is
begin
process(ADATA)
begin
case ADATA(11 downto 6) is
 when "000000" => BCDATA <= x"000"; when "000001" => BCDATA <= x"001";
 when "000010" => BCDATA <= x"001"; when "000011" => BCDATA <= x"002";
 when "000100" => BCDATA <= x"002"; when "000101" => BCDATA <= x"003";
 when "000110" => BCDATA <= x"003"; when "000111" => BCDATA <= x"004";
 when "001000" => BCDATA <= x"004"; when "001001" => BCDATA <= x"005";
 when "001010" => BCDATA <= x"005"; when "001011" => BCDATA <= x"006";
 when "001100" => BCDATA <= x"006"; when "001101" => BCDATA <= x"007";
 when "001110" => BCDATA <= x"007"; when "001111" => BCDATA <= x"008";
 when "010000" => BCDATA <= x"008"; when "010001" => BCDATA <= x"009";
 when "010010" => BCDATA <= x"009"; when "010011" => BCDATA <= x"010";
 when "010100" => BCDATA <= x"010"; when "010101" => BCDATA <= x"011";
 when "010110" => BCDATA <= x"012"; when "010111" => BCDATA <= x"012";
 when "011000" => BCDATA <= x"013"; when "011001" => BCDATA <= x"013";
 when "011010" => BCDATA <= x"014"; when "011011" => BCDATA <= x"014";
 when "011100" => BCDATA <= x"015"; when "011101" => BCDATA <= x"015";
 when "011110" => BCDATA <= x"016"; when "011111" => BCDATA <= x"016";
 when "100000" => BCDATA <= x"017"; when "100001" => BCDATA <= x"017";
 when "100010" => BCDATA <= x"018"; when "100011" => BCDATA <= x"018";
 when "100100" => BCDATA <= x"019"; when "100101" => BCDATA <= x"019";
 when "100110" => BCDATA <= x"020"; when "100111" => BCDATA <= x"020";
 when "101000" => BCDATA <= x"021"; when "101001" => BCDATA <= x"021";
 when "101010" => BCDATA <= x"022"; when "101011" => BCDATA <= x"023";
 when "101100" => BCDATA <= x"023"; when "101101" => BCDATA <= x"024";
 when "101110" => BCDATA <= x"024"; when "101111" => BCDATA <= x"025";
 when "110000" => BCDATA <= x"025"; when "110001" => BCDATA <= x"026";
 when "110010" => BCDATA <= x"026"; when "110011" => BCDATA <= x"027";
 when "110100" => BCDATA <= x"027"; when "110101" => BCDATA <= x"028";
 when "110110" => BCDATA <= x"028"; when "110111" => BCDATA <= x"029";
 when "111000" => BCDATA <= x"029"; when "111001" => BCDATA <= x"030";
 when "111010" => BCDATA <= x"030"; when "111011" => BCDATA <= x"031";
 when "111100" => BCDATA <= x"031"; when "111101" => BCDATA <= x"032";
 when "111110" => BCDATA <= x"032"; when "111111" => BCDATA <= x"033";
 when OTHERS => BCDATA <= x"000";
 end case;
 end process;

 end Behavioral;
```

④seven_seg_controller 模块(显示控制器模块:控制数字电路实验装置上的数码管,实现动态扫描显示):在工程中新建一个 VHDL 设计文件 seven_seg_controller. vhd,选择命令 project－＞set as top-level entity,将设计设定为顶层编译文件,并输入以下 VHDL 代码:

```
library IEEE;
use IEEE. STD_LOGIC_1164. ALL;
use IEEE. STD_LOGIC_ARITH. ALL;
use IEEE. STD_LOGIC_UNSIGNED. ALL;

entity seven_seg_controller is
Port ( rst, cclk : in STD_LOGIC;      -- 复位及时钟信号
  cntr : in STD_LOGIC_VECTOR(11 downto 0); -- 输入 3 位 8421BCD 码
  seg : out STD_LOGIC_VECTOR(7 downto 0); -- 段选信号
  an : out STD_LOGIC_VECTOR(3 downto 0)); -- 位选信号
end seven_seg_controller;

architecture Behavioral of seven_seg_controller is
signal sel : STD_LOGIC_VECTOR(1 downto 0);
begin
process (cclk, rst)
begin
if rst = '1' then sel <= "00";
elsif cclk = '1' and cclk'Event then
  sel <= sel + 1;
end if;
end process;

segdat <= cntr(3 downto 0) when sel(1 downto 0) = "00" else
      cntr(7 downto 4) when sel(1 downto 0) = "01" else
      cntr(11 downto 8) when sel(1 downto 0) = "10" else
      "0000";

with segdat select
seg(6 downto 0) <= "1000000" when "0000",   --0
                   "1111001" when "0001",   --1
                   "0100100" when "0010",   --2
                   "0110000" when "0011",   --3
                   "0011001" when "0100",   --4
                   "0010010" when "0101",   --5
                   "0000010" when "0110",   --6
                   "1111000" when "0111",   --7
```

```
            "0000000" when "1000",   --8
            "0010000" when "1001",   --9
            "0001000" when "1010",   --A
            "0000011" when "1011",   --B
            "1000110" when "1100",   --C
            "0100001" when "1101",   --D
            "0000110" when "1110",   --E
            "0001110" when "1111",   --F
            "0111111" when others;

an <= "1110" when sel(1 downto 0) = "00" else
      "1101" when sel(1 downto 0) = "01" else
      "1111" when sel(1 downto 0) = "10" else
      "1111" when sel(1 downto 0) = "11" else
      "1111";

seg(7) <= '0' when Sel(1 downto 0) = "01" else  -- dot point of 7-seg display
      '1';
end Behavioral;
```

(3)建立顶层文件

新建顶层原理图 voltmeter. bdf,选择命令 project－>set as top-level entity,将设计设定为顶层编译文件,完成两位显示简易数字电压表的设计,如图 5-34 所示。

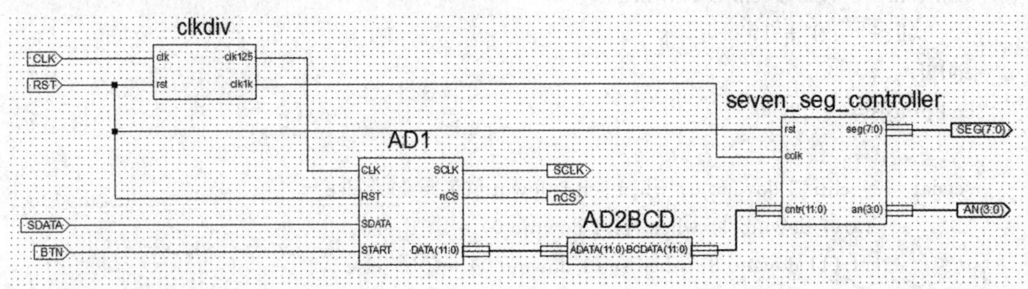

图 5-34　两位显示简易数字电压表顶层原理图

(4)工程编译

完成了工程建立并加入了所需的源文件后,即可进行编译。

(5)设计仿真

在编译结束且无任何语法或语义错误后,可以通过仿真来验证当前的设计是否能够实现预期的逻辑功能。

(6)器件编程与配置

当通过仿真确认能够满足预期的逻辑功能之后,可以将 Assembler 产生的编程文件下载至 FPGA/CPLD 芯片。下载之前,首先要进行管脚分配。选择菜单 Assignments/

Pins,根据硬件原理图来分配管脚。管脚分配后需重新编译才能产生所需的编程下载文件。可打开 Tools/Programmer 进行编程操作。管脚分配请参见表 5-4。

表 5-4　　端口与管脚对照表

端　口	管　脚	端　口	管　脚
AN1	108	SEG5	98
AN2	107	SEG6	101
AN3	106	SEG7	102
AN4	105	CLK	18
SEG0	93	RST	37
SEG1	94	BTN	38
SEG2	95	SDATA	11
SEG3	96	SCLK	13
SEG4	97	nCS	12

在【工作任务 5-3-1】中,介绍了两位显示简易数字电压表的实现方法。但该设计与下面要求读者完成的设计任务有些不同,主要在以下几个方面:

(1)该设计采用的外部晶振频率为 100 MHz;

(2)该设计采用的数码管为四位七段数码管;

(3)该设计所显示的结果仅保留一位小数,即显示两位结果。

【工作任务 5-3-2】三位显示简易数字电压表的设计与制作

设计工作任务书

任务名称	三位显示简易数字电压表的设计与制作		
任务编码	SZS5-3-2	课时安排	6
任务内容	完成三位显示简易数字电压表的设计与制作		
任务要求	1. 使用实验装置上的 CPLD 模块和 ADCS7476 芯片完成三位显示简易电压表的设计与制作,要求能对 0～3.3 V 的电压进行测量,并将测量结果以一位整数和两位小数的形式在数码管上显示出来; 2. 完成 VHDL 程序的编写; 3. 完成设计报告。		
测试设备	设备及器件名称	型号或规格	数量
	±12 V、+5 V 直流稳压电源		1 台
	数字电路实验装置		1 套
	数字万用表		1 块
	装了 Quartus II 软件或同类软件的计算机		1 台
设计步骤	根据设计步骤由读者填写		

续表

结论与体会	思考： (1)【工作任务 5-3-1】中采用 100 MHz 晶振信号作为输入信号，而实验装置上采用的是 50 MHz 晶振信号，如何对分频比做修改？ (2)【工作任务 5-3-1】中 BTN 输入端口与按键相连，每按下一次就进行一次转换，如何进行连续转换？ (3)【工作任务 5-3-1】中为了能显示 2 位数据，选取了 A/D 数据中的高 6 位数据，即 $2^6=64$；如果要求显示 3 位数据，则应选取 A/D 数据中的哪几位数据？ (4)【工作任务 5-3-1】中采用 4 位数码管，而实验装置上采用的是 6 位数码管，应如何修改才能控制 6 位数码管的 7 段显示以及小数点的位置？

完成日期		完成人	

1. D/A 转换是将数字信号转换为模拟信号，完成 D/A 转换的电路称为 D/A 转换器(DAC 数模转换器)。常用的 D/A 转换器有 DAC0832。

2. A/D 转换是将模拟信号转换为数字信号，完成 A/D 转换的电路称为 A/D 转换器(ADC 模数转换器)。常用的 A/D 转换器有 ADC0804、ADC0809。

3. D/A 转换器和 A/D 转换器的性能用如下指标描述：(1)转换精度(分辨率和转换误差)；(2)转换速度；(3)电源抑制比等。

4. 倒 T 形电阻网络 D/A 转换器的输出电压为：$U_O=-\frac{U_R R_f}{2^n R}D_n$。式中，$n$ 为二进制数的位数，$D_n=\sum_{i=0}^{n-1}d_i\times 2^i$。

5. DAC0832 有三种工作模式：(1)直通式；(2)单缓冲式；(3)双缓冲式。它有单极性和双极性两种输出形式。

6. 对于一个频率有限的模拟信号，可以由采样定理确定采样频率：$f_s\geqslant 2f_{imax}$。式中，f_s 为采样频率，f_{imax} 为输入模拟信号频率的上限值。

7. A/D 转换是经过采样、保持、量化、编码这四个过程完成的。

8. A/D 转换器的类型很多，应用较广泛的主要有三种：逐次逼近式 A/D 转换器、双积分式 A/D 转换器和电压-频率(V/F)型 A/D 转换器。ADC0809 是八位逐次逼近式 A/D 转换器，常用于单片机、CPLD 外围电路，将模拟信号转换为数字信号送入单片机和 CPLD 模块进行处理。

9. 学习重点：12 位串行 A/D 转换器 ADCS7476 的工作原理和使用方法。

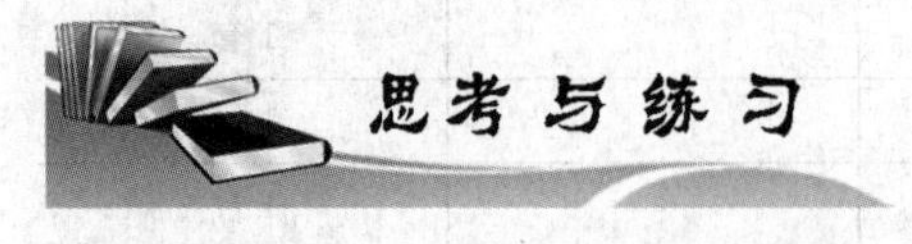

1. 选择题

(1)一个无符号 8 位数字输入的 DAC，其分辨率为________位。

A. 1　　B. 3　　C. 4　　D. 8

(2)一个无符号10位数字输入的DAC,其输出电平的级数为________。

A. 4　　B. 10　　C. 1024　　D. 210

(3)一个12位的模数转换器的分辨率为________。

A. 1/12　　B. 1/255　　C. 1/4096　　D. 1/2048

(4)4位倒T形电阻网络DAC的电阻取值有________种。

A. 1　　B. 2　　C. 4　　D. 8

(5)为使采样输出信号不失真地代表输入模拟信号,采样频率 f_s 和输入模拟信号的最高频率 f_{imax} 的关系是________。

A. $f_s \geqslant f_{imax}$　　B. $f_s \leqslant f_{imax}$　　C. $f_s \geqslant 2f_{imax}$　　D. $f_s \leqslant 2f_{imax}$

(6)将一个时间上连续变化的模拟量转换为时间上断续(离散)的模拟量的过程称为________。

A. 采样　　B. 量化　　C. 保持　　D. 编码

(7)用二进制码表示指定离散电平的过程称为________。

A. 采样　　B. 量化　　C. 保持　　D. 编码

(8)将幅值上、时间上离散的阶梯电平统一归并到最近的指定电平的过程称为________。

A. 采样　　B. 量化　　C. 保持　　D. 编码

(9)若某ADC取量化单位 $\Delta=\frac{1}{8}V_{REF}$,并规定对于输入电压 u_I,在 $0\leqslant u_I<\frac{1}{8}V_{REF}$ 时,认为输入的模拟电压为0 V,输出的二进制数为000,则 $\frac{5}{8}V_{REF}\leqslant u_I<\frac{3}{4}V_{REF}$ 时,输出的二进制数为________。

A. 001　　B. 101　　C. 110　　D. 111

(10)以下四种转换器中,________是A/D转换器且转换速度最快。

A. 并联比较型转换器　　B. 逐次逼近式转换器

C. 双积分式转换器　　D. 施密特触发器

2. 判断题(正确的打√,错误的打×)

(1)权电阻网络型D/A转换器电路简单且便于集成工艺制造,因此被广泛使用。(　　)

(2)D/A转换器的最大输出电压的绝对值可达到基准电压 V_{REF}。(　　)

(3)D/A转换器的位数越多,能够分辨的最小输出电压变化量就越小。(　　)

(4)D/A转换器的位数越多,转换精度越高。(　　)

(5)A/D转换器的二进制数的位数越多,量化单位Δ越小。(　　)

(6)A/D转换过程中,必然会出现量化误差。(　　)

(7)A/D转换器的二进制数的位数越多,量化级分得越细,量化误差就可以减小到0。(　　)

(8)一个 N 位逐次逼近式A/D转换器完成一次转换要进行 N 次比较,需要 $N+2$ 个时钟脉冲。(　　)

(9)双积分式A/D转换器的转换精度高、抗干扰能力强,因此常用于数字式仪表中。(　　)

(10)采样定理的规定,是为了能不失真地恢复原模拟信号,而又不使电路过于复杂。(　　)

附录

附录 A 数字电路器件型号命名方法

1. 数字集成电路型号的组成及符号的意义

数字集成电路型号一般由前缀、编号、后缀三大部分组成，前缀代表制造厂商，编号包括产品系列号、器件类型号，后缀一般表示器件封装形式、工作温度范围等。如表 F-1 所示为 TTL 74 系列数字集成电路型号的组成及符号的意义。

表 F-1　TTL 74 系列数字集成电路型号的组成及符号的意义

第 1 部分	第 2 部分		第 3 部分		第 4 部分		第 5 部分	
前　缀	产品系列		器件类型		器件功能		器件封装形式	
	符 号	意　义	符 号	意　义	符 号	意 义	符 号	意　义
代表制造厂商	54	军用电路 −55 ℃～ +125 ℃		标准电路	阿拉伯数字	器件功能	W	陶瓷扁平
			H	高速电路			B	塑封扁平
			S	肖特基电路			F	全密封扁平
	74	民用 通用电路	LS	低功耗肖特基电路			D	陶瓷双列直插
			ALS	先进低功耗肖特基电路			P	塑封双列直插
			AS	先进肖特基电路				

2. 4000 系列集成电路的组成及符号意义

4000 系列 CMOS 器件型号的组成及符号的意义见表 F-2。

表 F-2　4000 系列 CMOS 器件型号的组成及符号意义

第 1 部分		第 2 部分		第 3 部分		第 4 部分	
前　缀		产品系列		器件类型		工作温度范围	
代表制造厂商		符 号	意 义	符 号	意 义	符号	意 义
CD	美国无线电公司产品	40	产品系列号	阿拉伯数字	器件功能	C	0 ℃～70 ℃
CC	中国制造					E	−40 ℃～+85 ℃
TC	日本东芝公司产品	45				R	−55 ℃～+85 ℃
MC1	摩托罗拉公司产品					M	−55 ℃～+125 ℃

3. 举例说明

(1)CT74LS00P

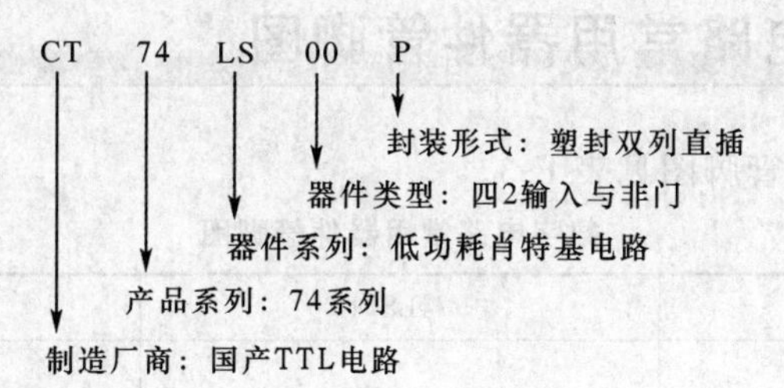

因此 CT74LS00P 为国产的采用塑封双列直插封装的 TTL74 系列四 2 输入与非门。

(2)SN74S195J

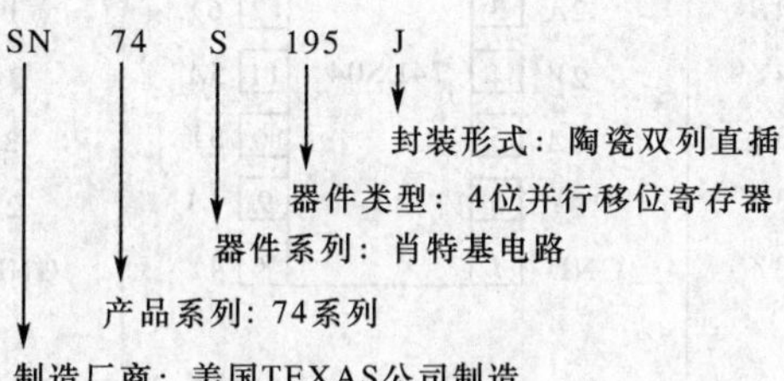

因此 SN74S195J 为美国 TEXAS 公司制造的采用陶瓷双列直插封装的 74 系列 4 位并行移位寄存器。

虽然同一型号的集成电路原理相同，但通常冠以不同的前缀、后缀。前缀代表制造商(有部分型号省略了前缀)，后缀代表器件工作温度范围或封装形式，由于制造厂商繁多，加之同一型号又分为不同的等级，因此，同一功能、型号的集成电路其名称的书写形式多样，如 CMOS 双 D 触发器 4013 有以下型号：

(1)CD4013AD、CD4013AE、CD4013CJ、CD4013CN、CD4013BD、CD4013BE、CD4013BF、CD4013UBD、CD4013UBE、CD4013BCJ、CD4013BCN；

(2)HFC4013、HFC4013BE、HCF4013BF、HCC4013BD/BF/BK、HEF4013BD/BP、HBC4013AD/AE/AK/AF、SCL4013AD/AE/AC/AF、MB84013/M、MC14013CP/BCP、TC4013BP。

一般情况下，这些型号之间可以彼此互换使用。

附录 B　数字电路常用器件管脚图

数字电路常用器件管脚图见表 F-3。

表 F-3　　数字电路常用器件管脚图

74LS00

名称	引脚	引脚	名称
$1A$	1	14	V_{CC}
$1B$	2	13	$4A$
$1Y$	3	12	$4B$
$2A$	4	11	$4Y$
$2B$	5	10	$3A$
$2Y$	6	9	$3B$
GND	7	8	$3Y$

74LS04

名称	引脚	引脚	名称
$1A$	1	14	V_{CC}
$1Y$	2	13	$6A$
$2A$	3	12	$6Y$
$2Y$	4	11	$5A$
$3A$	5	10	$5Y$
$3Y$	6	9	$4A$
GND	7	8	$4Y$

74LS08

名称	引脚	引脚	名称
$1A$	1	14	V_{CC}
$1B$	2	13	$4A$
$1Y$	3	12	$4B$
$2A$	4	11	$4Y$
$2B$	5	10	$3A$
$2Y$	6	9	$3B$
GND	7	8	$3Y$

74LS10

名称	引脚	引脚	名称
$1A$	1	14	V_{CC}
$1B$	2	13	$1C$
$2A$	3	12	$1Y$
$2B$	4	11	$3A$
$2C$	5	10	$3B$
$2Y$	6	9	$3C$
GND	7	8	$3Y$

74LS20

名称	引脚	引脚	名称
$1A$	1	14	V_{CC}
$1B$	2	13	$2A$
NC	3	12	$2B$
$1C$	4	11	NC
$1D$	5	10	$2C$
$1Y$	6	9	$2D$
GND	7	8	$2Y$

74LS32

名称	引脚	引脚	名称
$1A$	1	14	V_{CC}
$1B$	2	13	$4A$
$1Y$	3	12	$4B$
$2A$	4	11	$4Y$
$2B$	5	10	$3A$
$2Y$	6	9	$3B$
GND	7	8	$3Y$

74LS86

名称	引脚	引脚	名称
$1A$	1	14	V_{CC}
$1B$	2	13	$4A$
$1Y$	3	12	$4B$
$2A$	4	11	$4Y$
$2B$	5	10	$3A$
$2Y$	6	9	$3B$
GND	7	8	$3Y$

74LS112

名称	引脚	引脚	名称
$1\overline{CP}$	1	16	V_{CC}
$1K$	2	15	$1\overline{R}_D$
$1J$	3	14	$2\overline{R}_D$
$1\overline{S}_D$	4	13	$2\overline{CP}$
$1Q$	5	12	$2K$
$1\overline{Q}$	6	11	$2J$
$2\overline{Q}$	7	10	$2\overline{S}_D$
GND	8	9	$2Q$

74LS138

名称	引脚	引脚	名称
A_0	1	16	V_{CC}
A_1	2	15	$\overline{Y}_0$
A_2	3	14	$\overline{Y}_1$
$\overline{ST}_B$	4	13	$\overline{Y}_2$
$\overline{ST}_C$	5	12	$\overline{Y}_3$
ST_A	6	11	$\overline{Y}_4$
$\overline{Y}_7$	7	10	$\overline{Y}_5$
GND	8	9	$\overline{Y}_6$

续表

74LS139	74LS153	74LS163
74LS139 1 $1\overline{ST}$ 16 V_{CC} 2 $1A_0$ 15 $2\overline{ST}$ 3 $1A_1$ 14 $2A_0$ 4 $1\overline{Y}_0$ 13 $2A_1$ 5 $1\overline{Y}_1$ 12 $2\overline{Y}_0$ 6 $1\overline{Y}_2$ 11 $2\overline{Y}_1$ 7 $1\overline{Y}_3$ 10 $2\overline{Y}_2$ 8 GND 9 $2\overline{Y}_3$	74LS153 1 $1\overline{ST}$ 16 V_{CC} 2 A_1 15 $2\overline{ST}$ 3 $1D_3$ 14 A_0 4 $1D_2$ 13 $2D_3$ 5 $1D_1$ 12 $2D_2$ 6 $1D_0$ 11 $2D_1$ 7 $1Y$ 10 $2D_0$ 8 GND 9 $2Y$	74LS163 1 $\overline{CR}$ 16 V_{CC} 2 CP 15 C_O 3 D_0 14 Q_0 4 D_1 13 Q_1 5 D_2 12 Q_2 6 D_3 11 Q_3 7 CT_P 10 CT_T 8 GND 9 $\overline{LD}$
74LS193	**74LS194**	**74×LC5011**
74LS193 1 D_1 16 V_{CC} 2 Q_1 15 D_0 3 Q_0 14 CR 4 CP_D 13 $\overline{B}_O$ 5 CP_U 12 $\overline{C}_O$ 6 Q_2 11 $\overline{LD}$ 7 Q_3 10 D_2 8 GND 9 D_3	74LS194 1 $\overline{CR}$ 16 V_{CC} 2 D_{SR} 15 Q_0 3 D_0 14 Q_1 4 D_1 13 Q_2 5 D_2 12 Q_3 6 D_3 11 CP 7 D_{SL} 10 M_1 8 GND 9 M_3	g f com a b 10 9 8 7 6 a f b g e c d DP 1 2 3 4 5 e d com c DP
4511	**GAL16V8**	**555**
4511 1 B 16 V_{CC} 2 C 15 f 3 $\overline{LT}$ 14 g 4 $\overline{BL}$ 13 a 5 LE 12 b 6 D 11 c 7 A 10 d 8 GND 9 e	GAL16V8 1 I_0/CLK 20 V_{CC} 2 I_1 19 I/O_7 3 I_2 18 I/O_6 4 I_3 17 I/O_5 5 I_4 16 I/O_4 6 I_5 15 I/O_3 7 I_6 14 I/O_2 8 I_7 13 I/O_1 9 I_8 12 I/O_0 10 GND 11 I_9/OE	555 1 GND 8 V_{CC} 2 $\overline{TR}$ 7 DIS 3 OUT 6 TH 4 $\overline{R}_D$ 5 CON

附录 C CPLD 管脚速查表

1.8 位非自锁按键

8 位非自锁按键的按键号与管脚号见表 F-4,原理图如图 F-1 所示。

表 F-4　8 位非自锁按键的按键号与管脚号

按键号	AN1	AN2	AN3	AN4	AN5	AN6	AN7	AN8
管脚号	PIN37	PIN38	PIN39	PIN40	PIN69	PIN70	PIN71	PIN72

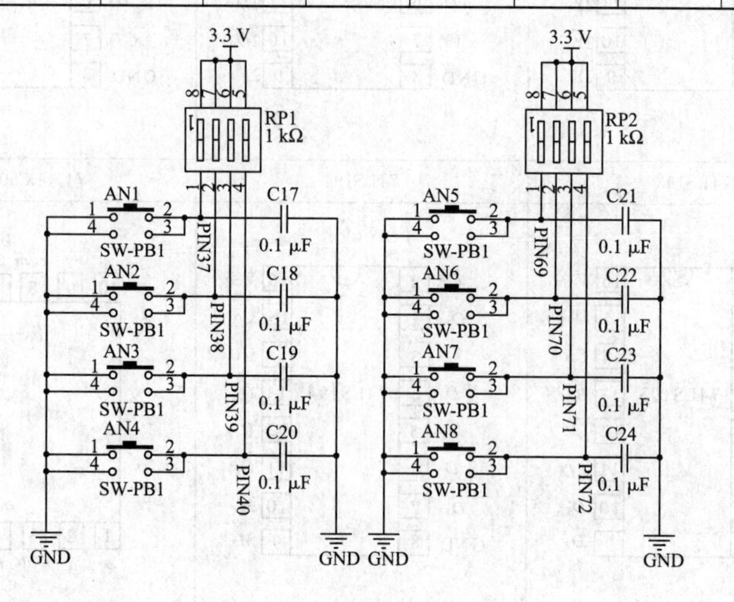

图 F-1　8 位非自锁按键原理图

2.8 位拨码开关

8 位拨码开关的拨码号与管脚号见表 F-5,原理图如图 F-2 所示。

表 F-5　8 位拨码开关的拨码与管脚号

拨码号	SW1	SW2	SW3	SW4	SW5	SW6	SW7	SW8
管脚号	PIN73	PIN74	PIN75	PIN76	PIN77	PIN78	PIN79	PIN80

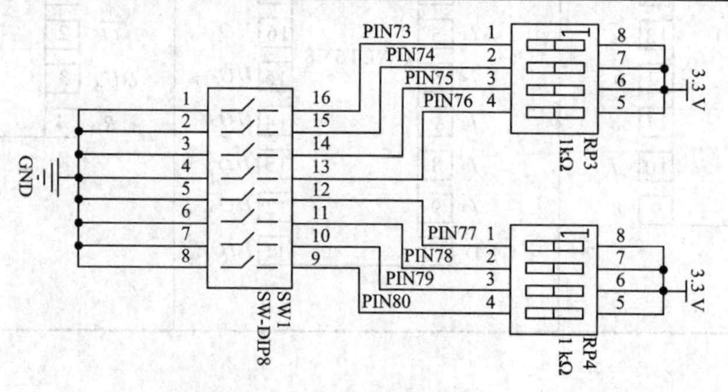

图 F-2　8 位拨码开关原理图

3. 8 位发光二极管

8 位发光二极管的二极管号与管脚号见表 F-6，原理图如图 F-3 所示。

表 F-6　　8 位发光二极管的二极管号与管脚号

二极管号	D11	D12	D13	D14	D15	D16	D17	D18
管脚号	PIN1	PIN2	PIN3	PIN4	PIN5	PIN6	PIN7	PIN8

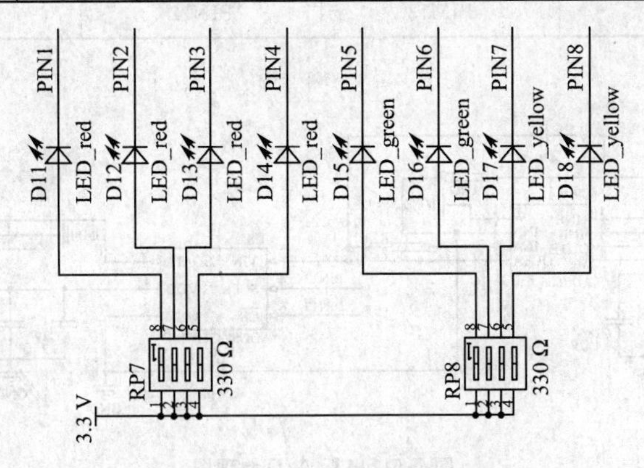

图 F-3　8 位发光二极管原理图

4. 6 位共阳数码管

6 位共阳数码管的段码、位码与管脚号见表 F-7，原理图如图 F-4 所示。

表 F-7　　6 位共阳数码管的段码、位码与管脚号

段码	A	B	C	D	E	F	G	DP
管脚号	PIN93	PIN94	PIN95	PIN96	PIN97	PIN98	PIN101	PIN102
位码	DIG1	DIG2	DIG3	DIG4	DIG5	DIG6		
管脚号	PIN108	PIN107	PIN106	PIN105	PIN104	PIN103		

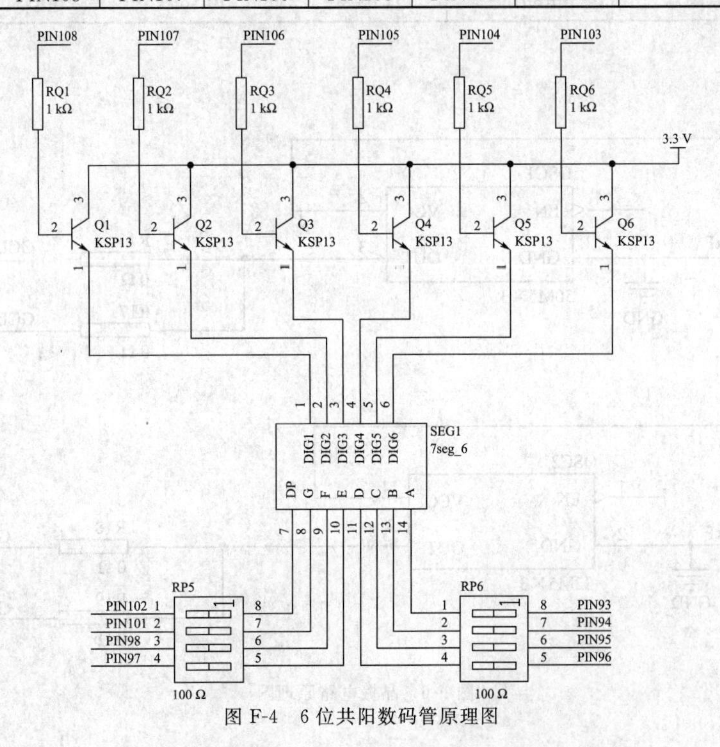

图 F-4　6 位共阳数码管原理图

5. 串行 A/D 接口

串行 A/D 接口的串行接口与管脚号见表 F-8,原理图如图 F-5 所示。

表 F-8　　串行 A/D 接口的串行接口与管脚号

串行接口	SCLK	CS	SDATA
管脚号	PIM13	PIN12	PIN11

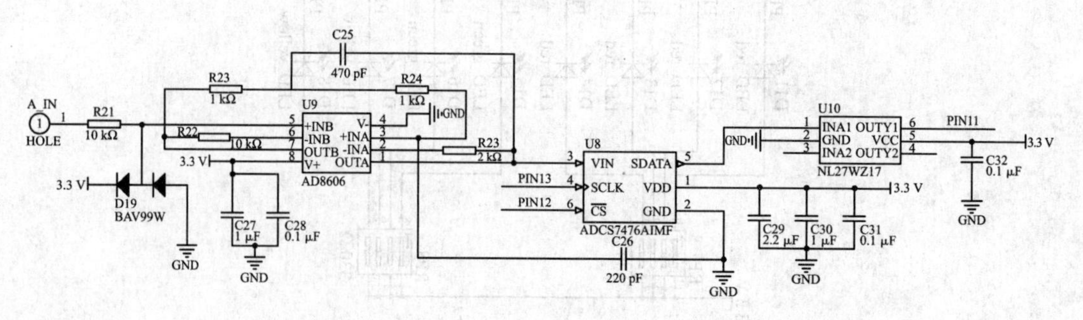

图 F-5　串行 A/D 原理图

6. 晶振

晶振电路的频率与管脚号见表 F-9,原理图如图 F-6 所示。

表 F-9　　晶振电路的频率与管脚号

晶振频率	50 MHz	50 MHz	32 MHz	32 MHz
管脚号	PIN18	PIN20	PIN89	PIN91

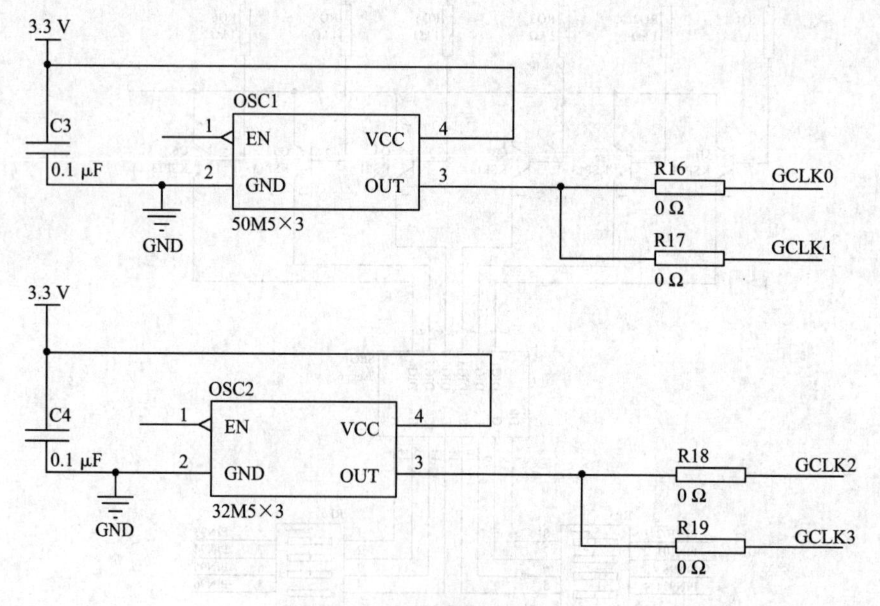

图 F-6　晶振电路原理图

7. 扩展口

扩展口电路的端口号与管脚号见表 F-10，原理图如图 F-7 所示。

表 F-10　　扩展口电路的端口号与管脚号

端口号	1	3	5	7	9	11	13	15	17
管脚号	VCC	PIN109	PIN111	PIN113	PIN117	PIN119	PIN121	PIN123	PIN125
端口号	19	21	23	25	27	29	31	33	
管脚号	PIN129	PIN131	PIN133	PIN137	PIN139	PIN141	PIN143	GND	
端口号	2	4	6	8	10	12	14	16	18
管脚号	VCC	PIN110	PIN112	PIN114	PIN118	PIN120	PIN122	PIN124	PIN127
端口号	20	22	24	26	28	30	32	34	
管脚号	PIN130	PIN132	PIN134	PIN138	PIN140	PIN142	PIN144	GND	

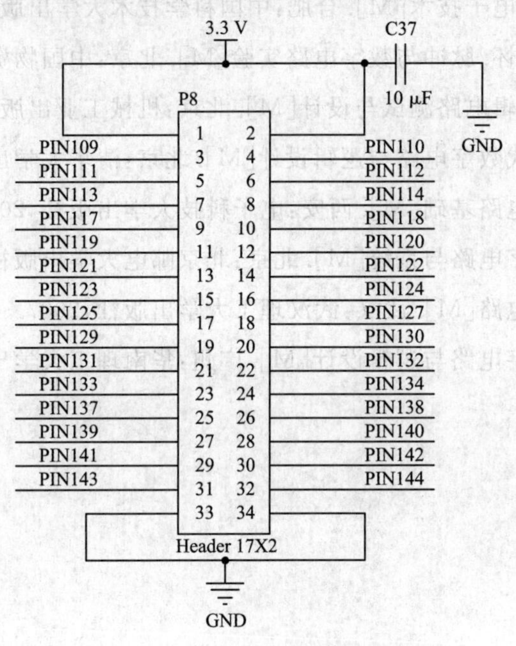

图 F-7　扩展口电路原理图

参考文献

[1] 阎石.数字电子技术基础[M].北京:高等教育出版社,1998.

[2] 鲍可进.数字逻辑电路设计[M].北京:清华大学出版社,2004.

[3] 沈小丰.电子技术实践基础[M].北京:清华大学出版社,2005.

[4] 孙余凯.数字集成电路基础与应用[M].北京:电子工业出版社,2006.

[5] 杨学敏,刘继承.数字逻辑技术基础[M].北京:机械工业出版社,2004.

[6] 陈松.数字逻辑电路[M].南京:东南大学出版社,2002.

[7] 冯根生.数字电子技术[M].合肥:中国科学技术大学出版社,1999.

[8] 陈立万,谭进怀.脉冲与数字电路实验[M].北京:中国物资出版社,2004.

[9] 李玲.数字逻辑电路测试与设计[M].北京:机械工业出版社,2004.

[10] 高广任.现代数字电路与逻辑设计[M].北京:清华大学出版社,2005.

[11] 胡庆.数字电路基础[M].西安:电子科技大学出版社,2009.

[12] 唐志宏.数字电路与系统[M].北京:北京邮电大学出版社,2008.

[13] 刘勇.数字电路[M].武汉:武汉理工大学出版社,2007.

[14] 禹思敏.数字电路与逻辑设计[M].广州:华南理工大学出版社,2006.